# 油气田开发工程与井下开采

范明富　于连池　汤景庄　主编

吉林科学技术出版社

**图书在版编目（CIP）数据**

油气田开发工程与井下开采 / 范明富 , 于连池 , 汤景庄主编 . —— 长春 : 吉林科学技术出版社 , 2023.7

ISBN 978-7-5744-0749-7

Ⅰ . ①油… Ⅱ . ①范… ②于… ③汤… Ⅲ . ①油气田开发—研究 Ⅳ . ① TE3

中国国家版本馆 CIP 数据核字 (2023) 第 153193 号

# 油气田开发工程与井下开采

| | | |
|---|---|---|
| 主　　编 | 范明富　于连池　汤景庄 | |
| 出 版 人 | 宛　霞 | |
| 责任编辑 | 王天月 | |
| 封面设计 | 刘梦杳 | |
| 制　　版 | 刘梦杳 | |
| 幅面尺寸 | 185mm×260mm | |
| 开　　本 | 16 | |
| 字　　数 | 480 千字 | |
| 印　　张 | 23.5 | |
| 印　　数 | 1-1500 册 | |
| 版　　次 | 2023年7月第1版 | |
| 印　　次 | 2024年2月第1次印刷 | |

出　　版　吉林科学技术出版社
发　　行　吉林科学技术出版社
地　　址　长春市福祉大路5788号
邮　　编　130118
发行部电话/传真　0431-81629529 81629530 81629531
　　　　　　　　　 81629532 81629533 81629534
储运部电话　0431-86059116
编辑部电话　0431-81629518
印　　刷　三河市嵩川印刷有限公司

书　　号　ISBN 978-7-5744-0749-7
定　　价　140.00元

# 前　言
PREFACE

油气田开发是一项复杂的技术工程，包括油田地质技术、油田开发技术、采油工艺技术和生产测试技术等不同门类的技术。其中，开发技术是龙头，地质技术是基础，工艺技术是条件，测试技术是手段，它们既各自独立又相互联系、相互渗透。油田开发是牵动其他技术发展的纽带，油气田开发工程应是以油藏工程为中心、以采油工程为技术手段、以提高原油采收率为主要目标的系统工程。

实施开发方案过程中，随着油藏地质资料、生产动态资料、开发监测资料等的不断累积，原开发方案中的不完善性会逐渐暴露出来。因此，需要利用油藏开发动态分析方法，重新评价油气藏特征、储层性质、可采储量；分析油田产量、油藏压力和含水的变化规律，研究剩余油分布特征。利用油藏数值模拟方法，以最新油藏地质研究结果和生产动态资料为基础，对原开发方案进行综合评价，提出开发调整方案，并在后续开发过程中实施。

油气开采工程是研究油气资源开发过程中根据开发目标通过产油气井和注入井对油藏采取各项工程措施以提高产量和采收率的理论、工程设计方法及其实施技术的一门综合性应用科学，也是油气井开发大系统中衔接油藏工程、钻井工程和矿场油气集输工程，实现油田开发目标使整个系统得以有效运行的中心系统。从古代发现油气到进行工业性开采，经历了漫长的时期。但进入21世纪以后，由于石油的高额利润和它在国民经济与国际局势中逐渐显现的重要作用，也随着科学技术的进步，油气开采技术得到了长足的发展。现代油气开采技术已从提高单井产量向集成化油藏经营、从单学科孤军奋战向多学科协同工作、从单项技术应用向集成技术解决问题等多方面发展。

本书首先介绍了油气田开发的基本知识；然后详细阐述了油气田开采、集输工艺设备，油气田的大修、侧钻、试油技术等内容，以适应当前油气田开发工程与井下开采的发展。

本书突出了基本概念与基本原理，在写作时尝试多方面知识的融会贯通，注重知识层次递进，同时注重理论与实践的结合。希望可以对广大读者提供借鉴或帮助。

由于作者时间和水平有限，书中或有不妥之处，请广大读者给予批评指正。

# 目　录

CONTENTS

**第一章　油气藏开发地质基础** ···················································· 1

　第一节　油气藏构造 ······························································· 1

　第二节　沉积环境及沉积相 ···················································· 9

　第三节　油气藏储层 ····························································· 16

　第四节　油气藏特征 ····························································· 32

　第五节　储层地质建模 ························································· 38

　第六节　油气藏开发地质模型 ················································ 46

　第七节　石油及天然气地质储量计算 ········································ 50

**第二章　气藏物质平衡方程及储量计算方法** ··························· 55

　第一节　气藏的驱动方式 ······················································ 55

　第二节　气藏物质平衡方程 ··················································· 56

　第三节　气藏的储量计算方法 ················································ 57

　第四节　气藏可采储量及采收率的确定方法 ······························ 62

**第三章　油气藏开发技术** ··················································· 65

　第一节　油气藏驱动类型及开发方式 ········································ 65

　第二节　油气田开发层系的划分 ············································· 74

第三节　油气藏开发井网部署及井网密度的确定 ⋯⋯⋯⋯⋯⋯⋯⋯⋯⋯77

第四节　油气井配产与油气藏开采速度 ⋯⋯⋯⋯⋯⋯⋯⋯⋯⋯⋯⋯⋯⋯88

第五节　油藏注水时机与合理压力系统分析 ⋯⋯⋯⋯⋯⋯⋯⋯⋯⋯⋯⋯92

第四章　油藏开发调整技术与方法 ⋯⋯⋯⋯⋯⋯⋯⋯⋯⋯⋯⋯⋯⋯⋯⋯⋯97

第一节　层系调整技术与方法 ⋯⋯⋯⋯⋯⋯⋯⋯⋯⋯⋯⋯⋯⋯⋯⋯⋯⋯97

第二节　井网调整技术与方法 ⋯⋯⋯⋯⋯⋯⋯⋯⋯⋯⋯⋯⋯⋯⋯⋯⋯101

第三节　注采结构调整优化技术 ⋯⋯⋯⋯⋯⋯⋯⋯⋯⋯⋯⋯⋯⋯⋯⋯109

第四节　开发方式调整技术与方法 ⋯⋯⋯⋯⋯⋯⋯⋯⋯⋯⋯⋯⋯⋯⋯113

第五节　开发调整技术案例 ⋯⋯⋯⋯⋯⋯⋯⋯⋯⋯⋯⋯⋯⋯⋯⋯⋯⋯116

第五章　油藏开发评价技术与方法 ⋯⋯⋯⋯⋯⋯⋯⋯⋯⋯⋯⋯⋯⋯⋯⋯119

第一节　油藏开发效果评价指标和方法 ⋯⋯⋯⋯⋯⋯⋯⋯⋯⋯⋯⋯⋯119

第二节　油藏采收率评价技术与方法 ⋯⋯⋯⋯⋯⋯⋯⋯⋯⋯⋯⋯⋯⋯134

第三节　油藏开发技术界限评价指标与方法 ⋯⋯⋯⋯⋯⋯⋯⋯⋯⋯⋯137

第四节　油藏开发经济评价技术与方法 ⋯⋯⋯⋯⋯⋯⋯⋯⋯⋯⋯⋯⋯140

第五节　油田开发评价软件介绍 ⋯⋯⋯⋯⋯⋯⋯⋯⋯⋯⋯⋯⋯⋯⋯⋯143

第六节　油田开发数据库及应用 ⋯⋯⋯⋯⋯⋯⋯⋯⋯⋯⋯⋯⋯⋯⋯⋯147

第六章　油气藏开发方案编制方法 ⋯⋯⋯⋯⋯⋯⋯⋯⋯⋯⋯⋯⋯⋯⋯⋯149

第一节　油气藏开发方案编制概述 ⋯⋯⋯⋯⋯⋯⋯⋯⋯⋯⋯⋯⋯⋯⋯149

第二节　油田开发方式的选择 ⋯⋯⋯⋯⋯⋯⋯⋯⋯⋯⋯⋯⋯⋯⋯⋯⋯155

第三节　开发层系划分与组合 ⋯⋯⋯⋯⋯⋯⋯⋯⋯⋯⋯⋯⋯⋯⋯⋯⋯157

第四节　开发井网部署 ⋯⋯⋯⋯⋯⋯⋯⋯⋯⋯⋯⋯⋯⋯⋯⋯⋯⋯⋯⋯160

第五节　采油速度优化 ⋯⋯⋯⋯⋯⋯⋯⋯⋯⋯⋯⋯⋯⋯⋯⋯⋯⋯⋯⋯162

第六节　油藏开发方案优化 ⋯⋯⋯⋯⋯⋯⋯⋯⋯⋯⋯⋯⋯⋯⋯⋯⋯⋯166

## 第七章 固井与完井作业·································169

第一节 固井作业·································169

第二节 完井作业·································179

## 第八章 找水与堵水作业·································187

第一节 油井找水作业·································187

第二节 油井堵水作业·································192

## 第九章 完井与试油·································201

第一节 完井方式与选择·································201

第二节 完井参数优化设计·································214

第三节 钻井完井液与射孔液·································224

第四节 油气井试油·································237

## 第十章 套损井修复技术·································243

第一节 套损井修复概述·································243

第二节 套管损坏的原因、类型和判断方法·································244

第三节 套损井整形技术·································247

第四节 套管加固技术·································251

第五节 套管补贴技术·································254

第六节 取套换套技术·································255

## 第十一章 侧钻·································261

第一节 侧钻概论·································261

第二节 侧钻施工程序·································263

第三节 侧钻工艺技术·································266

第四节 侧钻井经济效益·································273

**第十二章 采油设备新技术** ·········································274

第一节 抽油机与抽油杆 ·········································274

第二节 抽油泵 ·················································289

第三节 酸化压裂设备 ···········································296

第四节 调剖堵水装置 ···········································303

第五节 注水设备 ···············································309

第六节 油气混输泵 ·············································313

**第十三章 油田矿场分离设备** ···································316

第一节 矿场油气计量设备 ·······································316

第二节 矿场原油分离设备 ·······································322

第三节 矿场原油脱水设备 ·······································328

第四节 矿场原油伴生气处理设备 ·································333

第五节 矿场原油高效加热设备 ···································336

**第十四章 陆地油田油气集输** ···································338

第一节 油气集输工艺 ···········································338

第二节 原油处理 ···············································346

**第十五章 长距离输油管道** ·····································351

第一节 长距离输油管道概述 ·····································351

第二节 输油管道的运行与控制 ···································356

第三节 不同油品的管道顺序输送 ·································358

第四节 易凝高黏原油的输送工艺 ·································361

第五节 油气管道的腐蚀与防护 ···································362

**参考文献** ·····················································365

# 第一章　油气藏开发地质基础

## 第一节　油气藏构造

### 一、褶皱构造

岩石具有弹塑性，受力后可以弯曲褶皱。变成褶皱的岩石是地壳中常见的一种地质构造形态，称为褶皱构造。沉积岩与其他类型的岩石相比，成层性较好，褶皱构造表现得更为明显。

#### （一）褶曲及其基本形态

褶皱的最小单元是褶曲。褶皱可以由众多的、连续不断的弯曲岩层组成，褶曲就是其中的一个弯曲岩层。褶曲的几何形态是多种多样的，但可以归纳为两种基本形态：一种是岩层向上拱起，下面核心处的岩层较老，向上远离核心，岩层逐渐变新，称为背斜；另一种是岩层向下弯曲，核心处的岩层较新，向下远离核心，岩层依次变老，称为向斜。背斜与向斜在褶皱构造中往往相间而生。

#### （二）褶皱要素

为了更好地认识褶曲，研究褶曲的共性，区别褶曲的个性，对褶曲形态的描述常从以下要素入手。

（1）核与翼：核指褶曲中心部分的岩层，翼指褶曲两侧的岩层。

（2）顶角与翼角：顶角是指褶曲两翼的交角，翼角指褶曲的两翼岩层与水平面的夹角。用顶角和翼角表达褶曲两翼倾斜程度，顶角小则翼角大，两翼陡；顶角大则翼角小，两翼平缓。

（3）轴面与轴线：轴面是平分褶曲顶角的假想面。轴面可以是平面，也可以是曲面；它可以是直立的，也可以是倾斜或水平的。轴面与水平面的交线称轴线。显然，当轴面为一平面时，轴线为一直线；轴面为一曲面时，轴线为一曲线。轴线的延伸方向代表了褶曲的延伸方向。

（4）枢纽：枢纽是褶曲中某一层面与轴面的交线，也是该层面上最大弯曲点的连线。它可以是直线或曲线，也可以是水平的或倾斜的。

（5）脊面与脊线：组成褶曲各岩层最高部位的面称脊面。脊面可以是平面，也可以是曲面。脊面与岩层层面的交线称脊线。当褶曲的轴面倾斜不大或直立时，轴面与脊面基本重合或完全重合，此时的脊线就是枢纽。

（6）转折端：转折端泛指褶曲两翼岩层互相过渡的弯曲部分。

## （三）褶曲形态的分类

褶曲的形态变化万千，可以从不同角度对褶曲进行分类，现就石油勘探常用的分类作一些介绍。

1.按在剖面上的褶曲形态分类

根据褶曲轴面的产状，可分为4种。

（1）直立褶曲或对称褶曲：轴面直立，两翼翼角相等或差别不大。

（2）斜歪褶曲或不对称褶曲：轴面倾斜，两翼相背或相向倾斜，但两翼翼角相差悬殊。

（3）倒转褶曲：轴面倾角很小，两翼岩层朝同一方向倾斜。一翼岩层新老顺序正常；另一翼岩层发生倒转，时代较新的岩层在老岩层之下。

（4）平卧褶曲：轴面近于水平，一翼岩层顺序正常，另一翼岩层发生倒转。由于轴面近于水平，造成正常翼岩层出现逆向倾向，即朝褶曲枢纽一方倾斜。

根据褶曲弯曲的形态，可分为5种：

（1）圆弧褶曲：岩层呈圆弧状弯曲，褶曲顶部开阔。

（2）箱状褶曲：两翼较陡，但褶曲顶部平坦形成箱状，具有一对共轭的轴面。

（3）尖棱褶曲：两翼平直相交，由于两翼陡所以顶角小呈尖棱状。

（4）扇形褶曲：褶曲顶部圆弧状，两翼均有倒转现象构成扇形。

（5）挠曲：平缓的倾斜岩层突然变陡，构成缓—陡—缓的台阶状。

2.按在平面上的褶曲形态分类

由于一个完整褶曲的分层线或构造等高线是闭合的，因此，可利用完整褶曲的这一特点，从平面上将褶曲形态分为4类。

（1）线形褶曲：褶曲沿长轴方向延伸很远，褶曲长轴与短轴之比大于10。

（2）长轴褶曲：褶曲长轴与短轴之比为10：1~5：1。

（3）短轴褶曲：褶曲长轴与短轴之比为5：1~2：1。

（4）穹窿褶曲：褶曲长轴与短轴近于相等。

## 二、断裂构造

断裂是常见的地质构造，广泛分布于地壳中。石油和天然气的生成、运移及聚集往往与断裂有密切的联系。断裂构造可以分为裂缝和断层两大类。

### （一）裂缝

**1.裂缝的概念**

岩层沿断裂面未发生明显的相对位移的断裂构造称为裂缝。裂缝常发生在脆性的岩石里，在疏松的、可塑性很大的岩层中，裂缝是少见的。力的方向与力的性质决定了裂缝排列方向的多样性。在同一地应力的作用下，可以形成一组互相平行的裂缝，也可以形成两组以上相互交叉的裂缝。而有规律定向排列及组合的裂缝常常将岩层切割成规则的几何体，这种裂缝称为节理，裂缝的破裂面称为节理面。储层中那些细微裂缝对石油和天然气具有重要意义：一是它们数量多时可作为石油和天然气储集空间；二是在致密岩层中可作为石油和天然气运移与渗流的通道。

**2.裂缝的分类**

按几何关系，可将裂缝分为3类。走向裂缝：裂缝的走向与岩层走向一致。倾向裂缝：裂缝的倾向与岩层倾向一致。斜交裂缝：裂缝走向与岩层走向相交。

按与褶曲构造的关系，可将裂缝分为3类。纵裂缝：裂缝走向与褶曲的轴线平行。横裂缝：裂缝走向与褶曲轴线垂直。斜裂缝：裂缝走向与轴斜交。

按力学性质，可将裂缝分为2类，即张裂缝、剪裂缝。

**3.天然裂缝的识别与分析**

天然裂缝的识别方法有岩心仔细观察描述、常规测井资料识别、裂缝动态识别等。

（1）岩心仔细观察描述是裂缝研究的基础，能最直观地反映地下裂缝的真实状态。需要指出的是，砂砾岩储层、砂岩储层、碳酸盐岩储层、泥岩储层及火成岩储层的裂缝类型和裂缝特征是不一样的。要针对具体储层，对裂缝类型、特征、产状及其储渗作用等进行详细描述。

（2）随着国内外测井技术的发展，对碳酸盐岩、砂岩地层的裂缝识别和裂缝性储层的评价技术有很大程度的提高。用于探测裂缝的主要测井资料有电阻率测井、声波测井、密度测井、电阻率成像测井（FMI）等。但因储层不同以及各种测井探测裂缝的主要原理不同，不同探测裂缝的测井所获得的径向探测深度，裂缝开启度，孔、洞和裂缝的产状及裂缝参数的估算等是不完全一致的。

（3）动态资料可以从动态角度对裂缝的有效性给予反映，特别是能反映裂缝在油藏开发中所起的各种作用。当油藏发育有效裂缝时，在钻井过程中、开发动态特征上就会有或强或弱的表现，主要表现为钻井液漏失现象、井壁崩落现象，气测录井信息、钻时钻具信息、固井质量信息、压裂施工信息、油井动态信息、注水井动态信息、试井信息等都有某种程度的反映。对已开发的油气藏，需要认清裂缝性质及发育程度、裂缝产状及分布规律、裂缝对油气藏开发效果的影响程度等。合理利用裂缝可以提高注水井吸水能力和油气井产量，避免或降低油气井过早见水、油气井暴性水淹或者油气井见水后含水上升速度过快、产油（气）量迅速递减、油气田最终采收率降低等有害方面的影响。

## （二）断层

### 1.断层的组成

岩层受力出现断裂，断裂面两旁的岩层有明显的相对位移，这种断裂构造称为断层。一个断层由以下4部分构成。

（1）断层面。岩层断裂后，沿着破裂面发生相对位移，这个破裂面称为断层面。它可以是平面，也可以是曲面。该面可以是直立的，也可以是倾斜、平卧的。断层面在空间状态同样可以用走向、倾向和倾角表示。

（2）断层线。在野外观察断层时，断层线指断层面与地面的交线。由于受地形起伏的影响，在地形图上，断层线必然是一条曲线。在油田地质工作中，断层线一般指地下某岩层层面与断层面交线在水平面的投影线。它的形状随岩层和断层面产状的变化而变化。

（3）断层的两盘。断层面将岩层分割成的两部分，称为断层的两盘。在断层面倾斜的情况下，位于断层面以上的一盘称为上盘，位于断层面以下的一盘称为下盘。相对上升的一盘称为上升盘，相对下降的一盘称为下降盘。

（4）断距。两盘沿断层面相对移动的距离称为断距。通常使用的断距有以下6种。

①总断距（真断距）：断层面上同一点被错开的真正距离。

②走向断距：总断距在断层面走向方向的投影。

③倾向断距：总断距在断层面倾向方向的投影。

④铅垂断距：总断距在铅垂方向的投影。

⑤水平断距：总断距水平投影的分量。

⑥地层断距：同一岩层错开后的垂直距离。对于水平岩层，地层断距等于铅垂断距。

### 2.断层的分类

（1）根据两盘相对移动性质分类

①正断层：在张应力或重力作用下，上盘相对下降，下盘相对上升。

②逆断层：水平挤压力引起上盘相对上升，下盘相对下降。断层面倾角小于45°的逆断层称为逆掩断层，断层面倾角小于25°的则称为辗掩断层。

③平移断层：两盘沿水平方向相对位移的断层。

应该指出，客观上断层两盘的相对位移是复杂的，常常是上下滑动与平移同时进行。在实际工作中，确定断层性质只能以主要位移方向为准。若以上下移动为主，则定为正断层或逆断层；若以水平移动为主，则定为平移断层。

（2）根据断后走向与岩层产状关系分类

①走向断层：断层走向与岩层走向一致。

②倾向断层：断层走向与岩层倾向一致。

③斜向断层：断层走向与岩层走向斜交。

（3）根据断层的发育时期分类

①后生断层：指发生在沉积过程完成以后的断层，其两盘同时代岩层的厚度基本一致。常见的断层多属此类型。

②同生断层：断层发育期与沉积作用同时进行，同一时期岩层的厚度在其两盘有明显差别，下降盘的厚度大于上升盘的厚度。

3.断层的组合形式

断层往往以组合形式出现，常见的组合形式如下。

（1）地堑和地垒：由两条以上的正断层组成，两条相邻的正断层倾向相对，中间共用盘相对下降，形成地堑；若两条断层倾向相背，中间共用盘相对升起，则形成地垒。

（2）叠瓦状断层与阶梯状断层：数条大致平行的逆断层倾向一致，断开岩层呈叠瓦状排列，形成叠瓦状断层；数条大致平行的正断层倾向一致，断开后的岩层呈阶梯状排列，形成阶梯状断层。

# 三、地层的接触关系

地层的接触关系是指形成时间不同但又呈沉积接触的两套地层之间的关系，即上下岩层之间在空间上的接触形态和时间上的发展概况，可分为整合接触和不整合接触两类。

## （一）整合接触

（1）连续：如果在一个沉积盆地内，沉积作用不断进行，所形成的接触关系称为连续。连续的两套地层间没有明显的、截然的岩性变化，它们常常是过渡的。

（2）间断：如果在沉积过程中曾有一段时间沉积作用停止，但并未发生明显的大陆剥蚀作用，而后又接受沉积，这就产生了地层的间断。间断面上下的岩性有时有突然变化，但有时却表现不出明显变化。因此，对间断面的识别有时很困难，必须通过详细的古生物研究和仔细的地层对比才能确定。地层的连续接触和沉积间断接触都属于整合接触类型。

## （二）不整合接触

（1）平行不整合。因地壳运动，原来的沉积区上升为陆上剥蚀区，于是沉积作用转化为剥蚀作用，这时非但没有新的物质继续沉积，原有的沉积物还要遭受剥蚀。直到该区再次下降为沉积区，才又接受新的沉积。即两套地层间存在一个大陆侵蚀面，两者之间虽然缺失了一段地层，但产状却平行一致。这种接触关系被称为平行不整合。

（2）角度不整合。当地层沉积后，沉积盆地上升为大陆剥蚀区，而且发生了褶皱运动，使已形成的地层产生褶皱变形。当该区再次下沉接受新沉积后，老新两套地层间不但隔着大陆剥蚀面，而且两者的产状还呈互相截交关系，这就是角度不整合。

## 四、古潜山及披覆构造

自中生代以来，我国华北地区渤海湾盆地以及新疆塔河油田的地壳活动非常强烈，褶皱、断裂构造相当发育，形成了许多峰峦起伏、沟谷纵深的山头和山脉，并遭受风化剥蚀。在古近新近纪，整个华北地区下降形成湖泊，接受沉积，山头和山脉就被埋藏起来，形成了众多的潜山和披覆构造。古潜山类型多样，依据披覆构造形成的时代，可分为新生代古潜山、中生代古潜山；根据古潜山的形态，可分为断块型古潜山、褶皱型古潜山和侵蚀残丘型古潜山。

断块型古潜山是由断盘（断块）的相对抬升而形成的。根据断层的组合方式，可分为单断山和双断山。褶皱型古潜山指一定地质时期由褶皱作用形成的古山头。潜山本身是一个背斜。侵蚀残丘型古潜山由侵蚀作用形成。由于出露地表的岩石抗风化能力不同，抗风化能力强或较强的岩石就在古地形上形成高低起伏的残丘山头，而抗风化能力弱的岩石就被风化剥蚀成洼地。这些残丘山头被埋藏起来，就形成侵蚀残丘型古潜山。

古潜山及其上面的披覆层与油气的关系非常密切。古潜山本身在被新沉积的地层覆盖前遭受风化剥蚀，岩石变得疏松，孔隙裂缝发育，具备了储集油气的空间，是良好的储层。如古潜山上的披覆层是非渗透层，古潜山就形成了储集油气的圈闭。同时，披覆构造实际上是一个顶部沉积薄的背斜构造，也能形成储集油气的圈闭。

## 五、油气田开发中常见的地质构造图

### （一）常见的油气田构造类型

#### 1.背斜构造

背斜构造是油气田中最普遍的构造类型。形成背斜构造的原因多种多样，主要有：由于侧压应力为主的挤压作用，使岩层弯曲而形成背斜构造；在地台区，由于基底活动，使上覆的沉积岩层变形而形成背斜构造；由于岩盐、石膏、黏土、泥火山等柔性物质的活动而形成背斜构造；由于剥蚀与压实作用而形成背斜构造；在沉积的同时发生褶皱而形成同沉积背斜构造；由于同生正断层下降盘一侧受重力滑动作用而形成逆牵引构造（滚动背斜构造）等。对油气田开发来说，形成背斜构造的原因并不重要，重要的是背斜构造的形态特征。

（1）长轴背斜构造是指长轴与短轴的比例为10∶1~5∶1的构造。

（2）短轴背斜构造是指长轴与短轴的比例为5∶1~2∶1的构造。

（3）穹窿构造是指构造长轴与短轴比例为2∶1~1∶1的构造。

**2.鼻状构造**

由于岩层受力扭曲，一端向下倾没，另一端抬起，构造等高线不闭合，形状像人的鼻子，这种构造叫鼻状构造，亦称半背斜。其上倾方向若受断层、岩性、地层遮挡，可形成油气藏。玉门白杨河油田就属于鼻状构造，它的上倾方向被断层遮挡而形成圈闭。大庆漠范屯油田南部也属于鼻状构造，上倾方向被泥岩遮挡而形成圈闭。鼻状构造型油气藏在世界和我国各含油气盆地中经常可以见到。

**3.断层构造**

在储层上倾方向被断层遮挡而形成圈闭，油气聚集其中就成为断层油气藏。这种类型的油气藏在世界及我国各含油气盆地中分布非常广泛，是最常见的油气田构造类型之一。断层常把油气藏切割成许多断块而形成复杂断块油气藏。由断层遮挡形成的圈闭类型有多种，常见的有以下4种。

（1）在储层上倾方向被弯曲断层遮挡而形成断层圈闭。大庆新店油田属于这种类型，在构造图上表现为构造等高线与弯曲断层线相交，形成油气圈闭。

（2）在倾斜的储层上倾方向被两条及以上交叉断层遮挡而形成断层圈闭，在构造图上表现为构造等高线与交叉断层线相交。

（3）由两条弯曲断层两端相交或由三条以上断层相交而形成断层圈闭，在构造图上表现为四周被断层包围而形成闭合空间。

（4）在多断层的油气藏中，常常形成地垒、地堑式断层圈闭，如松辽盆地南部的长春岭气田。

总之，断层圈闭的形式很多，但必须具备两个条件：一是断层本身封闭性良好；二是断层线与断层线、断层线与构造等高线、断层线与岩性尖灭线必须是闭合的，否则断层就不能形成圈闭。

**4.裂缝性圈闭**

在致密、脆性的岩层中，原来的孔隙度和渗透率都很小，不具备储集油气的条件，但由于构造作用、后期改造作用、溶蚀作用等，使其产生裂缝、裂隙、溶孔、溶洞等，具备了油气储集空间和渗流的条件，与背斜、断层等圈闭相配合，形成裂缝性圈闭，油气聚集其中就成为裂缝性油气藏。这种油气田与其他类型的油气田在开发部署及生产管理上有较大区别，需要特殊对待。

裂缝性油气藏有以下6个方面的特点，可作为识别的标志：

（1）在钻井过程中，常在生产层所在井段和部位出现钻具放空、钻井液漏失、井壁坍塌、井喷等现象。

（2）在储油（气）层岩心上可以观察到裂缝、断裂、溶孔等现象。在实验室用薄片、铸体等办法，在显微镜下可观察到微裂缝的形态、宽窄及分布状况等。

（3）实验室测定的储层岩心孔隙度很小，渗透率很低，但用地球物理测井、试井方法解释的孔隙度、渗透率并不小，且相差很大。

（4）由于众多的裂缝把各种类型的孔隙、裂隙、溶洞等联系起来，互相沟通，形成一个统一的具有块状结构的储集空间，因而使这种油气藏具有块状特点。

（5）由于裂缝、裂隙及溶洞等分布的不均性，同一储层不同部位的孔隙度、渗透率相差很大，因而造成不同油（气）井之间的产量相差悬殊，常出现干井、低产井、高产井混杂现象。

（6）裂缝性油气田如果开采不当，底水油气田则易发生底水锥进，边水油气田易发生边水突进，注水开发油田易发生暴性水淹，使油（气）井过早见水，且见水后含水率急剧上升，产量迅速下降，很快停产。油气田投入开发后，可获得大量新的钻井、测井、实验室等资料，用新资料作的构造图与用详探资料作的构造图可能有差异，甚至有很大差异。因此，有必要进行地质再认识，即油气田全面投入开发后，一般都要重新编制构造平面图与剖面图，重新确定各项构造参数。

## （二）油气田构造图的应用

油气田构造图是油气田勘探和开发必不可少的基础图件之一，在矿场实践中得到广泛应用，可以根据构造图进行许多分析研究或计算工作。

（1）构造图能清楚地反映出地下构造的特征、断层性质及分布情况，从而为油气田勘探与开发布置新井提供地质依据。

（2）根据构造图上的等高线，可以确定制图标准层任一点的深度及不同地段地层的产状，为新井设计提供深度等资料。

（3）利用构造图可以圈定含油气边界，为储量计算提供含油面积参数，为开发方案设计中的注水方式如边外注水、切割注水、面积注水等提供地质依据。

（4）在油气田开发时，可以作为编制开发与开采现状图的背景图，观察油水或气水边界在油气藏各部位的推进情况，分析油层开发动态，以便调整生产和开发部署。

# 第二节  沉积环境及沉积相

## 一、沉积环境与沉积相的概念

沉积环境即沉积物或岩石沉积时的自然地理环境，这种环境由板块运动、构造运动、气候变迁、生物组合所决定，它通过沉积物或岩石的物理、化学和生物特征等综合判别及划分。沉积相即在一定的沉积环境中所形成的沉积岩（物）的组合，它是沉积环境的综合物质反映，通常以地貌单元来命名。沉积岩（物）所具有的各种沉积特征，可以清楚地反映出它形成时的自然地理、气候、构造及沉积介质的物理、化学和生物条件，从而使人们能够较可靠地恢复沉积岩（物）形成时的沉积环境，并有效地指导对其各种沉积特征的深入认识。

## 二、沉积环境和沉积相的类型

沉积环境是在物理上、化学上和生物上不同于相邻地区的一块地球表面，它是以沉积为主的自然地理单元。沉积环境的类型主要根据自然地理区和地貌景观来划分。按照大的自然地理区划，可分为大陆、海陆过渡和海洋三大环境，然后根据地貌景观划分次一级环境，依地貌的变化还可以进一步细分。

大陆环境包括河流、湖泊、沼泽、沙漠等。海陆过渡环境包括入海三角洲、河口湾等。海洋环境包括滨海、浅海、深海等。与各种沉积环境相对应，可有各种沉积相。不同学者对相的理解有所不同，一般把沉积相理解为沉积环境及在该环境下形成的沉积物（岩）特征的综合。这种沉积相的概念包含了沉积环境和沉积特征两方面内容。沉积相的分类通常以沉积环境中占主导的自然地理条件为主要依据，结合沉积特征及其他沉积条件，把沉积相分为相组（大相）、相、亚相、微相四级，更细一点可划分到五级相。

由于油藏或油田所处的地域一般在几十至几百平方千米，而开发井距一般仅有300m、400m到600m、700m或更小，要将沉积相研究成果应用于油田开发，就必须细到微相甚至更小。油田开发中的储层沉积相研究，主要是理清岩石特性、微细构造及它们对流体流动的控制和影响，这与寻找有利生油相带和有利储油相带的盆地或含油气区的沉积相研究有很大不同。因此，油藏规模的沉积相研究应当细到沉积微相的级别。

所谓沉积微相，是指沉积亚相带内具有独特岩性、岩石结构、构造、厚度、韵律性及一定平面分布规律的最小沉积组合。与区域性沉积相研究相比，沉积微相分析的差异主要体现在"细"上。这个"细"包括纵向划分沉积相的地层单元要细，即细分到小层或单层；横向上对沉积环境要逐级划分到微环境，并识别出微相。所谓"微环境"，是指控制成因单元砂体（具有独特储层性质的最小一级砂体）的环境。

例如，一个古河流从其形成、活动到改道废弃，这一活动期间沉积的河道砂体就是储层研究中的最小成因砂体单元。它不仅包括河道沉积的主砂体部分，而且包括全部底层和顶层部分。河道砂体的厚度反映了古河流的满岸深度，其顶界反映了满岸泛滥时的泛滥面，其底面为冲刷面。这样圈定的砂体是河道内最小的砂体单元，控制这一单元砂体的环境就是河流活动中的微环境。这种微环境及在该环境中形成的沉积物的组合就是微相。河流相可分出河床、堤岸、河漫滩、牛轭湖四个亚相，每个亚相又进一步分为若干微相。这些微环境中沉积的砂体，油层特性可能不同，开发特征也会有很大差异。

## 三、各类沉积砂体特征及油水运动规律

不同沉积类型的砂体具有不同的宏观与微观非均质特性，因而具有不同的油水运动特点和剩余油分布规律。搞清这个规律始终是油田开发工作者和地质工作者的重大任务之一。实践表明，从砂体沉积成因分类出发是认识油水运动特点的有效途径之一，从而为揭示剩余油分布规律、挖掘油层潜力、提高油田开发效果创造了有利条件。但这个问题还远没有解决，还需要人们进行不断的探索。

### （一）洪（冲）积扇砂砾岩体

1.砂体特征

洪（冲）积扇体是一种近物源、强水动力环境下的粗碎屑沉积物，主要是由砾石、粗砂和泥质组成。扇体形态受古地形和古水流所控制，顺水流方向岩体延伸较远，侧向展布有限。扇顶（扇根）砾岩体呈稳定块状分布，主槽部位厚度最大，向两侧逐渐变薄；扇中砂砾岩体呈条带状分布，岩性变化大；扇缘以沼泽、泥滩沉积为主，砂体呈透镜体状分布。

砂砾岩体分选差，层内、层间及平面非均质性都很严重。层内岩样渗透率级差可达10~200甚至1000以上。渗透率在垂向上有正韵律、反韵律、跳跃式复合韵律、均匀和杂乱五种变化形式。跳跃式复合韵律是砾岩储层渗透率的主要韵律类型，一般发育于扇根的主槽、槽滩微相和扇中的辫流带微相中。砾岩储层的小层平均渗透率级差为10~50。大型洪（冲）积扇体的主力层集中在层系中部，小型扇体的主力层分布在层系的下部。在平面上，高渗透带呈条带状顺河流走向展布。

2.油水运动特点

（1）平面上注入水沿主槽、侧缘槽和辫流线快速推进。由于主槽、侧缘槽和辫流线油层厚度大、渗透率高，注水井吸水能力强，油井见效快，初产量高，但见水快，含水上升速度也快，产量迅速下降。位于槽滩、辫流砂岛的采油井见效慢，见水晚，含水上升率低，产量低，但稳定。位于洪漫带和漫流带的采油井在常规条件下不吸水也不出油。

（2）主槽、侧缘槽、辫流线、主流线受到注入水的长期冲刷，水洗厚度较大。注入水沿主槽、侧缘槽、辫流线及主流线长期冲刷，水洗厚度较大，驱油效率较高，剩余油饱和度较低；而其他部位水洗厚度较小，剩余油饱和度较高。

（3）注入水沿油层中部高渗透段突进。砾岩储层由于高渗透段一般位于油层中部（占50%～60%），不像河流相砂体那样高渗透段位于油层的底部，因此注入水沿油层中部高渗透段突进。

（4）注入水沿支撑砾岩、层理面、风化壳等突进，形成暴性水淹。支撑砾岩由砾径为10～60mm的砾石互相支撑，孔隙度大、渗透率高、延伸数十米，常成为水窜的通道。层理面富含细小的云母片和炭化植物碎屑，破裂压力低，注入水极易沿层理面突进。风化壳内部存在大量裂缝，注水压力较高时极易造成暴性水淹。

## （二）河道砂体

1.砂体特征

这种砂体主要为辫状河、曲流河及高弯曲分流河道砂体。这些砂体的特点是厚度大，分布面积广，连续性好，沿主河道走向的砂体底部存在深切槽带及延伸较远的高渗透通道，且具有明显的渗透率方向性。砂体在平面上的厚度与渗透率分布相吻合，内部呈下粗上细的正韵律性。

2.油水运动特点

（1）在平面上注入水首先沿河床凹槽主流线快速突进，这是河道砂体无一例外的特点。注入水沿河床凹槽主流线快速推进，形成一条"自然水路"。位于这条"自然水路"上的采油井，不管距注水井排多远，不管投产时间的早晚，总是比周围的采油井先受效，先见水。

（2）注入水顺古水流方向快于逆古水流方向。这是河道砂体的又一特点。同一注水井排两侧的采油井，排距相同，但见水早晚不一。出现"一边涝一边旱"的现象，即顺古水流方向注入水推进快，逆古水流方向注入水推进慢。这一渗透率方向性可能与岩石微观结构有关，河道砂岩交错层理倾向下游，长形砂粒顺古水流方向排列，有利于注入水快速推进。

（3）注入水沿砂层底部高渗透段快速突进。这是正韵律砂体的共同规律。由于油水密度差带来的重力作用和底部高渗透段的存在都促使注入水沿砂层底部快速突进，因而影响水淹厚度的增大。实践表明，河道砂岩的水淹厚度与油水井之间的距离没有明显的关系，而由各井点所处的油层地质结构所决定。

### （三）分流河道砂体

1.砂体特征

这种砂体主要为低弯曲分流、顺直分流和水下分流河道砂体。这些砂体呈条带状、窄条状和豆荚状分布，连续性较差，分布面积有大有小，渗透率较高，厚度较大，储层物性较河道砂岩相对均匀。

2.油水运动特点

（1）在平面上油水运动与河道砂体相似。在平面上注入水仍然沿主流带快速推进，渗透率方向性明显，常出现"一边涝一边旱"现象，但注入水前缘推进相对均匀。

（2）层内垂向上水淹较均匀。分流河道砂体层内非均质性较河道砂体轻，因此，层内水淹状况相对较均匀，水淹厚度较大，驱油效率较高。

### （四）河口沙坝砂体

1.砂体特征

分流河道携带碎屑物入湖，在三角洲内前缘形成河口沙坝。这种砂体在平面上呈扇形或条带状分布。河口沙坝轴部内部一般呈正韵律，厚度大，渗透率高；向两侧逐渐变为复合韵律，厚度变小，渗透率变低。河口沙坝砂粒较细，储油物性较好，而且较均匀，因此，层内非均质性不严重。

2.油水运动特点

（1）在平面上注入水仍有沿砂体轴部突进现象，但不严重，然后逐渐向两侧扩展。

（2）层内水淹较均匀，水淹厚度较大，可达90%以上，甚至可达100%。驱油效率较高，油层底部驱油效率可达60%。

（3）位于河口沙坝主体部位的采油井可形成高产井，且含水上升较慢，一般是高产稳产井，河口沙坝是油田开发效果最好的油砂体之一。

### （五）稳定席状砂体

1.砂体特征

这种砂体主要为内前缘席状砂、外前缘席状砂及滨外坝砂体等。这些砂体在平面上分布稳定，连通较好，厚度小，渗透率低，但层内较均匀。

2.油水运动特点

（1）在平面上注入水推进较慢且很均匀，很少有局部突进现象。行列井网第二排油井受第一排油井的屏蔽影响，注水效果不佳，长期处于低压状况，开发效果差。

（2）席状砂体中常可形成分选较好、渗透率较高的条带，在高压注水条件下可发生暴性水淹。另外，有些受钙质后生充填的条带压裂酸化后也可发生类似暴性水淹。

## （六）湖相滩砂砂体

1.砂体特征

这种砂体包括近岸滩砂和远岸滩砂。这些砂体在平面上呈片状分布，厚度变化小，单砂体在剖面上以透镜状为主。砂体颗粒细，以粉砂为主，渗透率低，但分选较好，层内较均匀。

2.油水运动特点

（1）在平面上注入水推进较慢，油井普遍见效。由于砂体粒度细、渗透率低，注入水推进速度较慢，一般为0.2～0.7m/d，砂体分布稳定，连通性好，油井见效率达80%以上。

（2）注入水沿湖岸线走向推进较快。在湖浪和湖水沿岸流的作用下，砂粒长轴排列方向大体与湖岸线走向近乎平行，故沿该方向渗流阻力小，注入水推进较快，其他方向推进较慢。

（3）油层上部先见水，水洗厚度较大。由于油层具有反韵律–复合韵律的特征，因此油层上部和中上部先见水，水洗厚度较大，可达70%以上。

（4）层间水洗状况差异小。由于层间差异小，各层普遍吸水，致使层间水洗强度较均匀，驱油效率很接近，但水洗强度较弱，驱油效率较低。

# 四、沉积相与油气田开发的关系

细分沉积相是油气田开发地质研究中一项很重要的工作。从编制油气田开发方案到油气田开发终了，始终离不开储层细分沉积相的研究，它在油气田开发中起着多方面的作用。

## （一）为编制好油气田开发方案提供地质依据

陆相沉积油田的显著特点是油层多，各类沉积砂体的形态、非均质性、油水运动特点、油田开发效果等有明显差异，在编制油田开发方案时必须考虑这些差异，采用不同方法区别对待。

（1）在划分与组合开发层系时，不能只考虑油层物性参数的差异，还应考虑油层沉积类型的差异。有些油层物性参数差别不大，但属于不同沉积类型的砂体，若组合在一起开发，则会增加层间矛盾，降低油田开发效果。如大庆杏树岗油田开发初期把前缘席状砂和河口沙坝合为一个开发层系，这两类油层物性参数差别不大，但油水运动特点和油田开发效果差别很大，因而不得不进行调整。

（2）在确定井网和注水方式时应考虑油层沉积类型的差异，要区别对待。如河道砂体厚度大、渗透率高、分布面积广，井网可以稀一些，行列注水方式和面积注水方式都可以适应；但厚度薄、渗透率低、形态不规律、分布不稳定的砂体，井网密度应该大一些，采用面积注水方式比较合适。

（3）对于河道砂体，若采用行列注水方式，注水井排应布置在河道主流线上比较合适，这样有利于迅速形成水线，然后使水线向两侧采油井推进，可提高油田开发效果。考虑河道砂体渗透率的方向性，如注水井排垂直于砂体延伸方向时，其两侧的排距应有所区别，顺古水流方向的注采井排排距应大于逆古水流方向的注采井排排距，这样有利于调节注水井排两侧的平面矛盾。

## （二）为培养高产井提供依据

（1）高产井与油层沉积类型及沉积部位有关，细分沉积相有利于发现和培养高产井。洪（冲）积扇砂体的主槽、侧缘槽及辫流线部位，河道砂体的河床及下切带部位等，由于油层厚度大、渗透率高，极易产生高产井，但由于层内非均质性严重，含水上升快，往往属于高产不稳定井。

（2）洪（冲）积扇砂体主槽及侧缘槽两侧部位，垂向加积的分流河道砂体，河口沙坝轴部，由于油层厚度较大、渗透率较高、层内非均质性较轻，容易形成高产稳定井。

## （三）为及时夺高产、实现产量接替提供依据

各类沉积砂体都有自己的油水运动规律，这是不以人们的意志为转移的客观存在，人们不能违背它，只能因势利导，为油田高产稳产服务。

（1）以河道砂体为例，注入水总是沿深切槽带突进，位于这个带上的采油井总是先见效、先高产、先水淹。大庆油田开发初期，还没有认识这一规律时，曾采用注水井少注、停注，采油井控制产量（用小油嘴）甚至关井等办法企图改变这一规律，结果以受挫而告终。因此，必须利用这种规律，及时放产，充分发挥这些高产井的作用。

（2）位于河道砂体主流带上的采油井高含水后，采用堵水办法把高含水层堵住，使注入水向主流带两侧采油井推进。这些采油井受效后，可大幅度提高产油量，从而实现产量转移接替。

## （四）为合理划分动态分析区和进行动态分析提供依据

（1）按沉积亚相带划分动态分析区比人为划分更有利于搞清地下情况，如泛滥平原区以河道砂体为主，三角洲分流平原区以分流河道砂体为主，三角洲内前缘区以河口沙坝或以内前缘席状砂体为主，三角洲外前缘区以外前缘席状砂体为主。根据这些砂体的油水运动特点，容易搞清地下油水分布及潜力分布状况，因而可以采取不同的开发技术政策。

（2）根据沉积相带分布图和油层连通图，揭示出各类砂体分布及连通状况，结合各类砂体油水运动的特点，可以更有效地进行油田动态分析。另外，还可以通过建立各种地质模型，用数值模拟或物理模拟方法预测油田动态和开发效果。

## （五）为选择挖潜对象，发挥工艺措施作用提供依据

（1）选择层内存在薄夹层的厚层河道砂岩进行选择性压裂的效果好。选择多单元叠加厚层河道砂岩，高含水后采取化堵加压裂的措施，即堵掉高含水单元，压开低含水单元，增产效果很好。

（2）选择层内存在薄夹层的三角洲平原及河口沙坝高含水厚油层进行细分注水、细分堵水，可取得明显的增产效果。进行注采系统调整时，点注井应选择在河道砂岩下切带或河口沙坝轴部，可取得较好的开发效果。

（3）在泛滥平原区，补孔层位应避开河道砂岩底部而选择层位较高的砂岩进行补孔，这样效果更好。对于垂向加积的分流河道砂岩和河口沙坝分布区，选择在轴部两侧变差的砂岩进行补孔的效果好。

## （六）为层系、井网及注水方式的调整提供依据

当油田进入中高含水阶段以后，油水分布参差不齐，层间矛盾、平面矛盾和层内矛盾十分突出，只靠工艺措施来缓解三大矛盾、维持油田高产稳产已是不可能的了，必须进行层系、井网及注水方式的调整才能解决问题。

（1）选择什么样的油层作为层系、井网及注水方式调整对象，这是调整中的关键问题。沉积相研究为解决这个问题提供了依据。下列砂体可作为调整的对象。

①废弃河道砂体、决口扇砂体及物源供给不足的前缘席状砂体等都是一些零星分布、形态不规则的砂体，在原井网中控制不住，受不到注水效果，基本上未动用，是调整的主要对象。

②成片分布的三角洲前缘席状砂体，由于厚度薄、渗透率低，加上中高渗透率油层的干扰，动用很差。

③分流河道砂体及水下分流河道砂体的边部，由于厚度变薄，渗透率变低，加上注入

水沿主流带突进，所以动用不好，含水较低。

（2）沉积相研究揭示了各类砂体的形态及分布特征，为确定井网密度提供了依据。一般要求调整后的井网水驱控制程度应达到90%以上。根据沉积相带分布图及油砂体图进行统计，就可确定合理的井网密度。

（3）沉积相研究揭示了各类砂体的特征及油水运动特点，为合理确定注水方式提供了依据。例如，采用正方形面积注水方式就是一种较好的方案。在选择注水方式时要考虑三条原则：一是有利于提高水驱控制程度；二是要改变原来的注入水流动方向，以利于扩大扫油面积；三是有利于提高油层的注水量。

细分沉积相研究还为地质储量和可采储量的估算、提高油田采收率研究提供了依据。总之，细分沉积相研究的作用贯穿于油田开发的始终，是一项极为重要的基础工作。沉积相与油气田的开发之间具有密切的关系。

# 第三节　油气藏储层

油气藏的核心是储层。储层是油气储存的载体，是油气采出和注入剂注入的通道，是油气田勘探与开发的基本对象，是油气藏描述的重点和核心。当存在圈闭时，储层的储集空间大小及储渗性能好坏决定了该圈闭对油气的捕获能力。在油气田开发中，储层的孔渗性能对油气井的产能和油气藏的开发效果有决定性影响。储层研究是油气藏描述和评价的基本内容，是制订油气田勘探开发方案的基础，是挖掘油气田产能潜力及研究剩余油气分布的重要依据。只有科学、系统、定量化地研究储层，才能提高勘探和开发效益。储层研究的目的就是要深入认识储层的地质开发特征，并把这些特征表述和展示出来。

## 一、储层非均质性

无论是碎屑岩储层还是碳酸盐岩储层，无论是常规储层还是特殊储层，其岩性、物性、含油气性和电性在三维空间上往往都是变化的，这种变化就是储层的非均质性。一般来说，储层的非均质是绝对的、无条件的、无限的，而均质是相对的、有条件的、有限的。非均质性对油气田开发效果的影响很大，尤其是对提高采收率的影响深远。我国目前已发现的90%的油气储量来自陆相储层，且绝大多数都采用注水开发。因此，储层非均质性的研究水平将直接影响到对储层中油、气、水分布规律的认识和油气田开发效果的好坏。

## （一）概念与影响因素

1.储层非均质性的概念

广义上讲，储层非均质性就是指油气储层在空间上的分布（各向异性）和各种内部属性（物理特性）的不均匀性。前者控制着油气的总储量、分布规律及勘探开发的布井位置，后者控制着油气的可采储量、注采方式（如波及系数）、产能以及剩余油的分布；前者的研究结果是建立骨架模型，后者则是建立参数模型。狭义上讲，储层非均质性就是指油气储层各种属性（岩性、物性、含油气性及电性）在三维空间上分布的不均匀性。

2.主要影响因素

影响储层非均质性的因素很多，也很复杂，但归纳起来主要有以下3点。

（1）构造因素对储层非均质性的影响主要决定于构造运动形成断层、裂缝，改造和叠加于原始储层骨架之上，造成流体流动的隔挡或通道。裂缝通常改变储层的渗透性方向和能力，造成其渗透性在纵向、横向、垂向三维空间上有很大的差异。不同时期的构造运动具有不同的特征和性质，这就决定了储层裂缝的形成与分布不同，进而影响着储层的非均质性特征。

（2）沉积因素主要取决于沉积作用或过程、形成储层的建筑或构型（原始骨架、砂体的空间形态与内部构成）。

沉积条件的不同（如流水的强度和方向、沉积区的古地形陡缓、盆地中水的深浅与进退碎屑物供给量的大小）造成了沉积物颗粒的大小排列方向、层理构造和砂体空间几何形态的不同，即不同的沉积相中砂体的分布不同，这就使得沉积砂体内部的物理特性不同，进而造成储层非均质程度的千差万别。

（3）成岩因素取决于储层的岩矿与地下流体特征，造成黏土矿物的转化，发生胶结、溶蚀及淋滤作用，改善或破坏储层的基本物性。当沉积物或砂体沉积后，由于一系列的成岩作用，如压实、压溶、溶解、胶结以及重结晶等作用改变了原始砂体的孔隙度和渗透率的大小，加上盆地中不同层位地层通常具有不同的地温、流体、压力和岩性，因而其成岩作用各异，次生孔隙的形成与分布状态在空间上极不均匀，增加了储层的非均质程度。

## （二）储层非均质性的分类

储层的结构复杂程度让人难以置信，它所包含的非均质性规模可以从几千米到几米，从几厘米到几毫米。不同的学者依据其研究目的，对储层非均质性的规模、层次及内容的研究各有侧重。

1.Pettijohn的分类

1973年，Pettijohn Poter和Siever在研究河流沉积的储层时，依据沉积成因和界面以及对流体的影响，首先提出了储层非均质性研究的层次和分类概念，并由大到小建立了非均质类型的系列谱图或分级序列。这种分类是在沉积成因的基础上进行的，便于结合不同的沉积单元进行成因研究，优点突出，也比较实用。这种分类的对应关系如下：

（1）I级相当于油（油藏）层组规模或油藏规模[（1~10）km×100m]；

（2）II级相当于层间规模或层规模（100m×10m）；

（3）III级相当于层内规模或砂体规模（1~10m²）；

（4）IV级相当于岩心规模或孔隙规模（10~100mm²）；

（5）V级相当于薄片规模或纹层规模（10~100μm²）。

2.Weber的分类

1986年，Weber在对油田进行定量评价和开发方案的设计时，根据Pettijohn的分类思路，提出了一个更为全面的分类体系，主要是增加了构造特征、隔夹层分布及原油性质对储层非均质性的影响。根据这一分类体系的顺序，可以在油田评价和开发期间定量地认识和研究储层非均质性。非均质规模大小的不同对油田评价的影响程度不同，大规模的构造体系比沉积特征优先发挥作用。

Weber的分类按规模和成因可分为7种类型。

（1）封闭、半封闭、未封闭断层：这是一种大规模的储层非均质属性，断裂的封闭程度对油区内大范围的流体渗流具有很大的影响。如果断层是封闭的，就隔断了断层两盘之间流体的渗流，起到了遮挡的作用；如果断层未封闭，就成为一个大型的渗流通道。此类非均质性主要是针对断块型油气藏的封闭性而言的。

（2）成因单元边界：成因单元边界实质上是岩性变化的边界，且通常是渗透层与非渗透层的分界线，至少是渗透性差异的分界线，因此成因单元边界控制着较大规模的流体渗流。它通常是油组的分界，也可以是油层的分界，这取决于成因单元的规模。

（3）成因单元内渗透层：在成因单元内部，具有不同渗透性的岩层在垂向上呈网状分布，因而导致储层在垂向上的非均质性，它直接影响油田开发的注采方式。

（4）成因单元内隔夹层：在成因单元内，不同规模的隔夹层对流体渗流具有很大影响。它不仅主要影响着流体的垂向渗流，同时也影响着水平渗流，因而制约着油田开发的注采层位或射孔层段。

（5）纹层与交错层理：由于层理构造内部层系与纹层的方向具有较大的差异，这种差异对流体渗流也有较大的影响，从而影响注水开发后剩余油的分布。

（6）微观非均质性：这是最小规模的非均质性，即由于岩石结构和矿物特征差异导致的孔隙规模的储层非均质性。

（7）封闭、开启裂缝：储层中若存在裂缝，裂缝的封闭性和开启性也可导致储层的非均质性。

这一分类较Pettijiohn的分类更为全面，它是在考虑不同油藏类型的基础上提出的，可操作性强，便于进行研究和使用。

3.Haldorsen的分类

H.H.Haldorsen根据储层地质建模的需要及储集体的孔隙特征，按照与孔隙均值有关的体积分布，将储层非均质性划分为4种类型：

（1）微观非均质性（Microscopic Heterogeneities），即孔隙和砂颗粒规模；

（2）宏观非均质性（Macroscopic Heterogeneities），即岩心规模；

（3）大型非均质性（Megascopic Heterogeneities），即模拟模型中的大型网块；

（4）巨型非均质性（Gigascopic Heterogeneities），即整个岩层或区域规模。

4.裘怿楠等的分类

裘怿楠根据多年的工作经验和Pettijohn的思路，结合我国陆相储层的特点，既考虑了非均质性的规模，也考虑了开发生产的实际，将碎屑岩的非均质性由大到小分成4类。

（1）层间非均质性：包括层系的旋回性、砂层间渗透率的非均质程度、隔层分布、特殊类型层的分布。

（2）平面非均质性：包括砂体成因单元的连通程度、平面孔隙度、渗透率的变化和非均质程度以及渗透率的方向性。

（3）层内非均质性：包括粒度韵律性、层理构造序列、渗透率差异程度及高渗透段位置、层内不连续薄泥质夹层的分布频率和大小以及其他不渗透隔层、全层规模的水平、垂直渗透率比值等。

（4）孔隙非均质性：主要指微观孔隙结构的非均质性，包括砂体孔隙、喉道大小及其均匀程度、孔隙喉道的配置关系和连通程度。

除以上分类外，还有宏观非均质性、中观非均质性、微观非均质性，此外还有人采用大型、中型、小型非均质性的分类方案。

## （三）非均质性的研究与定量描述

研究储层非均质性不仅是为了表征储层在不同层次各种属性的变化规律和分布特点，更重要的是建立储层的非均质性模型，这就要将各种描述性特征进行科学的量化和指标化。结合国内外油气储层非均质性的分类方案，从储层沉积学的角度而言，可将储层的非均质性分为宏观非均质性与微观非均质性两大类。其中，宏观非均质性包括层内非均质性、层间非均质性及平面非均质性。

### 1.宏观非均质性

（1）层内非均质性指一个单砂层规模内垂向上的储层特征变化，包括层内垂向上渗透率的差异程度、最高渗透率段所处的位置、层内粒度韵律、渗透率韵律及渗透率的非均质程度、层内不连续泥质薄夹层的分布。层内非均质性是直接控制和影响单砂层内注入剂波及体积的关键地质因素。层内非均质研究的核心内容是沉积作用与非均质的相应关系，其主要量化指标是：渗透率的差异程度——影响流体的波及程度与水窜；高渗透率的位置决定注采方式与射孔部位；垂直渗透率与水平渗透率的比值——控制着水洗效果；层内不连续薄泥质夹层的分布频率、密度与范围——影响着注采方式与油、气、水界面的分布。

①粒度韵律。单砂层内碎屑颗粒的粒度大小在垂向上的变化称为粒度韵律或粒序，它受沉积环境和沉积作用的控制。粒度韵律一般分为正韵律、反韵律、复合韵律和均质韵律4类。正韵律：颗粒粒度自下而上由粗变细称为正韵律，往往导致物性自下而上变差，如河道砂体往往形成典型的正韵律。反韵律：颗粒粒度自下而上由细变粗称为反韵律，往往导致岩石物性自下而上变好，如三角洲前缘河口坝沉积可形成典型的反韵律。复合韵律：正韵律与反韵律的组合。正韵律的叠置称为复合正韵律；反韵律的叠置称为复合反韵律；上下细、中间粗称为复合反正韵律；上下粗、中间细称为复合正反韵律。均质韵律或无韵律：颗粒粒度在垂向上无变化或无规律，称为无规则序列或均质韵律。

②沉积构造。在碎屑岩储层中，大多具有不同类型的原生沉积构造，其中以层理为主，通常见到的有平行层理、板状交错层理、槽状交错层理、小型沙纹交错层理、递变层理、冲洗层理、块状层理及水平层理等。层理类型受沉积环境和水流条件的制约，层理则主要通过岩石的颜色、粒度、成分及颗粒的排列组合的不同而表现出不同的构造特征，这种差异导致了渗透率的各向异性。所以，可以通过研究各种层理的纹层产状、组合关系及分布规律来分析由此而引起的渗透率的方向性。这一层次的储层非均质性则主要是通过岩心分析与倾角测井技术进行研究。

③渗透率大小在垂向上的变化所构成的韵律性称为渗透率韵律。与粒度韵律一样，渗透率韵律也可分为正韵律、反韵律、复合韵律（包括复合正韵律、复合反韵律、复合正反韵律、均质韵律）。通常情况下，储层的物性（孔隙度与渗透率）变化与粒度有较好的对应关系，尤其是孔隙度。但也不尽然，孔隙度与渗透率的垂向变化规律不仅受粒度分布的影响，同时还受岩石组成、成岩作用与构造活动的制约和改造，尤其是渗透率，这就造成了最大渗透率的位置出现多种变化的现象。一般而言，在正常粒度韵律的储层中，最大渗透率的位置较易确定和有规律，但复合粒序韵律的储层则变化多样。

层内夹层是指位于单砂层内部的非渗透层或低渗透层，厚度从几厘米到几十厘米不等，一般为泥岩、粉砂质泥岩或钙质砂岩。层内夹层是由短暂而局部的水流状态变化形成的，反映微相或砂体的相变，所以其形态和分布不稳定。不稳定的泥质夹层对流体的流动起着不渗透或极低渗透的隔挡作用，影响着垂直和水平方向上渗透率的变化。它的分布与侧向连续性主要受沉积环境的制约，具有随机性，难以追踪，但可通过沉积环境分析来进行预测。

（2）层间非均质性是指储层或砂体之间的差异，是对一个油藏或一套砂泥岩间含油层系的总体研究，属于层系规模的储层描述，包括各种沉积环境的砂体在剖面上交互出现的规律性或旋回性，以及作为隔层的泥质岩类的发育和分布规律，即砂体的层间差异，如砂体间渗透率非均质程度的差异。层间非均质性是引起注水开发过程中层间干扰、水驱差异和中层突进的内在原因。因此，层间非均质性是选择开发层系、分层开采工艺技术的依据。在陆相沉积储层中，层间非均质性十分突出，其原因是陆相储层的层数多、厚度小、横向变化快及连通性差。

①砂岩密度（S）：砂岩总厚度（含粉砂）与地层总厚度之比的百分数，即砂地比，也称净毛比。由于该系数主要用以反映砂体的连通程度，而粉砂具有一定的孔渗性能，并且可以作为储层，因此在统计时应含粉砂。

②各砂层间渗透率的非均质程度：各砂层间渗透率变异系数、渗透率突进系数、渗透率级差、渗透率均质程度的层间差异。

③有效厚度系数：含油层厚度与砂岩总厚度之比的百分数，其平面等值线可较好地反映油层的分布规律。

④层间隔层：隔层是砂层间发育较稳定的相对非渗透的泥岩、粉砂岩或膏岩层等，其厚度从几十厘米到几十米不等，成因多样，如在三角洲发育地区，隔层的主要成因为前三角洲泥、分流河道间或水下分流河道间等。由于隔层的分布较稳定，使上、下砂层相互独立而不属于同一流动单元。隔层在各井区的发育情况不同，就导致各井非均质性的差异。在研究中，主要对隔层的类型、位置及平面分布规律进行描述和分析。

（3）平面非均质性是指一个储层砂体的几何形态、规模、连续性以及砂体内孔隙度、渗透率的平面变化所引起的非均质性，它直接关系到注入剂的波及效率。

①砂体几何形态是其在各个方向大小的相对反映，主要受控于沉积相的分布，不同沉积体系内砂体的几何形态有着自己的特性与规律。

②砂体规模与连续性直接影响着储量的大小与开发井网的井距。通常重点研究的是砂体的侧向连续性，而宽厚比、钻遇率及定量地质知识库则是进行表征和预测常用而有效的方法。按延伸长度，可将砂体分为五级。一级：砂体延伸大于2000m，连续性极好；二级：砂体延伸1600～2000m，连续性好；三级：砂体延伸600～1600m，连续性中等；四级：砂体延伸300～600m，连续性差；五级：砂体延伸小于300m，连续性极差。

③砂体的连通程度不仅关系到开发井网的密度及注水开发方式，同时还影响到油气最终的开采效率。地下砂体的连通从成因上讲主要为两类：一是构造；二是沉积。前者主

要是通过断层或裂缝；后者则是指砂体在垂向上和平面上的相互接触连通，可用砂体配位数、连通程度和连通系数表示。

砂体配位数：与一个砂体连通接触的砂体数，控制着油、气、水界面与注采方式。连通程度；连通的砂体面积占砂体总面积的百分数。连通系数：连通的砂体层数占砂体总层数的百分数。连通系数也可用厚度来计算，称为厚度连通系数。

砂体的连通主要受沉积作用的控制，以河流为例，其连通体通常有单边式（或称多边式，侧向上相互连通为主）、多层式（或称叠加式，垂向上相互连通为主）、孤立式（未与其他砂体连通）。砂体的连通也可用砂岩密度进行评价。研究连通性的方法通常有砂岩密度、空间叠置、压力测试、生产动态检测、示踪剂跟踪等。

④砂体内孔隙度、渗透率的平面变化及方向性。通过编制孔隙度及渗透率非均质程度的平面等值线图来表征其平面变化规律。研究的重点是渗透率的方向性，它直接影响到注入剂的平面波及效率，制约着油、气、水的运动方向。渗透率的方向性可分为两类：宏观渗透率的方向性，指砂体内岩性变化引起的渗透率的方向性；微观渗透率的方向性，指砂体内沉积构造和结构因素所引起的渗透率的方向性。

⑤井间渗透率非均质程度。井间渗透率变异系数：井间渗透率的变异系数反映了砂体渗透率在平面上的总体非均质程度。不同等级渗透率的面积分布频率：在渗透率等值线图上，根据划定的渗透率等级，计算不同等级渗透率分布面的百分数，并编绘分布频率图，以了解渗透率在平面上的差异程度。注采井间渗透率的差异程度：在注采井网确定的条件下，描述注入井与各采油井之间渗透率的差异程度。这一差异程度是导致注水开发中平面矛盾的内在原因。

2.微观非均质性

储层的微观非均质性是指微观孔喉内影响流体流动的地质因素，主要包括孔隙和喉道的大小、连通程度、配置关系、分选程度以及颗粒和填隙物分布的非均质性。这一规模的非均质性直接影响注入剂的微观驱替效率。微观非均质性包括三个方面的内容，即孔隙非均质性、颗粒非均质性和填隙物非均质性。其中，后两种非均质性是孔隙非均质性的成因。

（1）孔隙非均质性：一般而言，岩石颗粒包围着的较大空间称为孔隙，而仅仅在两个颗粒间连通的狭窄部分称为喉道。孔隙是流体储存于岩石中的基本储集空间，而喉道则是控制流体在岩石中渗流特征的主要因素。

①孔隙和喉道的类型、大小、分布状态及分选程度可应用孔隙结构参数加以定量描述，即孔喉最大半径、孔隙半径中值、最大连通喉道半径、喉道半径中值、主要流动喉道半径平均值、喉道峰值半径、最小流动喉道半径等。值得注意的是，在孔隙充满流体时，润湿相流体在颗粒边缘形成一层液膜，从而减小了可流动的孔隙通道大小。因此，在润湿

相流体存在的情况下，有效孔喉半径应该是实际孔喉半径减去液膜厚度。

②喉道的非均质性。每一支喉道可以连通两个孔隙，而每一个孔隙至少和3个以上的喉道相连通，有的甚至和6~8个喉道相连通，这直接影响着油田的开采效果。孔喉的配位数是孔隙系统连通性的一种定量表征方式，在一个六边形的网格中，配位数为3；而在三重六边形网格中，配位数则为6。在同一储层中，由于岩石的颗粒接触关系、颗粒大小、形状及胶结类型不同，其喉道的类型也不相同。常见的喉道类型有以下4种：

孔隙缩小型喉道。喉道为孔隙的缩小部分。这种喉道类型往往发育于以粒间孔隙为主的砂岩中，与孔隙较难区分，岩石以颗粒支撑、漂浮状颗粒接触以及无胶结物的类型为主。此类结构属于大孔粗喉，孔喉直径比接近于1，岩石的孔隙几乎都有效。

缩颈型喉道。喉道为颗粒间可变断面的收缩部分。当砂岩颗粒被压实而排列比较紧密时，虽然保留下来的孔隙较大，但颗粒间的喉道却大大变窄。此时砂岩可能有较高的孔隙度，但其渗透率却偏低，属大孔细喉型，孔隙部分无效。

片状或弯片状喉道。喉道呈片状或弯片状，为颗粒之间的长条形通道。当砂岩压实程度较强或晶体再生长时，晶体再生长之间包围的孔隙变得更小，喉道实际上是晶体之间的晶间隙，其张开宽度一般小于$1\mu m$，个别为几十微米。当沿颗粒间发生溶蚀作用时，也可形成较宽的片状或宽片状喉道。故这种类型的喉道变化较大，可以是小孔极细喉型，受溶蚀作用改造后也可以是大孔粗喉型，孔喉直径比为中等至较大。

管束状喉道。当杂基及各种胶结物含量较高时，原生的粒间孔隙有时可以完全被堵塞，杂基及各种胶结物中的微孔隙（小于$0.5\mu m$的孔隙）本身既是孔隙又是喉道。这些微孔隙像一支支微毛细管交叉地分布在杂基和胶结物中组成管束状喉道，孔隙度一般不高，属中等或较低；渗透率则极低，大多小于0.1mD。由于孔隙就是喉道本身，所以孔喉直径比为1。

综上所述，不同的喉道形状和大小可以产生不同的毛细管力，进而影响孔隙的储集性和渗透率。任何储层的孔隙都是由不同孔径的孔隙组成的，不同大小的孔喉渗流能力也存在着较大的差别。对于孔喉大小分布的非均质程度，可用分选系数、相对分选系数、均质系数孔隙结构系数、孔喉歪度、孔喉峰态等参数来描述。

③孔隙的连通性。孔隙与孔隙之间是通过喉道来连通的，但不同孔隙的连通情况可能不同。这种连通情况可用孔喉配位数、孔喉直径比或孔喉体积比来表征。显然，孔隙连通性越好，越有利于油气的采出。

（2）颗粒非均质性指颗粒大小、形状、分选、排列及接触关系。它既影响着孔隙非均质性，也可造成渗透率的各向异性，同时还影响着注水开发过程中储层自身的动态变化。颗粒的排列方向性是造成储层渗透率各向异性的重要因素，它主要受沉积古水流方向的控制。颗粒的长轴方向趋向于与古水流方向一致，沿此方向渗透率要比其他方向大，古水流速度较高,孔隙通畅,而其两侧的孔隙则成为缓流区或滞留区,其中可能有较多的细粒物质或黏土物质。这样便造成了在不同方向上孔道畅通程度的差异,从而导致渗透率的各向异性。

(3)填隙物非均质性:众所周知,填隙物包括黏土杂基(自生和他生)和胶结物,其类型、含量、产状在不同的储层中有着较大的差异,导致不同储层孔、渗、饱及非均质性的差别。其研究方法主要是通过镜下鉴定、统计与实验的方法来获取数据,进而分析其非均质性特征。填隙物的特征既是影响孔隙非均质的重要因素,又是储层敏感性的内在原因及物质基础。

## (四)储层非均质性与油气采收率

在油田开发过程中,影响最终采收率的主要因素有三种:一是储层的非均质性;二是流体的性质;三是注采方案和生产制度。其中,储层非均质性是最基本和最主要的地质因素。

1.宏观非均质性对注水开发的影响

在多油层油田的注水开发中,储层宏观非均质性直接影响着注水开发效果,主要表现如下。

(1)层间非均质性是引起注水开发过程中层间干扰和单层突进(统称层间矛盾)的内在原因。在多层合层开采的情况下,层间矛盾更为突出,层数越多,层间矛盾越大;单井产液量越高,则通常含水也越高。通常情况下,高渗储层的水驱启动压力低,容易水驱,在注水井中好油层吸水多,水线推进快,这就造成了高渗油层产出高,而低渗层的启动压力高,吸水少,出油少,水线推进慢甚至不见效。由于高渗与低渗的层间矛盾,采油井与注水井内表现出明显的层间干扰,由此出现了高渗层"单层突进"、低渗层剩余油突出的现象。渗透率级差与不出油砂体厚度成正比,即级差越大,则不出油的油层就越多。层间干扰现象在吸水剖面和产液剖面上通常表现十分明显,尤其是在合层开采的情况下,各层单位厚度的吸水能力具有明显的差异。

(2)平面非均质性可减小水淹面积系数,这是由于各单油层在平面上往往呈不连续分布,并造成注水开发时油层边角处和被钻井漏掉的"死油区"。此外,由于平面上渗透率的差异,使注入水沿着平面上的高渗透带迅速"舌进",而中、低渗透带相对受注水驱动减小,因而降低了水淹面积系数。

砂体的连续性主要取决于沉积相的展布,其连通性则主要取决于砂体在空间上的叠置形式。前者是确定井网密度的地质依据,而后者则是影响注采井方式选择的主要因素。合理的注采方式与井网直接影响着油田的开发效果。而渗透率的方向性则直接影响着各种驱油方式的推进方向和速率。通常高渗带的驱油效果好于其周边;而低渗带则是开发一段时间后的主要剩余油分布区。因此，驱油的主要方向是高渗带的走向、古水流方向、裂缝发育带。

（3）层内非均质性降低了水淹厚度系数。由于各单层之间的非均质性主要表现为渗透率的差异，其渗透率大小相差几倍、几十倍其至高达数百倍。这种非均质性在多油层合层注水和采油的条件下，注入水首先沿着连通性好、渗透率高的层迅速突进，使注入水很快进入采油井，使油井含水率迅速提高甚至水淹停产；而低渗透层动用程度低，大部分原油残留地下形成"死油"，从而降低了水淹厚度系数。

①韵律特征对驱油效果的影响。一般而言，不同的渗透率韵律特征具有不同的水淹形式。韵律特征也是层内低渗部位剩余油分布相对集中与开采效果不同的主要原因。

②夹层的影响。相对稳定夹层的发育有利于油田的开发，尤其是对厚油层而言。稳定夹层可将厚油层分成几段，抑制厚油层内的垂向窜流，提高其中油气的动用程度，增加水洗厚度。故夹层频率和密度越大，驱油效果越好。不稳定夹层的存在可使油层内形成较为复杂的渗流障，影响驱油效果，导致复杂的剩余油分布。

2.微观非均质与油气采收率的关系

微观非均质直接影响着注入剂的微观驱替方式和效率，微观驱替效率又直接影响着微观规模的剩余油分布与数量，而微观驱替效率与微观孔隙结构、润湿性和流体性质有关，其中，孔隙结构是影响微观驱替效率的最重要因素。

（1）孔隙系统中的微观驱替机理：在孔隙介质中，滞留油气的应力主要有三种：毛细管力（作为滞留力，主要表现在油湿的岩石中）、黏滞力、重力。在注入剂驱油的生产过程中，从孔隙中驱替原油的动力主要为施加的外力，即驱替力。毛细管力在亲油（油湿）储层中作为水驱的阻力；而在亲水（水湿）储层中，毛细管力则作为驱动力，使水自动吸入小孔道中，即自吸现象。在单孔道中，注入剂驱替原油的过程就是驱动力克服阻力的过程。但储层孔隙系统十分复杂，在驱替过程中各种孔隙之间的非均质性会导致孔间干扰，且存在润湿性的差异和受孔内黏土矿物的影响，使得微观驱替过程更加复杂化。

地下岩石中孔道的形式十分复杂，以串联孔道为例，在水湿情况下，毛细管力和驱动力共同作用，推动流体向前运动。但也可能出现阻塞作用，即水自动润湿喉道表面，并随着水膜的变化，喉道轴心的油颈被挤成丝状，最后油丝可能断裂而在喉道处形成水桥。水桥阻塞了油路，从而在水桥后形成残余油。

在油湿情况下，如果施加的压力足以克服毛细管力，将引起液体的流动；一旦所施加的压力不足以推动界面穿越毛细管隘口，渗流将停止。总之，视驱动力和毛细管力的均衡情况，连续的油丝穿过多孔介质时，可能在经过孔喉隘口时被掐断而出现孤立的油滴。

（2）孔隙非均质性对驱油效率的影响：众所周知，残余油的形成与储层孔隙结构有很大的关系，即注水开发中的驱油效率与储层孔隙结构（孔隙与喉道的大小及其分布）密切相关。另外，对于已形成残余油的油藏，在三次采油过程中排驱残余油的效率即三次采油的石油采收率也与孔隙结构有关，这是由于残余油的再运动取决于孔隙中的毛细管力和黏滞力。一般来讲，孔隙非均质性越强，驱油效率越低。

## 二、油气层划分与对比

### （一）油气层划分与对比在油气田开发中的意义与作用

多油气层的油气田，对油气层的认识程度取决于油气层划分与对比的精度。其精度越高，对油气层的认识越深，油气田投入开发后掌握的主动权就越大。因此，油气层划分与对比是油气田开发中一项非常重要的基础工作，它的作用贯穿于油气田开发的始终。

1.为编制好油田开发方案创造条件

（1）科学划分与组合开发层系。一个油田，如果油层比较单一，就没有划分开发层系的必要，但对于非均质多油层油田来说，合理划分与组合开发层系意义十分重要。即使在分层开采工艺日益发展的情况下，划分与组合开发层系仍然十分必要。在组合成一个开发层系时，一般要满足下列要求。

①一个开发层系内的各油层性质、沉积类型应相近，这样有利于减小层间矛盾，有利于改善油田开发效果。

②要把主力油层与中低渗透油层区分开，采用不同的井网和注水方式。

③同一个开发层系内的各油层，其构造形态、油水分布范围、驱动类型、压力系统、原油性质等应大体一致。另外，还要满足隔层、储量生产能力等条件。如果不能把单油气层划分出来，上述要求就无法满足，合理划分与组合开发层系就谈不上了。

（2）井网部署是油田开发中的一个重大问题，它不仅关系到油田开发效果，而且关系到整个油气田投资、建设速度、稳产时间等问题。

从世界油田开发情况看，井网部署经历了一个从密到稀又从稀到密的过程，井网不是越密越好，也不是越稀越好，而是有一个合理的界限，要根据油层性质来确定。分布稳定、厚度大、渗透率高的主力油层，井网可以稀一些；分布不稳定、厚度较薄、渗透率低的非主力油层，井网可适当布密一点。因此，油气层划分与对比为区分好油层与差油层创造了条件，也为合理井网部署创造了条件。

（3）注水方式也是油田开发中的一个重要问题。它不仅关系到油田开发效果，也关系到油田稳产以及最终采收率的提高。注水方式按其形式可分为边外注水、边缘注水、边内注水三种，边内注水可分为切割注水与面积注水两大类。切割注水可分为环状切割与线状（行列）切割两种。苏联多采用行列注水方式，美国多采用面积注水方式。实际上，不同性质油层所适应的注水方式是不同的。一般来说，分布稳定、含油面积大、渗透率高的油层，行列注水或面积注水都能适应，但对于分布不稳定、含油面积小形态不规则、渗透率低的油层，面积注水方式比行列注水方式适应性强。因为采用行列注水方式时，油、水井呈线状分布，除中间井排外，其他井排的油井只受一个方向注水影响，如果这个方向的油层变差或尖灭，油井就达不到注水效果；而采用面积注水方式时，一口油井与周围若干口注水井相关，某个方向油层变差或尖灭，其他方向仍可受到注水影响。面积注水方式的油井都处在注水受效的第一线，而行列注水方式，除第一排油井外，其他各排油井均受到前面油井排的遮挡，其效果不如面积注水方式那样好。油层划分与对比为区分和研究不同性质油层创造了条件，因而也为合理选择注水方式创造了条件。

2.为正确进行油田动态分析创造条件

（1）生产动态分析中比较重要的问题是要搞清不同井组、区块注水井中各类油层吸水能力的大小及其变化。对高吸水层要适当控制注水，对吸水能力差的油层要加强注水，以减小层间矛盾；对采油井，要搞清不同井组、区块的产量、压力、含水变化，要针对出现的问题采取有效措施加以解决；对于见水油井，要搞清见水层位及来水方向；对于含水上升速度过快的油井，要搞清高吸水层以及注水量是否过大的问题；对于低压油井，要搞清油、水井油层连通状况以及注水量是否合理的问题；等等。要搞清这些问题，必须有单油层划分与对比的基础，否则是不可能的。

（2）油层动态分析中的关键问题是要搞清各类油层油水分布及油水运动规律、各类油层压力分布及渗流阻力变化、各类油层动用及剩余油分布状况等。要搞清这些问题，必须分区分层进行细致的分析。如果没有单油层划分与对比，要搞清上述问题也是不可能的。

3.为实现油田分层开采创造条件

（1）合理划分注水与采油层段。一个开发层系内油层较多时，层间矛盾仍然很严重。为了减小层间矛盾，充分发挥每个油层的作用，必须合理划分注水与采油层段，进行分层开采。层段划分是否合理，是提高分层开采效果的关键问题之一。层段划分不能太粗，也不能太细，要根据注水井与采油井的油层情况进行。在划分层段时，要把高渗透率油层、见水层、高含水层、不出油层、出油差的层划分出来；注水井与采油井的划分层段要互相对应等。合理划分层段的前提就是单油层划分与对比。

（2）搞好配产配注也是提高分层开采效果的关键问题之一。搞好配产配注的原则就是要区分不同性质的油层，分配不同的注水量和采油量。注采要平衡，主力油层要适当保护，非主力油层要适当加强，以利于延长高产稳产期。区分不同性质油层的前提就是单油层划分与对比，没有这个基础，就无法进行分层配产配注。

（3）堵水与压裂是分层开采中的重要内容和手段。当采油井某一油层含水较高时，就要进行堵水，以降低油井的综合含水，提高产油量和注入水的利用率。当某油层吸水能力或产油能力较差时，就要进行压裂改造，以提高油层的吸水能力和产油能力。这些工艺措施的前提就是单油层划分与对比。

4.为油田开发调整挖潜创造条件

油田从投入开发到终了，油田地下情况始终处在不断变化中。为了适应地下变化了的情况，改善油田开发效果，就必须进行各种形式的调整。因此，油田开发过程就是不断认识地下情况的变化、不断进行调整和挖潜的过程。油田调整挖潜方法很多，大体上分为两大类：一类属于工艺措施调整；另一类属于开发部署调整。属于第一类调整的有分层注水、分层采油、压裂、堵水、转注、补孔、转抽、高压注水、放大压差、钻零散井等。属于第二类调整的有钻加密井、调整开发层系、调整注水方式、移动注水线等。

不管采用什么样的调整挖潜方法，要取得调整挖潜的好效果，都必须深入研究各油层的连通状况、分布形态、厚度及渗透率变化、产油能力、水淹程度、动用状况、潜力分布等。尤其是油层高含水后，油水分布错综复杂，要取得调整挖潜的好效果，必须更加深入细致地研究各油层非均质特点和水淹规律以及剩余油分布状况等。搞清这些问题的前提就是单油层划分与对比。

油气层划分与对比不仅与上述问题有关，而且与沉积相研究、储量计算、流体分布等有关。总之，它涉及油气田开发的各个方面，是油气田开发中一项非常重要的基础工作。油气田开发地质工作者一定要重视这项工作的研究，以便不断提高油气层划分与对比的水平，不断促进油气田开发地质的发展。

## （二）储层划分与对比

在勘探阶段，储层研究进行的地层对比，是对地层时代和大套岩层的横向比较。到了开发阶段，则进行油层对比，即在一个油田范围内，对区域地层对比时已确定的含油层系中的油层进行进一步划分和对比。油层对比的特点：一是细，剖面上要求划分对比到单油层；二是注重连通性，油层平面与剖面的连通情况和隔层的分布情况都是对比研究的重点。其中，划分是对比的基础，对比是划分的进一步验证。

在含油层系中，由于地层的岩性、沉积旋回、岩石组合及特殊矿物组合等都客观地记录了地壳演变过程、波及的范围和延续的时间，且岩性和流体性质特征不同导致它们在测井曲线上的形态不同（地球物理特征），这些都为油层对比提供了地质依据。储层对比所应用的方法和区域地层对比基本相似，只是划分和对比的精细程度远比区域对比高。如油层组的划分一般与地层单元一致，可以应用地层对比方法。而砂岩组和单油层由于单元小，古生物、重矿物等在剖面的小段内变化不显著，主要是在油层组的对比线和标准层控制下，根据岩性、电性所反映的岩性组合特点及厚度比例关系作为对比时的依据。储层对比经常应用到以下一些方法。

1.旋回—厚度对比法

形成于陆相湖盆沉积环境的砂岩油气层，大多具有明显的多级次沉积旋回和清晰的多层标准层，岩性和厚度的变化均有一定的规律可循。依据这些特点，在我国多数陆相盆地沉积的油田均采用了在标准层控制下的旋回厚度对比油层的方法，即在标准层控制下，按照沉积旋回的级次及厚度比例关系，从大到小按步骤逐级对比，直到每个单层。

（1）利用标准层对比油层组。储层对比成果的精确程度，取决于井网密度和标准层的质量及数量。储层对比中的标准层，要求是分布广泛、岩性与电性特征明显、距目的层较近、厚度不大且易与上下岩层相区别的岩层。根据岩性和电性的明显程度以及稳定分布的范围，在油层对比时，可将其分为标准层与辅助标准层。

在储层对比中，选择好标准层是对比工作的基础。在选择标准层时，首先应研究油田区域内各油层剖面中稳定沉积层的分布，然后逐层追踪，编制分层岩性平面分布图，以确定其分布范围和稳定程度，进而从中挑选可作为标准层的层位。与此同时，必须掌握标准层本身的岩性、电性特征和平面的变化规律、在剖面的顺序、邻层的岩性和电测曲线特征。因为只有综合掌握这些资料，才能避免在应用标准层时弄错位置，特别是当剖面上同时存在几个相同岩性的标准层时，识别邻层的特征显得更为重要。

一般来说，稳定沉积层多形成于盆地均匀下沉、水域分布广阔的较深水沉积环境中。从剖面上看，一般在两个沉积旋回或两个岩相段的分界附近，由于沉积环境在时间上的交替，往往使两种岩相的岩性直接接触或出现混相现象，易于形成特征明显的岩层，所以寻找与选择标准层应着重这些环境或层段。

（2）利用沉积旋回对比砂岩组。在划分油层组的基础上进行的砂岩组对比，应根据油层组内的岩石组合性质、演变规律、旋回性质、电测曲线形态组合特征，将其进一步划分为若干个三级旋回。在二级旋回内划分三级旋回，一般均按水退和水进考虑，即以水退作为三级旋回的起点、以水进结束作为终点。这样划分可使旋回内的粗粒部分的顶部均有一层分布相对稳定的泥岩层，这层泥岩既可作为划分与对比三级旋回的具体界线，又可作为砂岩组的分层界面。

（3）利用岩性和厚度对比单油层。在油田范围内，同一沉积时期形成的单油层不论是岩性还是厚度都具相似性。在划分和对比单油层时，首先应在三级旋回内进一步分析其单砂层的相对发育程度及泥岩层的稳定程度，将三级旋回细分为若干韵律。韵律内的较粗粒含油部分即为单油层。井间单油层则可按岩性和厚度相似的原则进行对比。韵律内的单油层的层数和厚度可能不尽相同，在连接对比线时，应视具体情况进行层位上的合并、劈分或尖灭处理。每钻完一口井，应立即绘制同层单油层对比资料图。以此图为依据，逐井、逐层进行划分和对比并统一层组编号。若发现油层缺失、重复或有其他变化时，需仔细核实，单井对比成果应整理成图或表。

（4）连接对比线。储层对比不仅需将油层的层位关系，而且还要将油层的厚度变化、连通状况表示在对比图上。这项工作通过连接对比线完成。由于砂层的连续性和厚度稳定性的变化很大，用简单的方法很难将砂层的真实面貌表示出来。

在单井对比基础上，应再按井排、井列或井组组成的纵、横剖面和栅状网进一步对比，以达到统一层位划分。最后做出油层剖面图、栅状图和小层平面图，为编制油田开发方案提供基础资料。在对比中，若发现层位不一致时，应及时修改对比界线，修改后再进行剖面或区间对比校正，经过多次反复，最后达到点（井）、线（剖面）、面（区块或全区）层位一致。

2.沉积时间单元对比法

所谓沉积时间单元，是指在相同沉积环境背景下经物理作用、生物作用所形成的同时沉积。从理论上讲，一套含油层系内的沉积从时间上是可以无限细分的，而单元的大小则视研究目的而定。

（1）沉积时间单元的划分。厚砂层是一次成因还是多次叠置，其内部的粒度序列将会有很大的差别，这种差别将直接影响油水在油层内的运动。所以，对于厚度变化快、连续性又差的不稳定沉积环境下形成的油层如何进行划分，是直接关系到油田合理开发的问题。鉴于此，在划分和对比油层时，必须从油田实际地质情况出发，针对不同的沉积环境采用不同的方法。像湖相及三角洲前缘相等比较稳定沉积环境下沉积的油层，可以应用"旋回对比，分级控制"的"旋回—厚度"对比油层的方法，而对河流沉积相的油层则需采用等高程划分对比方法，河湖交替的三角洲地带则可两者兼用。

为准确划分出沉积时间单元，要求在砂岩组内尽可能多地挑选岩性时间标准层。但一般在不稳定的陆相地层中，这种标准层难以大量找到。我国的一些油田在研究河流三角洲沉积体系特点后发现，处于地势平坦的三角洲分流平原或泛滥平原带的同一时期形成的沉积物，特别是河道末期因淤塞而形成的以悬浮物为主的泛滥平原沉积物，不但高程十分接近，而且其顶面距标准层的距离也大体相当。

据此，在我国的一些油田，提出了以同时沉积的砂层距标准层等距离为根据，按等高程划分沉积时间单元的方法。这种方法的具体含义是：采用岩性时间标准层作控制，把距同一标准层等距离的砂层顶面作为等时面，将位于同一等时面上的砂岩划分为同一时间单元。

划分沉积时间单元的具体做法如下。

①在砂岩组的上部或下部，选择一个标准层，标准层应尽量靠近其顶面或底面。

②分井统计砂岩组内的主体砂岩（如厚度大于2m）的顶界距标准层的距离。

③在剖面上，按照砂岩顶面距标准层距离近似为同一沉积时间单元的原则，根据不同距离的砂岩划分为若干沉积时间单元。

（2）沉积时间单元的对比。在单井划分沉积时间单元的基础上，应根据砂岩内不同沉积环境下砂体的发育模式，进行沉积时间单元对比，通过对比也将验证时间单元划分的准确性。对于河流沉积类型的砂体，冲刷、下切和叠加等沉积现象经常频繁出现，它们给沉积时间单元的划分对比带来了一定困难。因此，在沉积时间单元对比中必须识别它们，并运用已知的地质概念指导对比工作的正确进行。

①冲刷面是存在于河流沉积地层剖面中的一种重要地质特征。它常存在于上下旋回的界面处，一般都有冲刷痕迹可寻。由于上部旋回底部的泥砾层或砂层与下部旋回的泥岩接触，在电性上显示突变的特征，且冲刷面上下为不同时期的沉积物，故应为不同的沉积时间单元。因此，在对比时识别冲刷面，准确划分对比沉积时间单元是十分重要的。

②下切是一种常见的河流动力作用结果。下切作用虽导致砂层增厚，但垂向上的岩性组合仍保持为一个完整的正韵律。若因下切使砂层增厚而跨时间单元，在对比时此厚砂层仍应按一个时间单元与相邻井对比，而不能按厚度劈分。

③叠加是指由河床侧向迁移而形成的叠加型砂岩在岩性垂向组合上呈多个间断性的正韵律反复出现。在电性曲线上一般有两种反映：一种是自然电位和微电极曲线有回返，表示下部有较细粒沉积物或泥岩残留；另一种是无回返，自然电位呈"筒状"，表示下部韵律的泥岩或残留物被切完。

④构造和压实因素。具继承性隆起的含油气构造，由于构造的不断上隆往往使得同期接受的沉积物经压实而显示顶部薄、两翼增厚的趋势。这种影响将导致同时沉积的砂层顶部至标准层的距离在垂直构造等高线的方向上发生较大变化。因此，在应用等高程法划分沉积时间单元时，应考虑这些因素的影响。

由沉积时间单元的划分与对比的方法叙述中可知，应用等高程法在目前所能划分的大多是层位大体相同的、与上下层之间有明显泥岩夹层的那些砂层。对于河流或分流砂体，因切割叠加严重而测井曲线又难以详细划分的砂层以及层位相差不多、平面上又无明显分界、砂体形态和延伸方向又大体相同的砂层，都只能当作同一时间单元处理，而实际上它们很可能是多单元的侧向复合体。故具体对比过程中，应特别注重应用已知的动态生产资料进行验证。

# 第四节　油气藏特征

　　油气藏类型与油气田开发关系十分密切，深入认识油气藏类型是油气田开发地质工作中一项必不可少的研究课题。在编制油气田开发方案时，要根据油气藏类型决定采用什么样的开采方式，采用什么样的开发程序。此外，还与井网部署、储量计算、油气田动态分析、调整挖潜等有关。油气层深埋地下，处处承受巨大的压力，使油气层具有驱动油气流向井底的能力。油气层压力大小，不仅与油气田开发方式有关，而且与油气田高产稳产期长短、最终采收率高低、经济效益好坏有关。因此，油气层压力被喻为油气田开发的灵魂。这充分说明油气层压力对油气田开发的重大意义。保持油气层压力是延长油气田高产稳产期的有效方法，也是提高油气田最终采收率的有效途径。油气层温度也是油气田开发中的重要参数，它不仅决定油气性质，还与油气田开发效果以及最终采收率有关。因此，油气层压力与温度是油气田开发中重要的监测和研究内容。

## 一、油气藏的基本概念

### （一）圈闭与油气藏

1.圈闭

　　在地下能阻止油气运移，并使油气聚集起来形成油气藏的地质场所，称为圈闭。圈闭要满足以下三个条件：

　　（1）要有储集油气的空间和油气在其中运移的储层；

　　（2）储层之上要有能阻止油气逸散的不渗透盖层；

　　（3）要有能阻止油气继续运移的遮挡物，使油气聚集起来。

　　圈闭类型多种多样，根据成因可分为四种。构造圈闭：构造运动使地层弯曲或断裂，形成构造圈闭和断层圈闭等。地层圈闭：地壳运动引起地层超覆、沉积间断、风化剥蚀而形成地层超覆、不整合等地层圈闭。岩性圈闭：由于沉积条件改变使岩性发生变化，形成岩性尖灭、透镜体等岩性圈闭。复合圈闭：由于构造、地层及岩性的相互配合而形成复合圈闭。

2.油气藏

油气藏是指在单一的圈闭（适合油气聚集、能够形成油气藏的场所）中具有同一压力系统的油气聚集。如果在一个圈闭中只聚集天然气，则称为气藏；只聚集了石油，则称为油藏；而同时聚集了石油和自由天然气，则称为油气藏。

油气藏的重要特点是在"单一的圈闭中"。所谓"单一"，主要是指受单一要素所控制，在单一储层内，在同一面积内，具有统一的压力系统，具有统一的油、气、水边界。在当前开采技术和经济条件下，具有开采价值的油藏、气藏和油气藏分别称为工业油藏、工业气藏和工业油气藏。这个概念是随开采技术的发展而变化的。当开采技术发展时，原来不具备开采价值的油气藏可以变成具有开采价值的油气藏。

## （二）油气藏内油、气、水的分布

1.油、气、水一般分布规律

在油气藏中，由于重力分异作用，油、气、水的分布常有一定的规律。以背斜油气藏为例，常采用下述6个参数说明油气藏的规模及油、气、水分布。

（1）油气界面与油气层底面的交线叫含气内边界。在此线圈定的范围内为纯气区。油气界面与油气层顶面的交线叫含气边界，也称含气外边界或气顶边界。含气外边界线与含气内边界线所包围区域称油气过渡带。在此区内钻井，可遇到气层和油层。

（2）油水界面与油层底面的交线叫含水边界，也称含油内边界。

（3）含水边界线与含气外边界线之间的区域称纯油区。油水界面与油层顶面的交线叫含油边界，也称含油外边界。含油外边界线与含水边界线之间的区域称油水过渡带。在此区内钻井，可遇到油层和水层。

（4）含油边界线之外为纯水区。

（5）含油（气）面积：含油边缘所圈的面积称为含油面积；对气藏，则称为含气面积。

（6）在油气藏中，地层水通常有两种分布状态：整个含油（气）边界范围内的油（气）层底部都有托着油（气）的水，叫底水；只在油（气）藏边部（气水或油水过渡带）的油（气）层底部有托着油（气）的水，叫边水。

2.油、气、水其他分布状况

上述油气藏中，油、气、水的分布状况是在一定程度上被简化了的宏观的理想情况。自然界的实际情况要复杂得多：一是由于油气藏有多种圈闭类型，含油气边缘的情况也是各式各样的；二是在各个油气藏中的含油气部分都存在束缚水，油水界面是一个具有一定厚度的过渡带，且在油水过渡带内，含有油、束缚水和自由水，含油饱和度自下而上逐渐增高，气水、气油的分界面也具有类似的性质。三是当储层物性不均匀时，在毛细管力的作用下，油仅能进入较大的孔隙部分，而水占据较小的孔隙部分，这样就可能破坏正常的油、气、水分布规律，使得在平面上和剖面上出现油、气、水分布区域互相穿插的现象。有的油气藏，含气面积大，而含油部分较小，呈环状分布，称为油环。

有的油气藏，由于水动力的影响，石油不是聚集在构造高部位，而是偏移到构造的一侧，呈带状分布，称为"悬挂式油气藏"，俄罗斯地台布古鲁斯兰隆起和新疆盆地都有这种油气藏。在砂岩透镜体油气藏中，由于每个透镜体都是油气储集单元，都有自己的油水或气水界面，因而油、气、水分布反常，常常高部位有水，低部位有气或油。

## 二、油气藏的类型

油气藏的天然条件对原油及天然气产量有明显的影响，而且不同类型的油气藏要求采用不同的开发方式。为了更有效地研究和指导油气田的勘探和开发，有必要对已发现的油气藏进行科学的分类。目前，国内外使用的油气藏分类方法很多，归纳起来有五种。

### （一）根据日产量大小分类

（1）高产油气藏：日产量大于100t的油气藏。

（2）中产油气藏：日产量10~100t的油气藏。

（3）低产油气藏：日产量小于10t的油气藏。

### （二）根据储层岩性分类

（1）砂岩油气藏：储层为砂岩的油气藏。

（2）碳酸盐岩油气藏：储层为碳酸盐岩的油气藏。

（3）火成岩或变质岩油气藏：储层为火成岩或变质岩的油气藏。

### （三）根据油气藏的形状分类

（1）层状油气藏：油气藏中的油气呈层状分布，如背斜油气藏。

（2）块状油气藏：油气藏中油气呈块状分布，如古潜山油气藏。

（3）不规则油气藏：油气藏中油气分布无一定形态，如断层油气藏和岩性油气藏等。

### （四）根据油气藏内烃类组成分类

（1）油藏：圈闭中只有以液态石油的形式存在的称为油藏。

（2）气藏：圈闭中只有天然气存在的称为气藏。

（3）油气藏：圈闭中既有液态的石油，也有游离天然气的称为油气藏。

（4）凝析气藏：在高温高压的地层条件下，烃类是以气态形式存在的；当开采时，随着温度和压力的降低，到地面上来成为凝析油的称为凝析气藏。

## （五）根据圈闭成因分类

（1）构造油气藏：油气聚集在由于构造运动而使地层发生变形所形成的圈闭中，称为构造油气藏。

（2）地层油气藏：油气聚集在由于地壳升降运动引起地层超覆、沉积间断或剥蚀风化等形成的圈闭中，称为地层油气藏。

（3）岩性油气藏：油气聚集在由于沉积条件的改变导致储层岩性发生横向变化而形成的圈闭中，称为岩性油气藏。

我国目前使用的是根据圈闭成因分类的方法，把油气藏分为构造油气藏、地层油气藏和岩性油气藏。另外，从开发角度还有很多其他油气藏的分类方法。例如，从油田开发的天然能量角度出发，把油藏分为水压驱动、气顶气驱动、弹性驱动、溶解气驱动、重力驱动等；从原油性质角度出发，又可将油藏分为低黏油藏、中黏油藏、高黏油藏、稠油藏、凝析油藏、挥发油藏、高凝油藏等。

# 三、油气藏的压力系统

## （一）油藏的地层压力

储层中的油气之所以能够流入井底或喷出地面，是因为油层中存在着某些驱动力，这些驱动力归结为油层压力。压力对油田开发有着巨大的意义，是油田开发的一个极重要的因素。

（1）流体压力：在某一地层深度处，岩石孔隙中流体所承受的压力，称为流体压力或孔隙压力或油藏压力。

（2）骨架应力：在某一地层深度处，岩石固体骨架所承受的压力，称为骨架应力。骨架应力也常被称为颗粒压力、固相压力、基质压力等。

（3）上覆岩层压力：在某一地层深度处，由上覆岩石固体骨架和孔隙中流体的总重量所产生的压力，称为上覆岩层压力。异常高压地层的地层能量充足，但容易突发工程事故；异常低压地层能量欠充足，钻井过程易漏失钻井液，但注水过程容易实现。可根据地层压力系数将气藏分为超高压（压力系数大于1.8）、高压（压力系数1.8～1.2）、常压（压力系数1.2～0.7）和低压（压力系数小于0.7）这四个级别。

## （二）原始地层压力及其确定方法

原始地层压力的数值与油藏形成的条件、埋藏深度以及与地表的连通状况等有关。在相同水动力系统内，油藏埋深越大，其压力越大。根据世界油田地层压力统计，通常具有正常地层压力的油藏，其压力梯度值在0.0071~0.0122MPa/m的范围内变化。

## （三）压力分布及压力系统的判断

### 1.压力分布

原始地层压力在构造上的分布符合连通器原理（在同一个水动力系统内）。如果油层接近水平或非常平缓，则油层各点的原始地层压力近似相等；如果油层很陡，则各点的原始地层压力随深度而改变，埋藏深度相同的各点的压力相等，即原始地层压力的等压线与构造等高线变化一致。油田投入开发后，原始地层压力的平衡状态被破坏，地层压力的分布状况发生变化，这种变化贯穿油田开发的整个过程。这种处于变化状态的地层压力，一般用静止地层压力和流动压力来表示。

### 2.压力系统的判断

在编制油田开发方案时，很重要的一个问题是要判明各油层的压力系统（或称水动力系统）。不同压力系统的油层不能划分为同一个开发层系。在判断油层的压力系统时，通常采用在同一压力系统内原始地层压力保持平衡、折算压力相等的原理来判断。同一压力系统内，各井点折算到某一深度（一般折算到海平面或油水界面）的原始地层压力值相等或近似，即利用同一个油层不同部位所测得的压力资料，整理成压力梯度曲线。凡属同一水动力系统的油层，压力梯度曲线只有一条。如果有数条压力梯度曲线，就说明各油层不属于同一压力系统。

## （四）油气藏的压力—深度关系

大多数地层都存在露头作为入口，但通常都缺少泉水形式的出口。因此，没有出口的地层，其中的流体肯定是不流动的。一般情况下，地下水流都发生在埋藏深度较浅的地层中，但较浅的地层又常常因为缺少好的盖层而无法聚集油气。较深的地层常常因为各种构造运动和成岩作用把地层切割成半封闭或全封闭的状态。全封闭地层的地下水不可能流动；半封闭地层因缺少出口，地下水也流动不起来。假如地下存在水流而又有油气聚集的话，长期的水洗和氧化作用也早已把聚集起来的油气破坏殆尽，不可能形成今天的油气藏。事实上，每个油藏的油水界面都有一定程度的倾斜，而且上倾方向基本上都与古水流方向一致，但大多能找到储层岩石物性差异上的原因，却很少能找到现今地下水流的证据。油水界面不是水平的，而是存在一定程度的倾斜，有时甚至随储层物性参数的不规则变化而呈凹凸不平的状态，这是多孔介质不同于普通容器的地方，也是多孔介质特有的性质。若把油水界面的倾斜归因于现今水流的作用，则将得出天然能量十分充足的结论，因而有可能因此而制订错误的开发策略。

上述情况主要针对单层油气藏，对于具有不同水动力学系统的多层油藏，也可以作压力梯度与流体性质关系图，根据直线交会点可清楚地判断油水界面。

## 四、油气藏温度及油气层岩石热力学性质

### （一）油气藏温度

油气藏内的温度是油田开发时具有重要意义的因素，它直接影响着原油的黏度、气体在原油中的溶解度、游离气体的状态和性质等。油藏温度主要是来自地球内部的热能。由于在常温层以下地壳的温度是随深度的增加而增加的，所以，油藏温度的高低主要取决于在地壳中的埋藏深度。从常温层开始，温度随着深度的增加而按照地热级度和地热梯度有规律地升高。

对于不同的油藏，地热级度是不同的。在地台型的油藏中，地热级度最大；而在地槽区的边缘带上，地热级度最小。如在苏联的十月油田和土库曼斯坦的切列肯丰岛上地热级度为$7 \sim 11 \text{m}/℃$；而在巴什基利亚和鞑靼的油田上，观察到的最大地热级度达$50 \sim 60 \text{m}/℃$。大庆油田在井深400m以下实测地热梯度为4.5℃/100m。

引起地热级度数值大小不同的原因很多，岩石的不同导热性是其中的一个主要因素，地下循环水可能是影响油藏温度的另一个因素。因此，存在活跃的边水区域性流动的条件下，当水温高于油藏温度时，在油藏开采的过程中系统测量温度，观察温度的升高，可预测水锥。在开发油藏过程中，当油中存在游离气时，可观察到特别明显的温度降低。由于井不完善，在井底常产生时间很短但明显的压力降，这会导致气体膨胀并吸收热量，因此，在井底可能沉淀石蜡和胶质。

### （二）油气藏岩石热力学性质

注水开发的油田，由于长期注冷水会引起油层温度场发生变化，地下液体性质发生改变，对油层开采过程及油田采收率会带来一定的影响。此外，研究热力采油以及一些地质技术、采油工艺问题，都必须对油层岩石的热力学性质有所了解。

1.岩石的比热容

使岩石温度升高1℃所需要的热量叫作岩石的热容量。岩石的比热容只在比较小的范围内变动，一般不会超出$0.63 \sim 2.09 \text{J}/（\text{g} \cdot ℃）$范围。沉积岩的比热容变化范围更小，在$0.80 \sim 10.5 \text{J}/（\text{g} \cdot ℃）$之间。大庆油田砂岩平均比热容为$0.858 \text{J}/（\text{g} \cdot ℃）$。泥岩平均比热

容为0.9837J/（g·℃）。

2.岩石的导热性

物体传播热量的能力称为物质的导热性，用热传导系数来表示。这一系数在数值上等于当物体长1cm，垂直于热流方向的面积为1cm²，两端的温度差是1℃时，在1s内所传递的热量。

3.岩石的温度传导系数

温度传导系数表示温度随时间而变化的速度。如果把某一热量引入到长为1cm、截面为1cm²的岩样中，当这一热量是以在岩样两端建立1℃的温差时，岩样在单位时间内所升高的温度，在数值上便等于物质的温度传导系数。

# 第五节　储层地质建模

储层研究以建立定量的三维储层地质模型为目标。因此，三维储层建模是贯穿油气勘探开发各个阶段一项十分重要的研究工作。这是油气勘探开发深入发展的要求，也是储层研究向更高阶段发展的体现。其目的就是运用不同阶段所获得的相应层次的基础资料，建立不同勘探开发阶段的储层地质模型，精确地定量描述储层各项参数的三维空间分布，为油气田的总体勘探取向和开发中的油气藏工程数值模拟奠定坚实基础。

## 一、储层地质建模的基本概念及分类

### （一）基本概念

地质模型是指能定量表示地下地质特征和各种储层（油藏）参数三维空间分布的数据体。现代油藏管理的两大支柱是油藏描述（储层表征）和油藏模拟。油藏描述最终结果是油藏地质模型，而油藏地质模型的核心是储层地质模型（主要是指储层骨架模型和储层参数模型）。从本质上讲，三维储层建模是从三维的角度对储层的各种属性进行定量的研究并建立相应的三维模型，其核心是对井间储层进行三维定量化及可视化的预测。这样它能更客观地描述并展现储层各种属性的空间分布，克服了二维图层描述三维储层的局限性。三维储层建模可从三维空间上定量地表征储层的非均质性，从而有利于油藏工程师进行合理的油藏评价及开发管理，更精确地计算油气储量。以前在计算储量时，储量参数（含油面积、油层厚度、孔隙度、含油饱和度等）均用平均值来表示，这显然忽视了储层非均质性的影响。应用三维储层模型计算储量时，储量的基本计算单元是三维空间上的网格（分辨率比二维高得多），因为每个网格均赋有储集体（相）类型和孔、渗、饱等参数，通过三维空间运算可计算出实际含油储集体（砂体）体积、孔隙体积及油气体积，其计算精度比二维储量计算高得多，更有利于三维油藏数值模拟。三维油藏数值模拟要求有一个把油藏各项特征参数在三维空间上定量表征出来的地质模型。粗化的三维储层地质模型可直接作为油藏数值模拟的输入器，而油藏数值模拟成败的关键在很大程度上取决于三维储层地质模型的准确性。

### （二）储层地质建模的分类

储层地质建模实际上是表征储层结构及储层参数的空间分布和变化特征，核心问题是井间储层预测。在给定资料的前提下，提高储层模型精度的主要方法即是提高井间预测精度。井间预测有两种途径，相应地也有两种建模方法，即确定性建模和随机建模。确定性建模是指对井间未知区给出确定性的预测结果，即试图从已知确定性资料的控制点如井点出发，推测出点间确定的、唯一的、真实的储层参数。

随机建模是指以已知的信息为基础、以随机函数为理论，应用随机模拟方法，产生可选的等可能的储层模型方法。这种方法承认控制点的储层参数具有一定的不确定性，即具有一定的随机性。因此，采用随机建模方法建立的储层模型不是一个，而是多个，即一定范围内的几种可能实现（可选的储层模型），以满足油田勘探开发决策在一定风险范围的正确性的需要，这是与确定性建模方法的重要差别。对于每一种实现（模型），所模拟参数的统计学理论分布特征与控制点参数值统计分布是一致的。各个实现之间的差别则是储层不确定性的直接反映。如果所有实现都相同或相差很小，说明模型中的不确定性因素少；如果各实现之间相差较大，则说明不确定性大。由此可见，随机建模的重要目的之一便是对储层的不确定性进行评价。另外，随机模型可以"超越"地震分辨率，提供井间岩石参数米级或十米级的变化。因此，随机建模可对储层非均质性进行高分辨率的表征。在实际应用中，利用多个等可能随机储层模型进行油藏数值模拟，可以得到一簇动态预测结果，据此可对油藏开发动态预测的不确定性进行综合分析，从而提高动态预测的可能性。

## 二、储层地质建模的数理基础

### （一）模型方法原理

如果让每个人来列举生产实践中最常遇到的几个问题，这些问题不会全部相同，但一般都会包括以下三类。

（1）下一口井该打在何处？新打的井会和已有的井之间有什么不同？它们会有相同储层类型、厚度吗？会有差不多的孔隙度、渗透率特性吗？会具有统一的压力流体场吗？

（2）这两口相距不远的井为什么这口有很高的油气产量，而另一口却是干井？它们之间的储层是如何变化的？

（3）盆地（油田）的另一部分和已经过详细勘探的这一部分会有差不多的油气远景吗？

这些问题尽管内容不同，提法各一，但不难看出其核心是同一个问题，即从一个已知的数据点（线、面、体）能够推断出下一个点（线、面、体）的数据吗？因此，预测模型要解决的最一般问题是已知数据场的延拓，即在特定的空间内通过有限个已知数据点，如何去预测全空间任一点的数据。据此，可以用数学语言明确地勾勒出建立预测模型的一般性问题。

已知：特定的空间域及其内部有限个数据点。

目标：把握整个特定空间域的数据变化，即预测特定空间内任一点的数据值。

基本约束条件：空间内任一特定点的值并不只依赖另一特定点，而是与整个数据场有关；对任一点进行预测所得的结果必须与全部已知数据场的整体结构相吻合，即预测得到的新值可以毫无矛盾地纳入原有的结构体系；预测过程能够体现待估参数在三维空间变化的各向异性特点；对任一求出的估计值或任一估计值场，必须有一个精度的衡量，即能够指出预测值在某一方面的可信度。

## （二）克里金插值法

1951年，D.G.Krige首次提出了一种局部估值方法，并称之为加权移动平均法。1960年，马特隆提议用"克里金法"一词代替容易引起误解的加权移动平均法的提法，自此"克里金法"一词广为引用，并成为地质统计学的基本方法。

"地质统计学"一词是马特隆于1962年首先提出的。按照他的定义，"地质统计学是随机函数形式体系对于自然现象的调查与估计的应用"。早期的地质统计学以矿石晶位和矿床储量的精确估计为主要目的，以矿化的空间结构为基础，以区域化变量为核心，以变异函数为其基本工具。近年来，地质统计学迅速发展，其应用已远远超出矿石晶位和矿床储量估计的范围，在许多新的领域发挥着重要作用。

克里金法是一种局部估值方法，它能以最小的方差（称为克里金方差）给出无偏线性估计量（称为克里金估计量）。进行克里金估值所需要的基本信息是一个数据集合和一种结构信息（如表征研究带内的空间变异的变异函数模型）。

## （三）蒙特卡洛法

### 1.概述

蒙特卡洛（Monte Carlo）法也称统计模拟法，这一方法的起源可以追溯到17世纪后半叶法国著名学者布丰的随机投针试验，但其实际应用和系统发展始于20世纪40年代，当时电子计算机的出现使实现大量的随机抽样试验成为可能，有力地推动了统计模拟方法的发展。第二次世界大战期间，著名物理学家冯·诺曼用随机抽样方法模拟了中子连锁反应，当时出于保密的需要将该方法以蒙特卡洛命名而沿用至今。

现代意义上的蒙特卡洛法是应用随机数值技术进行模拟计算的方法的统称，其具体做法是利用各种不同分布的随机变量抽样序列，模拟给定问题的概率统计模型，以给出问题数值解的渐近统计估计值，其具体应用大体包括如下四个方面：

（1）对给定问题建立简化的概率统计模型，使所求得的解恰好是所建立模型的概率分布或数学期望；

（2）研究生成伪随机数的方法，并研究由各种实际分布产生随机变量的抽样方法；

（3）根据统计模型的特点和实际计算的要求进一步改善模型，使之降低方差和提高计算效率；

（4）给出获得求解问题的统计估计值以及方差或标准误差的方法。

### 2.基本原理

（1）构造随机变量的分布函数。针对欲模拟的随机变量，首先构造其分布函数。构造分布函数的方法依原始数据的充裕程度可采用不同的方法，常用的方法如下。

①频率统计法：当观测数据为大子样时，可采用由观测数据构造直方图的方法求得所谓的"经验分布函数"，只要观测数据的代表性较好，经验分布函数也常常具有较好的代表性。

②用理论分布概型公式法：根据经验或一般规律，如果已知某一原始随机变量的分布函数符合或接近某种分布的理论概型，那么可用该理论分布概型公式来构造随机变量的分布函数。

③特殊情况下采用简单分布函数：如只有三个原始数据已知点，则可用三角分布代替随机变量的分布函数；如原始数据只有两个点，则可用最简单的均匀分布代替随机变量的分布函数。

（2）产生伪随机数。用蒙特卡洛法模拟实际问题时，要用到大量的随机数，因此如何在计算机上经济快速地产生符合要求的随机数是蒙特卡洛法成功的基础。目前应用最广的是用数学方法产生随机数，严格地说，用数学方法是不能产生真正随机数的，但经验表明，用数学方法产生的随机数能够满足模拟的精度，故应用广泛并称之为"伪随机数"。

# 三、储层地质建模的方法

## （一）确定性建模方法

确定性建模方法的前提条件是认为资料控制点间的插值是唯一而确定的。它是对井间未知区给出确定性的预测结果，即试图从具有确定性资料的控制点（如井点）出发，建立唯一而确定的储层骨架（相、砂）和储层参数（孔、渗、饱）模型。建模方法主要有开发地震反演方法、水平井法、井间砂体对比法、井间插值方法。四者可单独使用，也可结合使用。

1.开发地震反演方法

从已知井点出发，应用地震横向预测技术进行井间参数预测，并建立储层整体的三维地质模型，应用的地震方法主要有三维地震和井间地震。

（1）随着三维地震技术的发展，地震技术由只应用于构造解释向储层描述发展，使应用三维地震资料进行高分辨率储层参数反演成为可能，并逐渐形成开发地震这一新技术。由于三维地震具有平面覆盖率很高而且横向采集密度大的优点，正好弥补井网太稀控制点不足的缺陷，开发地震成为油藏描述中必不可少的技术，近年来发展很快，新的采集、处理、解释反演技术不断出现，如单分量到多分量地震、四维地震、井间地震等。目前利用地震属性（如振幅等）和反演得出的地层属性（如声波时差、声阻抗等）与岩心（或测井）孔隙度建立关系，反演孔隙度，再用孔隙度推算渗透度，这一方法已在普遍应用。把地震三维数据体转换成储层属性三维数据体，直接实现了三维建模。

三维地震资料最大的缺点是垂向分辨率低，一般的分辨率为10～20m。常规的三维地震很难分辨至单砂体的规模，仅为砂组规模，其预测的储层参数（如孔隙度、流体饱和度）的精度较低，仅为大层段的平均值。目前，三维地震方法主要应用在勘探阶段及早期评价阶段的储层建模，用于确定地层层序格架、构造圈闭、断层特征、砂体的宏观格架和储层参数的宏观展布。

（2）井间地震由于采用井下震源和多道接收排列，具有更多优点：

①震源和检波器均在井中，这样就避免了近地表风化层对地震波能量的衰减，从而可提高信噪比；

②由于采用高频震源，而且井间传感器离目标非常近，这样有利于提高地震资料的分辨率；

③利用地震波的初至，实现纵波和横波的井间地震层析成像，从而可准确建立速度场，大大提高井间储层参数的解释精度。

当然，由于地震属性不单是简单地受控于岩石物性，还受其他因素的影响，加之受地震分辨率的限制，开发地震反演成果仍有较大的不确定性，其有效应用还必须与地质紧密结合，不仅在处理、解释、反演过程中要充分利用本地区的地质规律和模式，成果的应用也要与地质认识紧密结合。

2.水平井法

水平井法沿着储层走向或倾向钻井，直接取得储层侧向或沿层变化的参数，基于此可以建立确定性的储层模型。

3.井间砂体对比法

在油田开发阶段，应用开发井网资料，通过在三维视窗下进行井间开发小层、沉积相或砂体对比，建立三维储层骨架模型。井间小层或砂体对比最重要的基础是高分辨率的等时地层对比及沉积模式的指导。高分辨率等时地层对比主要为小层或砂体的对比提供等时地层格架，其关键是应用层序地层学原理，识别并对比反映基准面高频变化的关键面（如层序界面、洪泛面、冲刷面等）或高频基准面转换旋回。其主要方法包括岩心对比分析、自然伽马（或自然伽马能谱）测井对比分析、高分辨率地震资料的测井约束反演分析、井间地震资料分析、高分辨率磁性地层学分析、岩石和流体性质分析、油藏压力分析等。

砂体对比的准确程度取决于井距大小和储层结构的复杂程度。如果井网密度很大，可建立确定性的储层骨架（相）模型；如果井网密度略小，可建立确定性与概率相结合的储层骨架（相）模型；如果井网密度太小（井距太大或结构太复杂），就不可能进行详细的、确定的砂体对比，在这种情况下，可应用随机模拟方法建立随机储层模型。

4.井间插值方法

井间插值方法很多，大致可分为传统的统计学插值法和地质统计学估值法。由于传统的数理统计学插值方法（如反距离平方法、径向基函数法、三角网法等）只考虑观测点与待估点之间的距离，而不考虑地质规律所造成的储层参数在空间上的相关性，插值精度相对较低，实际上不适合于地质建模。为了提高对储层参数的估值精度，人们广泛应用地质统计学插值方法进行井间插值。

克里金方法是地质统计学的核心，它是随着采矿业的发展而兴起的一门新兴的应用数学的分支。克里金方法主要应用变异函数和协方差函数来研究在空间上既有随机性又有相关性的变量，即区域变量。克里金方法根据待估点周围的若干已知信息，应用变异函数所特有的性质，对待估点的未知值作出最优无偏（估计方差最小，估计值的均值与观察值的均值相同）的估计。

克里金方法较多，如简单克里金、普通克里金、泛克里金、因子克里金、协同克里金、指示克里金等。这些方法可用于不同地质条件下的参数预测。但克里金方法是一种光滑内插方法，实际上是特殊的加权平均，难以表征井间参数的细微变化和离散性。同时，克里金方法为局部估值方法，对参数分布的整体结构性考虑得不够。因此，当储层连续性差、井距大且分布不均匀时，估值误差较大。所以，克里金方法给出的井间插值虽然是确定的值，但并非是真实的值，仅是一个近似值，其误差的大小取决于方法本身的实用性及客观地质条件。然而，就井间估值而言，克里金方法比传统的数理统计方法更能反映客观的地质规律，估值精度相对较高，是定量描述储层的有力工具。

## （二）随机建模方法

随机建模方法承认地质参数或属性的分布有一定的随机性，即人们对它们的认识总是存在着不确定性——对已知控制点间的内插不是唯一而确定的，即对已知控制点进行随机模拟。这就要求在建立储层地质模型时应充分考虑这些随机性所引起的多种可能，供人们选择，做出风险决策。随机建模的结果不同于确定性建模是一个唯一的模型，而是提供多个等概率的实现。每个实现都应是现有资料条件下对实际资料的合理反映。一般而言，随机模拟方法可根据基本模拟单元分为两大类：基于目标的方法，即以目标物体为基本模拟单元；基于像元的方法，即以像元为基本模拟单元。

1.基于目标的方法

基于目标的方法以目标物体为基本模拟单元，为基于目标的随机模型与优化算法的结合。基于目标的方法通过对目标集合形态（如长、宽、厚及其之间定量关系）的研究，在建模过程中直接产生目标体。通过定义目标的不同几何形态参数以及各个参数之间所具有的地质意义上的关系，再现储层的三维形态。该方法包括两类，分别为基于目标体结果的方法和基于目标体形成过程的方法。

（1）基于目标体结果的方法：这类方法主要通过示性点过程模型和优化算法的结合，进行目标体（如沉积相、隔夹层、断层、裂缝等）的随机模拟。

（2）基于目标体形成过程的方法：这类方法是基于随机成因模型和优化算法，从模拟目标体的沉积过程来刻画非均质储层的建模方法，可称为基于过程（Process based）的随机模拟方法。

2.基于像元的方法

基于像元的方法为基于像元的随机模型与各种算法的结合。基本模拟单元为网格化储层格架中的单个网格，既可用于连续性储层参数的模拟，也可用于离散地质体的模拟。基本思路是首先建立待模拟网格的条件累积概率分布函数（ccdf），然后对其进行随机模拟，即在ccdf中随机提取分位数，便得到该网格的模拟实现。根据建模方法所应用的统计学特征，又可将其分为两点统计学方法和多点统计学方法。

（1）两点统计学的含义是通过若干个点来对变量的统计特征进行分析，变差函数为两点统计学的最常用工具。对于基于变差函数的随机建模方法，其共同的特点是条件累积概率分布函数（ccdf）均可应用克里金方法来求取。这些方法包括高斯模拟、截断高斯模拟、指示模拟等。

（2）多点统计是相对于两点统计而言的，可理解为应用多个点来对变量的统计特征进行分析，这样更能把握目标体的形态及空间分布特征。在多点地质统计学中，应用"训练图像（Training image）"代替变差函数表达地质变量的空间结构性。

## 四、储层地质建模的步骤

### （一）确定性建模步骤

储层建模的目的是将储层结构和储层参数的变化在二维或三维空间用图形显示出来。一般而言，储层地质建模有以下四个主要步骤。

1.数据准备和数据库的建立

储层建模一般需要以下四大类数据（库）。

（1）坐标数据：包括井位坐标、深度、地震测网坐标等。

（2）分层数据：各井的层组划分与对比数据、地震资料解释的层面数据等。

（3）断层数据：包括断层的位置、产状、断距等。

（4）储层数据：各井各层组砂体顶底界深度、孔隙度、渗透率、含油饱和度等。

2.建立地层格架模型

地层格架模型是由坐标数据、分层数据和断层数据建立的叠合层面模型，将各井的相同层组按等时对比连接起来，形成层面模型。然后利用断层数据，将断层与层面模型进行组合，建立地层的空间格架，并进行网格化。

3.二维或三维空间赋值

利用井所提供的数据对地层格架的每个网格进行赋值，建立二维或三维储层数据体。

4.图形处理与显示

对所建数据体进行图形变换，并以图形的形式显示出来。

### （二）随机建模步骤

随机建模的步骤与确定性建模有所差别，主要有以下五个步骤。

1.建立原始数据库

任何储层模型的建立都是从数据库开始的，但与确定性建模数据库不同的是，用于随机建模的数据库分为两大类：第一类是原始数据库（与确定性建模相同），包括坐标、分层、断层和储层数据；第二类是随机模拟需要输入的统计特征数据。

2.建立定性地质概念模型

根据原始数据库及其他基础地质资料，建立定性储层地质概念模型，如沉积相分布、砂体连续性、储层非均质性模型等，用于选择模拟参数和指导随机模型的优选。

3.确定模拟输入的统计特征参数

统计特征参数包括变异函数（岩性指标变异系数和岩石物性变异函数）特征值、概率密度函数特征值（砂岩面积或体积密度、岩石物性概率密度函数）、砂体宽厚比和长宽比等。

4.随机模拟，建立一簇随机模型

应用合适的随机模拟方法进行随机建模，得出一簇随机模型。在建模过程中，可采用两步建模法，先建立离散的储层结构模型，然后在此基础上建立连续的储层参数分布模型。

5.随机模型的优选

对于建立的一簇随机模型，应根据储层地质概念模型对其进行优选，选择一些接近实际地质情况的随机模型作为下一步油藏数值模拟的输入。

# 第六节  油气藏开发地质模型

油气藏地质模型是油气藏描述综合研究的最终成果，可以反映本地区的油气藏形成条件、分布规律和油气富集控制因素等复杂的地质条件。在勘探和开发过程中，它可以起预测作用，同时为油藏数值模拟研究提供基本架构。在油气藏地质模型研究基础上，针对具体油气藏的驱动类型或特征以及开发过程的特点，又可以建立相应的开发模型。

## 一、油气藏模型与储层地质模型

油气藏模型是对油气藏类型、砂体几何形态、规模大小、储层参数、流体性质空间分布以及成岩作用和孔隙结构的高度概括，是一种理想化的模式，其重要意义在于为开发方案优化提供依据。油气藏模型由三部分组成，即圈闭结构模型、储层地质模型、流体分布模型，其中储层地质模型是核心。储层地质模型主要是为油气藏模拟服务的。油藏数值模拟要求有一个把油藏各项特征参数在三维空间上的分布定量表征出来的地质模型，而实际的油藏数值模拟还要求把储层网块化，并对各个网块赋予各自的参数值来反映储层参数的三维变化。因此，在油气藏描述中建立储层地质模型时，也抛弃了传统的以等值线图来反映储层参数的办法。这一方法同样把储层网块化，通过各种方法和技术得出每个网块的参数值，即建成三维的、定量的储层地质模型。

## （一）不同勘探开发阶段的储层地质模型分类

在不同的勘探开发阶段，资料拥有的程度不同，任务不同，因而所建立的模型的精度及作用也不同。据此，可将储层地质模型分为三大类，即概念模型（conceptual model）、静态模型（static model）和预测模型（predictable model）。

1.概念模型

针对某一种沉积类型或成因类型的储层，把它具有代表性的储层特征抽象出来，加以典型化和概念化，建立一个对这类储层在研究区内具有普遍代表意义的储层地质模型，即所谓的"概念模型"。概念模型并不是一个或一套具体储层的地质模型，而是代表某一地区某一类储层的基本面貌。

从油气田发现开始，到油气田评价阶段和开发设计阶段，主要应用储层概念模型研究各种勘探开发战略问题。这个阶段油气田仅有少数大井距的探井和评价井的岩心、测井及测试资料以及二维和三维地震资料，因而不能详细描述储层细致的非均质特征，只能依据少量的信息，借鉴理论上的沉积模式、成岩模式建立工区储层概念模型，但这种概念模型对勘探开发战略的确定是至关重要的，可避免战略上的失误。如对于上述的点坝"半连通体"模式，在注水开发过程中，若注采井方向与河流走向垂直，则井间的泥质侧积层会阻碍注入水的驱替，造成点坝上部的驱替效率低，甚至无驱替，形成剩余油分布，而点坝下部驱替效率很高且可能发生窜流，从而严重影响注水开发效果。因此，对于这类储层，要合理布置注采井网，以避免开发战略的失误。

2.静态模型

针对某一具体油气田或开发区的一个或一套储层，将储层特征在三维空间上的变化和分布如实地加以描述而建立的地质模型，称为储层静态模型。这一模型主要为编制开发调整方案及油藏管理服务，如确定注采井别、射孔方案、作业施工、配产配注及油田开发动态分析等，以保证油藏的合理管理。

之前我国各油气田投入开发以后都建立了这样的静态模型，但大多是由手工编制的二维显示的成果图，如各种小层平面图、油层剖面图、栅状图等，不能反映储层参数在三维空间上的变化和分布特征。利用计算机技术，逐步发展出一套利用计算机存储和显示的三维储层静态模型，即将储层网块化后，把各网块参数按三维空间分布位置存入计算机内，形成三维数据体，进行储层的三维显示，可以任意切片或切剖面以及进行各种运算和分析。这种模型可以直接与油藏数值模拟相连接。应用这种方法，可表征储层参数，如孔隙度、渗透率、泥质含量等的三维分布特征。但是，这种静态模型只是把多井井网所揭示的储层面貌描述出来，并不追求井间参数的内插及外推预测的精度。

3.预测模型

预测模型是比静态模型精度更高的储层地质模型。它要求对控制点间（井间）及以外地区的储层参数能做一定精度的内插和外推预测。预测模型的提出，本身就是油气田开发深入的需求。因为在二次采油之后，地下仍存在大量剩余油，需进行开发调整、井网加密或进行三次采油，需要建立精度很高的储层地质模型。三次采油技术近二十年来获得迅速发展，但除热采外，其他技术均达不到普遍性工业应用的水平，其中一个重要原因便是储层模型精度满足不了建立高精度剩余油分布模型的需求，因而不能满足三次采油的需求。由于储层参数的空间分布对剩余油分布的敏感性极强，同时储层特征及其细微变化对三次采油注入剂及驱油效率的敏感性远大于对注水效率的敏感性，因而需要在开发井网（一般百米级）条件下将井间数十米级甚至数米级规模的储层参数的变化及其绝对值预测出来，即建立储层预测模型。

预测模型的建立是目前世界性攻关的难题。由于所掌握的地下信息极为有限，因而模型中不同程度地存在不确定性，特别是对于储层非均质性严重的陆相油藏来说，不确定性因素更多。因此，人们广泛应用地质统计学中的随机模拟技术，结合储层沉积学，试图降低模型中的不确定性因素，以提高模型精度。此外，建立预测模型的方法还有井间地震方法和水平井方法等。

## （二）依据油藏工程的需要进行的储层地质模型分类

依据油藏工程的需要，可将储层地质模型分为储层结构模型、流动单元模型、储层非均质模型及岩石物性物理模型等。

1.储层结构模型

储层结构指的是储集砂体的几何形态及其在三维空间的展布，是砂体连通性及砂体与渗流屏障空间组合分布的表征。这一模型是储层地质模型的骨架，也是决定油藏数值模拟中模拟网块大小和数量的重要依据。实际储层结构是复杂多样的，储层结构类型与沉积相有关，人们可以根据沉积相与储层结构的关系大致确定所研究的储层属于哪种砂体结构类型，并综合应用地质、测井、井间地震、试井等资料进行砂体对比，建立具体地区的储层结构模型。

2.流动单元模型

流体单元模型是由许多流动单元块体镶嵌组合而成的模型，属于离散模型的范畴。流动单元模型是在储层结构模型基础上建立起来的，实际上是对储层结构的进一步细分。用来划分流动单元的参数涉及沉积、成岩、构造及岩石物性等多方面，包括渗透率、地层系数（渗透率与厚度的乘积）、孔隙度、孔隙大小分布、垂直渗透率与水平渗透率比值、岩性、沉积构造等。

流动单元模型既反映了单元间岩石物性的差异和单元间边界，还突出表现了同一流动单元内影响流体流动的物性参数的相似性，可直接用于油藏模拟及动态分析，这对预测二次采油和三次采油的生产性能具有很强的指导意义。

3.储层非均质模型

荷兰壳牌勘探生产实验室W.J.E.Van De Graaff等把河流三角洲相的储层划分为不同范围的非均质模型。即油田范围的非均质模型（范围1~10km）、油藏范围的非均质模型（范围0.1~1km）、油藏至成因砂体范围的非均质模型（范围0.1~0.5km）、小范围储层非均质模型（范围0.01~1m）。

大庆油田陈永生等把孔隙规模非均质性总结为：孔间、孔道、砂岩造岩矿物表面性质的非均质性。熊琦华、王志章等依据中国陆相油田地质特点，从油田开发需要入手，将储层地质模型划分为油藏规模、砂体或砂组规模、小层规模、单砂体规模、岩心规模及孔隙规模6个级别。

4.岩石物性物理模型

美国卡罗莱纳大学Robert Ehrlich等论述了岩石物性物理模型。他们认为，渗透率和地层因子是评价孔隙性岩石储层最有用的物性。这个物性与孔隙度的变化是不一致的，这两者的关系是复杂的，与孔隙结构有密切的关系，如孔喉大小孔隙数量和大小、孔隙和喉道关系等。要说明这些因素的关系就要求建立一个物理模型，这个物理模型包括了能描述微观结构物理性质的参数。孔隙和喉道的空间特征可通过孔隙类型和喉道大小的关系具体化，这个关系通过综合分析薄片资料就可得到，如利用图像分析得到孔隙类型，利用注汞孔隙几何体定量喉道大小。用以上这些参数可建立渗透率和导电性的简单物理模型，通过建立物性物理模型来定量表征孔隙结构与渗透率和地层因子等物性的关系。模型包括4个子模型，即孔隙数量模型、渗透率模型、地层因子模型及胶结指数模型。

## 二、开发模型

所有构成油藏的岩石都是非均质的，孔隙结构十分复杂。所有这些储油介质结构可分为粒间孔隙结构、裂缝结构、溶洞结构和它们的复合结构。油（气）不仅能被孔隙砂岩所饱含，而且被饱含于石灰岩、白云岩甚至火成岩的裂缝、微裂缝、洞穴中。建立油藏地质模型就是将储层介质结构特征和油藏流体在三维空间的变化和分布规律加以定量描述。油藏地质模型的建立是进行油藏经营管理的基础。

在油气藏地质模型研究的基础上，针对具体油气藏的驱动类型或特征以及开发过程的特点，又可以建立相应的开发模型。根据油藏开采过程的特点，可以将油藏开采过程（流体渗流）模型分为气藏模型、黑油模型和组分模型三大类型。

气藏模型主要描述气田开采动态特征。

黑油模型主要描述油质较重的油藏类型。"黑油"这一术语用以表明油和气为单相。通常认为在油藏开采过程中相的变化只在油、气两相之间进行，包括气溶于油或气从油中逸出等现象。因此，尽管考虑了气体在油和水中的溶解，但仍认为烃类相组成恒定不变。黑油模型最常用于模拟因黏滞力、重力和毛细管力作用而引起的油、气、水三相等温流动。

组分模型是指油质较轻、气体较富的油气藏类型模型，如挥发性油藏（轻质油）或凝析气藏。组分模型除了考虑了各相的流动方程外，还考虑了相组成随压力等条件的变化。

针对特殊的稠油油藏的开采或部分油藏的三次采油，人们又建立了相应特殊的开发模型，如热采模型、化学驱模型等。热采模型中考虑了流体流动、热传递和化学反应，适用于模拟蒸汽驱、蒸气吞吐和原地火烧过程。化学驱模型主要是特别考虑了由于扩散、吸附、分离和复杂相特征引起的流体流动和质量传递，适合用于表面活性剂驱、聚合物驱和三元复合驱的模拟。

# 第七节　石油及天然气地质储量计算

## 一、地质储量概述

### （一）地质储量概念

地质储量的概念可归纳为以下三点。

（1）绝对的地质储量，即凡是有油气显示（包括不能流动的原油）的储量。

（2）可流动的地质储量，即凡是相对渗透率大于零（可以流动的原油），也就是在最大生产压差（井底压力为一个大气压）条件下（即使只产油花）原油的储量。

（3）可开采的地质储量，即凡是在现有经济技术工艺条件下有可能开采的原油的储量。这种地质储量是随经济技术工艺条件的改变而变化的。

（二）地质储量分级

油气田从发现，经过勘探到投入开发，大体经历预探、详探、开发三个阶段。在整个过程中，随着掌握的资料不断增多，对油田的认识程度不断深入，各项储量参数的准确程度不断提高，储量级别逐步提高。

1.三级地质储量—预测储量

一个含油（气）圈闭有三口以上探井发现工业油气流后，初步掌握油藏类型（包括圈闭类型如构造圈闭、地层圈闭、岩性圈闭和断层圈闭等，储层类型如砂岩、砾岩和碳酸盐岩等），大体明确含油范围，对其他参数有初步了解，在综合研究钻井、地震和区域地质的基础上，进行三级储量计算。与远景资源量相比，三级储量具有工业储量的性质。与二级储量相比，三级储量包含推测和概算的性质。三级储量是进一步详探的依据，不能单独提供开发设计使用。

2.二级地质储量—控制储量

在探井、资料井达到详探设计的密度，取得相当数量的分层试油、部分井试采资料的情况下计算的石油地质储量称控制储量。确定二级储量必须查明油田的构造形态，主要断层的分布和性质，油、气、水层的分布，油藏类型，储层类型，驱动类型以及产油能力，在此基础上确定的各项储量参数要准确可靠。与一级储量相比，二级储量一般只能是由于井网密度不同而产生的误差。二级储量精度要大于50%以上。二级储量是制订油田开发方案的依据。

3.一级地质储量—探明储量

一级储量是油田开发井网钻完后，根据所有探井、资料井、生产井和注水井等取得的岩心资料、测井资料和开采资料计算的储量。一级储量要求油藏类型清楚，含油面积准确，油层有效，厚度可靠，各项储量参数落实。一级储量可以作为制订生产计划和编制调整方案的依据。对于断层多、断块小，各断块油、气、水分布情况有很大差异的小断块油田，大致分为整体解剖和详探开发两个阶段，储量也相应分为三级、一级加二级两个级别。但三级储量精度比一般油田的三级储量精度要低，一级加二级储量精度也比一般油田的一级储量精度要低。

## 二、地质储量计算方法

目前，大多数国家油气田地质储量计算采用的方法有利用静态资料计算的类比法、容积法，利用动态资料计算的物质平衡法产量递减法、压降法等。对于一个油气田，应根据油气田地质特征与油气田开发的实践选择适用的计算方法。

## （一）石油储量计算

### 1.容积法

容积法根据地下储层的含油体积来计算石油储量。因此，根据含油面积和油层有效厚度算出含油岩层的总体积，再根据油层有效孔隙度和原始含油饱和度算出含油体积，即石油地质储量，相关计算见式1-1所示：

$$N = \frac{100Ah\varphi\left(1-S_{wc}\right)\rho_{os}}{B_{oi}} \tag{1-1}$$

式中：$N$——石油地质储量，$10^4$t；

$A$——含油面积，km²；

$h$——油层有效厚度，m；

$\varphi$——油层有效孔隙度，小数；

$S_{wc}$——油藏束缚水饱和度，小数；

$\rho_{os}$——地面脱气原油密度，t/m；

$B_{oi}$——原始条件下的地层原油体积系数，无因次。

确定含油面积必须准确地划分油、气、水层，综合多种资料进行油层对比，搞清油、气、水接触面的位置，按地质规律分地区、分层组确定油气边界、油水边界、断层边界和岩性边界，在构造图上圈定含油面积。计算含油面积的允许误差为±1%。确定油层有效厚度，首先必须制定划分有效厚度的标准，包括划分探井、资料井岩心厚度的物性标准、划分生产井、注水井电测厚度的电性标准以及扣除有效厚度内的高低组夹层标准。根据标准划分单井有效厚度。按储量计算单元要求（如大庆油田分区块、分层组、分厚薄层、分纯含油区和油气或油水过渡带），分别确定各单元的油层平均有效厚度。根据不同级别的储量，采用不同的有效厚度平均方法。

### 2.物质平衡法

物质平衡法是在研究从储油层中采出液体和气体的过程中，由于油、气、水的体积和地层压力的改变，不考虑储层中油、气、水分布状况的前提下，根据物质平衡方程式计算原油储量。采用物质平衡法时，是立足于油层处于平衡状态，而且遵守物质守恒原理即在原始情况下，油层中碳氢化合物的数量（油和气）等于某时期内从油层中采出的以及这个时期终了残留于油层中的碳氢化合物数量的总和。

在推导物质平衡方程式时做了以下假定条件：

（1）储层物性和流体物性均匀分布，各向同性；

（2）相同时间内，油藏各点地层压力能瞬时达到平衡；

（3）在整个开发过程中，油藏保持热动力学平衡，即地层温度恒定；

（4）不考虑毛细管力和重力作用。

物质平衡方程用文字表述为：累积产油量+累积产气量+累积产水量=气顶的累积体积膨胀量+气顶区内地层束缚水和岩石的累积弹性体积膨胀量+含油区内地层原油的累积体积膨胀量+含油区地层束缚水和岩石的累积弹性体积膨胀量+累积天然水侵体积量+人工累积注水体积量+人工累积注气体积量。

## （二）天然气储量

天然气在地下的储存形式为纯气藏、凝析气藏和溶解于原油中的溶解气藏。对于溶解气藏，可以由石油地质储量与气油比计算出溶解气藏的储量。纯气藏可以采用容积法和压降法计算天然气储量。

### 1.容积法

计算方法和计算石油储量相近。但因为天然气和石油的物理化学特性不同，计算天然气储量时除了确定气层部分的空间体积外，还要研究天然气本身的物理特性，天然气在不同温度、压力变化过程中的状态以及天然气的化学组分等。

### 2.压降法

压降法根据从气藏中采出一定体积的天然气而引起气层压力下降的关系，来推算储气空间的可采储量。压降法以物质平衡为推导依据，即在定容气藏（储气体积不变的气藏）条件下，在整个开采时期内每降单位压力所采出的气体体积不变。

## 三、储量评价

储量计算除了要求计算的储量准确外，对石油储量的质量应进行评价，因为石油储量的质量直接影响投资、产量、成本、经济效益。相同规模的储量，投资、产量、成本、经济效益可以相差很大。一般来说，原油性质好、储层物性高、埋藏浅、储量丰度高的油田，产量高，投资少，成本低，经济效益好；相反，原油性质差、储层物性低、埋藏深、储量丰度低的油田，产量低，投资大，成本高，经济效益差甚至不能开采。因此，在储量计算的同时，应进行储量的综合评价和经济技术评价。储量技术经济评价是在不同的石油勘探开发阶段所提交的各级储量，在综合评价的基础上，依据现行法律、法规和财税制度，对油田技术经济条件、勘探开发投资、操作费用、经济效益进行预测，分析论证其财务可行性和经济的合理性，全面评价储量，优选勘探开发项目，以期达到最佳的经济效益和社会效益。储量技术经济评价是一项非常重要、非常复杂而且不确定因素多的工作，必须充分考虑石油储量的特性，采用动态分析、定量分析、预测分析的方法，使评价结果尽可能与实际相符合。

油田储量应进行微观（企业财务）评价和宏观（国民经济）评价。企业财务评价按现行财务制度和现行价格，分析计算石油储量进行开发时的效益、费用、盈利状况及借款偿还能力，以考察其可行性。主要评价指标为油田总利润率、静投资效益率、静态投资回收期、投资利润率、投资利税率、财务内部收益率、动态投资回收期、财务净现值和财务净现值率。

国民经济评价采用统一的费用—效益分析法，计算和分析油田开发时需要国家付出的代价和对国家的贡献，以考虑投资行为的经济合理性。评价内容不仅是油田经济效益，还要考虑资源效益、生态效益和环境效益以及对国民经济的影响。主要评价指标为经济内部收益率、经济净现值、经济净现值率和投资净效益率。财务评价和国民经济评价都可行的项目才能通过。当结论有差别时，应以国民经济效益评价为准。当宏观效益好、微观效益差时，可提出采取优惠政策的建议，使项目得以实施。

# 第二章 气藏物质平衡方程及储量计算方法

## 第一节 气藏的驱动方式

物质平衡方程普遍被用于各类气藏的储量计算、驱动方式确定和气藏动态分析等方面。天然气藏通常存在3种自然驱动类型，即气压驱动、纯水驱动和弹性水压驱动。

### 一、气压驱动

气藏中的气压驱动是当气藏为块状或透镜状，依靠气藏中高压气体的压缩气体的弹性膨胀能量将气驱向井底的驱动方式。边底水不活跃的封闭气藏，或气藏本身为非封闭状但边底水的压头很小，便出现这种驱动类型。气压驱动的特征为其动力来源特征所决定。在开采过程中，气层压力不断降低，且与气体的累积产出量成正比。

### 二、纯水驱动

依靠边底水恒定的水头压力驱动的方式称为纯水驱动。在这类情况下，边底水活跃、水源补给充足、气层的渗透性好、储层厚度大、水头压力高、供水区距气藏近。实际此种类型在自然状态下极其罕见，需要人工注水来实现。

### 三、弹性水压驱动

气藏外围具有较大面积的水层，但边水水头压力不大，气藏中压力降落传递达到含水部分而引起水及岩石的弹性膨胀，这种膨胀力成为驱动力，这种情况称为气藏的弹性水压驱动。此时采出的天然气所占的空间，只能部分地为进入水所填充。常用进入气藏的水的体积与采出气的地下体积之比，即补偿系数，来判断气藏的驱动类型。气压驱动的补偿系数为0，纯水驱动的补偿系数为1，弹性水压驱动的补偿系数介于0与1之间。一般气藏的补偿系数小于0.2，即接近气压驱动，这个补偿系数总是随着气藏的开采过程而逐渐增加的。

我国川南地区的气藏主要有两种驱动类型：一种为弹性水压驱动，有边底水存在，随着气体的采出，气水界面不断向井底推进，进入气藏的水量不同程度地替换了气体的排出量，部分补偿了气藏能量的消耗。这种气藏的高产期及递减期较长，而衰竭期短，气井水淹快，水淹前井口尚有一定的工作压力，水淹后突降为零。另一种为气压驱动，这类气藏在区域上位于低水位承压区，水文地质条件封闭良好，气层连通性差，开采过程中，气藏压力随采出量增加而下降，反映出高产期较短、递减期稍长、衰竭期更长的特点。

# 第二节　气藏物质平衡方程

气藏物质平衡是以储层流体质量守恒定律为基础的，其正确应用取决于对气藏地质和开发特征的正确认识和数据采集处理方法选择得当。由于地下气藏流体性质、储层物性变化的差别而造成了储气孔隙空间和描述方法的差别，下面按不同类型的气藏进行分析。

## 一、定容封闭气藏的物质平衡方程

假定气藏没有连通的边底水或者其边底水很不活跃，即视为定容封闭气藏，根据物质平衡方程的建立原则：采出量等于膨胀量、侵入量、注入量之和，该气藏的物质平衡方程见式2-1所示：

$$G_p B_g = G\left(B_g - B_{gi}\right) \tag{2-1}$$

式中：$G_p$——累计产气量，$10^4 \mathrm{m}^3$；

$B_g$、$B_{gi}$——天然气目前、原始体积系数；

$G$——天然气储量，$10^4 \mathrm{m}^3$。

## 二、水驱气藏的物质平衡方程

对于一个具有天然气水驱作用的不封闭气藏，随着气藏的开发，将会引起边水或底水对气藏的入侵。此时若暂不考虑岩石及束缚水的弹性膨胀量，采出气和水的体积等于气体膨胀量与天然水侵量之和，即有：

$$G_p B_g + W_p B_w = G\left(B_g - B_{gi}\right) + W_e \tag{2-2}$$

式中：$W_e$——累计天然水侵量，$10^8 \mathrm{m}^3$；

$W_p$——累计采出水量，$10^8 \mathrm{m}^3$；

$B_w$——地层水的体积系数，无因次量。

气田开发怕水，一般有水影响的气藏采收率会降低，有时只能达到50%左右。若开发得不好，采收率还会更低。

### 三、气藏物质平衡方程应用中的注意事项

气藏物质平衡方程应用很广，应用最多的是气藏动态储量的计算、气藏动态分析、气藏水侵量计算等方面，但在应用时应注意如下事项。

（1）气藏驱动类型判断是应用此方法的基础。如果气藏是水驱气藏、异常高压气藏还是凝析气藏等都未弄清楚的话，不可能使最后的计算结果准确。

（2）在气藏物质平衡中假定是处于平衡的，但在开采过程中的每个阶段，由于地层的非均质性和各井处于气藏构造部位的差异，使得各井压力测试的值有一定差异，如何选择有代表性的井底压力或根据已有的各井地层压力来确定目前全气藏压力还有一定难度，平均地层压力确定方法可查阅相关文献。

（3）气藏应用的一些关键参数是PVT实验测试数据。因此，在气藏开发初期，取全取准资料和进行PVT参数的准确测量是应用物质平衡法的基础。

（4）尽管水中溶解气量较小，但在物质平衡计算中都未考虑溶解气影响，它仍会给水驱气藏的计算结果带来一定的误差。

（5）当气井进行压裂后，可能会导致控制储量的增加。

# 第三节　气藏的储量计算方法

## 一、容积法计算天然气气储量

用体积法来确定的气藏地质储量，常称为静态储量。中、高渗透似均质裂缝-孔隙性气藏容积法储量，开发初、中、后期压降法储量间差别较小，如相国寺石炭系气藏其误差

在10%范围内。对于非均质、低渗透气藏，开发初期，两者误差有时可达40%。单井控制储量可用日常生产数据和不稳定试井数据确定，其意义在于帮助气井合理配产，即确定气井工作制度。

## （一）天然气藏

天然气藏的容积法储量计算原理同容积法计算石油储量的原理，具体换算了量纲后的公式如式2-3所示。

$$G = \frac{0.01Ah\varphi(1-S_{wi})}{B_{gi}} \qquad (2-3)$$

式中：$G$——天然气地质储量，$10^8 m^3$；

$A$——含气面积，$km^2$；

$h$——平均有效厚度，m；

$\varphi$——平均有效孔隙度，小数；

$S_{wi}$——原始含水饱和度，小数；

$B_{gi}$——天然气的原始体积系数。

在储量计算中，气体偏差系数直接关系到储量计算的精度，是储量计算的关键。由于地层压力是通过各井的原始地层压力来求取的，在气藏平均压力确定时要考虑气藏构造上井的位置等影响，并且要有充分的压力恢复时间。

气藏原始平均偏差系数的确定有三种方法：一是通过实验室直接测定；二是通过气体组分、组成确定偏差系数，即查卡兹表来确定偏差系数；三是用气体相对密度来确定偏差系数，即利用天然气相对密度与临界值关系图版，这种方法较适合气藏开发初期应用。多孔介质吸附天然气对地层储量有一定影响，实践研究表明，和常规相比，吸附使干气藏储量增加，一般可使储量增加范围在3.2%～8%；而对凝析气由于吸附的影响与未考虑吸附影响时的储量相比，凝析气储量降低。

## （二）凝析气藏

凝析气藏的储量计算方法同干气气藏，只不过应同时把凝析油折算成气而确定地层凝析气的偏差系数，这是较粗略但简便的方法，工程上普遍采用。如果是油环凝析气藏，则气顶应按凝析气来计算储量，而油环则按油藏储量计算方法计算原油储量。

## （三）水溶性气藏

一般情况下，地层水中溶解天然气量是较小的，但当地层水中溶解的天然气量达到工业开采价值时，就应计算水中天然气的储量。水溶性气藏的储量按式2-4计算：

$$G_w=0.01Ah\varphi S_{wi}R_{wi}/B_{gi} \tag{2-4}$$

式中：$G_w$——水溶性气藏气的原始地质储量，$10^8m^3$；

$R_{wi}$——原始溶解气水比，$m^3/m^3$。

## （四）煤层气藏

近年来，国外煤层气得到较快发展，我国的煤层气也有发现，正处于起步阶段。煤层气的储量计算是一个较为特殊的问题，因为煤层气的储集方式不同而导致其计算方法有较大的差别。天然气主要靠储烃空间来聚集，而煤层气主要靠煤层的吸附。

# 二、压降法计算天然气储量

## （一）基本原理

压力降落法又可称为压力图解法，它是利用由地压系数与累积产气量所构成的压降图来确定气藏储量的，利用压降法确定的储量又称为压降储量。因为压降图是封闭型气藏物质平衡方程式的图解，而封闭型气藏的物质平衡方程式则是压降图的解析式，所以压降法是物质平衡法在封闭性气藏应用的一个特例。

利用压降法还可以求气藏的可采储量，气藏的开采程度应充分考虑合理的经济效益。当气藏开采的最终地层压力取一合理经济的最低极限值时，此时的地压系数便是废弃地压系数将压降曲线外推到代表废弃压力的横轴时，交点的值便为气藏的天然气可采储量。

## （二）应用条件

压降法是利用气藏压力和产量间的相互变化规律求储量的，一般气藏经过一段时间的开采（大约采出可采储量的10%）后，便可使用压降法。压降法不需要任何地质参数，对于那些地质结构复杂而无法求准储气空间的气藏，如碳酸盐岩裂缝性气藏，最好采用压降法计算天然气储量。对于活跃的水压驱动气藏，由于在开采过程中压力不下降（或下降不明显），不能使用压降法。如果边水不很活跃，在气藏开采初期，边水还来不及大量侵入气藏，这时就可以计算出单位压降的采气量。然后，根据气藏原始平均压力计算气藏的原始储量。

用压降法计算气藏储量时，要求整个气藏是互相连通的。如果气藏因断层或岩性尖灭被分割成几个互不连通的水动力系统，就应分别对各个水动力系统单独进行储量计算，否则，就会得出错误的结果。

## （三）参数的确定

目前，地层压力与相应的累计采气量是压降法中的两个关键参数，压降储量是否可靠与这两个参数的准确程度密切相关。

（1）地层压力，代表气藏或气藏内某一压力系统在某一开采时期的平衡压力。关闭气井，待压力恢复平稳后，下入井底压力计直接测量，或者根据气井井口压力计算求得。为了准确可靠地取得压力资料，要求做到：

①测压时井内无积液；

②关井时，井内无窜失和漏失现象；

③压力表与压力计必须经过校验，达到准确、无误。

（2）累积产气量是指气藏或气藏某一压力系统在关井求压时各井点的累积产气量之和，它既包括正常生产情况下的产气量，又包括气井投入开采前的放空量。实际上，放空量的估计往往存在较大的误差，在一定程度上影响了压降储量的精度。

## （四）压降法的影响因素

在理想的情况下，关系曲线应为一条直线。但因种种因素的影响，实际并非一直线，大体上由三段组成。

第一段：此段称为初始段，一般出现在开采初期，能量主要来源于井底附近气体的弹性膨胀，压力下降多集中在井底附近。在相当长的时间内，气藏压力不能达到平衡，因此，压力下降速度快，每下降单位地层压力采出的气量急速减小，压降曲线呈弯曲状。第二段：此段为直线段。这期间，压力下降较前期缓慢，下降单位地层压力采出的气量较初始段增大，并保持为常数，将本段外推至横坐标轴便可得气藏的储量。第三段：此段为上翘段或下弯段，造成曲线上翘或下弯的因素很多，主要有以下4种情况。

（1）边水或底水供给。具有边水或底水的气藏，即不封闭气藏，在气藏开采初期，边水或底水的作用不很明显。随着气藏的不断开采，地层压力不断下降，边水或底水逐渐侵入气藏，气藏的压降速度将随着水的侵入而减小，压降曲线就偏离曲线向上翘。

（2）低渗透率带的补给。在缝洞发育不均匀的裂缝性碳酸盐岩气藏中，往往出现以下情况：在气藏开采初期，采出的天然气主要来自渗透性好的大缝、大洞，但到气藏开采的中后期，压力降落已传递到微缝、微洞以及基岩孔隙中，于是这些缝、洞、孔中的气体将起补给作用，导致压力降落的速度减慢，而单位压降的产气量提高，与弹性水压驱动气藏出现的情况一样，压降曲线就偏离直线而向上翘。

（3）异常高压气藏在异常高压气藏中，关系曲线具有两个明显不同的斜率段，第一曲线段的斜率较平缓，它出现在压力为高异常的区域内，这种现象可解释为：在上覆岩层的压力作用下，储层岩石和束缚水具有较大的弹性能量，当地层压力降低时，由于岩石和束缚水的弹性膨胀而产生了附加压力，从而使压力降落减慢。第二曲线段的斜率较大，它出现在正常地层压力区域内。这是因为，一旦气藏压力达到正常值，气体膨胀就超过岩石和束缚水的膨胀，故压力迅速下降。

（4）反凝析作用。如果气藏中的天然气接近它的露点，将出现反凝析现象。

## 三、弹性二相法计算天然气储量

弹性二相法又称探边测试法，对于一个有限封闭的气藏，当气井生产时产量保持恒定，井底流动压力随生产时间的变化服从一定规律，二者的变化规律符合不同的压降曲线。压降曲线依其压力随时间的变化动态，可以划分为不稳定渗流早期、不稳定渗流晚期和拟稳定期。不稳定早期是指压降漏斗尚未到达边界，不稳定晚期是指压降漏斗已传到边界之后，拟稳定期指地层压降随时间均匀变化，地层中不同点的压力降落速度一致。弹性二相，即弹性的第二阶段，也就是压降曲线的拟稳定阶段，指的是气井生产的压降漏斗半径已达到气井的边界，并在边界之内任何位置的压力随时间的变化达到等速下降的压力动态。

有界封闭地层开井生产井底压力降落曲线一般分为三个阶段：第一段为不稳定渗流早期，指压降漏斗还未传到边界之前；第二段为不稳定渗流晚期，即压降漏斗已传到边界之后；第三段为拟稳定期，此阶段地层压降相对稳定，地层中各点的压力下降速度相同，又称为弹性二相过程。使用时要判断是否进入了拟稳定态，为了取得高质量的测试资料，应注意：第一，要用高精度仪表进行测试；第二，气井产量选择要恰当，既能反映出一定的压力降，又要保持产量在一定时间内能稳定，测试全过程中产量下降值最大不超过10%；第三，在进行储量测试时，最好有观察井进行观察测压，当生产井和观察井的压力下降曲线同时出现两条平行直线时，天然气渗流就达到了拟稳定状态；第四，在储量测试前要全气藏关井，待地层压力基本恢复稳定后，再选1~2口井开井进行测试，如果储量测试前不关井，处理不好，有可能导致较大的误差。

# 第四节 气藏可采储量及采收率的确定方法

## 一、气藏的可采储量计算方法

根据可采储量的定义可以看出，可采储量值是随技术和经济条件的改变而变化的。那么，怎样来标定可采储量呢？这是一个重要问题，它是编制气藏开发方案及地面工程建设的重要依据。每个可采储量的终点对应的压力，称为气层废弃压力。当生产天然气的经营成本接近或等于销售年收入时的气藏产气量，即为经济极限产量，废弃条件是由经济极限产量和废弃压力两个参数来确定。废弃压力是当气藏产气量递减到废弃产量时的压力。废弃压力有如下3种需考虑的终止极限：

（1）无增压情况下自喷开采以井口压力等于输气压力为条件来计算废弃压力；

（2）增压开采情况下以井口压力等于增压机吸入口压力为条件计算废弃压力；

（3）考虑增产措施（排液采气排水采气、二次开采等）后最终无法输气或无经济效益开采时的地层压力，气藏的地层压力计算见式2-5所示：

$$\frac{p_a}{Z_a} = (0.25 - 0.05)\frac{p_i}{Z_i} \tag{2-5}$$

式中：$p_a$——废弃地层压力；

$Z_a$——废弃地层压力下的偏差压缩系数；

$p_i$——原始地层压力；

$Z_i$——原始地层压力下的偏差压缩系数。

## 二、气藏采收率的确定方法

气藏采收率是指在某一经济极限内，在现代工程技术条件下从气藏原始地质储量中可以采出气的百分数。影响采收率的因素很多，采收率不但与储层岩性和物性、储层非均质性、流体性质、气藏类型和驱动方式等有关，而且与开发层系划分井网部署、采气工艺、地面建设等都有关系。此外，天然气销售价格也会影响采收率。因此，确定某一气藏采收率时，往往需要用不同的方法进行估算和测定，然后综合分析加以确定。

## （一）气藏采收率

气体的流动性大，采收率很高，这方面的工作主要从两方面进行。

（1）开展对水驱气的剩余气饱和度研究和对凝析气藏提高凝析油采收率的研究。

（2）运用物质平衡法产量递减法、类比法、数值模拟法、数理统计法等多种方法，对已开发完的或接近开发完的气藏进行采收率的分析研究，并对废弃压力确定方法加以研究，两者中还是第二种是主要的。

## （二）主要类型气藏的采收率

1.定容气藏

这类气藏天然气采收率主要受废弃压力控制，影响的主要因素如下。

（1）气藏储层的主要物性、渗透率非均质性和连通性，异常高压气藏还有岩石变形问题。

（2）经济因素，主控参数为：①天然气价格；②操作成本，包括天然气处理、压缩、集输等设备的费用，修井的费用，税收和矿区使用费等；③钻井完井费用，如井网井距，层系划分，气井产能，增产措施，表皮系数（渗透率损失），水平井、复杂结构井和直井等井型，生产所需管道（腐蚀高压）等；④设备安装费用，如气田位置、加压设备等。

（3）气田的大小（原始天然气地质储量），若压力高、能量大、储量大、丰度高，投资回报率也就高。定容气藏采收率可高达95%以上，但也不是所有都高，如低渗致密气藏，有时也会低到20%。总之，这类气藏的废弃压力是气藏特征、气井产能和气藏开发经济性的函数。

2.水驱气藏

边水、底水的存在，一方面是重要的能量形式，另一方面将严重影响气藏采收率，主要是造成大量天然气被水封住。具有活跃水层的气藏，根据水活跃的程度和其他参数的影响，其采收率一般在40%~70%，它主要受含水层性质（大小、渗透率等），水、气相对渗透率，气藏渗透率及非均质性，气藏大小和地层倾角，钻遇气水界面生产井位置，气水产量，地面工作压力，现场操作（水淹井修井作业、钻井）等因素控制，这些因素影响水侵速度。

对任何一个水驱气藏，都要通过实验室岩心分析（做水驱气驱替实验）来评价剩余气饱和度。当对水驱气藏特征没有足够的数据描述的时候，一定要审慎地、较为稳定地评估可采储量和采收率。此外，生产井一定要钻在气藏的高部位，钻开厚度要控制在距顶部1/3厚度处。

3.凝析气藏

（1）凝析气藏干气（天然气）和凝析油采收率定义为：在现有开发、开采工艺技术和经济效益条件下可能采出的干气和凝析油与它们分别的原始地质储量之比。

（2）干气的采收率高于凝析油采收率，尤其是衰竭式开发富含凝析油的凝析气藏。

（3）凝析气藏的废弃压力一般要比干气气藏湿气气藏高。

（4）决定凝析油采收率高低还有个开发方式问题，均质富含凝析油的凝析气藏保持压力开发（循环注干气或$N_2$等）时，可大大提高凝析油采收率。

（5）各种产品的回收率（$C_2$到$C_{5+}$）还取决于地面天然气凝液（国内称轻烃）回收工艺技术，先进的回收工艺对提高有用矿物组分回收率起着重要作用。

# 第三章　油气藏开发技术

## 第一节　油气藏驱动类型及开发方式

不同的开发方式决定了油气藏不同的开发动态特征。实现油气藏合理的驱动与开发方式，是确保油气藏高效开发的基础，而油气藏合理的驱动类型或开发方式与油气藏各种能量作用程度密切相关。

### 一、油藏试采特征与天然驱动能量

促使油藏地层流体流入生产井的地层天然能量包括弹性能、溶解气析出与膨胀能、气顶气压驱动能、边底水水压驱动能以及重力驱动能等。油藏通过一段时间试采后，既可以暴露早期地质认识中存在的不足，也可以了解油气藏基本的生产动态特征以及油气藏天然驱动能量大小。通过分析反映油藏天然能量充足程度的指标，可以判断出油藏自身所存在的驱动能力大小，以便推荐较高且合理的采油速度。

#### （一）油气藏试采特征分析内容

根据试油试采动态统计数据，结合油气藏储层岩石、流体分析化验结果以及岩石性质与流体分布规律研究结果等，以必要的图表形式，对单井控制储量、油气藏天然能量与驱动类型、试采产量、生产压差、气油比或水气比、压力、产水、油气井产能、产量递减、油层压力传导能力、注水见效时间（如果出现异常情况，要分析出现异常的原因）、不同时间流体界面状况、低产能油气层改造效果等进行分析。

#### （二）油藏弹性能量分析

对于没有气顶和边底水能量较弱的未饱和油藏，含油区岩石和流体的弹性能合计为油藏的容积弹性能，其本质是油藏容积的压缩体积与流体的膨胀体积之和。

储层容积弹性能既可以用储层参数求得，也可以用生产数据获得。

利用油区储层岩石与流体弹性能能够获得的最大原油采收率很低，但当与油藏连通的边底水岩石体积很大时，利用储层岩石与流体弹性能也可获得较高的原油采收率。

## （三）气顶及边底水能量分析

对油藏天然能量评价或气顶、边底水活跃程度进行评价，要开展以下几方面工作。

（1）根据气顶、边底水与油藏的接触关系、气顶大小、边底水体大小、气油界面与油水界面的隔夹层厚度及大小、界面处储层物性与油气藏储层整体物性差异、气油和油水的多相渗流特征等，判断气顶能量、边底水能量。

（2）必要时应用数理分析方法，对气顶能量、边底水能量进行定量分析，也可以用物质平衡方法，通过分析各种能量驱动指数，分析气侵及水侵量、气侵及水侵速度、气侵及水侵指数等判断气顶能量、边底水能量大小，对油藏总体天然能量进行评价。

## （四）重力驱动能量分析

靠原油自身的重力将原油驱向井底的驱油方式称为重力驱动。重力驱动能量在厚油藏或大倾角油藏中是不可忽略的。假若油藏的产量低于重力驱油产量，则会产生比较好的重力驱动效果；反之，如果油藏的产量高于重力驱油产量，则会降低重力驱动效果。储层倾角越大，原油黏度越低，垂向渗透率越高，则重力驱效果越好，采收率最高可达75%；储层倾角较小，原油黏度较高，垂向渗透率较低，重力驱动作用可以忽略不计。

## （五）油藏天然能量大小定量分析

油藏天然能量大小可用无因次弹性产量比与单储压降两个物理量进行定量分析评价。

1.无因次弹性产量比

无因次弹性产量比是指在目前平均地层压力下，压降对应的累积采油量与压降对应的理论弹性产量之比。这一比值反映了开发初期油藏中存在的天然能量与弹性能量之间的相对大小关系。比值越大，说明其他能量越大；比值为1时，说明开发初期油藏中只存在弹性能。

2.单储压降

单储压降是指每采出1%地质储量的平均地层压降值。

根据油藏开发初期实际产量与理论弹性产量比值，以及每采出1%地质储量的平均地层压降，就可以定性判断油藏初期天然能量的充足程度，并为油田确定合理的采油速度提供依据。大量实际资料计算结果表明：油藏初期驱动能量可分为4个级别并位于双对数图中的两条直线之间。

从生产动态数据可获得以下认识。

（1）由于不同时间获得的生产数据和动态测试数据不同，计算的单储压降与无因次弹性产量值差异大，导致天然能量判断结果不一致。因此，要正确分析判断计算的储压降与无因次弹性产量与天然能量的关系，包括是否该采用地质总储量、压力测试数据的代表性，油藏总注水量与有效注水量间的关系。

（2）在累积注水量远高于采出体积条件下，地层压力却在不断下降，说明油藏边底水驱动能量弱。

（3）单储压降与无因次弹性产量分析结果表明，生产动态未能达到仅靠地层弹性开采条件下的最基本特征，说明地层能量严重不足。

（4）油藏各个砂体平面连通性可能不太好（需要结合储层研究结果综合分析确定），在注采井网不完善的条件下，油藏较难全面实现有效的注水开发模式，而只能在注采井网控制的砂体内实现弹性开采、溶解气驱或注水开发。

## 二、油藏典型驱动方式下的生产动态特征

### （一）弹性驱动方式下的生产动态特征

弹性驱动是指油藏开采的驱动能量主要来自油藏岩石与流体自身弹性能量的驱动方式。弹性驱动的基本地质条件是不存在气顶和边底水的封闭性未饱和油藏，也包括含较小的边底水油藏（水体对整个生产动态影响较弱）。

由于油藏压力一直高于原油饱和压力，弹性驱动油藏的生产动态一般具有以下主要特征。

（1）油藏的（瞬时）生产气油比与原油的原始溶解气油比一致，且在生产期间基本保持为一常数。

（2）油藏的地层压力和产量不断下降。

（3）采收率在2%～5%之间。

### （二）溶解气驱方式下的生产动态特征

当地层压力下降到低于地层原油饱和压力后，溶解在原油中的气体开始逸出并发生弹性膨胀，迫使并携带油气流入井底。溶解气驱方式下的油藏生产动态特征一般具有以下主要特点。

（1）地层压力刚低于饱和压力的第Ⅰ阶段，该阶段分离出的自由气量很少，呈单个的气泡状态分散在地层内，气体未形成连续的流动相，自由气膨胀所释放的能量主要用于

驱油，生产气油比缓慢下降。

（2）地层压力进一步降低到第Ⅱ阶段，该阶段分离出的自由气量较多，逐渐形成连续的气流，因此油气同时流动，导致气相渗透率增加，油相渗透率降低，但因气体的黏度远低于油的黏度，故气体流动很快，油流得很慢，此阶段的气油比急剧上升至峰值，驱油效率较低，开采过程中油井产量不断下降，地层压力不断下降。

（3）当地层压力降至第Ⅲ阶段，油层中能量极大地消耗，生产气油比迅速下降，油藏中的气量很少，能量已近枯竭。溶解气驱油藏的采收率在5%~25%。

## （三）水压驱动方式下的生产动态特征

水压驱动油藏开采的驱动能量主要来自水的能量（包括边底水和人工注入水）。水压驱动方式可细分为刚性水压驱动（地层压力稳定在某个水平上）和弹性水压驱动（地层压力不断下降，但仍高于原油饱和压力）。

水压驱动方式下的油藏生产动态特征一般具有以下主要特点。

（1）油藏的生产气油比在生产期间一直为常数，且等于原油的原始溶解气油比。

（2）油藏的压力却因注采比的变化而变化。压力降低时，油藏释放弹性能量；压力升高时，油藏储存弹性能量。

（3）油藏的含水率则随开采进程而不断升高。

（4）水驱油藏的采收率一般在35%~75%。

## （四）气顶气驱动方式下的生产动态特征

气顶气驱动下油藏开采的驱动能量主要来自气顶气的能量（包括原始气顶气的膨胀体积和人工注入气）。气顶气驱动方式可细分为刚性气压驱动（人工注入气使地层压力稳定在某个水平上）和弹性气压驱动（地层压力不断下降，但仍受效于人工注入气和气顶气的膨胀）。气顶气驱动往往伴随着溶解气驱和重力驱。

气顶气驱油藏的有效开发依赖于气顶区膨胀体积与含油区收缩体积之间的平衡。气顶气驱动方式下的油藏生产动态特征一般具有以下主要特点：

（1）当采油速度过高时，会引起气顶气沿高渗透带形成气窜，而绕过低渗透带的原油，并在油井处的油气接触面形成气锥，大大降低气顶气驱的效率；

（2）在气顶突破油井之前，油藏的生产气油比一直保持在原油的原始溶解气油比附近，一旦气顶气在井底突破，油藏的瞬时生产气油比将快速升高，气顶气体积较大或气顶气过快膨胀，会引起油井气油比显著增加；

（3）随着地层压力的下降，含油区气体从原油中分离出来，达到可流动的临界饱和度之后，即会发生油气两相同时流动，降低油相渗透率，随着含气饱和度的增加，气体的流动能量增强，原油流动能量减弱，生产气油比显著升高；

（4）若气顶气开采速度过快或气顶区压力下降过快，将导致油藏能量快速衰竭和原油侵入气顶，加大原油开采难度。

气顶气驱动油藏的压力下降速度比弹性驱动缓慢，在开发过程中应避免气顶气的突破和气顶气与地层油的非平衡开发。在一般的地质条件下，气顶气驱油藏的采收率在20%～40%之间；在有利的地质条件下，气顶气驱油藏的采收率可达60%。

## 三、气藏典型驱动方式下的生产动态特征

气藏流体能量主要是气体本身的弹性驱动能和边底水压驱动能，裂缝性碳酸岩气藏和带微裂缝的低渗致密气藏还有岩石变形能等，而油气藏的地质条件决定了地层天然能量的作用程度。当气藏通过一段时间试采后，既可以暴露出早期地质认识中存在的不足，也可以了解油气藏基本的生产动态特征以及油气藏天然驱动能量大小。通过分析反映气藏天然能量充足程度指标，可以判断气藏自身所存在的驱动能力大小，以便推荐出较高且合理的采气速度。

### （一）弹性气驱

在气藏开发过程中，没有边底水或边底水能量弱（边底水基本不运动），或水的运动速度远低于气体运动速度，气藏的这种驱动方式称为弹性气驱。弹性气驱可分为常压封闭气藏弹性气驱和异常高压封闭气驱弹性驱两种情况。

（1）弹性气驱主要发生在常压封闭气藏中，驱气的主要动力是气体本身的压能，在开发过程中气藏的储气孔隙体积保持不变，拟地层压力（又称视地层压力）与累积采气量呈线性关系。

（2）弹性驱主要发生在异常高压封闭气藏中，开发初期驱气的主要动力既有气体本身的压能，也有压实作用产生的储层弹性能（随着地层压力下降，气藏的储气孔隙体积也逐渐减小），导致某一累积采气量条件下地层压力保持水平相对较高。

### （二）弹性水驱气藏

当气藏具有一定的连通水体能量时，随着地层压力的下降，气藏会发生边底水水侵，从而降低气藏储气孔隙体积，延缓地层压力下降速度。这种驱动方式称弹性水驱，驱气的主要动力除了气体本身的压能外，还有边底水弹性能量。在开发过程中，气藏的拟地层压力与累积采气量呈曲线关系。供水区能量越大，相同采出程度下的压力保持水平越高。当边底水能量大到完全能补偿气藏采出气量引起的压降时（气藏压力能保持在原始水平上），这种驱动方式成为刚性水驱，气藏的拟地层压力与累积采气量呈水平直线关系。

在自然界中具有这种驱动方式的气藏很少，如俄罗斯统计的700余个气田中，属这类驱动方式的仅10余个。

## 四、油藏驱动类型及开发方式的确定

### （一）油藏驱动类型

油藏的驱动类型一般划分为水压驱动、气压驱动、溶解气驱动、重力驱动等。油藏的驱动类型则是指开采原油采用哪几种驱动能量。

1.水压驱动

（1）刚性水压驱动。"刚性水驱"指油藏边底水与地表水系的湖，河或海等水源有较好的连通时，在油藏投入降压开发后，外界水源会在压差作用下源源不断地流向油藏边底水区域，进而释放出强大的边底水压力能量（本质上是一种水压势能）。它的大小取决于外界水源的丰富程度和向油藏水体的补给速度，它比封闭型边底水的弹性能量要强大得多。实际这种类型持续时间不长，多需人工注水完成。

（2）弹性水压驱动。在油田开发过程中，水源供给不能满足驱油的需要，水柱压能与岩石弹性膨胀能同时作用进行驱油的驱动方式，称为弹性水压驱动。只有当地面没有供水露头，或虽有露头但供水区与油层之间连通性较差，且含水面积远远比含油面积大很多时才存在。弹性水压驱动油层的生产特征：当保持一定的采液量时，油层弹性能量逐渐消耗得不到及时补偿，地层压力不断降低，在弹性驱动阶段，气油比稳定不变，随石油的不断采出油水边界逐渐向油藏内部推进。

2.气压驱动

依靠油层中气顶的压缩气体的能量将原油驱向井底的驱动方式称为气压驱动。油气藏气顶中的游离气由于地层高压所蓄积的能量称为气顶能量。当油气藏投入降压开采时，气顶气由于降压产生膨胀，就释放出这种能量。气顶能量本质上仍然是弹性能，只是由于气体的压缩系数极大，因而在降压膨胀时释放出的弹性能量就十分大。

（1）刚性气压驱动。有刚性气压驱动出现的油藏，气顶体积远远大于油藏含油的体积，在短时间内可以达到稳定渗流。开采时气顶中压降很小或人工向气顶注气，且注入量足以保持油藏开采过程中压力稳定不变时此类气压驱动才存在。其生产特征是：若采油量与油气界面的均匀推进速度相适应，则在油气界面接近井底以前，产量、压力和气油比较为稳定，当油气界面不断移近井底，则产量逐渐增加，气油比上升加快，在气油界面到达油井之后，油产量急剧下降，油井被气侵。

（2）弹性气压驱动。有弹性气压驱动出现的油藏，气顶体积一般较小，与刚性气压驱动不同之处在于气顶压力随流体采出而逐渐下降，随开采时间的延长，油产量随压力下降而逐渐减少，气油比随之上升，在气顶突入油井后，气油比将急剧上升。

由气压驱动的油藏，随着采油不断进行，油层压力不断下降，由于油层中石油处于饱和状态，所以油中的溶解气不断逸出，部分流到井内采至地面，大部分气则补充到气顶中去了。因此，离气顶较远的生产井，气油比逐渐下降，气体中重烃增加，这种现象就表示油层能量衰竭了。

3.溶解气驱动

地层原油中一般都溶解有天然气。当油藏压力出现下降并低于饱和压力时，溶解在地层原油中的天然气会逐渐游离出来，呈气态出现在油藏流体中。由于溶解气变成游离气将出现很大的体积增加，也由于游离气的体积膨胀系数很大（一般比液体高出6~10倍），因此将出现很大的体积增加，释放出溶解气的膨胀能量，这种能量可以将大量油气驱向井底，从而使油藏进入溶解气驱阶段。

在油田开发过程中，当地层压力降低到饱和压力以下时，溶解在油中的气体就会分离出来。依靠溶解气体的弹性膨胀能将石油驱向井底的驱动方式，称为溶解气驱动方式。其生产特征为：压力和产量随油层的开采不断下降，当开采初期地层压力相当高时，气油比上升速度较慢；当地层压力下降到某一值时，气油比上升速度变快，严重时会有断流现象，即油井只出气不产油。此时若继续采油，由于溶解气的大量逸出，气油比升高到一个最大限度又开始下降，并且降得很快，这标志着溶解气的能量已枯竭。

溶解气驱动油田，将形成大片死油区，开采效果极差，应尽量避免这种驱动方式发生。

4.重力驱动

在油田开发末期，其他驱动能量都已消耗完，原油只能依靠本身的重力位能流向井底，这种驱动方式称为重力驱动方式。其生产特征是：随着油井的生产，含油边缘是逐渐向下移动的，油柱压头也随时间而减少。油井产量在含油边缘移向井底之前是不变的，但产量比其他驱动类型都低。

重力能量是指原油可以依靠自身的重力流向井底时所具有的能量。从理论上说，任何油藏流体都具有重力能量。

当驱动方式在开发过程中，可能是多种能量同时作用，也可能是由一种能量转变为另一种能量进行驱油。由于水力驱动的驱油效果较好，溶解气驱动的驱油效果极差，在开发过程中，应尽可能采取有效的措施，避免气驱动，使油田始终维持在水驱动方式下采油，提高油田开发效果。

（二）驱动类型及开发方式的确定

油藏开发方式分为天然能量开采和人工补充能量开采两大类，人工补充能量开采又分为注水、注气和热力采油等多种方式。天然能量开采就是利用天然能量开采原油而不向地层补充任何人工能量的开发方式。由于油藏天然能量总是有限的，在原油开采过程中能量会不断地被消耗，宏观上表现出地层压力和油气产量的不断下降，因此，天然能量开采在矿场上通常被称作衰竭式开采。注水（气）开发就是通过不断向地下注水（气）而给油藏补充驱动能量的一种开发方式。

油藏开发到底选用哪种开发方式，是由油藏自身的性质和当时的经济、技术条件所决定的。在选用油田的开发方式时，一般要考虑天然能量条件、采收率大小、注入技术条件和开发效益条件等几方面的因素。在选择油藏弹性衰竭式开发方式时，需要分析计算油藏自身弹性采收率或极限举升条件的采收率。

一般情况下，仅靠油藏自身的能量不足以采出足够数量的原油；而气藏与油藏不同，由于气体的压缩性大，气藏自身弹性能量充足，靠气藏自身弹性能量就可以采出足够数量的气体，存在水驱时，因水锁效应和较高废弃压力，气藏采收率反而会降低。

在选择油藏开发方式时，还需尽量利用水体能量。油藏水体的能量通常用与油藏相连水体的大小来衡量，水体的大小用水体的体积与油藏的体积比值（水体倍数 β）来表示。油藏的静态水体往往很大，但油藏开发可利用的水体往往有限。油藏水体倍数不是一个恒定不变的数值，而是随着开发的进行而不断变化。因此，油藏水体倍数是一个动态的概念。

一般情况下，边水油藏的水体可利用性强，底水油藏的水体可利用性差；大中型油藏的水体可利用性差，中小型油藏的水体可利用性强；活跃性水体的可利用性强，不活跃水体的可利用性差。总而言之，油藏的水体越活跃，越有利于驱油。

是否利用天然能量开发油藏，要根据油藏试采情况对天然能量进行分析评价后再结合经济评价做出判断。若油藏天然能量驱动的采收率达到20%以上，则可以先采用衰竭式开采，而暂不需要补充人工能量；若采收率低于10%，则可以考虑补充能量，也可以将两种开发方式结合起来，初期采用衰竭式开采，中后期补充人工能量开采。

由于注水成本较低且驱油效率较高，补充能量的开采方式首选注水开发。一般轻质和中质原油在地层非均质性条件中等偏好，都可选用注水开发。在选择注水开发时，必须通过采更多的原油弥补因注水而增加的额外投入。

油藏的水驱油效率一般通过室内实验就可以确定，但油藏的波及系数一般很难确定，因此预测油藏注水开发的采收率参数时，目前一般通过油藏数值模拟或经验方法。若油田在经济技术条件上不适宜采用注水开发，则可以考虑选用其他人工补充能量的开发方式。另外，油田的开发方式不是一成不变的，而是随着开发进程适时地进行转换。

对某一具体油藏而言，水驱油效率是驱替倍数的函数，而体积波及系数除与驱替倍数有关外，还是注采井网、储层非均质性和注采方式的函数。可以通过井网特征、分层系开发、分段或分层注水和改变注采方式等提高体积波及系数。对较低注入倍数就可获得较多最终驱油效率的轻质油藏而言，如何提高较低注入倍数下的体积波及系数是高效开发油田的技术方向。而需要高倍注入体积才能获得较多最终驱油效率的普通稠油油藏，在经济极限含水率条件下的驱油效率不高，往往具有经济极限含水率与100%含水率条件下的驱油效率差异大的特点，即如何在较低注入倍数下有效动用这部分水驱可动油，是高效开发普通稠油油藏的另一个技术方向。

## 五、气藏驱动类型及开发方式的确定

气藏的驱动类型一般划分为气驱和水驱。不同类型的气藏，其物质平衡方程式是有所不同的，将物质平衡方程应用于储量计算和生产动态预测时必然存在一定差异。本节主要介绍如何用物质平衡的方法来识别水驱气藏和气驱气藏。

气藏物质平衡理论是Schilthuis（薛尔绍斯）提出的，在气藏工程中得到了广泛的应用和发展，在气藏动态分析上也得到了广泛的应用。具体说来，气藏物质平衡理论可以解决以下4类问题：第一，计算气藏的原始天然气地质储量和动态可采储量；第二，对气藏进行水侵识别；第三，计算气藏天然水侵量的大小；第四，预测气藏动态。物质平衡方法只需流体高压物性资料和生产数据，计算的方法也比较简单，而且可适用于各类气藏。

一个实际的气藏可以简化为封闭或不封闭的（具有天然水侵）储存油气的地下容器。在这个地下容器内，随着气藏的开发，油、气、水的体积变化服从物质守恒原理，由此原理所建立的方程式称为物质平衡方程式。

对于一个埋藏较深的地下异常高压气藏，在其投产初期，随着天然气的采出和气藏压力的下降，必将引起天然气的膨胀作用、储气层的压实和岩石颗粒的弹性膨胀作用、地层束缚水的弹性膨胀作用，以及由于周围泥岩和有限边水的弹性膨胀所引起的水侵。这几部分驱动能量的综合作用，就是异常高压气藏开发初期的主要动力。它们膨胀所占据气藏的有效孔隙体积应当等于气藏累积产出天然气的地下体积量。对于异常高压气藏，通常由于周围可能的泥岩的再压实作用和有限封闭边水的水侵很小，因此可以忽略其压缩性。

传统的识别气藏驱动方式的方法主要有三种，即视地层压力法、水侵体积系数法和视地质储量法。

# 第二节 油气田开发层系的划分

多数油田、凝析气田和气田是由多个油气藏构成的，而同一油气藏又可能由不同的含油（气）层组成。所谓划分开发层系，就是把地质和开发特征相近的油（气）层组合在一起，并用单独一套开发系统进行开发，尽量避免或减少在开发过程中出现层间矛盾，以此为基础，进行井网部署、合理配产、制订开发方案和生产计划，进行动态分析和开发调整。这部分内容油田和气田开发一致，不单独列出气田开发层系划分内容。

## 一、划分开发层系的意义

我国发现的大部分油田属于陆相沉积，也是非均质多油层油田。这种油田的主要特点是油层层数多，其岩性及物性变化大，分布极不均匀。如果对这类油田笼统地用一套井网进行开发，对提高采油速度、进行生产管理和油井作业都带来一定困难，同时普遍存在着严重的层间矛盾。大庆油田的开发实践告诉我们，缓解或解决层间矛盾大致有三种思路：分层注水和分层采油；划分开发层系，对物性差异大的油层用不同的井网开发；划分开发层系与分层注采工艺相结合。

分层注采工艺是在同一套井网所开发的层系内，通过注采井对性质不同的油层建立不同的工作制度，以充分发挥各小层的作用。分注分采工艺可以减少井网套数，减少钻井工作量，从而节约钻井投资。然而，目前分注分采工艺所能分开的小层数有限，在同一井内，最多只能分注6层、分采3层，而多层油田的小层数目一般都远大于这个数值，有些多层油田的小层数多达上百层。因此，对于非均质严重、层数众多的多油层油田，还必须先采用划分开发层系，再对不同层系使用不同井网进行开发的方法。目前的发展趋势是划分开发层系与分注分采工艺相结合，即尽量使划分的层系数目减少，在同一层系内再采用分注分采工艺进行生产。因此，划分开发层系是开发多油层油田的一项基本措施，是解决层间矛盾的一个主要手段。这一部分工作的意义主要体现在以下方面。

### （一）合理划分开发层系有利于充分发挥各类油层的作用

合理地划分与组合开发层系，是开发好多油层油田的一项根本措施。在同一油田内，由于储油层在纵向上的沉积环境及其条件不可能完全一致，因而油层特性自然会有差异，所以在开发过程中层间矛盾也就不可避免。若高渗透层和低渗透层合采，则由于低渗透层的油流动阻力大，生产能力往往受到限制；低压层和高压层合采，则低压层往往不出油，甚至高压层的油有可能窜入低压层。在水驱油田，高渗透层往往很快水淹，在合采情况下会使层间矛盾加剧，出现油水层相互干扰，严重影响采收率。

因此，若不能合理划分和组合开发层系，将不能有效开发不同性质油层中的流体；若能合理划分和组合开发层系，将可以克服不同性质油层的层间矛盾，提高油气的开采效益。

### （二）划分开发层系是部署井网和规划生产设施的基础

确定开发层系，就确定了井网套数，因而使得研究和部署井网、注采方式以及地面生产设施的规划和建设成为可能。开发区的每一套开发层系，是根据开发层系的地质特点进行部署的，都应独立进行开发设计和调整，对其井网、注采系统、工艺手段等都要独立做出规定。

### （三）采油工艺技术的发展水平要求进行层系划分

一个多油层油田，其油层数目很多，往往多达几十个，开采井段有时可达数百米。采油工艺的任务在于充分发挥各类油层的作用，使它们吸水和出油都均匀，因此，往往采取分层注水、分层采油和分层控制的措施。由于地质条件的复杂性，目前的分层技术还不可能达到很高的水平，因此，划分开发层系后，每一个开发层系内部的油层不应过多，井段不应过长，可以适应采油工艺技术的需要，提高开发效果。

### （四）油田高速开发要求进行层系划分

为满足国民经济对石油高速开发的需要和缩短油田投资建设期，通过划分开发层系，对不同的层系应用不同的井网同时开发，可以提高采油速度，为开发油田实现长期的稳定高产创造有利条件，同时加快油田的生产，从而缩短开发时间，并提高投资效益。

## 二、划分开发层系的原则与界限

划分开发层系就是将特性相近的油（气）层组合在一起，用一套井网单独进行开采，以免因层间差别而导致驱替效率降低。开发层系的划分一般遵循以下原则。

### （一）储层特性及层位相近

储层特性相近是指储层的岩性相近、物性相近、构造形态相近、沉积条件相近、油水或气水边界相近、驱动类型相近、平面渗透率的分布相近、非均质性相近和含油（气）饱和度相近。只有特性相近的储层，开采规律才比较接近，才可以组合在一起用一套井网进行开采。储层特性相差较远的储层，用不同的井网进行开采。

开发层系的实际划分过程中，一般把层位相近的储层结合在一起。因为实践证明，层位相近的储层往往是在相同的地质环境下形成的，因而其性质也往往相近。

### （二）压力系统及驱动类型一致性

同一层系内的压力系统应基本保持一致，压力系统相差较大的油（气）层应采用不同的开发层系进行开发。同一层系内各储层之间的油水或气水接触方式和驱动类型应基本保持一致，这样就可以充分利用天然能量和提高开发效益。

### （三）开发层系间有稳定的隔（夹）层

不同层系之间必须具有良好的隔（夹）层，把层系严格地分开，以确保开发过程中层系之间不发生或少发生窜通和严重的层间干扰现象。若无良好隔（夹）层，开发层系的划分就失去意义。

同一层系，开发层组的跨度不宜过长，上、下层的地层压差要维持在合理范围内，各产层均能正常生产。

### （四）储层流体性质相近

流体性质相近的产层，渗流规律也大致相同，可以划分为一个开发层系。流体性质相差较大的产层，应划分成不同的开发层系，用单独的井网进行开发，这样做也便于地面油气的分离和油（气）品性质的保证。

### （五）开发层系具有一定的储量规模及有效厚度

一个独立的开发层系，应具有一定的储量规模和产量规模，以弥补单独开发而增加的额外投入。若储量太小，不具有划分开发层系的物质基础，则不应单独划分开发层系。

从渗流机理与驱油规律、驱油动态和采收率等角度进行定量分析"开发层系组合与储集层纵向渗透性级差下限"的关系、"注采压差、注采井距与储集层纵向渗透性级差和储层纵向动用程度的关系"等的理论研究工作不多，感兴趣的读者可展这方面的研究工作。

### （六）与经济技术条件相适应原则

同一层系内油层应相对集中，开采井段不宜过长和分散，以利于井下工艺措施的顺利开展。从采油工程的角度考虑，层系划分得越细越好，这样可以增强油井的分层控制能力和单层的采出程度。但从经济的角度考虑，层系不宜划分过细，因为层系划分过细会大幅增加井网投资。因此，开发层系的粗细程度应全面考虑，必须与当时的经济技术条件相适应。

# 第三节 油气藏开发井网部署及井网密度的确定

## 一、概述

开发井网设计是油气藏工程设计的重要内容之一。所谓开发井网，是指若干口开采井和注入井在构造上的排列方式或分布方式。开发井网设计包括井网形式和井数（井距、井网密度）两个方面的内容。井网形式是指井的排列方式，井网密度是指单位面积上的开采井、注入井数量。

井网部署要以提高单井产量、提高储量的控制程度和采收率为原则，对井型、井网和井距进行论证。根据油气藏地质特征与开发要求以及地面条件，确定适合油气藏各个部位和各层系的井型。根据油气藏储层发育及分布、物性特征、构造形态与特征，断层和裂缝发育及分布特征、储量丰度、流体性质与等因素确定井网。

一个油藏需要一定数量的油井进行开发才能带来经济效益，有效的注采井网系统应能满足下述条件：

（1）井网对储层有较好的适应性，水驱控制储量一般应达到70%以上，对其中的主力油层应该达到80%以上，以保证这些储量能够在水压驱动之下开采；

（2）所建立的注采系统有较简便的分注、分采工艺，能够获得较大的波及体积和较好的驱替状态；

（3）在主要开发阶段中，能够充分补给油层能量，注水采油相互适应，油、水井都能较好地发挥作用，保证达到稳产期的产油速度；

（4）在能满足一定采油速度要求下，注水井的注入量能补偿高含水期采出的液量（油层条件下），并有较高的注入水利用率；

（5）能够建立最佳的压力系统，这个压力系统既能实现注水井的正常注水，又能够保证采油井有较好的供给条件，以满足一定采油速度所要求的产液量；

（6）有比较好的经济效益。

由于开发方式等原因，气藏一般用衰竭方式开发，相对较简单，一般采用非均匀布井方式，而油藏和凝析气藏注气的开发井网较为复杂。下面将油气藏开发井网的部署分为"油藏＋凝析气藏注气"和气藏两种类型分别研究，首先研究油藏注水开发井网的部署，其基本规律对凝析气藏注气开发井网的部署也是适用的。

## 二、井网基本形式

### （一）排状井网

所有油井都以直线井排的形式部署到油藏含油面积上，描述井网的参数有排距（排间）和井距（排内）两个参数，一般情况下排距大于井距。若排距相等，井距也相等，则为均匀排状井网；否则，为非均匀排状井网。

排状井网适合含油面积较大、渗透性和油层连通性都较好的油田。

### （二）环状井网

所有油井都以环状井排的形式部署到油藏含油面积之上，描述井网的参数也有排距和井距两个参数，一般情况下排距大于井距。

环状井网适用含油面积较大、渗透性和油层连通性都较好的油田。

### （三）面积井网

面积井网是指"将一定比例的注采井按照一定的几何排列方式部署到整个油藏含油面积之上所形成的井网形式"。按照油水井不同的排列方式，可将面积井网分为若干种类型。

除油藏局部采用二点、三点注采井网外，其余各种面积注采井网可分为正方形井网和三角形井网，且各种面积井网的最小渗流单元流场具有可复制性的特点。

正方形井网是指"最小井网单元为正方形的井网形式"，最小井网单元是由相邻油井构成的基本井网组成部分。正方形井网也可以视为排距与井距相等的一种排状井网。

三角形井网是指"最小井网单元为三角形的井网形式"，也可以视为排距小于井距的交错形式的排状井网。

面积井网适用含油面积中等或较小、渗透性和油层连通性相对较差的油气藏。

由于受到油藏各向异性、非均质性、含油区域大小和形状以及探井和评价井位置的影响，油藏开发的实际井网都不是标准的或均匀的井网形式，许多开发井网都是不规则井网。但是，从提高油气采收率的角度考虑，在对油藏地质特性不是特别清楚的情况下，对井网的部署应尽量采用规则井网。

## 三、注水开发井网

许多油田都采用了注水开发技术，若干口注采井在油藏上的排列或分布方式称为注水开发井网或注采井网。注采井网的选择要以有利于提高驱油效率为目的，常见的注采井网有以下几种形式。

### （一）排状内部切割注水开发井网

对于大型油田，可以通过直线注水井排把整个含油面积切割成若干小的区域，每一个区域称作一个切割区。每一个切割区可作为一个开发单元，进行单独设计和单独开发。视开发准备的情况，每一个切割区投入开发的时间可以不同。

对于含油面积较大、构造完整、渗透性和油层连通性都较好的油田，采用排状注水容易形成均匀驱替的水线，以提高驱替效率，但排状注水的缺点是内部采油井排不容易受效。

### （二）环状内部切割注水开发井网

对于大型油田，也可以通过环状注水井排把整个含油面积切割成若干个小的环形区域，对每个切割区可以进行单独设计和单独开发。

对于一些复杂油藏（尤其是穹窿背斜油藏），可以采用环状注水井排，把油气藏的复杂部分暂时封闭起来，先开发油气藏的简单部分，待条件成熟之后再开发油气藏的复杂部分。如气顶油藏，为了防止气窜，就可以首先布置一个环状注水井排，通过注水保持地层压力，而暂时把气顶与油藏含油部分隔开，这样就可以方便开采油藏含油部分的原油。

### （三）边缘注水开发井网

如果一个油藏的注水井排打在油藏的含油边界之上，这样的井网称作边缘注水开发井网。边缘注水开发井网一般适用于含油面积中等或较小的油藏。

根据注水井排位置的不同，可将边缘注水开发井网分成缘外注水、缘上注水和缘内注水3种井网形式。若把注水井排打在外含油边界之外，则为缘外注水。

如果边水与油藏的连通性较差，注到地下的水很难驱替到油藏中去，而是散失到油藏之外的水域之中，则注水效果很难发挥。此时，应把注水井位置内移，打到油水过渡带，即内、外含油边界之间的区域内，这种注水方式称为缘上注水。

有些油藏的过渡带因与边水长时间接触形成了氧化稠油带，致使注水效果变差；而另外一些油藏的过渡带很长，注到过渡带上的水很难让内部的采油井收到效果，此时，注水井的位置还必须进一步内移，打到内含油边界以内的地方，这种注水方式称作缘内注水。

缘内注水井网往往会损失一部分地质储量。

### （四）面积注水开发井网

面积注水开发井网适用于含油面积不规则或渗透性不好或油层连通性较差的中小型油田。面积注水开发井网可有效提高这类油田油井产能和注水驱替效果。面积注水开发井网的实质是把油藏划分成了更小的开发单元。面积注水开发油田的油藏工程研究，一般都是以注水井为中心。通常把一口注水井与周围油井组成的井网单元称为注水开发井网的注采单元；把按照注采井数比划分的井网单元，称作注采比单元或渗流单元。显然，注采比单元是注水开发油田最小的开发单元。

1.排状正对式注水开发井网

在正方形井网中，若注水井排和采油井排间隔排列，则形成排状正对式注水开发井网。正对式井网的排距可以大于、等于或小于井距，但一般情况下都大于井距。

油田每一个注采单元或注采比单元的生产情况基本上都一样，只要了解一个注采单元或注采比单元的生产情况，就能够了解整个油田的全貌。从注采比单元可以看出，排状正对式注水开发井网一口注水井的注入量与一口采油井的采液量（包括采油量）相当。

2.排状交错式注水开发井网

注水井和采油井交错排列，则形成排状交错式注水开发井网。交错井网的排距可以大于、等于或小于井距。排状交错式注水开发井网的注采井数比为1。

从注采比单元可以看出，排状交错式注水开发井网一口注水井的注入量与一口采油井的采液量相当。

3.五点注水开发井网

若把正方形井网的每一个井网单元中再钻一口注水井，则形成了所谓的"五点井网"。实际上，五点井网就是排距为井距之半的排状交错式注水开发井网。五点井网的注采井数比为1。从注采比单元可以看出，五点井网一口注水井的注入量与一口采油井的采液量相当，即五点井网适合强注强采的情形。

4.反九点注采井网

反九点井网的油井存在边井和角井之分，角井离注水井的距离稍大于边井，为了提高注入水的波及系数，可以适当提高角井的产量。从注采比单元可以看出，反九点井网一口注水井的注入量与三口采油井的采液量相当，因此，反九点井网适用于吸水能力强的地层。

若把反九点井网的角井改成注水井，反九点井网即变成五点井网，因此，一些油田的开发初期往往采用反九点井网，而到了开发的后期，为了提高油田的产量水平，往往把反九点井网调整为五点井网。

5.反七点（正四点）注水开发井网

反七点注水开发井网属三角形井网，一口注水井的周围有六口采油井。

七点井网的注采井数比为2。从注采比单元可以看出，反七点井网一口注水井的注入量与2口采油井的采液量相当，因此，反七点井网适合吸水能力相对较强的地层。

6.点状注水开发井网

一些油田的平面非均质性很强，在渗透率相对较低的区域，油井产能也较低。为了提高低产能区的油井产能，可以实行点状注水，形成的井网称为二点和三点注水开发井网。

## （五）水平井注采井网

目前，国内外油田经常采用的水平井井型主要包括常规水平井、水平分支井、鱼骨刺井、多底井、分叉井。其中，前三种井型主要针对单层油藏，后两种井型主要针对多层油藏。

除水平井外，其他复杂结构井主要针对特殊油藏条件，而且绝大部分只是采用单井进行生产。从研究角度看，可以以直井井网为基础，采用水平井或其他井型来代替其中的部分直井来组成各种类型的井网。

## （六）直井、水平井混合注采井网

目前，常见的布井方式有反五点井网、反七点井网、改进的反七点井网、反九点井网和改进的反九点井网等。需要说明的是，水平井注采井网是指所有的井都是水平井，注入井与采出井平行排列；直井注水行列井网是指所有的井成行排列，水平井全部为油井，直井全部为注水井；直井注采行列井网是指所有的井成行排列，水平井全部为油井，直井分注水井和采油井，并相间排列。

不同的布井方式对开发效果影响显著，例如，在相同的井距和生产条件下，反五点井网见水时间最长，反七点井网和反九点井网见水时间相当。

## （七）储层裂缝与压裂裂缝对注采井网的影响

对于裂缝性油藏，通过注水井注到地下的水易沿高渗透方向窜进，此时需要对井网进行调整。调整之后的井网就有了一定的方向性，因而也被称作矢量井网。井网的方向定义为井排方向与最大渗透率方向的夹角。

裂缝性油藏一般都属于各向异性介质，裂缝的发育方向就是地层最大渗透率方向。裂缝性油藏井网部署时，应考虑裂缝的方向。

### （八）改善油田注水开发效果的有效途径

1.充分利用自然能量，提高采收率

天然能源充足的油田具有一定的开发利用价值。在开发过程中，应选择地质条件好、裂缝发育、预期日产量高的地区，利用自然能源进行开发。这不仅可以降低裂缝性油井的开发成本，延长油井的见水时间，而且可以达到提高采收率的目的。

2.合理控制注水压力，延后油井见水时间

在计算注水压力时，可以用泊松比法计算油井注水压力上限，然后对注水井进行分类管理。对于风险较大的注水井，应采用恒压控制方式注水；对于具有一般风险的注水井，可根据其动态变化进行适当调整。此外，控制注水压力可以有效避免储层裂缝的发生，延长油井的见水时间。

3.采用注水调整与堵缝调剖相结合的方式控制含水上升

对裂缝高度发育的注水井，如已造成周围油井突水，甚至发生水淹，应及时注水、调箍、调剖。从具体的开发实践来看，这种方法可以达到良好的沉淀增油效果。对于一些裂缝发育明显的油井，可以采取不断提高裂缝封堵和调剖强度的方法。对于主力层遇水后置换层数较少的井，油井处于断层裂缝发育带，层间矛盾较大，可采用裂缝封堵调剖的方式提高含水率。

4.杜绝造成的暴性水淹

根据井组和不同的井发期，应采取不同的改造措施，以避免裂缝和沟渠中的剧烈注水问题。在处理过程中，对吸水性差的注水井可采取酸化、周期注水等改造措施，而不是压裂改造。同时，采油井采用不同的压裂工艺，避免压裂后含水率明显上升。

## 三、注采井网选择

确定合理的注采井网系统一直是油田开发中一个重要的问题。确定合理的注采井网要满足以下条件：要有较高的水驱控制程度；要适应差油层的渗流特点，达到一定的采油速度；要保证有一定的单井控制储量；要有较高的经济效益。

### （一）不同注水开发井网对油藏储量控制程度

1.分油砂体法

分油砂体法是一种经验统计方法，所需要的参数容易获得，估算结果也比较准确。该方法主要用于分析不同井网密度对水驱控制程度的影响。

2.概算法

概算法是一种概率估算方法，所需要的参数也较容易获得，估算结果也比较准确。该方法主要用于分析不同井网密度和注采比以及布井方式对水驱控制程度的影响。

### （二）吸水产液指数法确定合理注采井网

井网类型的选择是一个十分复杂的问题，一般情况下可利用油藏吸水指数（定义为单位注入压差下注水井的日注入量）与产液指数（定义为单位生产压差下生产井的日产液量）的比值，通过计算井网系数加以确定。

由于油田开发初期的产能较高，开发初期往往选用油水井数比较高的开发井网，如反九点井网。但随着油田开发的不断进行，油田产能不断降低，为了提高油气产量，到了油田开发的中后期，往往把开发井网改造成油水井数比较低的开发井网，如五点井网，即靠提高油田的产液量来提高油气产量。

一般说来，高油水井数比的开发井网具有一定的成本优势，因此，通过提高注水井的注入压差，高油水井数比的开发井网也可以达到低油水井数比开发井网的开发效果。

## 四、井网密度的确定

### （一）概述

1.井网部署原则

科学、合理、经济、有效的井网部署应以提高油气藏动用储量、采收率、采气速度、稳产年限和经济效益为目标，总原则是：

（1）井网能有效地动用油气藏的储量；

（2）能获得尽可能高的采收率；

（3）能以最少的井数达到预定的开发规模；

（4）在多层组的油气藏中，应根据储层和流体性质、压力的纵向分布、油气水关系和隔层条件，合理划分和组合层系，尽可能做到用最少的井网数开发最多的层系。

2.井网密度表示方法

井网密度是油气田开发的重要数据，它涉及油气田开发指标计算和经济效益的评价。对一个固定的井网来说，井网密度大小与井网系统（正方形或三角形等）和井距大小有关，井网密度可有两种表示方法。

（1）平均一口井占有的开发面积，以km²/井表示。计算方法是，对某一开发层系，按一定井网形式和井距钻进投产时的开发总面积除以总井数。

（2）用开发总井数除以开发总面积，以井/km²表示。

随着井网密度的增大，油气最终采收率增加，开发气田的总投资也增加，而油气田开发总利润等于总产出减总投入。当总利润最大时，就是合理的井网密度；当总产出等于总投入时，即总利润等于零时，所对应的井网密度就是经济极限井网密度。通常实际的井网密度介于合理和经济极限井网密度之间。

油气田开发井数、井距、井网密度以及单井控制地质储量之间是紧密相关的，确定一个参数之后，就可以确定另外三个参数。下面先讨论油藏开发井网的相关问题。

### （二）合理井网密度

油田开发的根本目的：一是获得最大的经济效益，二是最大限度地采出地下的油气资源，同时满足这两个目的的开发井网密度就是最佳井网密度。确定油田最佳井网密度的方法通常称作综合经济分析法或综合评价法。

井网密度越大，油田的最终采收率也就越大。当井网密度达到无穷大时，油藏的采收率达到驱替效率的数值，可以把驱替效率理解为油田采收率的极限值。

井网指数与油层流动系数有关，一般通过实验或矿场试验方法加以确定。通过数值模拟结果也能够近似确定井网指数的大小。井网指数一般随流动系数的增大而减小。

不钻井就不会盈利，钻井太多也不会盈利甚至亏损。因此，油田开发存在一个盈利最大的井网密度，该井网密度被称作最佳井网密度。盈利曲线的极值为开发油田的最大盈利额，极值的横坐标为最佳井网密度。

### （三）经济极限井网密度

经济极限井网密度是指井网控制的可采地质储量全部采出并全部销售后，所得收入恰好全部用来弥补开发油田所需的投入以及开发油田需交纳的各项税收，开发油田的净利润为零，相应的开发井数称作经济极限井数。相应的井距称作经济极限井距，它是油田开发井距的经济下限值。

### （四）低渗油藏极限注采井距

低渗透（低流度）油藏的一个基本特点是流体在储层中流动可能存在渗流启动压力梯度，合理的注采井距应小于"某一注采井底流压差下能够实现有效注水开发的极限注采井距"，因此，准确确定"某一注采井底流压差下能够实现有效注水开发的极限注采井距"是确定低渗透（低流度）油藏合理注采井距、确保低渗透（低流度）油藏有效注水开发的关键之一。

当地层压力梯度大于或等于启动压力梯度时，则该处能够被注采井网有效控制。另外，根据渗流理论，在等产量—源—汇稳定渗流水动力场中，主流线上的渗流速度最大，而在任意同一流线上，距汇、源均相等点的压力梯度和渗流速度最小。实际油藏的注采井连线为其主流线，在主流线中点处渗流速度最小。因此，可以以主流线中点处压力梯度来确定极限注采井距。对渗透率一定的储层而言，在最大注采压差条件下，若过坐标原点的8形压力梯度曲线最小值等于启动压力梯度时，此时对应的注采井距即为在该注采压差条件下的油藏极限注采井距。

## 五、气藏开发井网部署及井网密度的确定

### （一）气藏开发井网系统

在气田开发实践中，主要有以下4种井网系统：按正方形或三角形井网均匀布井、环形布井或线状布井、在气藏顶部位布井、在含气面积内不均匀布井。

根据井网系统、井网密度影响因素及气藏类型，不同开发方式的气藏可分为以下几种布井方式。

1.衰竭式开发时的井网系统

（1）正方形或三角形均匀布井系统。这种井网系统适用于储层性质相对较均质的气驱干气气藏或凝析气藏。该布井系统在开发过程中不形成共同的压降漏斗，即在开发过程中，每口井的地层压力基本上是接近的，并且等于当时的平均地层压力。均匀布井的优点是：气井产量大于其他布井系统时的产量；气田开发所需要的井数也是最少的；各井井口压力基本上是相近的；在更长的时间里都不需要增压开采。这种布井方式对确定开发指标是最简单也是最完善的。

（2）环状布井或线状布井及丛式布井。这种井网系统主要取决于含气构造的形态。如为圆形或椭圆形含气构造，即可采用环状井网；而在长轴背斜上，则可采用线状或排状布井系统。此外，当气藏埋藏较深时，可以采用在地面集中的丛式布井系统，每口井的偏斜角度和方向则不同。

（3）气藏顶部布井。不论是砂岩储层还是碳酸盐岩储层，一般在构造顶部储层性质较好，而向构造边缘储层性质逐渐变差。因此，气藏顶部往往是高产分布区。把气井分布在气藏顶部还可以延长无水开采期，但在开发后期会出现一个明显的压降漏斗。

（4）不均匀井网。对非均质储层往往采用非均匀的井网系统。实际上，对均质的储层来说，由于探井的分布情况以及其他因素影响，也会不得不采用非均匀井网开采。尤其是当产层为碳酸盐岩裂缝型地层时，其非均质性十分明显，不可能实现均匀井网系统开采。

2.水驱气藏或凝析气藏井网系统

水驱气藏布井相对定容封闭气藏来说要复杂得多，主要是在开发早期阶段难以取得较详细的气藏边部和水层地质资料，中后期又存在气水分布不均的问题，如有裂缝存在，更使水驱气藏的布井问题复杂化。针对水驱气藏的复杂性，目前国内外存在以下几种观点。

（1）均匀布井系统：在这种情况下，气藏顶部的气井可以射开全部储层厚度，而翼部的气井则应留出一段厚度。这种井网系统的优点是井的产量高，所需要的生产井数也少，而且在储层岩性变化急剧的情况下，这种布井方式可以使透镜状地层和小夹层也能投入开发，以增加可采储量。

（2）在气藏顶部相对集中布井：利用气顶高产区使气井产量很快上升，但在开发过程中气顶区会形成较大的压降漏斗，可能会使靠近两翼的气井过早水淹，进而使气田开发变得更加复杂。

目前，凝析气藏注干气开发是比较通行的方式，在注气开发中注气量、注气压力是人们通常关注的问题，而对于如何安排注气井使气驱的驱替效率达到最大研究得比较少。为此，将国外在此领域的研究结论作简要叙述。

## （二）开发井数的确定

气藏开发井的类别应包括生产井、接替井、观察井、注入井（注气井或注水井）。气藏开发总井数取决于气藏的生产规模、单井产能及后备系数。

## （三）气藏开发的投产顺序

关于气藏开发的投产顺序，存在两种途径：一种是根据开发方案对井数要求一次钻完投产；另一种是逐步加密井数接替式投产。早期常采用第一种方式，在地层压力没有明显下降时易于把开发井一次钻完投产。随着市场经济的发展，第一种投产顺序已在气藏开发方案中尽量避免采用，因为一次钻完开发井并同时投产使得初始开发投资较高，同时开发井一次投产势必要降低各开发井的产量，这在技术经济指标上不是最佳的。目前在钻井技术突飞猛进的情况下大多采用第二种投产顺序。

此外，对于大型气藏开发，在短期内要钻完大量的开发井并一次投产，实际上也不可能。逐步加密钻井，除了有较好的经济效益外，还能逐步加深对气藏的认识，完善开发方案，调整井网部署，使气藏开发处于更加主动的地位。

## （四）布井步骤

由于独立开发层系中各小层的地质特征和储层物性参数总存在着差异，需要采用"分层布井、层层叠加、综合调整"的方法，选出能适应大多数含气砂体的井网来，具体步骤如下。

（1）根据各主要小层（通常指分布广、岩性物性好和储量大的小层）的渗透率、地层气体黏度，确定该层的平均井距，采取均匀布井的方式。

（2）根据各小层含气砂体在平面上的分布和气层物性情况，以确定的平均井距为依据，适当加以调整，使每个含气砂体至少有一口生产井。

此外，基础井网对渗透率高的和低的地区都可酌情调整，是"低密高稀"，还是"高密低稀"，要视具体的地质情况和数值模拟的计算结果而定。

（3）将各层井位叠加起来，再加以调整。将重合的井位合并；接近的井位，根据各层岩性、物性情况，也适当归并。最后整理出比较规则的井网，可以设立几个（至少三个）布井对比方案。

（4）按调整后的几个布井方案，再对各非主要层进行补井，适当增加少量井数。

（5）计算各布井方案的储量损失量，从中选出控制储量最大的方案。

（6）最终一定要对所选方案进行数值模拟计算，然后再对比，再优选，使气井达到最大控制面积和储量，并考虑到所获得的经济效果，最终选出最合理的布井方案（一般要提供三个备选方案以供决策）。

## （五）井网密度和井距论证

对于孔隙型、裂缝—孔隙型、似孔隙型等相对均质的砂岩和碳酸盐岩气藏，可用以下定量方法确定出初始的井网密度、井距，为编制布井对比方案和数值模拟计算提供依据。

1.单井合理控制储量法

开发井井距的确定主要应考虑单井的合理控制储量，使高丰度区单井控制储量不要过大，而低丰度区单井应控制在经济极限储量以上。

2.经济极限井距

（1）单井经济极限控制储量。一口井的总收入为累积采气量与天然气价格的乘积，而一口井从钻井到废弃时支出的总费用包括钻井、场站建设、支气管线、储层改造、采气成本等几方面。从经济上讲，一口井要不亏本，必须满足累积采气量×天然气价格≥支出总费用。也就是说，对于一口井来说，其钻井费用、平均每口井的油建费用与平均年采气操作费用之和，至少应大于或等于每年天然气的销售额。这就必须有足够的储量，即单井控制经济极限储量，将它作为一个选择合理井距的重要经济指标。

（2）经济极限井距。经济极限井距的大小受储量丰度的影响很大。根据一定的参数、指标值，即可计算出相应试采区或气藏的视单井控制经济极限储量，然后计算出经济极限井距。

3.合理采气速度法

根据气藏的地质和流体物性，可以计算出在一定的生产压差下满足合理采气速度所要求的气井数，进而求出井网密度。

4.导压系数或探测半径法

气井的导压系数反映了气层传导能力的好坏，表示了地层中压力波传播的速度。导压系数高的井区，单井控制的供气面积就大，要求的井距也就大；反之，则要求井距小。由导压系数和生产时间则可推算生产井的探测半径。气井稳产期末的井距应不小于探测半径的两倍为宜。

5.渗透率与排泄半径关系法

在气田开发中，总是希望储量动用程度越高越好，同时还要求"少井"开采，实际上这两者是相互制约的。井太少，储量动用就不充分；井太多，既增加投资，也会导致单井控制储量较小，井间干扰明显，单井稳产期缩短。如何确定一种井网，用最少的井又能最充分地动用储量，是一个关键的问题。每一口井都有一定的控制范围，即每口井都有一定的排泄半径（供气半径）。排泄半径之内的储量才有可能参与流动，排泄半径之外的储量得不到动用。因此，要求气藏含气面积区内均在气井的供气半径内，且井与井之间的供气范围不重复，这样才能满足储量动用充分而且井数又少。实际上，就是要求相邻两口井井距等于两口井排泄半径之和。如果能够统计得到气藏的渗透率与气井排泄半径间关系，计算合理井距也就容易了，如果所研究的气藏还没有或无法获得该关系，那么也可以类比其他气田已有的这方面资料。

# 第四节　油气井配产与油气藏开采速度

## 一、油气井产能的确定

### （一）气井产能

理论上的气井产能是指井底回压等于一个大气压（实际上井底回压大于大气压，设井底回压等于一个大气压的目的是在相同条件下进行多气藏气井的比较）的气井供气潜在能力，通常用绝对无阻流量表示。

### （二）油井产能

油井产能是指油井在单位生产压差条件下的产油量、产液量，油井产能可以用产油指数、产液指数来描述，油井产油指数、产液指数越大，地层生产能力越强。

1.油井流入动态曲线

油井流入动态曲线在知道平均地层压力和无阻流量的条件下，可以预测不同流压下的产量。

2.油井产能矿场统计

油井初期产能评价可以直接采用统计方法确定。

3.油井产能评价

考虑到不同油藏有效厚度不同，油井产能也可以用米产油指数和米产液指数评价。米产油指数和米产液指数是指单位地层厚度在单位生产压差下的产油量和产液量。米产油产液指数越大，地层生产能力越强。

考虑到不同油藏埋藏深度不同，常常要从经济效益角度对油井产能进行评价，目的是评价油气储量开发的难易程度。一般采用千米井深的稳定日产油量或千米井深稳定米产油指数评评价指标。

4.油井产能与产水率关系分析

含水率对产液、产油能力的影响可以用无因次产液指数和无因次产油指数描述，可以通过油藏归一化相对渗透率数据进行研究。

## 二、油气藏合理开采速度的确定

在组织新井投产时，首先要确定油气井的合理产量。保持合理产量不仅可以使油气井在较低的投入下获得较长的稳产时间，而且可以使油气藏能在合理的采气速度下获得较高的采收率，从而获得较好的经济效益。

油气井的合理产量必须在充分掌握油气藏地下、地面有关资料的基础上，由编制出的开发方案（或试采方案）来确定，而油气藏的合理生产规模要满足相关要求。

### （一）油藏可采储量与稳产要求

一般情况下，陆地油田年采油速度为1%～2%地质储量或3%～4%可采储量。我国部分水驱油田不同时间的实际开发数据统计结果表明，高产稳产期结束后，采出可采储量的50%～60%，一般根据油藏可采储量规模及稳产年限要求，按稳产期结束时采出可采储量50%设计具体油藏年采油速度（或产能建设规模），进一步可根据单井合理产量开展相应的井网井距设计。

可采储量判别法仅仅是行业标准要求，也是对整个油藏合理采油速度或生产规模的总体要求，并没有考虑到储层特点及单井产能实际情况。大量油田实际稳产期间的合理采油速度低于此行业标准。

## （二）临界线性渗流流速

单位厚度的合理采液采油强度可以通过岩石临界线性渗流流速按式3-1确定，进而可确定油藏的合理开采速度。

$$J_o = 2\pi R_w v_c \qquad (3-1)$$

式中：$v_c$——岩石的临界流速（达西流速），m/d；

$R_w$——井筒半径，m。

## （三）矿场产能测试结果统计

在充分研究油层动用状况的基础上，确定油层射孔界限，在用某种布井方式布井后，统计油井可射孔厚度$h$，再应用现场已有的油井资料和测试试验资料确定油井的采油指数$J_o$，最后根据油田目前的压力状况确定井的生产压差$\Delta p$，则单井日产能力为：

$$q_o = h \cdot J_o \cdot \Delta p \qquad (3-2)$$

可建生产能力$Q_o$为：

$$Q_o = 330 n_o h J_o \Delta p / 10000 \qquad (3-3)$$

式中：$Q_o$——生产能力，$10^4$t/a；

$n_o$——油井数，口。

## （四）经验公式法确定油藏合理采油速度

1.经验公式一

油井产量的大小不仅取决于储层性质的好坏，还与原油性质、油层厚度、井网密度及工艺技术水平等因素有关。国内5个油田（温吉桑米登、丘陵、部善、马岭、安塞）和3个区块（温西1块、温西3块、温西5块）设计和实际达到的采油速度资料分析统计表明，采油速度和流动系数之间存在一定的关系，8个油田区块采油速度资料回归得到采油速度和流动系数相关式为式3-4，随着流动系数的增加，相关性变好。

$$v_o = 1.65451g\,(Kh/\mu)^{1.509} \qquad (3-4)$$

式中：$v_o$——合理采油速度，%；

$Kh/\mu$——流动系数，mD·m/（mPa·s）。

2.经验公式二

对米登、温西3、宝北Ⅱ、马岭、马西、扶余、新民、渤南三区、文东、部善等13个低渗透油田采油速度与地层原油黏度、有效厚度、有效渗透率和井网密度等参数进行统计回归得到的油藏合理采油速度公式为式3-5。该公式现场使用性强，13个油藏合理采油速度计算结果与实际合理采油速度基本一致。

$$v_o = lg\ (Kh/\mu)^{0.82725} + 2.7345\eta^{-0.3163} - 0.7545 \qquad (3-5)$$

式中：$v_o$——开发采油速度，小数；

$\eta$——井网密度，$10^4 m^2/$口。

利用上述公式，可以计算出油田合理采油速度。

## （五）气井动态最优化配产法

地层与井筒的协调分析配产法，仅仅是对油气藏目前条件下的合理配产，由于油藏条件以及地面工艺条件的变化，流入曲线、流出曲线的系统协调点也随之改变。

最优化配产法是气井在多种因素条件下的多目标优化方法。它以气井产量和采气指数最大为目标，以非达西效应小、生产压差不超过额定值和地层压力下降与采出程度关系合理作为约束条件的一种配产方法。

## （六）气藏（井）合理采气速度应考虑的因素

气藏采气速度或生产规模既与气藏地质条件和生产能力有关，也与下游需求特点有直接关系，一般具有夏季用气需求量低气藏配产气量低、冬季需求量高气藏配产气量也相对较高的特点。气藏的这种生产特点与产出气储存难度大有直接关系（除非有地下储气库）。气藏合理的采气速度应满足的条件是：

（1）气藏应保持每年长时间稳产，稳产时间的长短不仅与气藏储量和产量的大小有关，还与气藏是否有边底水及其活跃程度等因素有关；

（2）气藏压力均衡下降，气藏压力均衡下降可避免边底水的舌进和锥进，这对水驱气藏的开发十分重要；

（3）气井无水采气期长，无水期的采出程度高；

（4）气藏开发时间相对较短，而且采收率还高；

（5）所需的井数要少，投资要低，经济效益要好。

气藏类型不同，采气速度也不相同。对于地下情况清楚、储量丰度高、储层较均质的气藏，在确定了合理采气速度后，采取"稀井高产"的方针，可以节约投资，获得良好的经济效益。对于均质水驱气藏，较高的采气速度有利于提高采收率。如北斯塔夫罗波尔砂岩气田，10年稳产期间采气速度高达6%～6.9%，最终采收率可达90%。这类气田只要措施得当，采气速度大小对采收率无明显的不利影响。对于非均质弹性水驱气藏，由于地质条件千差万别，应根据气藏的具体情况确定采气速度。

在确定气藏合理采气速度时，要明确气藏产能≥产量>商品量≥销售量的关系。一般要满足商品量为1.1～1.2倍的销售量、气藏储采比大于20、气井生产负荷因子（天然气年产量/天然气年生产能力）不高于0.8的原则，以便气藏具有调峰生产能力。其中，天然气年生产能力=各个正常生产井的生产能力＋后备井的生产能力。

气藏经过试采确定出合理采气速度后，可按此速度允许的采气量结合各井无阻流量、单井控制储量、有无地层水干扰等实际情况确定各井的合理产量。

# 第五节　油藏注水时机与合理压力系统分析

适宜注水开发的油田，油藏合理压力系统与注水时机的选择是一个十分重要的问题。注水开发油田存在早期注水和晚期注水两种注水开发模式。油田采用哪种注水开发模式，取决于油田自身的性质和当时的经济技术条件。若油田自身的产能较低，必须依靠外部补充能量才能获得一定的产能，而且必须采取早期注水；天然能量相对不足的油田，为保持油田具有较高的产油能力，也必须采用早期注水。具有一定天然能量的油藏，为充分利用天然能量，可以适当推迟注水时间。油田何时注水，要通过经济技术方面的综合研究之后才能确定。此外，油田的开发方式不是一成不变的，而是随着开发进程适时地进行转换。

## 一、油藏注水时机

### （一）常规油藏注水时机确定

对于具有中高渗的正常压力系统油藏，合理注水时机的确定主要从以下几个方面考虑。

（1）地饱压差大的低饱和油藏可以充分利用地层弹性能量和边底水天然能量。但由于弹性采收率不高，若边底水天然能量不充足且注水不及时，会影响油藏整体注水开发效果。考虑到采油工艺技术水平和后期开发工艺措施的调整，地层压力保持在80%左右的静水柱压力下开发较为合理。

（2）饱和压力接近或等于原始地层压力的油藏。因溶解气的影响，该类油藏原油黏

度与压力关系明显，应采取早期注水开发，避免油藏出现溶解气驱方式而影响油藏水驱开发效果。但有些研究成果指出，在地层压力约低于饱和压力的情况下，水驱气化原油采收率可提高5%～10%。因此，对这类油藏，地层压力合理降低值为饱和压力的10%。

（3）油藏天然能量对注水时机的影响。一般而言，对于天然能量充足的油藏，注水时机可稍晚一些；对于天然能量不充足的油藏，注水时机应尽量早一些。可根据无因次弹性产量比、单储压降参数的大小分析合理注水时机。

## （二）低渗（低流度）异常压力油藏注水时机确定

异常压力油藏包括类似于鄂尔多斯盆地的异常低压油藏（压力系数低于0.8）和类似于文13西，涠西南11-1、牛庄等异常高压油藏（压力系数大于1.2）。这类异常压力油藏的合理注水时机，要结合油藏合理压力系统来确定，既要保证水井有效注水，又要确保油井有足够的生产压差或产液能力。

（1）对于压力系数低于0.8的异常低压油藏，因可获得较大注水压差，保证水井注水能力一般不会存在问题，尤其对鄂尔多斯盆地的异常低压油藏，当注水井底流压达到一定之后，储层中的微裂缝会张开使吸水能力增大4～10倍以上。这类油藏应该采用超前注水，使油藏保持合理地层压力水平，以提高油井生产压差或产液能力。

（2）异常高压低饱和油藏一般属于天然边底水能量不充足的封闭性油藏。因地层压力过高（平衡地层压力的井口油压高，往往很难有效注水），这类油藏应推迟到油藏合理地层压力保持水平时注水，但在利用早期油藏弹性能降压开采过程中：一方面地层的应力敏感导致渗透率下降（会增加注水的难度），另一方面地层原油黏度会随压力降低而降低，此时重点分析地层油相的流度变化情况以及地层渗透率下降引起的油水两相渗流特征的变化情况，避免或减轻弹性降压开采对水驱开发动态及开发效果的影响。特别的，若饱和压力小于80%地层静水柱压力，则地层压力降到80%左右的静水柱压力前注水即可。例如，胜利油田牛25-C油藏埋深3290m，原始地层压力在52～55MPa（原始地层压力系数为1.60～1.69），平均渗透率18.5mD，地层原油饱和压力9.2～10.6MPa，地层原油黏度0.5～4.3mPa·s，地层原油平均流度7.7。当地层压力降为29MPa时开始注水，此时地层平均渗透降为12.0mD。

（3）对于异常高压高饱和油藏，尤其是饱和压力超过地层静水柱压力的油藏，注水困难和溶解气驱是这类油藏早期开发必须面对的困难和必须经历的过程。注水越早，对提高油藏开发效果越有利，但在地层压力下降到静水柱压力时开始注水，其开发效果相对较好。

## 二、油藏合理压力系统的确定

油藏合理压力系统是指在井口注水系统约束条件下，满足注水开发需要的注水井井口压力，注水井井底流压、地层压力合理保持水平以及油井合理井底流压等构成的压力系统。这其中，地层压力合理保持水平是关键：地层压力保持过低，则地层能量不足，产量达不到要求；地层压力保持过高，需要提高注入压力，增加注水量，势必增加投资，影响开发效益。

### （一）油井最低合理井底流压确定

确定采油井合理的流动压力界限一直是油藏工程研究的重要课题。在井底流动压力大于饱和压力的条件下，随着井底流动压力的降低，油井产油量成正比例增加；当井底流动压力低于饱和压力以后，由于井底附近油层中原油脱气，使油相渗透率降低，随着流动压力的降低，产量增长速度将会减慢。矿场系统试井资料表明：当流动压力降低到一定界限以后，再降低流动压力，油井产量不但不再增加，而且还会减少。这一流压值可以作为采油井合理流动压力的下限值，称为油井的最低允许流动压力。井底压力低于该值以后，由于原油脱气严重，将会影响采油井生产能力的正常发挥。

### （二）水井合理井底流压上限确定

在油田开发过程中，为了最大限度地提高油藏采收率，保持油井高产稳产，常常采用注水保持地层压力的开采方式。确定注水井井底流动压力既是油藏注水开发设计的基本依据之一，也是注水井动态分析的基本内容之一。

注水井极限井底流压是以地层破裂压力为基准的，一般情况下不能高于地层破裂压力。

为了提高注入能力，尤其是对于低渗油层，要求高于地层破裂压力值，尤其对像鄂尔多斯盆地这样的异常低压油藏，适当提高注水压力，可使储层中的微裂缝张开，吸水能力增大4~10倍，这对提高低渗储层吸水能力是十分有利的。

唐海、李标等在假设配注水量＝裂缝虑失量（是地层性质、裂缝长度的函数）的条件下，研究了我国某油田4个区块水井高压注水效果，得出了如下结论：高压注水不仅增大了注水压差，同时水井吸水指数也可增加1.26~1.9倍。

### （三）油藏合理地层压力保持水平确定

合理的油井地层压力既要满足达到一定产量要求的生产压差，又要避免在低于饱和压力下开采，一般应保持在原始地层压力附近。而流动压力只要不低于饱和压力过多，造成气体影响太大，则越低越好，一般在3~5MPa。

1.储层埋深与合理地层压力保持水平关系

当油井采用机械采油时，地层压力与储层埋深有着密切的关系。根据储层埋深来确定合理地层压力保持水平，一般按80%左右的静水柱压力确定。

2.地层流体物性与合理地层压力保持水平关系

合理地层压力保持水平与地层流体物性的关系主要考虑原油黏度的影响。考虑到严重脱气地层原油的黏度变化对水驱油动态存在较大影响，同时井底流压低于饱和压力10%左右时有利于提高油藏的开发效果，油藏合理的地层压力保持水平应尽量确保地层原油黏度处于最小值。

3.最小自然递减法确定合理地层压力保持水平

在中低含水期，地层压力保持程度与油田自然递减率之间有着密切联系，合理的地层压力可以使油田的自然递减率降至最低，而地层压力过高或过低均会使油田自然递减率加大。因此，地层压力与油田自然递减率的关系曲线上最小自然递减率所对应的压力值，即为合理地层压力值。

4.地层压力保持水平与累积注采比关系

进入含水开发期后，大多数油田采用提液的方法来稳定油产量。这种方法可以实现油田稳产，但也将导致含水率进一步增加。为了做到稳油控水，大多数油田除了采取调剖堵水、提高油藏存水率等工艺措施外，都力求寻找地层的合理压力保持水平和合理注采比。

一般来说，地层压力与累积注采比之间有如下关系：在累积注采比小于某一值时，地层压力随累积注采比的增加而增加，但当累积注采比超过某一值时，地层压力随着累积注采比的增加反而下降。因此，可将这一累积注采定义为临界累积注采比，对应的地层压力值为合理的地层压力保持值。

# 三、合理注采比与注水量的确定

## （一）注水井吸水能力与油藏最大注水能力

1.指示测试曲线分析法分析水井吸水能力

单位吸水厚度合理的注水强度Jw（米吸水指数）可以通过注水井吸水指示测试曲线的直线段，采用下列公式计算：

$$J_w = \frac{q_{w1} - q_{w2}}{p_{wf1} - p_{wf2}h} \qquad (3-6)$$

式中：$p_{wf1}$，$p_{wf2}$——注水井吸水指示曲线的测试流压，MPa；

$q_{w1}$，$q_{w2}$——$p_{wf1}$，$p_{wf2}$下的注水强度，$m^3/d$；

$h$——注水井有效吸水厚度，m。

2.油藏最大年注水量

油藏最大年注水量可以根据平均吸水指数、注水井数和注水压差估算。

$$Q_{iw}=TN_t\Delta p_{li}I_W \tag{3-7}$$

式中：$I_W$——吸水指数，$m^3/$（$MPa \cdot d$）；

$T$——水井年注水时间，d；

$N_i$——注水井数，口；

$\Delta p_{li}$——考虑注水井极限井底流压上限时的注水压差，MPa；

$Q_{iw}$——注水井极限井底流压上限约束条件下的最大年注水量，$10^4m^3$。

3.年规划注水量

根据年度配产和指标要求的含水率，利用物质平衡方法推算注采平衡的注水量。绘制累积纯净注水（累积注水量减掉累积产水量）与累积产油量关系曲线，这是一条相关程度很好的直线，其数学关系式为：

$$\sum Q_{iW} - \sum Q_W B_W = \sum Q_o C \tag{3-8}$$

式中：$\Sigma Q_{iW}$——累积注水量，$10^4m^3$；

$B_W$——水的体积系数（变化很小可忽略不计）；

$C$——每采1t油的存水量，$m^3$。

## （二）年产液量及产液指数与含水率关系

在一定井网密度下，采液量的大小主要取决于采液指数随含水率的变化以及生产压差的变化。因此，研究采液指数的变化规律是掌握油田产液能力变化规律的基础。油田开发实践表明，随着油井含水率的升高，采液指数不断增大。在保持生产压差不变的条件下，随着含水率的上升，产液量将不断增加。但在含水率相同时，流动压力越低即生产压差越大，产液量越高，而采液指数随流动压力的下降而下降。其中，采油指数与含水率的变化关系用经验公式表示为：

$$J_o = a + bf_W + cf f_W^2 \tag{3-9}$$

式中：$J_o$——采油指数，$t/$（$d \cdot MPa$）；

$a$，$b$，$c$——经验常数；

$f_W$——含水率。

# 第四章　油藏开发调整技术与方法

## 第一节　层系调整技术与方法

### 一、合理划分和组合开发层系的基本原则

#### （一）开发层系内的小层数

国内外实践经验都表明，一套开发层系内的小层数越多，则实际能动用的层数所占的比例就越少，并且考虑到分层注水的实际能力有一定的限度，一套开发层系内主力小层数一般不超过3个，小层总数为8～10层，在细分调整时可以更少一些。

#### （二）储层岩性和特性

储层物性中，渗透率级差的大小是划分开发层系重要的参数之一。一套开发层系内的各小层渗透率之间的级差过大将导致不出油层数与厚度显著增加。根据胜利油田的胜坨、孤岛、大庆的喇萨杏等油田资料的分析，一套开发层系内渗透率级差大体控制在3～5以内较为合适。

还需要注意的是，由于沉积条件的不同，其水淹特点也不同。例如，反韵律储层的水驱油情况比正韵律储层均匀得多。因此，在合理组合层系时，还应考虑各小层沉积类型尽可能相近，层内韵律性相近。其他岩石的特性如孔隙结构、润湿性等水驱油渗流特性参数最好也能相近。

#### （三）原油性质的差异程度

在组合开发层系时，各小层原油性质应该尽量相近，黏度的差异不要超过1～2倍。

### （四）油藏的压力系统

在一套开发层系内，各小层应属于同一个压力系统，不然层间干扰非常剧烈。

### （五）储量和产能

每套开发层系都是一个独立的开发单元，必须具有一定的物质基础，单井控制的可采储量必须达到一定的数值，要具有一定的单井产能，而且深度越大，所需要的单井可采储量及产能也要相应增大。因此，每套系统必须要有一定的有效厚度，以保证这套层系的开发是有经济效益的。

### （六）隔层

两套相邻的开发层系之间必须有分布稳定的不渗透隔层将两者完全分隔开，以免两套开发层系之间发生窜流，造成开发上的复杂性。在没有垂直裂缝的条件下，3m厚的稳定泥岩已是较好的隔层。若油层太多隔层又不太稳定，只能从中选相对比较稳定的泥岩层作为隔层。

实际工作中也会碰到无区域稳定隔层的情况，这时1m以上较稳定的泥岩层或厚度大但渗透率极低的砂层也可以在局部起到隔层的作用。

## 二、层系调整的原因

在多油层的油藏中，有些含油砂体或单层在水动力学上是连通的，需要分成多个开发层系，用不同的井网进行开发。

在中低含水期，对开发初期的基础井网未作较大的调整，层系的划分是比较粗的。进入高含水期以后，层间干扰现象加剧，高渗透主力层已基本水淹，中、低渗透的非主力油层很少动用或基本没有动用，油田产量开始出现递减。进行细分开发层系的调整，可能把大量的中、低渗透层的储量动用起来，这是细分开发层系的必要性；另外，油井水淹虽然已经很严重，但从地下油水分布情况来看，水淹的主要还是主力油层，大量的中、低渗透层进水很少或者根本没有进水，其中还能看到大片甚至整层的剩余油，具备把中、低渗透层细分出来单独组成一套层系的可能性。因此，进行开发层系细分调整是改善储层动用状况，保持油田稳产、增产，减缓递减的一项重要措施。

例如，大庆油田萨尔图油藏顶部到高台子油藏底部，从压力系统到油水界面的一致性来说，可以认为是一个油藏。但用一套井网来进行开采时，每口井的射孔层段都可能达到300m。这样在注水以后，由于不同层位渗透率的差异，层间干扰严重，甚至出现层间倒灌的现象。

因此，在开发实践中，往往把厚度很大的一个油藏分成若干个开发层系。

## 三、层系调整的原则和做法

通常油田进行开发层系调整的原则包括下列几方面：

通过大量的实际资料，并经过认真的油藏动态分析证实，由于某种原因基本未动用或动用较差的油层有可观的储量和一定的生产能力，能保证油田开发层系细分调整后获得好的经济效果。

弄清细分调整对象。在对已开发层系中各类油层的注水状况，水淹状况和动用状况认真调查研究的基础上，弄清需要调整的油层以及这些油层目前的状况。

与原井网协调。调整层位在原开发井网一般均已射孔，所以在布井时必须注意新老井在注采系统上的协调。

大面积的层系细分调整时，如果需要划分成多套层系时，则尽可能一次完成，这样的经济效益最佳。

层系细分调整时，需要相应的钻井、测井、完井等工艺必须完善、可行。层系细分调整有这样几种方法：

（1）新、老层系完全打开，通常是封住老层系的井下部的油层，全部转采上部油层，而由新打的调整井来开采下部的油层。这种方法主要适用于层系内主力小层过多，彼此间干扰严重的情况。把它们适当组合后分成若干个独立开发层系，这种方法既便于把新、老层系彻底分开，又利于封堵施工。如果封上部的油层，采下部的油层，封堵施工难度大，且不能保证质量。

（2）老层系的井不动，把动用不好的中、低渗透油层整层地剔出，另打一套新的层系井来进行开发。这种方法主要适用于层系内主力小层动用较好，只是中、低渗透非主力层动用差的情况。这种做法工程上简单、工作量小，但老层系和新层系在老井是相联系的，两套层系不能完全分开，不能成为完全独立的开发单元，以致在各层系的开发上难以掌握动态，更难以调节。

（3）把开发层系划分得更细一些，用一套较密的井网打穿各套层系，先开发最下面的一套层系，采完后逐层上返。这种方法最适用于油层多、连通性差、埋藏比较深、油质又比较好的油藏。

（4）不同油藏对井网的适应性不同，细分时对中、低渗透层要适当加密。油田开发的实践表明，对分布稳定、渗透率较高的油层，井网密度和注采系统对水驱控制储量的影响较小，井网部署的弹性比较大；而对一些分布不太稳定，渗透率比较低的中、低渗透层，井网部署和井网密度对开发效果的影响变得十分明显，因为油层的连续性差，井网密度或注采井距与水驱控制储量的关系十分密切。

（5）层系细分调整和井网调整同时进行。该方法是针对一部分油层动用不好，而原开采井网对调整对象又显得较稀的条件下使用的。这种细分调整是一种全面的调整方式，井打得多，投资较大，只要预测准确，效果也最明显。

（6）主要进行层系细分调整，把井网调整放在从属位置。

（7）对层系进行局部细分调整。一是原井网采用分注合采或合注分采，当发现开发效果不够好时，对分注合采的，增加采油井，对于合注分采的，增加注水井，使两个层系分成两套井网开发，实现分注分采；二是原层系部分封堵，补开部分差油层，这种补孔是在某层系部分非主力层增加开采井点，提高井网密度，从开发上看是合理的，但由于好油藏不能都堵死，所以只能是局部调整措施，凡是经过补孔实现层系细分调整的，都要坚持补孔增产的原则。

## 四、层系细分调整与分层注水

合理划分开发层系和分层注水是目前使用最为广泛的两类不同的减缓层间干扰方法。这两类方法各有其应用特点和阶段性，应用得好可以相辅相成。

（1）开发层系的粗细牵涉到井数大量的增减，投资额相差很大。我国陆相储层油层数量多，非均质严重，一方面受到对油藏地质条件认识程度的限制，另一方面也受到经济条件的限制，在开发初期一般不可能把开发层系划分得非常细。

（2）分层注水经济实用，但在技术上也有限制。由于同管分注各水嘴间存在着干扰，分得层段越多，不仅井下装置越复杂，成功率也越低，调配一次，花的时间很多，油层过深，技术难度也增大，从实用的观点来看，使用比较方便的是二级三段或三级四段分注。因此，要靠分层注水完全解决多层砂岩油藏的层间干扰问题是不现实的。特别是含水越来越高，层间干扰越来越复杂时，单靠分层注水就难以阻止产量的递减。

综合上述两个方面的分析，可以认为，在油藏开发初期，以主力油层为对象，开发层系适当划分得粗一些，层系以内用分层注水的办法进一步减少层间干扰，等含水率增至这套系统已不适应时，再进一步进行以细分开发层系为主的综合调整。从我国油田开发实践来看，这样一整套做法是行之有效的。

（3）开发层系合理划分和分层注采工艺的使用是互相影响的。层系划分得比较细，简单一些的分层注采工艺就可以满足需要；层系划分得粗，对分层注水工艺的要求就比较高，如果划分过粗，对分层工艺的要求超出其实际能够达到的水平，油田开发状况可能很快就会恶化，不得不过早地进行细分调整。例如，在编制喇嘛甸油田的开发方案时，过高地估计了分层注水的作用和实际可能达到的解决层间干扰问题的能力，层系划分过粗，对具有45~90个小层的油田只用一套半开发层系进行分注合采，使得在分层注采施工中，一口井下封隔器多的有七八级甚至九级，配水非常困难，成功率低，结果层间干扰严重，含水上升率高达5%~6%，纵向上油层动用差，开发效果不好。因此，在选择这两类方法的最优搭配时，要考虑以下因素：

①要以开发层系的合理划分为主。如果地质认识程度及经济分析许可，应尽可能把开发层系划分得细一些。我国开发层系的划分逐步由很粗到稍细的趋势说明，对于这个问题的认识已逐步符合我国油田的实际情况。

②要正确估计分层注水实际上可能达到的能力和水平，在确定开发层系划分得粗细程度时，也要把这一条作为考虑的因素之一。

③这两类方法之间的搭配是否合理，要及时动用各种矿场测试资料特别是密闭取心井、吸水剖面，出油剖面等资料进行评价。如发现含水率上升过快，中低渗透层动用很差时，就应该及时采取措施调整。

（4）虽然初期开发层系划分基本合理，但因含水率上升到一定程度，层间干扰严重，开发状况变坏，产量递减，而且继续用改善分层注采的办法已经不再奏效时，就应该进行以细分开发层系为主的综合调整。根据多年实践，细分调整的时机大体为含水率50%~60%是合适的。值得注意的是，层系细分以后不能忽视分层注水的作用，应该在新的更细的层系范围内，继续搞好分层注水的工作。

（5）在划分及组合分层注水层段时，要综合考虑注水井和相应采油井的分层吸水状况、分层压力，含水率和产量状况，要把开采状况差异大的层段尽量划分开，同一注水层段内的开采状况要尽量接近。特别是要把那些对油井开采效果影响大的高含水层，在相应注水井中单独划分出来。

# 第二节　井网调整技术与方法

合理地划分开发层系和合理部署注采井网是开发好油田的两个方面，两者各有侧重：前者侧重于调节层间差异性的影响，减少层间干扰；后者侧重于调节平面差异性的影响，使井网部署能够与油层在平面上的展布状况等非均质特性相适应，经济有效地动用好平面上各个部位的储量，获得尽可能高的水驱波及体积和水驱采收率。同时，考虑到钻井成本在油田建设的投资额中占有很大的比重。因此，如何以合理的井数获得最好的开发效果和经济效益是一个十分重要的问题。

## 一、井网调整的原因

油田注采井网调整的必要性有以下几个方面：

（1）油层多、差异大，开发部署不可能一次完成。我国陆相储层层数多，岩石和流体的物性各异，层间、层内和平面非均质性严重，各个油层的吸水能力、生产能力、自喷能力差别大，对注采井网的适应性以及对采油工艺的要求也有很大的不同。若采取一次布井的办法，则可能层系过粗，井网过稀，难免顾此失彼，使大部分中、低渗透层难以动用；若层系过细、井网过密，则投入过大，经济效益差，甚至可能打出很多低效井甚至无效井。因此，应该采取先开采连通性好，渗透性好的主力油藏，再开采连通性较差，甚至很差的中、低渗透层，多次布井，分阶段调整。

（2）油藏复杂的非均质性不可能一次认识清楚。我国河流一三角洲沉积多呈较薄的砂泥岩互层，目前地震技术还不能把大小、厚薄不等砂体的复杂形态和展布状况认识清楚，主要靠钻井获得信息。根据初期开发准备阶段对井网比较粗略的认识，一次性地把井布死，将难以符合我国多层砂岩油藏复杂的非均质状况。从这点看，也应循序渐进，采取多次布井的方式，使我们对储层非均质性主观认识逐步接近于油藏的客观实际，才能正确地指导下一次的开发实践，获得好的开发效果。

（3）油藏开发是动态的变化过程，一次性、固定的开发部署不可能适应各开发阶段变动过程的需要。油藏注水开发的过程中，随着注入水的推进，地下油水井分布情况不断处于被动变化之中，层间、层内和平面矛盾随之不断发展和转化，各层位、各部位的压力，产量、含水率和动用情况也在不断发生变化。每当地下油水分布出现重大变化，原有的层系、井网就可能不适应新的情况，需要进行综合性的重大调整。

## 二、井网调整的主要做法

当油藏的含水率达到80%以上，即进入高含水期时，剩余油已成高度分散状态，此时油藏平面差异性对开发的影响已经突出成为主要矛盾，靠原来的井网已难以采出这些分散的剩余油，需要进一步加密调整井网。

### （一）井网加密方式

一般来说，针对原井网的开发状况，可以采取下列几种方式：

1.油水井全面加密

对于那些原井网开发不好的油层，水驱控制程度低，而且这些油层有一定的厚度，绝大多数加密调整井均可能获得较高的生产能力，控制一定的地质储量，从经济上看又是合理的。在这种情况下，就应该油水井全面加密。这种调整的结果会增加水驱油体积，采油速度明显提高，老井稳产时间也会延长，最终采收率得到提高。

2.主要加密水井

这种加密方式仍然是普遍的大面积的加密方式。在原来采用行列注水井网的开发区易于应用，对于原来采用面积注水井网的开发区用起来限制很多。

3.难采层加密调整井网

这种方式就是通过加密，进一步完善平面上各砂体的注水系统，来挖掘高度分散的剩余储量的潜力，提高水驱波及体积和采收率

难采层加密调整井网的开发对象，包括泛滥和分流平原的河边，河道间、主体薄层砂边部沉积的粉砂及泥质粉砂层，呈零散，不规则分布，另外就是三角洲前缘席状砂边部水动力变弱部位的薄层席状砂，还有三角洲前缘相外缘在波浪作用下形成的薄而连片的表外储层，以及原开发井网所没有控制的小砂体等。

4.高效调整井

由于河流—三角洲沉积的严重非均质性，到高含水期，剩余油不仅呈现高度分散的特点，而且还存在着相对富集的部位。高效调整井的任务就是有针对性地用不均匀井网寻找和开采这些未见水或低含水的高渗透厚油层中的剩余油，常获得较高的产量，所以称为高效调整井。

## （二）井网局部完善调整

井网局部完善调整就是在油藏高含水后期，针对纵向上，平面上剩余油相对富集井区的挖潜，以完善油砂体平面注采系统和强化低渗薄层注采系统而进行的井网布局调整。调整井大致分为局部加密井、双靶调整井、更新井、细分层系采差层井、水平井、径向水平井、老井侧钻等。

以提高注采井数比、强化注采系统为主要内容的井网局部完善调整，主要包括三个方面的措施：在剩余油相对富集区，增加油井；在注水能力不够的井区增加注水井；对产量较高的报废井，可打更新井。高效调整井的布井方式和密度取决于剩余油的丰度和质量。一方面要保证调整井的经济合理性，另一方面要有利于控制调整对象的平面和层间干扰，达到较高的储量动用程度。

## （三）井网抽稀

井网抽稀是井网调整的另一种形式，它往往发生在主要油层大面积高含水时，这些井层不堵死将造成严重的层间矛盾和平面矛盾。为了调整层间干扰，或为了保证该层低含水部位更充分受效，控制大量的出水，有必要进行主要层的井网抽稀工作。

井网抽稀的主要手段有两种：一是关井；二是分层堵水和停注。

在多层合注合采的条件下分层堵水（包括油井和水井）的办法比地面关井要优越。只有在井下技术状况好，单一油层或者各个主要层均已含水高的情况下，关井才是合理的。

## 三、井网重组调整技术

井网重组调整技术研究是针对多层砂岩油藏细分层系后仍然存在突出层系内部水驱动用状况不均衡，开发效果差异大，而油藏不具备进一步细分层系的储量基础的矛盾而开展的针对性研究技术。具体研究思路是：首先从层间非均质性、层间储量动用程度均衡性等层间开发效果差异方面分析，判断井网优化重组的必要性；然后通过精细油藏地质建模、韵律层剩余油分布特征及影响因素研究、开发技术政策界限研究，确定井网重组的技术政策界限，最后编制井网重组方案。

## 四、不同注水方式比较

油田的注水方式按照油水井的位置与油水边界的关系可以分为边内、边外，边缘注水；按照注水井和油井的分布及其相互关系可以分为面积注水、行列注水和点状注水；此外还有沿裂缝注水等，这些都是空间上油水井的相互关系问题。在油田注采井网调整过程中，必须了解每种注水方式的特点和应用条件。

### （一）边内注水、边外注水和边缘注水的比较

边外注水不能利用边水的天然能量，却可以利用大气顶的弹性能量（对于带气顶的油田）；边缘注水可以利用少部分的边水能量，也可以利用大气顶的能量；边内注水则两种天然能量均有可能充分利用。

边外注水由于注入水向含水区外流，所以消耗的注水量多，也就是消耗的注入能量远远大于采出油气所需要补充的能量；边缘注水与此类似，仅是数量少些；边内注水由于不存在水的外流问题，注入水全部可以起到驱油作用，所以经济效果最好。

边内注水存在注水井排上注水井间滞流区的调整挖潜问题，也就是储量损失问题，而边缘注水只有部分注水井间有储量损失，边外注水却没有储量损失。

边内注水如果处理不好，就有可能把可采出的原油驱进气顶或含水中去，这样就会降低油田采收率；边缘注水同样存在这一问题，可能性较边内注水更大，只是可能损失的储量有限；而边外注水却不存在这一问题。

### （二）行列注水、面积注水和点状注水的比较

面积注水使整个油田所有储量一次全面投入开发，全部处于充分水驱下开发，采油速度高。行列注水（线状注水除外）由于中间井排动用程度低，所以采油速度相对较低些，

点状注水一般更低些。

在油层成片分布的条件下，行列井网的水淹面积系数较面积井网高，较点状注水也高。而且行列注水的一个很大的优点是剩余储量比较集中，多在中间井排和注水井排上富集，比较好找。面积注水的剩余储量比较分散，后期调整难度、工作量增加而且效果相对较差。

在地层分布零星的条件下，面积井网比行列井网有利，若再有断层的切割，点状井网也是较好的注水方式。对于均匀地层，一般来说采用行列注水比采用面积注水方式好。只有在地层非均质严重的情况下才用面积注水和点状注水。

行列注水方式在调整过程中，可以全部或局部地转变为面积注水，或在一些地区补充面积注水和点状注水。

### （三）正方形井网与三角形井网的对比

1.正方形井网的特点

注采井网系统转换的灵活性：正方形井网可以形成正方形反九点注采井网、五点注采井网，线状注水井网、九点注采井网等，注采井数比可以在1∶3～3∶1之间变化，以适应不同储层特征的油藏。

井网加密调整的灵活性：当油田需要进行加密调整时，正方形井网可以很方便地在排间加井，进行整体或局部均匀加密，这样一来，油藏整体或局部的井网密度就可增加一倍。这种注采井网调整方式在技术和经济上比较容易接受和实现。

2.三角形井网的局限性

三角形井网很难进行均匀加密，要均匀加密，就得增加三倍井数，显然这是不可行的。三角形注采井网也可以看作一种特殊的行列注水井网，即在两注水井排之间夹两排生产井，生产井与注水井排的夹角不相同，水线比较紊乱，如果储层有裂缝存在，不论裂缝方位如何，总有生产井处于不利位置。

### （四）沿裂缝注水

在定向裂缝发育的砂岩油田，水沿裂缝迅速水窜，使该方向上的油井暴性水淹，所以必须沿着水窜方向布注水井，朝其他方向驱油才能获得最好的驱油效果。

## 五、井网调整案例

### （一）杜28块油田

1.概况

杜28块位于曙三区西部，构造形态整体上为一北西向南东倾斜的单斜构造，主要开发目的层为杜家台油层，含油层面积2.37km²，地质储量364×10⁴t，可采储量119×10⁴t。

该块1977年投入开发，采用一套层系、300～500m井距不规则面积井网注水开发，2011年开展了以水平井为主的调整挖潜，共实施新井28口，目前总井数达到63口，井距缩小到150～250m。

目前区块共有采油井42口，开井27口，日产油66吨，平均单井2.4吨，含水78.3%，累产油65.6万吨，采油速度0.55%，采出程度18.0%，可采储量采出程度54.9%；注水井21口，开井12口，日注水342方，累注水269万方，累注采比1.08。

2.存在问题

（1）受井网完善程度影响，平面动用差异大。区块整体采出程度为13.5%，受井网完善程度影响，平面动用差异大。

主体井网完善，开发效果好，采出程度高。目前采油速度0.69%，采出程度27.3%。水驱见效明显，水驱控制程度高达80%，可采储量采出程度83%，注水见效以双向及多向见效为主。

边部井距大、井网不完善、开发效果差。目前采油速度0.52%，采出程度7.9%。边部常规投产产能低，早期有6口井由于黏度大常规投产基本不出。水驱控制程度仅有40%，可采储量采出程度24%，注水见效以单向见效为主。

（2）受原油物性影响，纵向动用差异大。纵向上杜Ⅰ油层组原油黏度高，平均在1000mPa·s以上；杜Ⅱ、杜Ⅲ黏度低，平均在500mPa·s以下。早期注水开发为大段笼统注采，造成纵向上各层水驱动用差异大，主力层杜Ⅱ8-11吸水采液强度较大。主力油层杜Ⅱ8动用程度高达73%以上，其他油层动用程度均在40%以下。

（3）部分井出砂严重，影响生产效果。区块内油井出砂严重，平均万方液量出砂量达到3.9方。油井因出砂影响不能正常生产10口，其中出砂套坏6口井。

3.潜力分析

（1）油层较为发育。边部油层厚度在10m以上，连通程度在80%以上。

（2）边部采出程度低，剩余油相对富集。边部受井网条件影响，水驱基本未见效，仅局部弱水淹，剩余油连片分布。其中北部采出程度仅为5.9%，剩余可采储量29.1×10⁴t；南部采出程度为13.4%，剩余可采储量20.6×10⁴t。

（3）主体局部仍有剩余油富集。主体注采井网相对完善，水驱效果好，以中强水淹为主，但受井网条件限制，局部仍有井间剩余油富集。

（4）地层能量保持较好。杜28块原始地层压力13.4MPa，饱和压力12.3MPa。地层能量保持较好，主体目前压力系数0.85，北部压力系数0.85，南部压力系数0.98。

4.整体调整部署研究

在油藏精细研究的基础上，根据油藏潜力不同，在区块边部开展井网重构的同时，对主体进行局部井网完善。原则上部署区域油层厚度大于10m、井距180～200m、单井控制地质储量大于$5 \times 10^4$t。整体部署调整井30口，采用200m井距面积井网，完善注采井网14个。

## （二）沙四段油藏

### 1.介绍

中低渗油藏动用含油面积123.4平方公里，动用地质储量1.08亿万吨，主要包含沙三段、沙四段两套含油层系，其中沙三段油藏主要分布在中央隆起带西段，埋藏深度在2950～3500米，主要为多层透镜体及单一岩性储层；沙四段油藏主要分布在南坡地区通王断裂带、洼陷东缘地区，埋藏深度从1340～3100米，主要为构造复杂的多薄层及部分构造简单的单一岩性储层。中低渗油藏地质储量比重占采油厂已动用储量的31.3%，是保持可持续稳定发展的重要阵地。

### 2.井网适配调整的背景

油区中低渗油藏主要以浊积砂岩油藏为主，标定采收率18.3%。油区中低渗透油藏目前主要存在着"砂体发育不均匀、储层非均质性严重，部分单元井网井距不适应；注采两难与水淹水窜并存，平面层间动用不均衡；能量保持水平低，单井产注能力低，油藏潜力发挥不充分"等问题。一直以来，中低渗油藏以提高注采井网的适应性及有效性为目标，通过区块的持续加密调整，对其他区块立足"数砂体完善"，在不打井的情况下，通过井网适配，协调注采关系，进一步夯实稳产基础，取得了较好效果。

### 3.井网适配调整的主要做法

（1）优化方式，提高注采井网有效性

①"三定一优"矢量井网加密。针对平面非均质性严重、注采井距大的问题，在深化储层物性、非均质性、地应力研究的基础上，实施"以地应力定井排方向、分区域定注采井距、分情况定矢量调整对策、优化注水方式"的"三定一优"矢量井网加密，提高采收率。调整后，区块水驱控制程度提高7.7%，自然递减率为降低4.5%，注采对应率由77.3%上升至80.9%；层段合格率提高5.4%；水井治理初见成效，地层能量得到一定补充，油藏稳产基础得到进一步增强。

②核注翼采，转方向，调流线。针对储层非均质性差异造成砂体核部水淹水窜现象，通过转注变流线，提高波及面积。砂体核部转注工作量实施8井次，油井见效率68%，起到了防止水窜，调整流线，确保油井见效的良好效果。

③水转油，井网归位，提高储量控制。针对区块井网不完善的现象，优选水井转油井，井网归位，提高储量控制程度。水转油井网归位工作量实施6井次，效果显著，目前已累计增油4349吨。如区块的A井水转油，井网归位后效果明显，初期日增油5.1吨/天，

累增787吨。

④立足砂体井组式完善。针对中低渗油藏部分单元砂体零散，井网不完善的问题，2016年加大了立足砂体、井组完善力度，首先通过水井强化注水，提高地层能量，特别是补孔未射层，增加油水井注采对应率，实现油井注水见效；然后通过油井补孔水井对应注水层，提高油井产能。后统计共实施油井工作量25口，已累增油6159吨。

（2）转变思路，变措施为井网完善方式。坚持将工艺技术发挥到极致，最大限度提高工艺性价比的理念，将水力压裂和水力径向射流技术从增产增注措施转变为井网完善方式，利用压裂裂缝和径向钻孔适配井网，实现压头前移，实现实际注采井距满足理论注采井距的需求。

①变压裂增产措施为井网完善方式。

调整以来，区块实施老井压裂适配井网8井次，建立了有效的驱替压差。如B井区设计压裂半缝长120米。该井实施后初增能3.3吨/天，累增687吨。

②水力径向射流，平面变方向变长度，纵向变孔密变长度对井网进行适配。

区块共实施水力径向射流13井次，使井网得以有效适配。平面变方向变长度：如C井，根据理论测算，技术极限井距240米，实际注采井距327米。为改善井网适应程度，实施水力径向射流，在北东130°和北东310°各钻3个孔，避开主流线，挖掘分流线剩余油。水力径向射流后有效注采距离缩短到230米，对应油井也见到效果，日油由3.3吨/天上升到6.1吨/天。纵向变孔密变长度：如对层内吸水差异大的问题，对不同岩性段，不同渗透率层段通过变射孔孔密及钻孔长度，根据吸水剖面测试，吸水差异得到改善。

（3）精细调整，实现油藏有效均衡驱替

①堵调结合，均衡三场。针对井组平面水驱不均衡问题，开展堵水试验。堵调实施10天后对应油井相继见效，井组日油比调前增加5吨/大，综合含水下降了10.7%，井组累增油260吨。

②矢量配注，激动压差。针对部分井组注水见效差、水淹水窜现象，加大矢量调配工作，激动压差、均衡注采流线，保持井组产量的相对稳定。

③高压分层，有效注水。针对纵向上各小层吸水不均衡，水驱效果差的现象，优选水井6井次实施高压分层注水，实现纵向上均衡驱替。

4.实施效果

通过以上工作的开展，中低渗油藏开发形势向好，产量实现稳升，油藏稳产基础得到改善，注采对应率由69.6%上升到目前的71.3%；自然递减得到控制，由12.96%下降到目前的9.17%，下降3.79个百分点；单元稳升率进一步提高，单元指标得到改善。由于良好的开发效果，中低渗油藏SEC可采储量大幅提高。

# 第三节　注采结构调整优化技术

注采结构调整是一项很复杂的工程，它不仅涉及油藏工程研究，而且也涉及采油工艺技术。在注采结构调整中必须充分发挥调整井、分层注水、分层堵水、分层压裂和优选油井工作制度等各种措施的作用。要搞好注采结构调整，首先要搞清楚不同油层的注水状况、开采状况以及地下油、水分布状况，掌握不同油井不同油层的生产能力、含水率和压力变化，在这个基础上研究油田的各种潜力。

## 一、注采结构调整的做法

注采结构包括注水结构调整和产液结构调整两个方面。

注水结构调整的目的是合理调配各套层系、各个注水层段和各个方向的注水量，减少特高含水层注入水的低效或无效循环，加强低含水、低压层的注水量，提高注入水的利用率，为改变油井的产液结构创造条件。

注水结构调整的主要做法包括：

（1）在油水井数比较高、注采关系不完善的地区转注部分老油井或适当补钻新注水井，在成片套损区集中力量修复套损注水井或重新更新注水井，使原设计注采系统尽量完善。

（2）针对油田各类油层的动用情况、含水率状况，不断提高注水井分注率，控制限制层的注水强度，提高加强层的注水强度，稳定平衡层的注水强度。

细分注水技术就是尽量将性质相近的油层放在一个层段内注水，其作用是减轻不同性质油层之间的层间干扰，提高各类油层的动用程度，发挥所有油层的潜力，起到控制含水率上升和产油量递减的作用，是高含水期特别是高含水后期改善注水开发效果的有效措施之一。

（3）满足油层产液结构变化的需要，进行跟踪分析并不断调整。

针对实施措施后各油井和油层产出液增长或下降的变化，对开采效果不好的井或层，要及时进行原配注方案的检验分析，不断调整。

产液结构调整，是在搞清储层层间和平面上储量动用状况差异和不同阶段投产油井含水差异的基础上，以提液要控水为原则，分区、分井、分层优选各种调整挖潜工艺技术，对含水率大于95%的特高含水井层进行分层堵水，对低含水井层，通过分层措施加强注水，提高开采速度，对未动用的井间剩余油，通过钻加密调整井挖掘潜力，增加生产能力。

产液结构调整包括全油田分区的产液结构调整、分类井的产液结构调整、单井结构调整等方面。全油田分区的产液结构调整将全油田总的年产油量目标，按每区的含水率，采出程度、剩余可采储量，采油速度、潜力的分布和调整的部署等，分配到每个区，确定分区的年产液目标；分类井的产液结构调整在满足分区年产油量目标的前提下，根据基础井网和不同时期投入的调整井的含水率和开采状况，调整分类井的产液和含水结构；单井结构调整根据每类井确定的具体目标，把各种措施落实到每类井的每口井上，进行每类井井间的注水，采液和含水结构的调整。整个油田产液结构调整优化的关键，在很大程度上就是要优化好几处井网的产液量和产油量。

在进行注水产液结构调整时，对基础井网既不能放松调整工作，又不能只重视控制产油量的递减，而忽略控制含水率的上升。应该在充分做好平面调整的基础上，努力控制产油量的递减和含水率的上升，使基础井网的控水工作在不断改善其开发效果的基础上进行。油田在高含水期尤其高含水后期进行注水产液结构调整的优化目标应该是：在不断改善基础井网的开发效果的条件下，保持全油田产油量的稳定和产液量少量增长。

## 二、注水开发技术政策

注水开发技术政策研究包括地层压力保持水平、合理注采比、合理注采井数比、合理井底流压、合理注水压力等研究内容。

提高油井产液量必须保持一定的压力，而一定的压力是靠注水系统来实现的。油田在注水开发过程中，必须建立　个合理的注采系统，既要保持合理的和较高的地层压力，满足较高泵效和达到最大单井产液量对压力的要求，为放大生产压差和提高采收率奠定基础，又要考虑地层吸水能力，注水泵压等注水条件，能够满足保持地层压力对注水量和注采比的要求。

通过注采比的调整，保持比较高的地层压力，才能保持较大的生产压差，这是保证油藏有旺盛生产能力的关键。

适量提高注入水压力，不仅有利于增加吸水量，保持较高的地层压力，而且有利于减缓多层砂岩油藏的层间干扰，增加波及体积。但注水压力过高也可能反而加剧层间干扰，甚至造成套管损坏。注水井井底压力要严格控制在油层破裂压力以下。

从实践中常常可以发现，当注水压力提高到一定程度以后，少数高渗透层吸水量占全井吸水量的比重大幅度增加，而其他层或者其吸水量不能成正比例地增加，或者绝对值也有所降低，甚至停止吸水，这说明注水压力的提高反过来加剧了层间干扰。这种现象与油层内原来处于封闭状态的裂缝或裂缝张开有关。如果注水井井底压力高于油层的破裂压力，那么地层内没有天然裂缝或微裂缝，也会压开油层，形成人工裂缝。因此，应严格控制注水井的井底压力小于地层破坏压力。

多层合采时，合理降低生产井流动压力，不仅有利于提高单井产量，而且有利于减少层间干扰，增加注入水波及体积，改善开发效果，但也要考虑油层条件的限制以及井底脱气和抽油泵工作效率等因素的影响。

要注意避免井间、区域间压力分布不均衡所造成的不良后果。在油田开发实践中经常可以看到，虽然总体上看注采是平衡的，压力系统是合理的，但由于油藏的非均质性，常常造成纵向上各小层间、平面上各井之间或区域间压力分布的不均衡性，不利于油藏的正常生产。这就要求我们不仅要从总体上把握注采的均衡性和压力系统的合理性，还要注意油藏各个局部的注采均衡和压力系统的合理分布。

## 三、强化采液保持油田稳产

在油田注水开发过程中，随着含水率上升，产油量逐渐下降，为了维持稳产，必须保持一定的增液速度。油田开发进入特高含水期后，液量的增加满足不了稳产的要求，产油量开始递减，递减率不同，对液量增长的要求也不同，相同含水率条件下，递减率越大，要求的增液量增长倍数越大。

提高油田排液量通常采用的方法是：①随着含水率上升，对自喷井放大油嘴或转抽，对抽油井调整抽油参数及小排量泵转为大排量泵等措施来降低油井井底压力，增大生产压差，使油藏中的驱油压力梯度得以提高，通过提高单井的排液量来提高整个油田的排液量；②采用细分开发层系、加密井网等方法，通过增加井数来提高油田排液量；③对低渗透油层或污染油层，采取酸化或压裂等油层改造措施。

这些方法不仅有利于延长油田的高产稳产期，也有利于提高油田的采收率。但在提高油田排液量的同时，若不注意提高注入水的利用率，将使产水量大幅度增长，而产油量增长有限，有的还出现一口或几口井大幅度提高排液量所增长的油量，低于邻近井因压力下降带来的产量下降。

## 四、注采参数调整技术与方法

工作制度调整是指水驱油的流动方向及注入方式的调整，如调剖堵水、重新射孔、油井转注、改向注水、周期注水、水气交替等措施。下面重点介绍周期注水的原理和应用。

不稳定注水又称为周期注水，它不仅仅是一种注采参数调整技术，更被认为是一种以改变油层中的流场来实现油田调整的水动力学方法。它的主要作用是提高注入水的波及系数，是改善含水期油田注水开发效果的一种简单易行、经济有效的方法。

周期注水作为一种提高原油采收率的注水方法，其作用机理与普通的水驱不完全一样。在稳定注水时，各小层的渗透率级差越大，驱替前缘就越不平衡，水驱油的效果就越差。周期注水主要是采用周期性的增加或降低注水量的办法，使得油层的高低渗透层之间产生交替的压力波动和相应的液体交渗流动，使通常的稳定注水未波及的低渗透区投入了开发，创造了一个相对均衡的推进前缘，提高了水驱油的波及效率，改善了开发效果。

地层渗透率的非均质性，特别是纵向非均质性，有利于周期注水压力重新分布时的层间液体交换，有利于提高周期效应的效果。油层非均质性越严重，特别是纵向非均质性越强，周期注水与连续注水相比改善的效果越显著。

周期注水工作制度很多，但对某一油田来讲，并不是任何方式都可以使用。对于某一个具体的油藏来说，在实施中要根据油藏的具体地质条件，运用数值模拟方法或实际试验情况来优选周期注水方式。

在周期注水过程中，应尽可能选择不对称短注长停型工作制度，也就是在注水半周期内应尽可能用最高的注水速度将水注入，将地层压力恢复到预定的水平上；停注半周期，在地层压力允许范围内尽可能延长生产时间，这样将获得较好的开发效果。

目前油田开发一般采用连续注水方式，在连续注水一段时间后往往为了改善开发效果而转入周期注水，因此就存在一个转入周期注水的最佳时机问题。所谓最佳时机，就是在这个时间转为周期注水后，增产油量最多，开发效果最好。

合理的注水周期是实施周期注水的重要参数。停注时间过短，油水来不及充分置换；但如果过长，地层压力下降太多，产液量也随之大幅度下降。而且，当含水率的下降不能补偿产液量下降所造成的产量损失时，油井产量将会下降。

关于周期注水，从实践中得出以下结论：

（1）非均质性越强，不稳定注水方法增产效果越明显。尤其适用于带有裂缝的强烈非均质油田。

（2）周期注水对亲油、亲水油藏都适用，但亲水油藏效果更好。

（3）复合韵律周期注水效果最好，正韵律好于反韵律。

（4）周期注水的相对波动幅度等于1时，周期注水的效果最好，在实际应用时，应使波动幅度达到实际允许的最大值。

（5）周期注水的相对波动频率等于2时，此时注入水的波动频率与地层的振动频率达到共振，周期注水的效果最好。

（6）在油田开发实践中，为了达到最佳的开发效果，应选择最佳的周期注水动态参数进行周期注水开发。

# 第四节　开发方式调整技术与方法

## 一、开发方式调整意义

油藏的开发方式是指以哪种或哪几种驱动能量开采原油，即油藏的驱动方式。开发方式一般分为依靠天然能量开采和注水或注气补充能量等方式。

油田开发到底选用哪一种开发方式，是由油藏自身的性质和当时的经济技术条件决定的。在选择油田开发方式时，一般要考虑天然能量大小、最终采收率大小、注入技术条件和开发经济效益等因素。

利用油藏的天然能量（包括油藏自身的能量和油藏边底水的能量）进行开采，又称为衰竭式开发。衰竭式开发避免了早期大规模的注入井投资，可减轻油公司的经济压力。一个油藏能否采用衰竭方式开发，要根据油藏试采的情况及天然能量大小进行分析。如果一个油藏地饱压差较大，天然能量充足，一次开采的采收率可达到20%以上，则可以先用衰竭方式开采，而不需要补充人工能量。

油藏的开采方式和开发方式有所不同，开采方式是指采用哪种能量或方式将原油举升到地面，如自喷和机械抽油为不同的开采方式。自喷开采是油藏最经济又方便管理的开采方式。如东辛油田营8断块自喷开采15年之久，自喷开采期采出程度34.54%，采出可采储量的35%，油藏在综合含水率80%的情况下，还能保持自喷生产。为了保持油井自喷开采，也会用人工注水的方式补充地层能量。

开发方式的调整一般是在油藏动态生产规律和新的地质认识的基础上，从利用天然能量开采向注水（气）开发的调整。一般是从较低驱替效率的驱动方式，向较高驱替效率的驱动方式调整。

在实际油藏开发方式转换过程中，有以下的经验做法：

（1）在储层中的含气饱和度还低于气体开始流动的饱和度以前进行注水，地下原油不会流入已被气体占据的孔隙空间，仍可得到很好的效果。

（2）关于合理地层压力保持水平，有的学者认为地层压力保持在饱和压力附近最佳。我国学者通过生产实践和研究认为，当地层压力高于饱和压力10%左右时，油层生产能力发挥最好。

（3）在异常高压油藏中注水是否保持原始油藏压力，要根据实际情况来定。

（4）国外开发实践和室内研究表明，带气顶的油藏的压力不能过高，以避免部分原油进入气顶而造成地下原油损失。

## 二、特低渗油藏开发方式的优化

油田开发是一项专业性强、复杂程度高、难度较大的工作，尤其是针对特低渗油藏的开发更是目前油田勘探开发的难点。特低渗油藏一般是指渗透力较低、渗透性较差的油藏，这类油藏在长期开发的过程中压力不断下降，产量逐渐降低，后续开发的难度十分大。针对特低渗油藏的开发，必须通过理论与实践相结合的方式对油藏开发的方式进行优化，通过大量的理论研究与实验总结规律，提出可行方案，切实解决特低渗油藏开发的难题。

### （一）特低渗油藏的开发特征

特低渗油藏主要是油层渗透性较差、渗透率较低的油藏，由于特低渗油藏的开采难度较大，针对特低渗油藏采用一般的采油方式很难达到理想的开采效果，并且在油藏长期开采的过程中，油层中的能量持续消耗，地层的压力不断下降，就会造成油井的开采效率不断降低，产量持续下降，甚至出现关井的情况，给油田企业造成巨大的经济损失。具体而言，特低渗油藏的开发主要具有以下特征：

由于特低渗油藏本身的特性，使得特低渗油藏油层的自然产能较低，油层的供液能力较弱，这就造成了特低渗油藏一次开采的出油量少、开采效率低的问题。

特低渗油藏地层中的孔隙较小、岩层的密度较大，这就使得原油在油层中的渗流阻力较大，原油的开发需要消耗大量的能量，并且随着特低渗油藏的持续开发，油层的压力不断下降，渗透率持续降低，这也造成了特低渗油藏的开发成本高、效率低、产量少的问题。

为了提高特低渗油藏的采油量，一般需要通过注水开发的方式增加油层的压力。但由于特地什油层的开发具有非线性的特征，注水的压力上升较快，在实际的开采过程中必须做好增产增注的相关措施，控制油藏的注水压力，确保特低渗油藏的注水率，减少在油藏开发过程中发生水敏现象的概率，避免油层出现堵塞、膨胀等情况。

由于特低渗油藏亲水性的特征，使得特低渗油藏油层的吸水能力比较强，注水开发的难度也相对较大，注水的效果难以得到有效的把控，这也造成了特低渗油藏的产量稳定性较差的结果。

## （二）特低渗油藏开发方式的优化步骤

要解决当前特低渗油藏开发中的诸多难题，就需要通过理论与实践相结合的方式对特低渗油藏的开发方式进行优化，具体而言应当包含以下阶段：

1.理论研究阶段

理论研究是特低渗油藏开发方式优化的基础，也是开展实践的前提，任何一种特低渗油藏开发技术的应用都需要经过大量的理论研究工作，在资料完备、准备充分的情况下开展实践。针对特低渗油藏开发方式的优化，需要大量参考国内外的研究成果，掌握特低渗油藏的开发特征，根据油藏渗流的规律以及流固耦合的研究成果，结合特低渗油藏的实际情况，提出可行的方案。

2.实验研究阶段

通过大量前期的理论研究工作，可以掌握特低渗油藏原油的饱和度较低、束缚水饱和度较高、流动性较差、驱油效率较低等特点，通过大量的实验研究可以对特低渗油藏开发的渗透率、岩芯孔隙度、束缚水饱和度、束缚水下油最小启动压力等数据进行调控，从而通过实验发现规律，为特低渗油藏开发方式的优化提出可行建议。

3.渗流规律研究阶段

通过大量的实验可以对特低渗油藏的渗流特点和渗流规律进行观察、记录和分析，通过实验数据建立相应的数学模型，通过建模探究特低渗油藏开发的理想化模式，提出优化特低渗油藏开发方式的相关计划。

## （三）特低渗油藏开发方式的优化措施

通过对特低渗油藏的开发进行理论与实践的研究，根据大量数据分析可以总结出特低渗油藏的渗流规律，提出相应的特低渗油藏开发方式的优化措施。

1.应用高效复合射孔技术

高效复合射孔技术是提高特低渗油藏渗流能力，增加油层压裂效果的重要技术手段，高效复合射孔技术通过将油藏开发中的射孔、裂缝延伸、清堵造缝三个关键步骤进行拆分，通过独立的装药操作来解决特低渗油藏开发中的压裂问题，提高压裂的效果，增加油藏的出油量。

2.优化井网部署方案

对特低渗油藏的井网进行科学合理的规划设计也是提高特低渗油藏的开采效率，优化油藏开发方式的重要措施。具体而言，针对特低渗油藏应当在条件允许的情况下尽可能增加井网的密度，缩减井间距离，通过这样的方式可以有效提高特低渗油藏的开采效率，控制油藏开采的成本。

3.对富集区块进行优选

通过更加科学的优化油田开发的区块，采用科学的手段对油田进行勘探，优先选择储量丰富、发育情况较好的区块进行开发，在此基础上不断扩大开发的规模，可以降低油田开发的成本，提高特低渗油藏开发的效率。

4.对总体压裂设计进行优化

对于特低渗油藏的开发而言，压裂是油藏开发的重中之重，采用总体压裂的方式就是将整个油藏看作一个整体的工作模块，通过从整体层面对水力裂缝和油藏进行优化设计，通过调整水力压裂的参数达到提高采油量的目的。

还可以应用深抽工艺。通过增加特低渗油藏的抽油深度，可以增加油层的压力，提高渗流量，达到增加产量的目的。

# 第五节　开发调整技术案例

## 一、喇嘛甸油田注采井网调整

喇嘛甸油田储层是以砂岩和泥质粉砂岩组成的一套湖相—河流三角洲相沉积砂体。纵向上与泥质岩交互呈层状分布，自下而上沉积了高台子、葡萄花和萨尔图三套油层，共分37个砂岩组，97个小层。平均砂岩厚度112.1m，有效厚度72m。喇嘛甸油田是一个受构造控制的气顶油田，全油田含油面积100km²，原油地质储量8.1亿t。储层纵向和平面非均质性严重，上部砂体平均空气渗透率0.464～2.203μm²，纵向渗透率级差可达5～8倍。地下原油黏度10.3mPa·s，原始溶解气油比48m³/t，原始地层压力11.21MPa，饱和压力10.45MPa，地饱压差只有0.76MPa。

喇嘛甸油田开始采用了反九点法面积注水方式投入开发，之后油田综合含水率87.5%，采出程度23.2%。但油田全面转抽后，地层压力下降幅度大，压力系统不合理的问题特别突出。突出表现在：

（1）原井网油水井数比大，注采关系失调，限制了油田产液量的进一步提高。由于采用了反九点井网，实际油水井数比在3.0以上。

（2）压力系统不合理，原油在地层中脱气严重，使采液指数下降。

1990年底，油田总压差-1.35MPa，地饱压差为-0.59，有60%的采油井地层压力低于饱和压力，平均流压只有5.5MPa。采油指数降低，产量递减加快。

（3）由于注采井数比低，注水井负担加重，油田分层注水条件变差。

为了满足注采平衡需要，注水井放大水嘴和改为笼统注水提高注水量，加剧了层间矛盾，削弱了分层注水的作用，降低了注水利用率，客观造成了油田综合含水率上升过快。

为此，在矿产试验的基础上，对原有井网进行调整，将反九点法面积井网的角井转注，调整为局部五点法或五点法注水井网。另外，条带状发育的储油层改为行列注水，转注原井网中含水率较高的边井，以便控制综合含水率，使剩余油向中间井排集中，也便于后期的挖潜改造。注采系统的调整对于改善低渗透薄油层的开发效果不十分明显，这部分油层的开发效果改善，还有待于井网的二次加密调整。考虑到与二次加密调整井网的衔接，改为行列注水对差油层具有较强的适应性。

行列注水方式的井网调整工作分两步进行。第一步，隔排转注原九点法井网中注水井排东西方向的采油井，中间注水井排上的采油井不转注，仍为间注间采，形成两排注水井夹三排井的行列注水方式，注采井数比为1∶1.67；第二步，将间注间采井排上的采油井转注，形成一排注水井一排采油井的行列注水方式，注采井数比为1∶1。

调整后油田开发效果明显改善。压力系统趋于合理，地层压力恢复到原始压力附近，产液量增加，产量自然递减率由13.38%下降到6%～8%；含水上升率由2.28%下降到1.25%；水驱控制程度提高，预测最终采收率可提高1.5个百分点。

## 二、大庆油田萨北过渡段周期注采调整

萨北北部过渡带含油面积为33.35km²，地质储量10949.1×10⁴t，其属于河流三角洲沉积，地下原油黏度为14.1mPa·s。

萨北北部过渡带地区油层的非均质性比较严重，原油物性差，黏度比较高，合采情况下，层间干扰严重，低渗透层储量动用程度低、生产能力差。基于上述情况，为了提高储层动用程度，降低综合含水率上升速度，增加原油采收率，多年来在萨北北部过渡带开展了周期注水。

萨北过渡带第四条带周期注水实践表明：越早采用周期注水，则对注水过程的强化越有利，停注期间产油下降的幅度越小，含水率下降的幅度越大。

对比相同停注方式下的降油幅度，随着油田含水率上升，同步停层的降油幅度由13.3%上升到20.8%。交替停层的降油幅度由2.4%上升到6.8%。

根据数值模拟结果选用的停注周期为70～90d。但现场实施后，产液量下降幅度大，含水率下降不能弥补液量下降造成的产量递减，并且造成原油脱气，抽油泵气影响严重。根据周期注水后油井生产情况，摸索适合萨北北部过渡带开发特点的特高含水阶段的停注周期为30d。

## （一）周期注水方式的选择

北部过渡带在周期注水停注方式上，首先采用的是全井同步停注和隔排交替全井停注的方式。但这种停注方式下，油井产液、产油、含水率及压力等下降幅度相对较大，而在注水井恢复阶段，含水率上升速度过快。为进一步扩大波及体积，结合停注时液流方向的改变，将停注方式优化为交替停井停层，该停注方式降低了产液、产油的下降速度以及恢复注水后的含水率上升速度。

全井同步停注可提高厚油层中储量动用程度，而薄差层中的剩余油动用效果不明显。各层分期注停，尤其是停注高渗透油层，保持、加强低渗透油层注水，实际上高渗透率油层受到了周期注水的效果，低渗透率差油层主要受到分层注水的效果，减轻了层间干扰，更能起到"抑高扬低"的目的，取得稳油控水的效果。不同周期注水方式下的数值模拟结果表明，交替停层方式最终采收率较全井停注增加0.5%。

## （二）周期注水现场应用及效果

（1）在全年节约注水$6.44 \times 10^4 m^2$的同时，加强层的注水量得到了相对的提高。周期注水期间加强层的注水量分别达到了控制层的1.32倍和1.80倍。而正常注水加强层注水量只是控制层的75%和1.05倍，减缓了层间矛盾，控制了含水率上升。

（2）油井受效效果较好，剩余油潜力得到发挥。第四条带的周期注水加强层注水时，周围油井产量上升，含水率下降；控制层注水时，油井产油量下降，含水率上升，但总体开发效果较好。

（3）周期注水整体取得了较好的效果。第四条带降液幅度6.6%，周期注水期间产油量增加，含水率下降0.72%。由于加强层注水周期长，累计增油650t，在经济效益上加密井周期注水是可行的。

（4）地层压力向均衡过渡。北部过渡带第四条带连续实施周期注水10年，层系总压差-0.22MPa，合理压力井数比例由11.1%上升到42.2%。

（5）自然递减率得到有效控制，自然递减率由16%控制到8%，提高最终采收率0.29%。

# 第五章 油藏开发评价技术与方法

## 第一节 油藏开发效果评价指标和方法

### 一、天然能量与地层能量保持水平评价

#### （一）天然能量评价

油藏天然能量是客观存在的，其包括油藏在成藏过程中形成的流体和岩石的弹性能量、溶解于原油中的天然气膨胀能量、气顶气的膨胀能量、边底水的压能和弹性能量以及重力能量等。不同的天然能量驱油，开发效果不同。实践证明，天然水驱开发效果最好，采收率高；溶解气驱开发效果差，采收率低。因此，油藏天然能量的早期评价至关重要，直接关系到天然能量的合理利用和油藏开发方式的选择。为此，石油工作者对天然能量的评价方法和计算方法做了大量的研究工作，制定了有关天然能量评价标准。

目前评价油藏天然能量大小的常用指标有两个：一是采用无因次弹性产量比；二是采用采出1%地质储量平均地层压力下降值。采用两项指标可以对天然能量大小进行定性和定量的评价。

无因次弹性产量比反映了天然能量与弹性能量之间的相对大小关系，可定性评价天然能量大小，表达式为：

$$N_{pr} = \frac{N_p B_o}{N B_{oi} C_t \Delta p} \qquad (5-1)$$

式中：$N_{pr}$——无因次弹性产量比；

$N_p$——与总压降对应的累积产油量，$10^4 \text{m}^3$；

$N$——原始原油地质储量，$10^4\mathrm{m}^3$；

$B_{oi}$——原始原油体积系数；

$B_o$——与总压降对应的原油体积系数；

$C_t$——综合压缩系数，$\mathrm{MPa}^{-1}$；

$\Delta p$——总压降，MPa。

若计算值大于1，说明实际产量高于封闭弹性能量，有其他天然能量补给；若比值为1时，说明开发初期油藏中只有弹性能，无边底水或气顶气。比值越大，说明天然能量补给越充分，天然能量也大。

需要注意的是，应用此方法时，油藏应已采出2%以上的地质储量，且地层压力发生了明显的降落，否则影响计算结果。

## （二）地层能量保持水平评价

根据国内外大量研究和油田开发实践表明，油藏地层压力保持在较高水平上开采是实现油田高速高效开发的根本保证，地层压力水平高低对产液量和注水量都起着十分重要的作用。如果地层压力保持水平过低，则保证不了足够的生产压差来满足提液的要求，而且当地层压力低于饱和压力时，储层中大量溶解气从原油中析出，形成油、气、水三相流，渗流阻力增大，造成地层能量消耗严重。相反，如果地层压力水平过高，又会导致注水困难。

（1）按照行业标准，根据地层压力保持程度和提高排液量的需要，地层能量保持水平分为三类：

①一类：地层压力为饱和压力的85%以上，能够满足油井不断提高排液量的需要，该压力下不会造成油层脱气；

②二类：虽未造成油层脱气，但不能满足油井提高排液量的需要；

③三类：既造成了油层脱气，也不能满足油井提高排液量的需要。

（2）地层能量利用程度也对应分为三类：

①一类为油井平均生产压差逐年增大；

②二类为油井平均生产压差基本稳定（±10%以内）；

③三类为油井平均生产压差逐年减小。

## 二、水驱控制程度

为了既能较准确地反映水驱储量控制程度，又能方便地进行计算，研究工作者对水驱储量控制程度计算进行了大量的研究。除了单井控制储量计算方法外，目前较常用的方法有概率法。

由于沉积环境复杂，对任何一个开发单元而言，均包含一定数量面积、位置、储量随机分布的油砂体。要分析整个开发单元的水驱储量控制动用情况，应从单个砂体入手。在油藏的开发过程中，对于某一较小油砂体，可认为被井钻遇的可能性是随机的。如果要达到水驱控制，则单个油砂体应被两口以上的井钻遇。根据概率理论，其钻遇概率为：

$$P_{wi} = 1 - (1 - \frac{S_i}{A})^{f \cdot A} - (f \times A) \cdot \frac{S_i}{A} \cdot (1 - \frac{S_i}{A})^{f \cdot A - 1}$$ （5-2）

式中：$P_{wi}$——第$i$个油砂体的水驱控制概率，小数；

$S_i$——第$i$个油砂体的面积，$km^2$；

$A$——油藏含油面积，$km^2$；

$f$——井网密度，口/$km^2$。

对于整个油藏，经储量加权则有：

$$P_{wi} = \sum_{p}^{n} (P_{wi} \cdot \frac{N_i}{N})$$ （5-3）

式中：

$P_{wi}$——单元水驱控制概率，小数；

$N_i$——各油砂体地质储量，$10^4 t$；

$N$——开发单元地质储量，$10^4 t$。

通过上述方法，可以得到井网密度与水驱控制储量的关系。但在实际工作中，对于研究对象没有达到油砂体级的油藏来说，这种方法有很大的局限性。根据实际资料，假设面积大于水井控制面积的油砂体被水驱控制，面积小于水井控制面积的油砂体不被水驱控制，则可得到水驱控制程度的公式：

$$Z_w = e^{\frac{-b}{f(1+\lambda)}}$$ （5-4）

式中：$Z_w$——水驱控制程度，小数；

$b$——拟合系数；

$\lambda$——油水井数比。

## 三、水驱储量动用程度

按水驱储量动用程度的定义，其指注水井总的吸水厚度与总射开厚度的比值，或生产井总产液厚度与总射开厚度的比值。在实际生产中，常统计年度所有测试水井的吸水剖面和测试油井的产液剖面，根据上述定义，进行水驱储量动用程度计算。此方法统计计算工作量特别大，并且注水井的吸水剖面或生产井的产液剖面是不断动态变化的，测试时间不同，其结果不同，因此，用此方法计算水驱储量动用程度，将产生很大的误差。从实际水驱开发效果的角度分析，一般认为水驱储量的动用程度应定义为水驱动用储量与地质储量的比值。

为了更加准确地反映水驱储量控制程度，又能方便地进行计算，研究工作者对水驱储量动用程度计算方法进行了大量的研究。除了实际工作中所用的统计方法外，目前较常用的是水驱曲线法。

由于水驱曲线是根据水驱油渗流理论得出的宏观表达式，可以应用水驱曲线方法进行水驱动用地质储量，进而可求得水驱储量动用程度。

### （一）甲型水驱曲线

甲型水驱曲线是目前最被广泛采用的用来计算水驱储量动用程度的关系曲线，其表达式为：

$$\lg W_p = A_1 + B_1 N_p \qquad (5-5)$$

$$A_1 = \log D + \frac{E}{2.303} \qquad (5-6)$$

$$B_1 = \frac{3bS_{oi}}{4.606N_w} \qquad (5-7)$$

$$D = \frac{2N_w \mu_o B_o \rho_w}{3ab\mu_w B_w \rho_o (1-S_{wi})} \qquad (5-8)$$

$$E = \frac{b}{2}(3S_{oi} + S_{or} - 1) \qquad (5-9)$$

式中：$W_p$——累积产水量，$10^4 m^3$；

$N_p$——累积产油量，$10^4 m^3$；

$S_{oi}$——原始油饱和度，小数；

$S_{or}$——残余油饱和度，小数；

$B_w$——水的体积系数，无量纲；

$\rho_w$——地面水密度，$t/m^3$；

$\rho_o$——地面原油密度，$t/m^3$；

$A_1$、$B_2$——拟合系数。

其他符号同前。

## （二）乙型水驱曲线

乙型水驱曲线数学表达式为：

$$\lg L_p = A_2 + B_2 N_p \qquad (5-10)$$

$$N_w = b S_{oi} / 2.303 B_2 \qquad (5-11)$$

式中：$L_p$——累积产液量，$10^4\text{m}^3$；

$A_2$、$B_2$——拟合系数。

其他符号同前。

## （三）丙型水驱曲线

丙型水驱曲线学表达式为：

$$\frac{L_p}{N_p} = A_3 + B_3 L_p \qquad (5-12)$$

$$B_3 = 1 / N_{om} \qquad (5-13)$$

$$N_w = \frac{N_{om}}{1 - S_{or}} \qquad (5-14)$$

式中：$N_{om}$——可动油储量，$10^4\text{m}^3$；

$A_3$、$B_3$——拟合系数。

其他符号同前。

# 四、水驱效果综合评价参数研究

注好水是注水油藏开发管理的一项重要任务，注入水利用状况是注水油藏开发效果评价的一项重要指标。如果大量注入水被无效采出，将大大增大注水费用，开发效果变差。因此，注入水利用状况将直接影响注水油藏开发效果。为了提高注入水利用率，正确、客观地评价注入水利用状况，石油工程师做了大量研究工作，应用多种参数对注入水利用状况进行评价。目前较常用的参数有存水率、水驱指数及耗水率等。

## （一）存水率

存水率直接反映了注入水利用状况，是衡量注水开发油田水驱开发效果的一项重要指标，存水率越高，注入水利用率越高，水驱开发效果越好。存水率大小同注水开发油田的综合含水率一样，与开发阶段有关。在油田注水开发过程中，随着油田的不断开采，综合含水不断上升，注入水排出量也不断增大，含水率越高，排出量越大，地下存水率越小。一般情况下，在油田开发初期，注入水排出量少，存水率高，在开发后期，注入水被大量无效采出，存水率变低。在油田实际应用中，将油田实际存水率与理论存水率进行对比分析，可直接判断注入水利用状况和开发效果。目前计算理论存水率常用的有4种方法，即定义法、经验公式法、含水率曲线法和水驱特征曲线法。

1.定义法

存水率为"注入"水存留在地层中的比率，可分为累积存水率和阶段存水率。累积存水率是指累积注水量和累积采水量之差与累积注水量之比，通常将累积存水率称之为存水率，它相当于苏联提出的"注入"效率系数；阶段存水率是指阶段注水量与阶段采水量之差和阶段注水量之比，反映阶段注入水利用效果。

累积存水率定义为：

$$C_p = \frac{Q_i - Q_w}{Q_i} = 1 - \frac{Q_w}{Q_i} = 1 - \frac{Q_w}{Z(Q_w + B_o Q_o / \rho_o)} = 1 - \frac{1}{Z(1 + B_o / \rho_o \cdot \frac{1 - f_w}{f_w})} \quad （5-15）$$

式中：$C_p$——存水率，小数；

$Q_i$——累积注水量，$10^4 m^3$；

$Q_w$——累积产水量，$10^4 m^3$；

$Z$——累积注采比，无量纲；

$B_o$——原油体积系数，无量纲；

$\rho_0$——原油密度，kg/L。

其他符号同前。

2.经验公式法

存水率的定义：

$$C_p = \frac{Q_i - Q_w}{Q_i} = 1 - \frac{Q_w}{Q_i} \quad （5-16）$$

无因次注入曲线和无因次采出曲线关系为：

$$W_i / N_p = e^{a_1 + b_1 R}$$
$$W_p / N_p = e^{a_2 + b_2 R} \quad （5-17）$$

式5-16和式5-17联立求解得：

$$\ln(1 - C_p) = A_s + B_s R \quad （5-18）$$

令 $B_s=D_s/R_m$，则式5-18变形为：

$$C_p = 1 - e^{A_s + D_s \frac{R}{R_m}} \qquad (5-19)$$

根据不同油田在不同采出程度下的存水率资料，回归出不同类型油田与其油水黏度比的相关式：

$$\begin{aligned} D_s &= 6.689 / (\ln \mu_R + 0.168) \\ A_s &= 5.854 / (0.476 - \ln \mu_R) \end{aligned} \qquad (5-20)$$

式中：$\mu_R$——油水黏度比，无量纲；

$D_s$、$A_s$——与油水黏度比有关的经验常数，无量纲。

其他符号同前。

在实际应用中，根据油田实际油水黏度比，由式5-20计算出 $D_s$、$A_s$ 值，代入式5-19，可求得理论存水率与采出程度的关系曲线，将实际存水率与采出程度的关系曲线与理论曲线对比，可判断注入水利用率和开发效果。

3.含水率曲线法

童氏含水率—采出程度关系曲线为：

$$\lg \frac{f_w}{1-f_w} = 7.5(R - R_m) + 1.69 \qquad (5-21)$$

当采出程度在含水率为 $f_w$ 时变化 $dR$，则对应的阶段采油量为 $NdR$，而对应的阶段产水量为：

$$dw_p = \frac{Nf_w}{1-f_w} dR \qquad (5-22)$$

从投产到采出程度为 $R$ 时的累积产水量为：

$$W_p = \int_0^{w_p} dw_p = \int_0^R \frac{Nf_w}{1-f_w} dR \qquad (5-23)$$

将式5-21代入式5-23并积分得：

$$W_p = \int_0^R N \cdot 10^{7.5(R-R_m)+1.69} dR = N \cdot \frac{10^{7.5(R-R_m)+1.69}}{17.27} \qquad (5-24)$$

从投产到采出程度为 $R$ 时的累积产液量地下体积为：

$$V_L = W_p + N_p B_o / \rho_o = N \cdot \left[ \frac{10^{7.5(R-R_m)+1.69}}{17.25} + \frac{B_o}{\rho_o} R \right] \qquad (5-25)$$

存水率表达式为：

$$C_p = \frac{W_i - W_p}{W_i} = 1 - \frac{W_p}{ZV_L} = 1 - \frac{1}{Z}(1 - \frac{B_o / \rho_o R}{\frac{10^{7.5(R-R_m)+1.69}}{17.27} + \frac{B_o}{\rho_o}R}) \qquad （5-26）$$

式中：符号同前。

4.水驱特征曲线法

水驱特征曲线是注水油藏开发效果评价应用最广泛的特征曲线，应用水驱特征曲线可以推导出累积存水率与含水率的关系曲线。以丙型水驱特征曲线为例，来推导累积存水率与含水率的关系曲线。

$$C_p = \frac{W_i - W_p}{W_i} = 1 - \frac{1}{Z}(1 - N_p / L_p) \qquad （5-27）$$

丙型水驱特征曲线表达式为：

$$L_p / N_p = a_3 + b_3 L_p \qquad （5-28）$$

式5-27和式5-28联立求解得：

$$C_p = 1 - \frac{(a_3 + b_3 N_p - 1)}{Za_3} \qquad （5-29）$$

又由丙型水驱特征曲线微分变形得：

$$N_p = 1 - \frac{1 - \sqrt{a_3(1 - f_w)}}{b_3} \qquad （5-30）$$

将式5-30代入式5-29得：

$$C_p = 1 - \frac{a_3 - \sqrt{a_3(1 - f_w)}}{Za_3} \qquad （5-31）$$

式5-31即由丙型水驱特征曲线推导出的存水率与含水率的关系曲线。同理，可由甲型、乙型和丁型水驱特征曲线推导出存水率与含水率的关系曲线。

## （二）水驱指数

水驱指数反映了由水驱替所采油量占总采油量的比重，其定义为存入地下水量与采出地下原油体积之比，即水驱指数＝（累积注水量＋累积水侵量－累积产水量）/累积采出地下原油体积，其理论计算公式为：

$$S_p = \frac{Q_i - Q_w}{B_o Q_o / \rho_o} = \frac{Z(Q_w + B_o Q_o / \rho_o) - Q_w}{B_o Q_o / \rho_o} = (Z-1)(\frac{\rho_o}{B_o}\frac{f_w}{1 - f_w}) + Z \qquad （5-32）$$

式中：$S_p$——水驱指数，无量纲。

其他符号同前。

在中低含水期，注采比对水驱指数与含水率关系曲线影响不大，而高含水期时，注采比对水驱指数与含水率关系曲线影响非常明显。对于不同的注采比，水驱指数随着含水率变化具有不同的规律。当注采比Z大于1时，水驱指数随含水率增加而增大；当注采比Z等于1时，水驱指数等于1，与含水率无关；当注采比Z小于1时，水驱指数随含水率增加而减小。在实际应用中，将实际水驱指数与含水率的关系曲线与理论曲线对比分析，当实际水驱指数随水率的增加而减小时，说明实际油田天然能量不充足，注水量不够，应加强注水，提高注水量；相反，当实际水驱指数随含水率的增加而增加时，说明注入水和天然能量侵入水充足，不用增加注水量。

## 五、注水量评价

在理想情况下，注入1PV的水能驱替出全部地下原油时注水开发效果最好。但实际上，由于地层非均质性和流体非均质性，水驱油时呈非活塞式驱替，使得注入水驱油效率降低。尤其在中高含水期，随着含水的上升，为了保持原油产量，注入水呈级数倍的增加，造成采油成本增高，开发效果变差。目前对于注水量的评价通常采用3种方法，即经验公式法、统计方法和增长曲线法。

### （一）经验公式法

注水油田开发进入中高含水期后，注入水孔隙体积倍数和采出程度在半对数坐上呈直线型。注入水孔隙体积倍数增长率随采出程度的增加而呈指数形式增加，这也符合油藏开发过程中耗水率随采出程度增加而成级数增加的客观规律。

$$R = a \lg V_i + b \tag{5-33}$$

式中：$V_i = \dfrac{W_i}{B_o N_o / \rho_o}$；$a$、$b$——拟合系数。

其他符号同前。

根据油田目前采出程度与注水量的关系，利用式5-33可以外推至标定采收率的最终注水量。如果达到相同最终采出程度下的最终注水量越高，说明采油成本越高，注入水利用率越低，开发效果越差。

## （二）统计法

根据矿场统计，在不同的注入孔隙体积倍数下，流度与采出程度有一定的关系。

$$R = A_v + B_v \times \ln(k / \mu_o)$$

（5-34）

式中：$A_v$、$B_v$——统计常数。

其他符号同前。

## （三）增长曲线法

根据翁文波院士的Logistic生命增长理论，可建立油藏综合含水与累积耗水量、综合含水与累积水油比的数学模型，进而可求得油藏在不同含水期时，一定产油量指标与所需合理注水量的定量关系式，利用该关系式可对人工注水量的合理性作出评价与预测。

$$X = \frac{D}{1 + Ae^{Bt}}$$

（5-35）

式中：$X$——增长体系；

$t$——体系发展时间或过程；

$D$——生命过程的经验常数；

$A$、$B$——拟合系数。

# 六、产量变化研究

油气田产量是油气田开发管理的重要指标，油气田开发管理工作者最关心的是油气田产量的变化。根据油气田产量变化，可将油气田开发分为4种模式：投产即进入递减、投产后经过一段稳产后进入递减、投产后产量随时间增长，当达到最大值后进入递减、投产后产量随时间增加，经过一段稳产期后进入递减。目前预测产量变化常用的有4种方法，即Arps递减法、预测模型法、预测模型与水驱曲线联解法以及系统模型法。当油田进入高含水期后，油田产量一般都呈递减趋势。石油研究工作者采用多个指标对产量变化趋势进行评价，并对其计算方法进行系统研究。

## （一）产量变化指标

根据产量的构成，可将产量变化描述为自然递减、综合递减和总递减。

1.自然递减

在没有新井投产及各种增产措施情况下的产量变化称之为自然递减，扣除新井及各种增产措施产量之后的阶段产油量与上一阶段产油量之差除以上一阶段的产油量称为自然递减率。根据行业标准，自然递减率有两种表达方法：

日产水平折算年自然递减率与年对年自然递减率的定义类似，只是阶段产油量是用日产水平与阶段时间乘积折算而得的，其表达式为：

$$D_{an} = -\frac{q_{01} - (q_{02} - q_{03} - q_{04})}{q_{01}} \times 100\% \tag{5-36}$$

式中：$D_{an}$——年自然递减率，%；

$q_{01}$——上年核实年产油量，$10^4$t；

$q_{02}$——当年核实年产油量，$10^4$t；

$q_{03}$——当年新井年产油量，$10^4$t；

$q_{04}$——当年措施井年产油量，$10^4$t。

2.综合递减

综合递减是指没有新井投产时的老井产量递减。综合递减反映了油田某阶段地下油水运动、分布状况及生产动态特征。由于综合递减扣除了当年新井的产油量，仅考虑老井产油量，因此其反映了在原有井网条件下地下油水分布状况。如果年产油量变化不大或保持上升趋势，而综合递减率较大，说明井网不够完善，储量控制低，原油产量是靠新井产量接替的，有部署新井挖潜的潜力，而老井的开发效果没有得到改善；相反，如果产油量变化不大，而综合递减率较小，说明产量主要依靠老井措施完成的，老井实施措施效果较好。

产量综合递减率的大小不仅受人为因素的影响，还与开发阶段有密切关系。在油田开发初期，地下存有大面积的可动油，通过注采结构优化技术就较容易维持原油产量，实现较低产量综合递减率的目标；在油田开发中期，虽然高渗主力层已全面见水，但由于水淹程度低，可动油饱和度较高，主力层仍可继续发挥主力油层的作用，通过注采结构调整，也可实现综合递减率较低的目标；而当油田进入高含水期，由于长期注水，主力层水淹严重，地下油水分布复杂，剩余油零散分布，大规格的剩余油已经很少，主要存在于注采井网控制不住、断层或透镜体边部和局部微高点处，通过注采结构调整挖潜难度很大，原油产量递减将加快，综合递减可能处于很大的范围。

与自然递减率表达方式类似，按行业标准，综合递减通常也有两种表达式，即年对年综合递减和日产水平折算综合递减。

（1）年对年综合递减率。年对年综合递减率是指扣除当年新井产量的年产油量除以上一年的总产量，其表达式为：

$$D_{ac} = -\frac{q_{01} - (q_{02} - q_{03})}{q_{01}} \times 100\% \tag{5-37}$$

式中：$D_{ac}$——年综合递减率，%。

其他符号同前。

（2）日产水平折算年综合递减率。与年对年综合递减率的定义类似，只是阶段产油量是用日产水平与阶段时间乘积折算而得的，其表达式为：

$$D_{ac} = -\frac{q_{01} - (q_{02} - q_{03})}{q_{01}} \times 100\% \qquad （5-38）$$

式中：$q_{01}$——标定日产水平折算的当年产油量，$10^4 t$。

其他符号同前。

3.总递减

总递减反映了油田产量总体变化趋势，其包括新井产量、措施产量在内的所有产量，是一个油田生产的所有潜力。因此，总递减大小直接反映了油田整体产能。如果总递减率很大，说明油田后备资源不足，开发形势严重。相反，如果总递减率很小，说明油田有一定的后备资源量，储采比相对合理。

与其他两项递减描述方式类似，总递减也分为年对年总递减和日产水平折算总递减。

（1）年对年总递减率。年对年总递减率是指当年总产油量除以上一年的总产油量，其表达式为：

$$D_{at} = -\frac{q_{01} - q_{02}}{q_{01}} \times 100\% \qquad （5-39）$$

式中：$D_{at}$——年总递减率，%。

其他符号同前。

（2）日产水平折算年总递减率。与年对年总递减率的定义类似，只是阶段产油量是用日产水平与阶段时间乘积折算而得的，其表达式为：

$$D_{at} = -\frac{q_{01} - q_{02}}{q_{01}} \times 100\% \qquad （5-40）$$

式中：$q_{01}$——标定日产水平折算的当年产油量，$\times 10^4 t$。

其他符号同前。

## （二）Arps递减法

通过大量的实际矿场生产资料的统计，对于油田生产业已进入稳定递减的产量递减问题，阿尔普斯（J.J Arps）提出了解析表达式，并根据递减指数的不同，将递减大体上分为三种类型，即指数递减、双曲递减和调和递减。目前Arps递减法被国内外广泛采用，用于油田产量变化研究、开发指标预测以及可采储量预测。

当油气田产量进入递减阶段之后，其递减率表达式为：

$$D = -\frac{1}{Q_o}\frac{dQ_o}{dt} = KQ_o{}^n \qquad （5-41）$$

式中：$D$——产量递减率，小数；

$Q_o$——油产量，t/d；

$K$——比例常数；

$n$——递减指数，$0 \leqslant n \leqslant 1$。

## 七、储采状况指标研究

储采状况间接地反映着一个油田的开发"寿命"，在很大程度上综合性地反映了油田勘探开发形势。储采状况不仅深刻地影响着石油工作者在勘探开发方面的行为，也迫使石油工作者在勘探开发方面不断提出相应的对策和决策，从而提高油田开发水平。因此，石油工作者提出多项指标来客观地评价储采状况，比较常用的指标有储采平衡系数、储采比、剩余可采储量采油速度等。

### （一）储采比

储采比是产量保证程度的一项指标，表示当年剩余可采储量以该年的产量生产，还能维持生产多少年。在实际应用中，以当年年初（或上年年底）剩余的可采储量除以当年年产量，其数学表达式为：

$$R_{Rp} = \frac{N_R - N_p + Q_o}{Q_o} \qquad （5-42）$$

式中：$R_{Rp}$——储采比，年；

$N_R$——可采储量，$\times 10^4$t。

其他符号同前。

目前对于合理储采比下限值还没有一个统一的认识，一般认为油田保持稳产的最后一年所对应的储采比为油田保持稳产时所需的最小储采比，油田要保持相对的稳产，储采比必须大于或等于此值，否则油田产量将出现递减。国外石油公司油田稳产储采比下限值一般在20左右，我国油田稳产储采比下限值一般在13左右。目前合理储采比下限值的计算多用Arps双曲递减和指数递减来确定。

## （二）剩余可采储量采油速度

剩余可采储量采油速度是指年产油量占剩余可采储量的百分数，是表示油田开发快慢的指标，反映了油田的综合开发效果。根据剩余可采储量采油速度和储采比的定义，剩余可采储量采油速度与储采比呈倒数关系。当知道合理储采比的下限值后，可以求出剩余可采储量采油速度的上限值。根据国外石油公司油田稳产储采比下限值一般在10左右，油田进入递减阶段后，剩余可采储量采油速度应达到10%，才能够减缓油田的递减速度；进入递减阶段后，我国油田储采比一般在13左右，那么剩余可采储量采油速度应达到8左右。

# 八、油气藏评价的主要内容

油气藏评价是通过地震细测、地质综合分析、钻探评价井、录井、测井、试油、试采测试、取心，分析化验、生产试验区获取油藏各方面的信息，在此基础上进行多学科综合研究之后，形成对油藏的全面认识。其中，储层性质、流体性质和渗流特征评价是其主要内容。

## （一）油气藏概况介绍

油气藏概况介绍的目的是使研究者对油气藏的勘探开发过程有一个基本了解。在该部分内容中要交代油气藏的地理位置，勘探开发历史，油藏所属地区的气候、交通、人文及经济状况。

## （二）构造特征分析

构造特征评价主要包括构造形态、圈闭分析和断层系统三个方面的研究内容，研究成果主要是形成反映构造特征的顶、底面构造图和必要的剖面图。在构造形态研究中需要确定油藏圈闭类型、长短轴及其比值、构造走向，构造顶面平缓度等；在圈闭分析中主要确定圈闭的溢出点，闭合面积，闭合高（幅）度等参数；在断层研究中主要确定断层走向，倾向及倾角、延伸范围、断距及断开层位、断层类型及其密封特性等。

## （三）油层特征评价

油层特征评价主要是采用测井资料对油层的平面分布延展规律和纵向油层分布进行分析，主要成果为小层平面图、综合柱状图和必要的剖面图。由于岩石沉积过程和成岩过程复杂，造成含油层系分布也十分复杂，尤其是河流相沉积的油藏更是如此。目前一般是按照储层的沉积旋回和韵律及油层之间的连通性将油层划分为小层、砂岩组、油层组和含油层系，然后逐一描述它们的形态、厚度、分布和连通关系等。油层之间由隔层分开，隔层与油层相伴而生，通过测井资料和其他资料可以确定隔层厚度、延伸范围、隔层岩性、隔层类型、隔层物性和隔层分布频率以及隔层在油藏中所起的作用等。

### （四）储层特征评价

油气藏形成于储集岩石层中，储集层性质直接影响岩石储集油气的能力和流体在其中的渗流能力。通过储层评价主要确定岩石性质、物性特征和非均质状况。具体包括：岩石矿物组成，粒度组成及分选程度、胶结物、胶结类型及胶结程度、磨圆度及成熟度、黏土矿物含量、孔隙类型、孔隙结构，孔隙度及渗透率分布，渗透率变异系数等。在以上参数研究的基础上，还需要对储集层进行分类。

### （五）流体特征分析

在该部分内容中，主要依据测试资料对油气藏中流体的分布规律和流体性质进行研究，此外还要包括：分析油水界面位置，圈定含油面积，阐述油气水性质。如流体常规物性主要包括地面脱气原油密度、脱气原油黏度、凝固点、初馏点及馏分、含蜡量、含硫量、含水量、原油组成，胶质沥青及灰分含量等；天然气相对密度、天然气组成等；地层水密度、氯根含量、矿物组成及矿化度、pH，地层水型等。流体高压物性主要包括油气水相态特征，饱和压力、黏温曲线，原油析蜡温度、原油溶解气油比、溶解系数、地层原油体积系数、地层和地面条件下的流体密度、地层条件下的流体压缩系数、气液相色谱分析，油气组成，凝析油含量和重烃含量、地层流体黏度等。

### （六）油藏渗流特征分析

储层岩石的微观特征多样性决定了储层具有不同的渗流特征，这些特征对水驱过程影响显著。根据室内岩心分析资料，需要对岩石润湿性特征，相渗曲线、毛细管压力曲线、驱油效率分析和"六敏"（水敏、速敏、酸敏、碱敏、盐敏、应力敏感性）等特征进行分析。

在岩石润湿性分析中，需要综合润湿角测定、吸油吸水测验，相渗曲线特征进行油藏岩石润湿性判定。由于油藏岩石润湿性差异，影响了油水在地层中的分布规律，进而影响了油水相对渗透率曲线的特征。

### （七）油藏温度和压力系统

油气藏的温度系统也是油藏评价的主要内容，温度常常是决定某种驱替剂是否有效的关键因素。矿场上需要确定的主要温度参数有油气藏原始地层温度、地温梯度。油气藏原始地层温度一般是在探井测井和测压时由附带的温度计测量得到。应该指出的是，油气藏的温度主要受到地壳温度的控制，一般不受储层岩石和其所含流体的影响，任何地区的地层温度都是随深度增加的线性关系。实际资料表明，由于地壳温度受到构造断裂运动和岩浆活动的影响，不同地区的地温梯度有所不同，如我国东部地区油气田的地温梯度一般为 $3.5 \sim 4.5\,℃/100m$。

油气藏压力是油气藏天然能量的重要标志。在压力系统评价中，重点需要确定油气藏的原始地层压力，地层压力系数，压力梯度、地层破裂压力等参数，并进行油气藏压力系统分析。根据钻井测试资料，可以获取地层的温度和压力资料，进而进行参数分析，可以得到相应的温度、压力与地层深度的关系。

### （八）试油试采数据分析

油井产能大小是通过单井产能测试资料分析确定，矿场上通常将稳定试井资料或非稳定试井资料整理成产能曲线或IPR曲线，然后确定生产井采油指数。通过对试油试采数据的分析，有助于开发设计中制定合理的注采工作制度。

### （九）油藏储量计算与评价

油气藏储量计算是油气藏评价的重要内容之一。根据钻井、测试、岩心分析、室内试验等资料，确定计算储量的相关参数，采用容积法对储量进行计算。在计算的过程中，对各种参数的选取要进行详细的研究，选取合理参数加以计算。在储量计算完成以后，还要计算单储系数和储量丰度，并根据一定的评价原则进行储量评价。

# 第二节　油藏采收率评价技术与方法

采收率是受多种因素影响的综合性指标，对于注水开发油田主要取决于油藏地质特征、井网密度、地质储量动用程度、注水波及系数和水驱油效率及工艺技术等因素。

## 一、经验公式法

经验公式法是利用油藏地质参数和开发参数评价水驱油藏采收率的简易方法，是通过大量实际生产数据，根据统计学原理而得到的，目前常用的水驱采收率预测经验公式有10多种。

经验公式一：适用于原油性质好、油层物性好的油藏。

$$E_R = 0.27191\lg k - 0.1355\lg \mu_o - 1.5380\varphi - 0.001144h_e + 0.255699S_{wi} + 0.11403 \quad （5-43）$$

经验公式二：美国石油学会（API）采收率委员会相关经验公式

$$E_R = 0.3225\left[\frac{\phi(1-S_{wi})}{B_{oi}}\right]^{0.0422} \times \left(\frac{K\mu_{wi}}{\mu_{oi}}\right)^{0.077} \times S_{wi}^{-0.1903} \times \left(\frac{p_i}{p_{abn}}\right)^{-0.2159} \quad （5-44）$$

经验公式三：愈启泰、林志芳等人根据我国25个油田的资料得出的采收率的经验公式：

$$E_R = 0.6911 \times \left(0.5757 - 0.157 \cdot \lg \mu_R + 0.03753\lg K\right) \quad （5-45）$$

经验公式四：1996年陈元千等人根据我国东部地区150个水驱油藏实际资料，统计得出了考虑井网密度对采收率影响的经验公式：

$$E_R = 0.05842 + 0.08461\log\frac{k}{\mu_o} + 0.3464\phi + 0.003871S \quad （5-46）$$

经验公式五：由乌拉尔—伏尔加地区95个水驱砂岩油藏得到的相关经验公式：

$$E_R = 0.12\lg\frac{kh_e}{\mu_o} + 0.16 \quad （5-47）$$

经验公式六：西西伯利亚地区77个水驱砂岩油藏得到的相关经验公式：

$$E_R = 0.15\lg\frac{kh_e}{\mu_o} + 0.032 \quad （5-48）$$

经验公式七：

$$E_R = 0.214289(\frac{k}{\mu_o})^{0.1316} \quad （5-49）$$

参数应用范围：$k = (20 \sim 5000) \times 10^{-3} \mu m^2$；$\mu_o = (0.5 \sim 76)$ mPa·s。

经验公式八：适用于中高渗砂岩油藏。

$$E_R = 0.274 - 0.1116\lg \mu_R + 0.09746\lg k - 0.0001802h_e \times f - 0.06741V_k + 0.0001675T \quad （5-50）$$

经验公式九：

$$E_R = 0.1748 + 0.3354R_s + 0.0585911\lg\frac{k}{\mu_o} - 0.005241f - 0.3058\varphi - 0.000216p_i \quad （5-51）$$

参数应用范围：$k = (11 \sim 5726) \times 10^{-3} \mu m^2$；$\mu_o = (0.38 \sim 72.9)$ mPa·s。

$R_S$=25%～100%；$f = 2.0 \sim 28.1 ha / well$；$P_i = 3.7 \sim 57.9$ MPa。

经验公式十：

$$E_R = 0.135 + 0.165 \lg \frac{k}{\mu_R} \qquad （5-52）$$

经验公式十一：

$$E_R = (0.1698 + 0.16625 \lg \frac{k}{\mu_o}) e^{-\frac{0.792}{f_n}(\frac{k}{\mu_o})^{-0.253}} \qquad （5-53）$$

式中：$\phi$——孔隙度，小数；

$h_e$——有效厚度，m；

$P_i$——原始地层压力，MPa；

$P_{abn}$——废弃地层压力，MPa；

$S$——井网密度，well/km²；

$V_k$——渗透率变异系数，小数；

$T$——地层温度，℃；

$f$——井网密度，ha/well；

$f_n$——开井井网密度，well/km²。

其他符号同前。

## 二、驱油效率法

根据水驱油室内实验，确定驱油效率，再根据丙型水驱特征曲线或确定水驱油平面与垂向波及系数经验公式求出波及体积，从而可预测水驱采收率。

$$E_R = E_d \times E_v = E_d \times E_{pa} \times E_{za} \qquad （5-54）$$

式中：$E_d$——洗油效率，小数；

$E_v$——波及体积，小数；

$E_{pa}$——平面波及体积，小数；

$E_{za}$——纵向波及体积，小数。

# 第三节　油藏开发技术界限评价指标与方法

## 一、经济极限含水率

我国多数老油田都已经过几十年的开发，开始进入高含水或特高含水采油期。在这种情况下，对老油田各类油井在一定条件下的经济极限含水率进行研究，掌握原油成本变化规律，并对高含水率低效或无效井采取相应措施，这对提高整个油田经济效益是很有必要的。

所谓经济极限含水率，是指当油田（或油井）开发到一定阶段，其含水率达到某一数值时，当年油井产油量的税后产值等于操作成本，如果含水率再继续升高，不仅没有利润，还会出现亏损，此时油田（或油井）的含水率即称为经济极限含水率。此时油井的产量即为经济极限产量。由于经济极限含水率受油田不同采油方式的影响，还需研究不同采油方式下的经济极限含水率。

和其他经济分析方法一样，经济极限含水率分析的基本原理是盈亏平衡原理。盈亏分析是对产品产量，成本和利润进行综合分析的一种方法，目的是通过盈亏分析确定盈亏平衡点。根据盈亏平衡分析，可得计算经济极限含水率的公式：

$$f_{W\min} = 1 - \frac{10^4[(a+bq_L)(1+i_1)^t + C_G(1+i_2)^t]}{365\alpha_o\tau_o q_L(P_o - R_T)} \qquad (5-55)$$

式中：$f_{W\min}$——油井经济极限含水率；

$q_L$——单井日产液量，$t/d$；

$\tau_0$——时率；

$C_G$——单井固定成本，万元；

$i_1$——单井可变成本上涨率；

$i_2$——单井固定成本上涨率；

$t$——预测年相距基础年的年数，年；

$\alpha_o$——原油商品率；

$P_o$——油价，元/t；

$R_T$——吨油税金，元/t。

为了较全面地考虑油田油井费用的差别，可从两方面研究单井费用，即常规成本费用和最低成本费用。常规成本费用是指按现在成本费用扣除储量使用费的部分，最低成本费用是仅计算与油井生产过程直接相关的成本费用部分。

## 二、单井经济极限初产油量

在一定的技术和经济条件下，油井在投资回收期内的累计销售收入等于同期的投入之和时，该井的初产油量称作油井的经济极限初产油量。

### （一）单井累计销售收入的测算

如果油井平均单井日初产油量为$q_o$，投资回收期内综合递减余率为$B$，年生产时率为$\tau_0$，商品率为$\alpha_o$，油价为$P_o$，吨油税金位$R_T$，投资回收期为$t$年，则单井投资回收期内累计销售收入为：

$$S_T = \sum_{i=1}^{T} 365\tau_o\alpha_o q_o B^{t-1}(p_o - R_T) \times 10^{-4} \tag{5-56}$$

### （二）单井累计投资测算

$$I_T = I_D + I_B \tag{5-57}$$

式中：$I_T$——单井总投资，万元；

$I_D$——钻井投资，万元；

$I_B$——地面建设投资，万元。

测算钻井投资和地面建设投资时，应注意将注水井的投资分摊在内，并应考虑开发单井应分摊的其他开发工程和公用工程的投资。

### （三）单井累计经营成本

影响成本变化的因素很多，如果仅从油田开发设计的主要技术参数出发，依据油气产量的变化，可将经营成本分成两类，即固定成本和可变成本，如下式：

$$C_o = Cv + C_c \tag{5-58}$$

式中：$C_o$——初始年单井经营成本，万元；

$Cv$——单井可变成本，万元；

$C_c$——单井固定成本，万元。

固定成本是指在一定的时间范围内，油井的产量、含水率在一定幅度内变化，而相对保持不变的成本项目。据胜利油田历年成本资料分析，包括工人工资和福利费、测井试井费、油田维护费、修理费、井下作业费、其他开采费、管理费用和财务费用等。

可变成本是指随产油量、产水量的增减而变化的成本项目，包括材料费、燃料费、动力费、注水注汽费、油气处理费、销售费用、储量使用费，稠油热采油田还应包括热采费。

如果考虑经营成本的上涨率，投资回收期内单井累计经营成本可表示为：

$$C_T = (a + bq_L + C_G)\left[\frac{(1+i)^T - 1}{i}\right] \qquad (5-59)$$

式中：$C_T$——累计经营成本，万元；

$i$——经营成本上涨率；

$q_L$——投资回收期内的平均值，它应随$q_o$的变化而变化。

（四）单井经济极限初产油量的测算运用盈亏平衡原理，即得：

$$S_T = I_T + C_T r \qquad (5-60)$$

利用静态法测算油井经济极限初产油量，方法简便，易于操作，可应用于油田开发规划设计和钻新开发井决策时的初评价。但是，影响油井经济极限初产油量的因素很多，静态法无法将其都包括在内。如需考虑更多的因素变化情况和资金的时间价值，则必须采用动态计算方法。

# 第四节　油藏开发经济评价技术与方法

## 一、油田开发项目经济评价参数

经济评价参数是用于计算、衡量油气田开发项目效益与费用以及判断项目经济合理性的一系列数值。参数的制定和发布具有很强的时效性和政策性，为满足油气田开发项目经济评价工作的需要，油田总公司会定期修订和发布经济评价参数。

### （一）基准收益率

基准收益率指同一行业内项目的财务内部收益率的基准值，它代表同一行业内项目所占用的全部资金应当获得的最低财务盈利水平，是同一行业内项目财务内部收益率的判断标准，也是计算财务净现值的折现率。当项目的财务内部收益率高于或等于行业的基准收益率时，认为项目在经济上是可行的。

目前中国石化油气田开发建设项目基准收益率定为15%。

### （二）基准投资回收期

基准投资回收期指以项目的净收益（包括未分配利润、折旧、摊销）来回收全部投资所规定的标准期限，是反映项目在同行业中投资回收能力的重要静态指标。基准投资回收期一般自项目建设开始年计算，如果从投产年计算，应该予以注明。

按照中国石化实际情况，油气田开发项目基准投资回收期一般不超过6年，对一些重大油气田开发项目的基准投资回收期可适当延长。

### （三）项目总投资收益率和项目资本金净利润率

项目总投资收益率指项目运营期内息税前利润总额与项目总投资的比率，项目资本金净利润率指项目运营期内的净利润总额与项目资本金的比率，分别反映的是项目总投资和项目资本金的总盈利水平，是考察项目总投资收益率和项目资本金净利润率是否达到或超过本行业总体水平的评判参数，不作为项目是否达到本行业最低要求的评价判据。油气田开发项目的项目总投资收益率和项目资本金净利润率可采用统计分析法、德尔菲专家调查法等方法测算，目前暂取80%。

## 二、项目投资估算

油气开发建设项目总投资是指项目建设和投入运营所需要的全部投资，由建设投资、流动资金和建设期利息三部分组成。

$$项目总投资=建设投资+流动资金+建设期利息$$

中国石化油气田开发项目原则上不考虑流动资金，新建独立项目可考虑一定的流动资金。

$$建设投资=勘探工程投资+开发工程投资$$

油气勘探工程投资是指在一定的时间内，以一定的地质单元为对象，为寻找油气储量而发生的地质调查、地球物理勘探、勘探参数井和探井以及维持未开发储量而发生的费用。勘探工程投资实际发生值应全部计入经济评价投资总额，其中的资本化部分计入现金流，未资本化部分不计入现金流。

为简化计算，所发生的勘探投资也可以按以下方法估算和处理：

$$勘探工程投资=探区平均单位储量的勘探投资×储量$$

$$开发工程投资=开发井投资+地面工程投资开发井投资=钻井工程投资+采油工程投资$$

$$钻井投资=\Sigma（不同井型钻井进尺×对应井型的单位钻井工程造价）$$

$$钻井进尺=平均井深（m）×钻井井数（口）$$

钻井工程费用包括新区临时工程、钻前工程、钻井工程、录井测井作业、固井工程、钻井施工管理等，以上费用采用定额法和设计成本法估算。开发井钻井成本也可根据本油田或相似油田历史成本资料，并考虑钻井工艺水平的提高和物价上涨因素进行估算，即按综合成本法估算。

采油工程投资以项目确定的采油工程方案，参照采油工程估算指标测算。具体包括完井费用（含射孔液、射孔枪、射孔弹及其作业费）、机采费用（含抽油杆、泵、油管、井下工具及其作业费）、对老探井或开发准备井投产发生的费用和新井投产及增加产能的措施费等。

地面工程投资依据项目确定的地面工程方案，参照地面工程估算指标测算。具体包括从井口（采油树）以后到商品原油天然气外输为止的全部工程。油田地面建设主体工程包括井场、油井计量，油气集输、油气分离，原油脱水，原油稳定，原油储运、天然气处理、注水等。气田地面建设主体工程包括井场装置、集气站、增压站、集气总站，集气管网、天然气净化装置、天然气凝液处理装置等。油气田地面建设配套工程包括采出水处理、给排水及消防、供电、自动控制、通信、供热及暖通、总图运输和建筑结构、道路、生产维修和仓库、生产管理设施、环境保护、防洪防涝等。

地面工程投资由工程费用、工程建设其他费用和预备费组成。工程费用包括设备购置费、安装工程费和建筑工程费，工程建设其他费用包括固定资产其他费用、无形资产费用和其他资产费用，预备费包括基本预备费和价差预备费。

流动资金指拟建项目投产后为维持正常生产，准备用于支付生产费用等方面的周转资金，为流动资产与流动负债的差额。

流动资金估算方法有扩大指标估算法和分项详细估算法两种。

（1）扩大指标估算法按占正常年份经营成本的比例计算，一般取25%。

（2）分项详细估算法按项目流动资产和流动负债的各项周转次数或最低周转天数分别估算。

建设期利息指筹措债务资金时在建设期内发生并按规定允许在投产后计入油气资产原值的利息，即资本化利息。建设期利息包括银行借款和其他债务资金在建设期内发生的利息以及其他融资费用。

建设期利息按借款利率，建设期限及资金分年投入的比例计算，建设期内对长期借款应支付的利息不论当年支付与否均构成工程成本。

## 三、总成本费用估算

油气总成本费用是指油气田企业在生产经营过程中所发生的全部消耗，包括油气生产成本和期间费用。

成本估算方法有综合估算法和分项详细估算法两种。综合估算法即按吨油总成本费用估算。分项详细估算法即按油气生产成本项目和期间费用划分，分项估算。

## 四、油田开发项目财务评价

财务分析是在项目财务效益与费用估算的基础上，分析项目的盈利能力、偿债能力和财务生存能力，判断项目的财务可接受性，为项目决策提供依据。

财务盈利能力分析主要评价指标有财务内部收益率、财务净现值、投资回收期、项目总投资收益率、项目资本金净利润率等。

### （一）财务内部收益率

财务内部收益率指能使项目在评价期内净现金流量现值累计等于零时的折现率，它反映项目所占用资金的盈利率，是反映项目盈利能力的主要动态评价指标。

财务内部收益率可根据财务现金流量表中的净现金流量，用试差法计算求得。将计算出的财务内部收益率与企业的基准收益率或设定的折现率（加权平均资金成本）进行比较，当财务内部收益率≥基准收益率时，即认为其盈利能力已满足要求，项目方案在财务上是可以接受的。

### （二）财务净现值

财务净现值指项目按企业的基准收益率或设定的折现率计算的项目评价期内净现金流量的现值之和，是考察项目在评价期内盈利能力的动态评价指标。

财务净现值可根据全部投资或资本金财务现金流量表中的净现金流量，按一定的折现率求得。计算的结果有三种情况，即净现值大于零、净现值小于零和净现值等于零。当财务净现值大于或等于零时，表示项目的盈利能力满足要求，是可以接受的；当财务净现值小于零时，表示项目的盈利能力没有满足要求。

### （三）投资回收期

投资回收期是指以项目的净收益回收项目投资所需要的时间，是考察项目在财务上回收投资能力的主要静态指标。投资回收期一般以年表示，以开始建设的年份为计算起点，如果以投产年为计算起点，在编制报告时应该予以说明。

### （四）项目总投资收益率

项目总投资收益率反映项目总投资的盈利水平，指项目运营期内息税前利润总额与项目总投资的比率。

# 第五节　油田开发评价软件介绍

在油田的开发评价方面有很多商业化软件，除了像油藏数值模拟这样的大型软件之外，也有很多功能丰富的实用型软件，这些软件是油藏工程师进行开发评价的得力助手。下面介绍几款典型的油藏工程实用软件。

## 一、DSS软件

Landmark公司的实时动态监测分析系统DSS（Dynamic Surveillance System）是基于Windows系统下开发的为油藏工程师和采油工程师定制的油藏动态监测、产量优化系统。

DSS主要是协助油藏工程师和采油工程师实时动态监测油田目前的生产状况，了解油藏开发历史，预测油藏开发指标。

DSS可以与Landmark的其他产品（如Discovery）实现内部的数据共享，而且可以与任何ODBC数据库，如Microsoft Access、SQI Server、Oracle及Sybase直接连接，从而减少了数据的重复，保证了数据的一致性。

DSS应用动态泡状图、饼状图、等值图、开发曲线图等多种图表显示方式，反映油藏的开采历史和现状。同时，DSS还拥有显示井筒、测井和地层数据的剖面显示功能，能够识别井的完井和构造的关系。

DSS提供以下动态分析功能：

（1）单井动态分析、单井曲线展示、单井数据组合分析；

（2）井组动态分析、井组创建、井组曲线分析；

（3）油藏动态分析、油藏开采现状图、油藏注采现状图，油藏含水率变化等值图，产量递减分析及预测、水驱递减分析及预测、区块开发曲线。

通过单井、井组生产曲线图可以进行生产动态分析，同时可进行不同井组之间的开发效果对比。实现简单实用的产量递减分析，预测未来的生产情况。

通过用户自定义公式、宏功能，可以实现多种常规动态分析，如衰减曲线分析、水驱曲线、泄油半径以及井组注采平衡分析等。

DSS拥有的显示井筒，测井和地层数据等剖面功能，能够识别井的完井状况和地质条件之间的关系，有助于确定完井方式、油水关系与油井产能的关系。

DSS在油藏动态分析方面具有较强的可视化和自定义计算功能，但毕竟是国外软件，缺乏国内油田生产动态分析常用的经验方法，动态图形的规范也与国内不太一致。

## 二、OFM软件

OFM（Oil Field Manager）软件是一款油气藏产量监测和分析软件。OFM软件由一组功能强大，高度集成的定制模块组成，可以便捷、高效地管理贯穿勘探和开发各阶段的油、气田数据。OFM拥有大量可用于构建工作流程的工具，如灵活的底图、绘图、报表、预测分析，这些工具的组合和工作流程的使用可以使用户能够进行深度数据挖掘，重点关注如何提高产量。

OFM32是OFM软件的主模块，是生产工程师的主要桌面工具。主要功能覆盖了全部动态分析的工作流。先进的工作室概念和工作流管理理念最大限度地提高团队合作和工作效率。该模块能够满足客户各项动态分析需要，涵盖了从日常报表、绘图，增产目标识别到生产产量预测、增产项目管理的全部动态分析工作。常用功能如下：

（1）绘图用于日常数据展现，可以进行多图、多轴和多类别（不同级别数据）绘图。

（2）报表用于日常数据展现，可以进行排序、统计、筛选和计算。

（3）可以选择经验法（指数、双曲和调和）进行预测，还可以选择解析解法（解析瞬态解法和酸化压裂预测法）进行预测。

（4）泡泡图可用于绘制多层位开采现状图等多种动态泡状图，其图形内容和图形参数可由用户定义。

（5）网格图可以动态显示由井数据计算得到的网格数据参数，如水淹图等。

（6）等值线图可以动态绘制用户指定参数的等值线。

（7）动态散点交汇图动态识别目标井的强大工具。可由用户定义横轴和纵轴，从而在该坐标系中动态展示井参数时，发现异常井或目标井。

（8）三维立体图、网格图的立体展示。

（9）XY交汇图。

（10）单井的测井曲线图，在加载数据到OFM项目数据库时，可以进行多井的批量加载。

（11）多井测井曲线同时展现不同井的测井曲线。

（12）井身结构图显示单井的井身结构信息。

（13）联井剖面图显示井组的地层连通情况和地层的岩性属性。

OFM可以通过Finder连接各种数据库，并与PIPESIM、ECLIPSE，FrontSim等商业化软件的接口，可以充分利用其他软件的研究成果进行油藏综合分析。

## 三、PEOffice软件

PEOffice软件是一套基于PC机和网络应用，面向油藏管理和油气生产分析设计一体化的软件系统。它较全面地包含了油气开采技术分析计算的各个主要环节，涵盖以下内容：油藏井筒可视化、岩石与流体计算、油气藏计算分析、生产井计算分析、注水井计算分析、油气集输、经济评价预测和综合成果管理。PEOffice为油气藏开采综合分析设计提供了很好的集成软件平台，在统一数据和计算分析结果的基础上，为油藏工程、采油工程、注水工程和地面集输提供先进的分析计算手段。通过综合应用PEOffice可及时、快速、系统、准确地实施油气开采的动态监控分析和管理，一定情况下满足了油气生产日常技术数据管理分析和生产参数优化设计的需要。

PEOffice功能设计系统完整，包含了从油气生产数据统计、生产动态分析、生产状态评价、生产规律预测、生产故障诊断、生产优化设计到井下管柱数据查询与管柱图制作生成的油气生产技术管理分析和生产优化设计的各个环节。在同一软件平台上可以满足油气生产不同技术工作的需要。涵盖了油气开采过程中各个方面的内容，为油气生产管理、分析、优化设计等提供了一个优秀的集成解决方案。

PEOffice主要由八大模块组成，在油藏开发分析评价方面一般可以用到以下模块：

（1）ProdAna，生产动态分析。主要用于对日常油气生产数据进行快速统计分析，形成各种统计分析图表。从统计分析的角度发现油气井的生产规律。

（2）ProdForecast，生产动态预测。通过不同模型的选择拟合，预测油田（井）的产量递减规律、含水率上升规律等，还可以进行措施产量预测及配产设计。

（3）WellMap，井位图编辑。对不同类型和形式的井位图进行编辑，使之数值化，以供PEOffice的其他模块使用，同时可以根据提供的场变量绘制等值线图。

（4）WellInfo，油气井信息管理。可以对井位图进行油气井的井身轨迹、井身结构、井下管柱和井口设备参数等进行数据编辑、查询，并生成相应的井身轨迹图、栅状图、剖面图、测井曲线图、管柱图等。

PEOffice具有面向井位图的操作方式，进行软件操作时可以根据需要把地质或地面井位图置于屏幕上，通过鼠标点击井位图中的油气水井可以获取相应的技术数据并自动调入相应的分析计算软件中，也可以将计算分析的结果直接在井位图对应的井上显示。还可以通过鼠标对井位图的操作快速地进行多井的统计分析等。面向井位图操作方法的引入不仅使得油气井的日常技术数据管理分析和生产参数优化设计更方便，更重要的是使得对油气井的生产统计分析和管理能和带有地质信息或地面信息的井位图直接对应，这样非常有利于全面地找出油气井的生产规律，为在油田范围内系统优化油气井的生产提供科学的依据。

## 四、RESI软件

油藏工程综合分析软件面向油藏工程师，可实现常规油藏各种油藏工程计算分析，并兼顾稠油热采、三次采油，水平井产能及其他不同油藏工程方法的应用。软件可从油田开发Oracle数据库中下载常用数据，用户按照项目管理的方式，建立用户数据库进行油田单元的各种分析计算。

油藏工程综合分析软件基于Windows环境，采用可视化编程开发，主要功能模块包括项目数据管理、油藏基本特征分析、油藏开发技术界限分析，油藏开发状况分析、油藏开发预测分析、经济评价及实用工具，共计110多个主要功能模块。软件注重实用性，计算结果可靠，软件组织结构逻辑严密，各项分析研究内容既相互关联又相互独立，操作简便，可扩充性强，易于应用。

该软件曾先后荣获中石化上游企业信息技术交流会一等奖（2004年度）、中石化科技进步二等奖（2006年度）等奖项。软件通过了中石化科技开发部组织的软件性能测试，运行结果正确，性能稳定，界面友好。该成果为油藏工程研究人员提供了一套综合分析系统工具，软件功能丰富，界面友好灵活，可大幅度提高研究人员的工作效率，提高成果研究水平。

油藏工程综合分析软件在胜利、国勘、华北，河南、江苏、上海、江汉、华东、西北、东北，中原等油田分公司完成了280多套软件的安装，进行了313人次的技术培训，基本完成了中国石化上游企业各油田分公司的全面推广应用。

# 第六节　油田开发数据库及应用

## 一、油田开发数据库概况

油田开发数据库是油田信息工作的核心，数据库建设对提高开发数据管理质量和应用效率，促进开发管理水平有极大的推动作用。

开发数据库从1961年有数据至今，记录了胜利油田从第一口井到目前43 666口井的动态的、历史的开发数据。从数据库系统发展方面讲，经历了最初的人工穿孔文件形式、dbf库、Oracle数据库存储、数据库综合网络系统、数据中心5个发展阶段。数据量与日俱增。从内容上讲，开发数据从单一的动态库逐步增加静态库、监测库等九大库，目前形成集九大库，测井、三采、天然气，图形文档数据库等于一体的数据中心。

数据库建设和应用逐步走向成熟和深入，为油田上游油气田建设的开发和应用发挥了不可估量的作用。

## 二、油田开发数据库的应用情况

数据源头采集—数据处理—数据维护—应用服务形成四层整体流程架构。

从源头采集的数据，不需要处理的直接加载到开发数据库，需要处理的，经过处理后，加载更新入库，通过应用程序提取加工数据后供用户使用。在数据加载前，通过质量控制系统控制数据质量，对有错误的数据，追查到错误发生的源头单位，责令整改，审核检测通过后，方可提交入库。对提交入库的数据进行数据安全备份工作。对应用服务系统，数据经过应用系统提取加工数据服务于应用。在应用系统和数据库之间，有严格的用户审核机制，授权和控制用户对数据的提取和操作。

在油田开发数据库中，单井是动态数据组织的最小单位。在单井表里，与它对应的是基本单元。单井和单元组织形式是不同类型油藏专业库组织数据的依据。

由源头采集的油水井动态和监测数据经过处理形成采油厂级的油水井及单元的月度数据，最后形成局级的不同油田、不同油藏类型、不同行政区域的开发综合数据，可用于油藏动态分析、措施完成情况及效果分析等各种数据库应用。

基于开发数据库可形成各种生产报表，包括：综合数据报表、产量构成数据表、油水井动态表、新油水井分类表、见水井含水情况表，油井（注水井）关井分类表、报废井生产情况表、递减及主要指标对比。

胜利油田组织研制的"开发在线"，以WEB应用的形式提供了数据查询和发布，目前仍是专业人员获取开发数据的常用工具。

"开发在线"为各种数据查询和专业应用提供了有利条件，但也存在信息量大、筛选下载慢的缺点，而且也不能针对某一类型的油田特点进行设计。因此，在开发数据库的基础上发展了各专业数据库。

根据各专业不同特点，进行了相应数据表的挑选和单元的闭合划分，形成了符合不同专业应用特色的专题项目数据库，有断块油藏数据库、稠油油藏数据库、整装油田数据库、滩海油田数据库、水平井项目数据库等专业数据库。

在各专业数据库的基础上，开发了各种应用，如开发综合曲线绘制、注采井网图自动绘制、各种开采现状图的绘制等。

在油田开发数据库中油藏动态分析常用的数据表包括采油井月度数据、注水井月度数据、油田开发月综合数据、油气藏基本数据表等数据表。

胜利油田数据中心下一步准备以油田数据中心为基础，实现对勘探开发综合研究业务大型主流软件的数据支持和应用。通过建立勘探开发业务数据交换标准，基于数据服务系统，实现对综合研究的数据支持。通过分析勘探开发主流大型软件实现数据支持，包括GEOFRAME、OPENWORKS、PETRO、ECLIPSE等大型软件。依据数据双向存取任务建立基于业务单元的数据交换工作模板，通过油田企业数据中心统一建立数据服务系统，具体实现各业务信息系统间或与中心数据库间的数据双向存取交换。

# 第六章　油气藏开发方案编制方法

## 第一节　油气藏开发方案编制概述

一个含油气构造经过初探，发现工业油气流以后，紧接着就要进行详探并逐步投入开发。所谓油气田开发，就是依据详探成果和必要的试油、试采资料，在油气藏评价的基础上对具有工业价值的油气田，按国内外石油市场发展的需求运作，以提高油气田开发效益和最终采收率为目的，根据油气田的开发地质特征，制订合理开发方案，并对油气田进行建设和投产，使油气田按方案规划的生产能力和经济效益进行生产，直至油气田开发结束的全过程，其中制订合理的开发方案是实现开发目的的基础。

### 一、油气藏开发方案编制的目的及意义

油气藏开发是一个人才密集、技术密集和资金密集型的产业，投资巨大。编制油气藏开发方案是建立在油气藏评价的基础之上的，并综合当时的政策、法律、油气田地质条件和工艺技术，从多个开发方案中优选出实用、经济、先进的方案，对油气藏开发所作出的全面部署和规划。因此，其目的是科学规划和指导油气藏的开发，确保油气藏开发获得最大的经济采收率和利润。油气藏开发方案编制的主要意义在于其方案是油气田开发的纲领性文件，通过编制油气藏开发方案，可减少开发决策失误，降低油气藏开发投资风险，确保油气藏在预期的开发期内保持较长时间的稳产、高产和获得最大的利润。

### 二、油气藏开发方案编制的指导思想与基本原则

#### （一）指导思想

油气藏开发的主体为企业，企业追求的目标是利润最大化，这就要求在开发过程中

努力降低成本，提高对市场经济适应能力和抗风险能力。同时，油气又是一种不可再生资源，要求在开发过程中最大化合理利用资源。这些因素决定了编制开发方案过程中要针对不同类型油气藏，采用先进实用的技术不断降低开发成本，提高开发水平和油气藏的最终采收率。因此，编制开发方案的指导思想为"以经济效益为中心，市场为导向，通过加大科技投入，优化产量结构、降低成本，充分发挥油气藏潜能，不断提高油气藏开发水平和最终采收率"。

### （二）基本原则

油气藏开发方案设计要坚持少投入、多产出，具有较好的经济效益；根据当时、当地的政策、法律和油田的地质条件，制定储量动用、投产次序、合理采油速度等开发技术政策，保持较长时间的高产、稳产。概括地讲，油气藏开发方案编制需遵循以下三个基本原则：

（1）目标性原则。油气藏开发方案是石油企业近期与长远目标、速度与效益、近期应用技术与长远技术储备的总体规划。其目的是规范和指导油气藏的科学开发，获得最大的经济采收率和最大利润。因此，经济效益是油气藏开发方案编制的评价目标，油气藏开发方案中的各项指标必须全面体现以经济效益为中心。如采油速度和稳产期指标，一方面要立足于油气田的地质开发条件、工艺技术水平以及开发的经济效果，另一方面要应用经济指标来优化最佳的采油速度和稳产期限。

（2）科学性原则。油气藏开发方案以油气藏评价为基础，故方案编制过程中，尽可能全面、合理地体现出油气藏的本质特征，对油气藏的开发井网、开发方式，开发速度、开发层系等重大问题应进行科学论证，同时通过多目标方案优选，确保油气藏开发的科学性。

（3）实用性原则。在编制过程中，对实施的内容、工作量和措施需作出明确的规定，使方案在实施过程中具有较强的针对性和可操作性，即遵循实用性原则。

### （三）其他原则

不同类型油气藏在开发过程中的侧重点不同，在遵循基本原则的同时，编制开发方案时具体原则也有所区别。例如：

（1）大型、中型砂岩油藏若不具备充分的天然水驱条件，必须适时注水，保持油藏能量开采。一般不允许油藏在低于饱和压力下开采。

（2）低渗透砂岩油藏由于储层致密、自然产能低、油层导压系数低，易在钻井、修井过程中受污染。因此，在技术经济论证的基础上采取低污染的钻井、完井措施，早期压裂改造油层，提高单井产量。具备注气、注水条件的油藏，要保持油藏压力开采。

（3）含气顶的油藏要充分考虑气顶能量的利用。具备气驱条件的要实施注气开采；不具备气驱条件的，可考虑油气同采，或保护气顶的开采方式，但必须严格防止原油窜入气顶，造成资源损失，要论证射孔顶界位置。

（4）边水、底水能量充足的油藏要充分利用天然能量开采，重点研究合理的采油速度和生产压差，计算防止底水锥进的极限压差和极限产量，论证射孔底界位置。

（5）裂缝性层状砂岩油藏由于裂缝发育，注水开发过程中易发生爆性水淹，影响开发效果和采收率，因此对需要实施人工注水的油藏，重点要认清裂缝发育规律。在认清裂缝发育规律的基础上，模拟研究最佳井排方向，考虑沿裂缝走向部署注水井，掌握适当的注水强度，防止注入水沿裂缝方向水窜，导致油井过快水淹。

（6）高凝油、高含蜡的油藏，在开发过程中油井易结蜡，造成卡泵现象，地面管线因油温低易堵塞，必须注意保持油层温度、井筒温度和地面温度。注水开发时，注水井应在投注前采取预处理措施，防止井筒附近油层析蜡，造成储层堵塞，注水压力上升，注不进水。此外，油井要优化设计，控制井底流压，防止井底附近大量脱气产生析蜡而堵塞地层。

（7）重油油藏在经济、技术条件允许的情况下，采用热力开采。

## 三、油气藏开发方案的内容

在编制油气藏开发方案之前，必须收集齐大量的静、动态资料。在开发方案设计之前，对油气藏各方面的资料掌握得越全面越细致，作出的开发方案就会越符合实际。对某些一时弄不清楚的，开发方案设计时又必需的资料，则应开展室内试验和开辟生产试验区。一个完整的油气藏开发方案应当包括地质方案与工艺方案。地质方案是规划油气藏开发的基本纲领与具体路线，工艺方案则是规划实现地质方案的基本手段和技术措施。一般地说，油气藏开发方案报告中应包括以下内容：油气藏概况、油气藏地质特征，油气藏开发工程设计、钻井与采油工程和地面建设工程等方面的设计要求和方案实施要求。

油气藏概况中应包括的内容：油气藏地理位置，构造位置，含油面积、地质储量、勘探简况和试油情况等。涉及的地质基础资料，图表有油气藏地理位置图、油气藏地貌图、油气藏区域地质构造图、勘探成果图和储层综合柱状剖面图等。

油气藏地质特征中应包括的内容：构造及储层特征，流体性质、油气藏温度及压力系统、储量分布。涉及的基础资料，有构造图，含油面积图，油气藏纵横剖面图，沉积相带图、小层平面图、油层厚度、孔隙度、渗透率等值线图、毛细管压力曲线、原油高压物性曲线，原油黏温曲线，相对渗透率曲线、温度压力与深度关系曲线等。如缺少相关资料，可采用类比方法或经验方法借用同等类型油气藏资料。

油气藏开发工程设计应包括的内容：开发层系的合理划分、合理井的网密度设计，油气藏驱动方式，油井举升方式及合理工作制度、布井方式，注水开发油气藏合理注水方式及最佳注水时机，油气藏压力水平保持，合理采油速度，稳产年限及最终采收率预测、油气田开发经济技术指标预测、多方案优化和方案实施要求。涉及的基础资料，有：油气水性质，压力资料、试油成果，试井曲线、试采曲线、试验区综合开采曲线及吸入能力曲线、各方案单井控制地质储量，可采储量关系曲线，各方案水驱控制程度关系曲线、各方案动态特征预测曲线、各方案经济指标预测曲线、方案经济敏感性分析、推荐方案开发指标预测曲线和设计井位图等。

钻井工程、采油工程、地面建设工程设计的内容包括：钻井和完井的工艺技术与措施、储层保护措施，油水井投产投注的射孔工艺技术与措施，采油工艺技术与增产措施、油气集输工艺技术，注水工艺技术等。钻井工程，采油工程、地面建设工程的设计总体上既要满足油气藏开发工程设计的要求，又要努力应用新工艺、新技术，降低投资成本，提高经济效益。

## 四、油气藏开发方案编制的步骤

依据上述油气藏开发方案的内容，从开发地质角度看，核心为油气藏地质特征设计和油气藏开发工程设计。具体步骤分为：

### （一）综述油气藏概况

油气藏概况主要描述油气藏的地理位置、气候、水文，交通及周边经济情况，阐述油气藏的勘探历程和勘探程度，介绍油气田开发的准备程度。具体包括：发现井、评价井数量及密度，地震工作量及处理技术，地震测线密度及解释成果，取心及分析化验，测井及解释成果，地层测试成果，试采及开发实验情况，油气藏规模及含油气地层层系。

### （二）分析油气藏地质特征

油气藏地质特征主要包括油气藏的构造特征、储层特征、流体特征、压力与温度系统、渗流物理特征、天然能量分析、储量计算与评价。

### （三）编制油气藏开发设计方案

油气藏开发设计应坚持少投入、多产出，经济效益最大化的开发原则。主要包括开发层系确定、开发方式确定、采油（气）速度和稳产期限确定、开发井网确定、开发指标确定等内容。

（1）确定开发层系：一个开发层系，是指由一些独立的、上下有良好隔层，油层物性相近、驱动方式相近、具备一定储量和生产能力的油气层组合而成，它用一套独立的井网开发，是最基本的开发单元。

（2）确定开发方式：在开发方案中必须对开采方式作出明确规定。对必须注水开发的油田，则应确定早期注水还是晚期注水。

（3）确定采油（气）速度和稳产期限：采油速度和稳产期的研究，必须立足于油气田的地质开发条件、工艺技术水平以及开发的经济效果，用经济指标来优化最佳的采油速度和稳产期限。

（4）确定开发井网：井网部署应坚持稀井高产的布井原则。合理布井要求在保证采油速度的前提下，采用井数最少的井网，并最大限度地控制地下储量，以减少储量损失，对注水开发的油田还必须使绝大部分储量处于水驱范围内，保证水驱储量最大。由于井网涉及油田的基本建设及生产效果等问题，必须作出方案的综合评价，并选最佳方案。

（5）确定开发指标：油田开发指标是对设计方案在一定开发期限内的产油、水、气及地层压力所做的预测性计算结果，目前一般采用油藏数值模拟方法或经验公式计算。

（6）制订出数种方案：在上述分析及计算的基础上，根据较合理的采油（气）速度制订出数种开发方案，列表待选。

## （四）方案评价与优选

方案评价与优选是根据行业标准对各种方案的开发指标进行经济效益计算，然后从中筛选出最佳方案实施。

## （五）标明方案实施要求

根据油气藏地质特点，对方案提出相应的实施要求：

（1）钻井次序、完井方式，投产次序、注水方案及程序，运行计划要求。
（2）开发试验安排及要求。
（3）增产措施要求。
（4）动态监测要求，包括监测项目和监测内容。
（5）其他要求。

# 五、某气藏开发方案编制实例

以大池干气田万顺场高点石炭系气藏开发方案为例，简述开发方案编制的内容及步骤。

## （一）气藏概况描述

气藏概况包括气藏区域地质位置及地理环境、勘探简史、气藏开采简况等。

## （二）气藏地质特征分析

气藏地质特征包括构造特点，石炭系地层、储层特征及储集类型等。

## （三）气水关系和流体性质确认

气水关系和流体性质包括确定气水界面和流体采样及分析化验。

## （四）气藏动态特征分析

气藏动态特征分析主要是进行生产阶段的划分和分析。

## （五）气藏储量核实

气藏储量核实包括储量计算的工作基础、容积法储量核算、动态储量计算方法（压降法、试井法数值模拟法）等。

## （六）气藏数值模拟

气藏数值模拟包括气藏地质模型建立、气藏数学模型建立、动态拟合等。

## （七）气藏开发方案编制及动态预测

依据开发条例，"储量在$50 \times 10^8 m^3$以上的气驱气田，采气速度3%~5%，稳产期在10年以上"，制定出万顺场高点石炭系气藏的开发原则：在满足国民经济需要的前提下，立足现有气井，发挥气藏的高产优势，防止气藏严重水侵，保证气藏具有较长时期的平稳供气条件，达到较高的采出程度，高效合理地开发气藏，为整个气田的合理开发作出贡献。制定出4种开发规模（$80 \times 10^4 m^3/d$、$90 \times 10^4 m^3/d$、$100 \times 10^4 m^3/d$、$120 \times 10^4 m^3/d$）和两种生产方式（增压开采、无增压开采），组合成八种开发方案，然后进行各种方案下的动态预测。

## （八）气藏开发方案的经济分析

这一分析的目的是计算上述开发方案的成本，分析比较每个方案的最终经济效益。

## （九）方案综合对比及可行性方案推荐

（1）采气速度高的方案，边部气井产水预兆更为明显，稳产年限低于10年；

（2）增压开采方案，其稳产时间及采出程度均比无增压开采方案效果好；

（3）利用产值、利税和净现值对比，确定出气藏实施的可行性方案，并列出后备方案。

### （十）气藏动态监测

目的是进一步了解气藏动态变化，保证开发方案的顺利实施。

# 第二节　油田开发方式的选择

油田开发方式又称油田驱动方式，是指油田在开发过程中驱动流体运移的动力能量的种类及其性质。油田开发方式分为天然能量开采和人工补充能量开采两大类，天然能量开采是指利用油藏自身的能量和边水，底水能量开采原油而不向地层补充任何能量的开采方式。人工补充能量开采又分为注水、注气和热力采油等类型。其中，注水开发是通过不断向油藏注水给油藏补充驱动能量的一种开发方式。注气开发则是通过不断向油藏补充驱动能量的一种开发方式。油田开发到底选用哪一种开发方式，是油藏自身的性质和当时的经济技术条件所决定的。

## 一、影响油田开发方式选择的因素

对于一个具体油田而言，有许多因素影响开发方式的选择。一般地说，在选择油田开发方式时，主要考虑以下几个方面的因素：

### （一）油藏自然条件

油藏自然条件是指油藏地理环境、油藏天然能量、地质储量、油藏岩石和流体性质。

地理环境对开发方式选择的影响主要表现在：首先应考虑当地其他可以作为驱油剂的资源量。对于一个天然能量有限的油田来说，可以使用人工补充能量的方法进行开发。使用人工作用的开发方式时，需要有足够的驱油剂。例如，对于注水开发方式来说，如果当地水资源比较缺乏，那么这种开发方式就不可行。其次，应考虑环境保护问题。使用人工作用方式进行油田开发时，往往需要对驱油剂进行地面处理，这会引起环境污染问题，如果附近居民比较集中，则这个问题必须考虑。

油藏天然能量包括油藏自身的弹性膨胀能量和边水、底水能量。对于一个实际开发的油藏，往往是多种驱动类型同时作用，即综合驱动。在综合驱动条件下，某一种驱动类型占支配地位，其他驱动类型的组合与转化，对油藏的采收率会产生明显影响。因此，要分析天然能量的大小，并尽量加以利用，根据天然能量的充足与否，确定开发方式。

油藏储量的大小对开发方式也起决定作用。如对于一个储量很小，而又有一定的天然能量满足需要的油藏，如果采用注水、注气或者其他开发方式，由于地面建设费用高，而其利用率又低，其经济效益就不会很好。对于这种油藏，直接利用天然能量进行开发将会更合理。

油藏的岩石和流体的物理性质对开发方式也产生一定的影响。例如，对于一个稠油油藏，即使有很充足的边水能量或弹性能量，也很难使油藏投入实际开发，这时必须采用热力采油方式开采。

### （二）工艺技术水平

对于一个具体油田，从理论上来说，是可以找到一种理想的开发方式，但由于工艺技术水平的限制，实际中往往难以投入使用。例如，我国新疆某油田，由于它具有高压、低温、油稠、埋藏深、水敏性强等特点，常规水驱和蒸气驱显然不行。理想的开发方式是使用物理场或火烧油层开发方式，然而，由于工艺技术水平的限制，这两种方法目前都很难投入实际使用。

### （三）采收率目标

油田采收率也是确定开发方式的重要内容。根据油藏试采的情况和油藏天然能量的大小进行分析，若油藏天然能量充足，采收率能够达到预期的目标，则可利用天然能量开采；若油藏天然能量不足，采收率比较低，则要考虑人工补充能量的方式开发。

### （四）开发效益

任何一种开发方式，最后都必须以经济效益为目标。若油田在经济技术条件上不适合某种开发方式，则应考虑选用其他的开发方式。

## 二、油田注水开发方式

由于注水成本低，补充能量的开采方式首选注水开发。所谓注水方式，是指采用人工注水补充能量的开发方式。根据油水井在油藏中所处的部位和井网排列关系可分为边缘注水、切割注水、面积注水和点状注水等注水方式。

选择注水方式开发油田的原则有：与油藏的地质特性相适应，能获得较高的水驱控制程度，一般要求达到70%以上；波及体积大和驱替效果好，不仅连通层数和厚度要大，而且多向连通的井层要多；满足一定的采油速度要求，在所确定的注水方式下，注水量可以达到注采平衡；建立合理的压力系统，油层压力要保持在原始压力附近且高于饱和压力；便于后期调整。

### 三、开发方式的转换与接替

油田采用哪种开发方式，主要取决于油田自身的性质和当时的经济技术条件。开发方式的转换与接替实际上就是驱油能量的转换与接替。一个油田往往不是一种能量从始到终一直起作用。在一个阶段是一种能量起主要作用，在另一阶段可能是另一种能量起主要作用。由于注水成本低，一般最有意义的是人工补充能量开发方式与天然能量开发方式之间的接替，对注水开发油田来说，就是注水时机问题。

在油田投入开发初期即实施注水的开发模式，称作早期注水。在油田开发一定时期之后实施注水的开发模式，称作晚期注水。若油田的自身产能较低，必须依靠外部补充能量才能获得一定的产能，此时必须采用早期注水。天然能量不足的油田，为保持油田具有较高的产油能力，也必须采用早期注水。具有一定天然能量的油藏，为充分利用天然能量，可以适当推迟注水时间。油田何时注水，何时实现驱油能量的接替，要通过经济技术方面的综合研究之后才能确定。

# 第三节　开发层系划分与组合

所谓开发层系，就是把特征相近的油层组合在一起，采用一套开发井网进行开发，并以此为基础进行生产规划，动态研究和调整。到目前为止，在世界上所开发的油田中，绝大多数都是非均质的多油层油田，各个油层的物性差异往往很大。对多油层油田的开发，目前主要有两种方式：所有的油层组合在一起进行联合开发；将一些层合在一起作为一个层系，而将另外的一些层合在一起作为另一个层系，进行分层开发。为了提高原油的采收率水平，有必要对所有含油层进行分类，并划分和组合成一定的开发层系，采用不同的开发井网进行开发。开发层系是为了克服油田开发的层间矛盾而进行设计的，而油层的平面矛盾要靠井网的优化设计来进行克服。具体采用联合开发或分层开发、分层开发时各层系如何组合与划分，这些就是本节所要研究的内容。

## 一、层间差别

一个油田往往由多个含油小层组成，小层数少则几个，多则几十个，甚至上百个，每个小层的性质都不相同，层间差别主要体现在以下几个方面：

### （一）储层岩性和储层物性

储层岩石类型多种多样，有些储层为砂岩，有些储层可能为石灰岩或变质岩。由于沉积环境和成岩作用的不同，储层物性差别较大。储层物性的差别主要表现在孔隙度和渗透率上。

### （二）流体性质

纵向上，储层中的流体呈现油气水多种流体互层，油气水性质较为复杂，并不一致。如不同储层的原油组分可能存在较大差异，某些储层原油可能是轻质、低黏中等密度原油，某些储层原油可能是重质、高黏高密度原油。

### （三）压力状态

纵向方面，每一个储层的压力系统可能不完全相同，有些储层处于异常高压状态，有些储层属于正常压力系统，还有些储层可能处于异常低压状态。同时，有些储层可能封闭，地层压力下降快，有些储层可能与边水、底水相连通，地层压力下降缓慢。

### （四）油水关系

纵向上，储层中的油气与周围水体的接触关系存在很大的差别，有些储层可能封闭，有些储层的油气带有边水、底水。同时，有些储层具有统一的油水系统，有些储层具有不统一的油水系统。

## 二、划分开发层系的一般方法

### （一）从研究油砂体入手，对油层性质进行全面的分析与评价

重点研究油砂体的形态，延伸方向，厚度变化，面积大小，连通状况，此外还有渗透率、孔隙度、含油饱和度，以及其中所含流体的物性及分布。在此基础上，对各油层组（或砂岩组）中的油砂体进行分类排队并作出评价，研究每一个油层组（或砂岩组）内不同渗透率的油砂体所占的储量比例；不同分布面积的油砂体所占储量比例；不同延伸长度的油砂体所占比例。通过分类研究，掌握不同的油层组、砂岩组、单油层的特点和差异程

度，为层系划分提供静态地质依据。

## （二）进行单层开发动态分析，为合理划分层系提供生产实践依据

通过在油井中进行分层试油、测试，具体了解各小层的产液性质、产量大小、地层压力状况，各小层的采油指数等。这一步工作也可模拟不同的组合，分采、合采，为划分和组合开发层系提供动态依据。

## （三）确定划分开发层系的基本单元并对隔层进行研究

划分开发层系的基本单元是指大体上符合一个开发层系基本条件的油层组、砂岩组、单油层。一个开发层系基本单元可以单独开发，也可以把几个基本单元组合在一起，作为一个层系开发。先确定基本单元，再根据每个单元的油层性质组合开发层系。

划分开发层系时，必须同时考虑隔层条件，在碎屑岩含油层系内，除去泥岩外，具有一定厚度的砂泥质过渡岩类也可作为隔层。选用的隔层厚度应根据隔层物性，开发时间，层系间的工作压差，水流渗滤速度，工程技术条件而综合确定。可以根据油层对比资料先确定隔层的层位、厚度，通过编绘隔层平面分布图来具体了解隔层的分布状况。

## （四）综合对比选择层系划分与组合的最优方案

对同一油田，可提出数个不尽相同的层系划分方案。通过计算各种组合下的开发指标，综合对比，选择最优方案。主要衡量技术指标是：不同层系组合所能控制的储量；不同层系组合所能达到的采油速度，井的生产能力和低产井所占的百分数；不同层系组合的无水采收率；不同层系组合的投资消耗、投资效果等经济指标。

总之，开发层系的划分是由多种因素决定的，划分的方法和步骤可以因情况而异。对所划分的开发层系还要根据开发中出现的矛盾，进一步分析其适应性，并要加以适当调整。

# 第四节　开发井网部署

一个油藏在发现和油藏评价后，即进入油田开发设计阶段，开发井网的部署是油藏开发工程设计的重要环节，也是开发方案的主要内容之一。由于绝大多数天然油藏是非均质的，在生产压差一定的情况下，每口井的泄油半径是有限的，同时为了满足国家对石油的需求和提高油田开发经济效益。因此，实际油藏需要一定数量的井来开采，这就提出了油田开发井网部署问题。所谓开发井网，是指若干油井在油藏上的排列方式或分布方式。开发井网包括井网形式和井数两个方面的内容。井网部署是在一定的开发方式和一定的开发层系下进行的，油田开发系统各个环节都要通过开发井网来实现，同时井网部署直接与经济效益相联系，它影响到钻井、采油、地面建设系统的选择与投资，同时还影响到油田的生产管理。因此，井网部署的合理与否，直接影响到油田的开发效果与开发效益。

## 一、选择井网密度应考虑的主要因素

一般来说，选择井网密度应考虑的因素主要有地质和经济两大方面的因素，有时两种因素互相交织在一起。具体考虑的因素分述如下：

（1）油层岩石和流体性质：这类因素主要包括渗透率、原油黏度和孔隙度。对于渗透性好的油层，由于其单井产油能力高，其泄油面积也就较大，对这类油藏，其井网可以稀一些；反之，对于低渗透油层，井网应密一些。一般情况下，渗透率越大，井的泄油半径也就越大。原油黏度的影响主要表现在两个方面。一方面，表现为原油黏度大，则渗流阻力大，应采用密井网，反之则相反。另一方面，表现为原油黏度对含水特征的影响，原油黏度大时，在同样含水率的情况下，密井网的采出程度比稀井网大，对于高黏度原油的油藏应采用密井网。同时，从经济角度考虑，要求单井控制储量不应太低，孔隙度和有效厚度也必须同时考虑。

（2）油藏非均质性的影响：油藏非均质性指储层和流体的双重非均质性。显然，非均质程度高，井网密度应大一些，非均质程度低，井网密度可以小一些。

（3）开发方式的影响：天然能量充足的边水、底水油藏和保持注水开发的中高渗油藏井网密度可以小一些；而天然能量不足需要注水开发的中低渗油藏井网密度应大一些。

（4）油藏埋藏深度的影响：油田钻井成本与埋深成正比例关系，油层越浅，钻井投资越少。因此，从经济角度考虑，对于浅油层，井网密度可适当高一些；对于深油藏，井网密度可适当低一些。

（5）采油速度的影响：在单井产能一定的情况下，要达到较高的采油速度，则必须多增加生产井。因此，采油速度与井网密度也密切相关，在井网设计时也是考虑的因素。

（6）其他因素：如地质方面油藏渗透率的各向异性、裂缝因素，经济方面的油田建设总投资，原油销售价格等因素也是影响井网密度设计的重要因素。

## 二、合理井网密度

油田开发的根本目的，一是获得最大的经济效益，二是最大限度地采出地下的油气资源，即获得最高的采收率。同时，满足这样两个目的的开发井网密度就是合理井网密度。很显然，油田合理井网密度就是经济效益最大化下的井网密度。确定油田合理井网密度通常采用综合经济分析法，或称综合评价法。

## 三、布井次数问题

对于油田开发全过程而言，布井次数问题是指在开发初期把所有的井都确定下来并投产，还是分成几个阶段布井。简单地说，布井次数问题要研究的是一次布井或者多次布井哪一种更合理的问题。如果采用多次布井开发，那么把开发初期所部署的井网称为基础井网，而把开发以后各阶段所布的井称为储备井。

### （一）多次布井的必要性

假如地层是非常均质的，并且在开发准备阶段就对地层情况认识得很清楚，那么可以说，在开发初期可以一次性地确定出最优井网。然而，由于两个方面的原因，所以不可能在开发初期就确定出最优井网：

（1）由于天然油层往往是非均质的。其地质构造、物理特征都比较复杂，很难在开发初期就对油层认识得很清楚，这就不可能一次性地确定出最优布井方案，在油田开发的实践中初期往往采用较稀的井网。

（2）在油田开发的不同阶段，由于地下条件会发生变化，不同的开发阶段对最优井网的要求是不相同的。

### （二）基础井网

基础井网是油田开发初期所部署的第一套正规开发井网，它是以均质地层为依据进行部署的。基础井网起着认识油藏地质特征和为国家生产石油的双重作用，由基础井网本身的特点所决定，因此对基础井网应提出如下4点要求：

（1）基础井网所开发的油层应该是连续性好、均匀的、稳定的。

（2）基础井网应部署在最好的开发层系上，并控制该层系80%以上的储量。

（3）基础井网必须要有足够数量的监测井。

（4）基础井网完钻后不急于投产，而应根据井的测试资料对油层进行进一步的对比研究，以便在制订射孔方案时进行必要的调整。

## （三）储备井

在油田开发到一定阶段后，根据基础井网所取得的动、静态资料对油藏进行重新认识后所钻的调整井被称为储备井。储备井的主要作用是使油藏投入更全面的开发，从而提高当前采油速度和原油采收率。

储备井按其所钻的部位和作用的不同可以分成3类：

第一类储备井：这类储备井是钻在连续油层基础开发井之间的死油区上，它们的主要作用是使油层投入到更强化的开发中去，以提高原油采收率。

第二类储备井：这类储备井是钻在不连续油层的孤立油砂体上，它的作用是提高不连续油层的采收率和采油速度。对于不连续油层的孤立油砂体，如果不补充钻井，则很难投入到更有效的开发中去。

第三类储备井：这类储备井是钻在基础井之间能够被基础井网所控制的地方，但为了提高采油速度，仍需钻的一部分加密井。

# 第五节　采油速度优化

采油速度的优化是指在规定的开发评价期内，油田以多大的采油速度开采，获得的经济效益最高。采油速度的大小主要取决于油田地质、工艺技术、注采井数，同时也与石油企业的经济效益密切相关。对于特定的油田，采油速度多大合适，要经过经济的、技术的综合评价之后才能够最终确定下来。

## 一、影响采油速度的因素

采油速度并非越高越好，采油速度的高低取决于油藏的地质条件和当时的经济技术条件。影响采油速度的主要因素是单井产量和采油井数。单井产量高，采油井多的开发方案，采油速度就高。但是，采油井数多，会大幅度增加开发投入，经济上往往不合算。因此，油田开发一般遵循"稀井高产"的原则。

单井产量除受到地质条件的限制之外，还受到油井工作制度的限制。对于渗透率较低的储层，很难提高单井产量，一般靠增大油井数量来提高油田的采油速度。对于一般的储层，靠放大油井的生产压差，也可以提高单井产量，进而达到提高采油速度的目的。但是，压差放得过大，会引起一系列的工程问题，如地层出砂、水锥加快、井底脱气等，进而降低油田的采收率。因此，对于特定的油藏，单井产量并不能无限地提高，而是存在一个合理的单井产量。

采油速度的大小还必须结合下游市场对石油的需求进行设计。若下游市场对石油的需求能力较小，油田必须以较低的开采速度进行开发；相反，若下游市场对石油有旺盛的需求，油田必须以较高的开采速度进行开发，以尽快收回投资并获得开发收益。

由于油田的产量是不断变化的，油田的采油速度也随开发时间而不断变化。稳产期的采油速度，一般称作油田的峰值采油速度。大量油气田开发实践表明，正常原油直井开采的峰值采油速度在2%左右比较合适；水平井的产能较高，峰值采油速度可以提高到3%～4%；天然气的流动能力较强，采气速度一般为5%～6%或更高的水平。

## 二、影响低渗透油藏注水开发效果的因素

### （一）地质因素

1.孔隙结构特征

孔喉半径、孔隙形态、连通情况等均属于孔隙结构特征。由于在低渗透油藏中，孔径及喉道数量级等同于孔隙壁上流体吸附滞留层厚度，大多数孔隙中流体均为吸附滞留层流体，通常它们是不会参与流动的。若想流动则需有启动压力梯度，可若增大启动压力梯度又会影响注水开发效果。

2.砂体内部结构

砂体内部结构对低渗透油藏注水开发效果的影响很容易被忽略。在低渗透油藏中，一些物性变化会影响到流体的渗流场。其河道砂体的切割界面、内部低渗透和非渗透层等，均可在很大程度上起到对流体的遮挡作用。在同层内，纵向不同期次的单砂体互相之间存在着不渗透隔层，如泥质隔层等，其注采关系经常会不匹配。再就是在同一砂体内，沉积相带若存在变化，也可能会影响低渗透油藏两相带之间的连通情况。

3.夹层频率

相关研究发现，在夹层当中存在非常多的斜交层面，如果是低渗透油藏，其倾角夹层会导致砂体内部的连通性大大降低。

### （二）开发因素

**1.渗流特性**

低渗透油藏具有显著的渗流特征，其是非达西渗流，这种渗流的曲线一端是明显的非线性段，一端是拟线性段。非线性段的各点切线与压力梯度轴之间相交之点属于拟启动压力梯度，拟线性段的反向延长线与压力梯度轴的正值交点则属于启动压力梯度。小孔隙的流体受非线性段压力梯度的影响，压力梯度越小则流体越难参与流动。理论上来说，当压力梯度达到临界点时，虽然流动孔隙数量会趋于稳定，产量却会继续特生；然而实际上大多小孔隙的流体受低渗透特点的影响并未参与流动，注水开发效果反而会降低。

**2.压敏效应**

低渗透油藏存在严重压敏效应，孔隙随围限压力的增加，会逐渐发生变形，一般孔喉会拉长变细，但孔隙度变化不明显，造成渗透率急剧减小。在实际生产过程中，由于地层压力的不断降低，导致岩石骨架受到的额外压力越来越大，最终造成渗透率降低，影响到开发效果。

## 三、影响低渗透油藏注水开发因素改善对策

### （一）采用合注合采的方式开发小层单砂体

目前的采注方式为小层单元开发式，这里的小层其实是包含几个可继续分割互相叠加的单砂体。采注时因每个单砂体之间的关系，可能造成局部浪费。新的开发层应对以往的小层进行进一步分化，只开采一个单一结构的砂体层，这样采用合注合采方式，可以有效提高纵向单砂体的开发完全度，提高开发效果。

### （二）通过适度的提高生产压差

压差体现在压力梯度上，压力梯度不但可以使孔隙中流体发生渗流流动，同时随着压差的增大，还会带动更多孔隙中流体的渗流。适度的扩大生产压差，可以扩大油井的作业面范围。可以通过提高注水井的压力来达到提升生产压差的目的，同时还要防止压力过高压裂支撑岩层，造成套损套破的现象。还可通过降低生产井底的流动压力达到目的，同时应检测压力降低的量，不能引发压力敏感性破坏作用，造成反效果。压裂的应用，也可提高生产井的渗透率，增大油井开采面的控制范围。

### （三）合理规划化井距

合理规划化井距，缩小注水井与采油井的距离，也是提高开发效果行之有效的

方案。

小的井距布置可以提高注水压力对油井的影响，也就是提高启动压力梯度，增大可控的孔隙数量及开采面。但开井数量直接影响经济成本，应运用合理的技术经济分析优化来控制打井距离，才能得到想要的开发效果。某油田留17断块沙三低渗透油藏，井距由300m，缩减到150～200m间距，油产量提高1倍，注水量提高2倍，采油速度提升2.6倍，开发效果明显。

## 四、采油速度的优化

采油速度的优化一般根据油井的产能大小，选取不同大小的采油速度确定出合理的井网密度和油水井数后，借助数值模拟方法或经验公式法来完成。常用优化采油速度的过程包括：

第一步，使用经验公式、类比法或室内水驱油试验确定出油田的采收率。

第二步，根据油藏相渗曲线，计算出无因次采液、采油指数，并结合目前工艺技术条件，计算出单井最高产液量。

第三步，设计若干个不同的稳产期采油速度，参照评价井产能的大小，可求出设计油井数目，同时可求出油藏在不同采油速度下的最高采液速度。

第四步，应用童宪章稳产期经验公式确定出稳产年限。

第五步，应用剩余储采比法确定递减期的采油速度。

第六步，根据确定的不同年份的采油速度，可确定相应采出程度，由流度比公式反求出对应的含水饱和度，然后根据不同的饱和度，由分流方程求出含水率。

第七步，根据含水率，采油速度等指标计算其他累产油、累产液指标，按设定的注采比求出年注水量指标。

第八步，根据钻井成本、采油成本，注水成本、地面建设等投资，使用经济方法计算在评价期内的经济指标，对比不同采油速度下的经济指标，对应经济指标最好的采油速度即最佳采油速度。

# 第六节  油藏开发方案优化

油藏开发方案优化是指按照油藏工程设计程序，对油藏工程设计内容进行充分论证，从经济技术角度优选出最合理的设计和最优方案的过程。开发方案的选择和优化大体分两方面的内容：一是技术指标的对比与选择；二是经济评价与选择。因此，本节重点介绍油藏开发工程优化设计主要内容、油田开发经济技术指标预测方法及优化。

## 一、油藏开发工程优化设计主要内容

### （一）开发原则

根据当时、当地政策、法律环境和油田的地质特点与工艺技术条件，确立相应的开发原则。一般来说，国内外油田开发的基本原则为：

（1）少投入、多产出，并具有较好的经济效益原则。

（2）有利于保持较长时间的高产稳产原则。

（3）在现有工艺技术条件下油田获得较高采收率原则。

### （二）开发层系组合与划分

根据开发原则和地质特点确定是否需要划分层系。开发层系的划分参照本章第三节，层系组合的原则概括为：

（1）同一层系内油层及流体性质、压力系统、构造形态、油水边界应比较接近。

（2）一个独立的开发层系应具备一定的地质储量，满足一定的采油速度，达到较好的经济效益。

（3）各开发层系间必须具备良好的隔层，以防止注水开发时发生层间水窜。

### （三）开发方式

在油藏评价的基础上，根据油藏天然能量大小，选择与确定合理开发方式。开发方式的合理选择与确定原则为：

（1）尽可能利用天然能量开发；

（2）研究有无采用人工补充能量的必要性和可能性；

（3）对应采用人工补充能量方式开发的层系，应分析确定最佳的能量补充方式和时机。

## （四）井网、井距和采油速度

利用探井、评价井试油成果或试验区生产资料计算油井产能、每米有效厚度采油指数；利用注入井试注或实际生产注入资料，计算每米有效厚度注入指数等。没有实际注入资料的油田可以采用类比法或经验法计算。根据油井产能和水井注入能力确定布井范围。确定不同的采油速度下的油水井数，提出若干布井方案，并计算各方案的静态指标、储量损失等参数。

## （五）开发指标预测，优选方案

（1）根据油藏地质资料初选布井方案，设计各种生产方式的对比方案。

（2）采用数值模拟方法，以年为时间步长计算各方案10年以上的平均单井日产油量，全油田年产油量、综合含水，最大排液量、年注入量，油田无水采收率和最终采收率等开发指标。

（3）计算各方案的最终赢利，净现金流量，利润投资比，建成万吨产能投资，还本期和经济生命期、采油成本，总投资和总费用，分析影响经济效益的敏感因素及敏感度。

（4）综合评价油田各开发方案的技术，经济指标，筛选出最佳方案。

（5）给出最佳方案的油水井数，各阶段开发指标，最终采收率及对应的各项经济指标。

# 二、油田开发经济技术指标预测方法及优化

## （一）油田开发指标预测与优化

油田开发指标预测方法主要有经验公式法，水动力学概算法和数值模拟法等。目前主要预测方法以数值模拟法为主。数值模拟预测开发指标过程如下：

（1）地质建模：通过详细的油藏地质研究，建立油藏储层的概念模型或静态模型，用于油藏模拟研究。

（2）选择流体模型；数值模拟流体模型较全面，根据油藏中流体性质，选择相应流体模型。若属于黑油油藏，则应当使用黑油模型；若具有凝析气性质，或者是挥发性油藏，就应当考虑使用组分模型；若属于稠油热采油藏，就应当考虑使用热采模型等。

（3）历史拟合：由于数值模拟涉及的原始资料类型很多，如沉积相分布、孔隙度、

渗透率、相对渗透率，毛细管压力、润湿性等物性参数以及断层等构造因素的变化等，这些参数的本身都带有一定的不确定性，特别是井间参数的变化更难以准确地预测。因此，目前历史拟合主要还是依靠油藏工程师的经验，用试算法来反复修改参数，进行试验。一些文献中报道了各种自动历史拟合的方法。这个问题的一种研究方向，是通过各种敏感性分析和回归函数来进行所谓的不确定追踪的方法。

（4）预测及优化：一个油藏不同方案指标的预测和各种方案的对比优化，是在历史拟合结果比较准确的基础上，利用数值模型进行各种类型的方案预测。这些方案包括不同井网形式、不同井距、不同采油速度、不同驱动方式等，每种类型方案都要计算开发年限、含水率、采收率、稳产年限、稳产期采出程度、可采储量、累积水油比、总压降等基本开发指标，还要根据不同油藏的不同技术要求，预测其所需要的相应开发指标，然后进行分析对比，采用优化技术，优选出相对最佳的开发方案，包括驱动方式、井网形式、井距、采油速度等。

## （二）经济评价方法

油田开发的经济评价是决策过程中的一个重要环节，是在地质资源评价、开发工程评价基础上所进行的综合性评价。对通过产量实现的收入和可能发生的费用支出进行现金测算，围绕经济效益进行分析，预测油藏开发项目的经济效果和最优的行动方案，提供决策依据。

经济评价可以按投入资金和产出产品价值的时间因素而分为静态分析和动态分析两种方法。静态分析法是指不考虑资金和产出产品价值的时间因素的影响，在投资费用上不考虑通货膨胀的因素，在产品价值上以不变价格为基础，不考虑今后市场价格变动的分析方法。这种方法虽直观易懂，也易于进行，但不完全符合客观实际。动态分析法是指把资金的时间价值考虑进去的一种经济评价方法。在考虑经济效果时，必须把时间价值充分考虑进去，只有这样，才能确切地反映投资项目的真实情况。

油藏经济评价参数主要有原油价格、投资成本、经营成本、利率和贴现率等。油藏经济评价指标主要有投资回收期、净现值和净资产收益率等。

## （三）方案优选

一个油田开发方案在开发指标上最高并不一定是最优方案，必须是经济上最优。一般来说，根据数值模拟设计不同驱动方式、井网形式、井距、采油速度等开发方案预测的开发指标，按照经济评价的动态法计算评价指标，从中选出经济效益最好的方案作为推荐方案。

# 第七章　固井与完井作业

## 第一节　固井作业

固井是油气井建井过程中的一个重要环节。简单来说，就是在已钻出的井眼中下入一定尺寸的套管，并在套管与井壁或套管与套管之间的环形空间内注入水泥的工艺过程。注入的水泥将套管柱与井壁岩石牢固地固结在一起，可以将油气、水层及复杂层位封固起来，以利于进一步钻进或开采。固井质量好坏直接影响油气产量和生产管理。

### 一、井身结构

油水井的井身是由直径和长度各不相同，但其中心线相重合的几层套管及套管外的水泥环和一定的井底结构组成。不同的井，其井身结构也不一定相同。每口井的井身结构一般都是在施工前根据钻井目的、钻井深度、地质情况、钻井技术水平和采油、采气的技术要求等设计的。

#### （一）井身结构中的套管

油气井的井身结构中所采用的套管均为无缝钢管。套管可分为以下4种：

1.导管

井身结构中靠近裸眼井壁的第一层套管称为导管。导管的作用是防止井口地表松软的土层（或砾石层）坍塌，使钻井一开始就建立起钻井液循环，并作为循环钻井液的出口；引导钻头钻井，保证所钻凿井眼垂直。导管常用壁厚3~5mm的螺旋管，按需要的长度对焊连接。导管的直径大小决定于开钻钻头的尺寸。导管的下入深度一般取决于地下第一层较坚硬岩层所在的位置，通常下入深度为2~40m。导管与岩石井壁之间用石子与水泥砂浆浇灌封固，导管下部要用混凝土打底，以防导管下沉。

2.表层套管

在完整的井身结构中靠近裸眼井壁的第二层套管称为表层套管。表层套管的作用是封隔地表部分易塌、易漏的松软地层和水层；安装第二次开钻的井口装置，以控制井喷，并支撑技术套管与油层套管的部分重量。其下入深度是根据地表部分易塌、易漏的松软地层和水层的深度而定，一般表层套管的下入深度为30～100m，也有下到几百米深的。表层套管外用水泥浆封固，水泥浆通常都上返到地面。

3.技术套管

在完整的井身结构中表层套管和油层套管之间的套管称为技术套管。技术套管的作用是封隔用钻井液难以控制的复杂地层，以保证钻井工作顺利进行，如钻遇无法堵塞的严重漏失层、非目的层的油气层、压力相差悬殊所要求的钻井液性能相互矛盾的油、气、水层等情况时应下技术套管。技术套管不是一定要下的，也不一定只下一层。技术套管的下入层次是由复杂地层的多少、复杂程度，以及钻井队的技术水平决定的。一般要争取不下或少下技术套管。技术套管外也用水泥浆封固，其管外的水泥浆一般返至需要封隔的复杂地层顶部100m以上。对于高压气层，为了防止天然气窜漏，其管外的水泥浆要返至地面。

4.油层套管

井身结构中最靠井眼中心的一层套管称为油层套管，也称为完井套管，简称套管。生产层的油气就是由井底沿这层套管及下入这层套管内的油管流至地面的。油层套管的作用是封隔油气生产层和其他地层，并把不同压力的油气、水层封隔起来，以防止互窜；在井内建立一条油气流通道，保证油气井的长期生产，并能满足油气的合理开采和增产措施的要求。油层套管的下入深度是根据目的油气层的深度和不同完井方法来决定的，下入深度一般应超过油层底界30m。油层套管外用水泥浆封固，其管外的水泥浆一般要返至最上部的油气层顶部100m以上。对于高压气井或有易坍塌地层的井，其管外的水泥浆通常要返至地面，以利于加固套管，增强套管螺纹的密封性，使其能承受较高的关井压力。

井身结构中各层套管的直径大小主要取决于油层套管的直径和井眼与套管的间隙。油层套管的直径大时，相应的技术套管、表层套管及导管的直径就要增大，各次开钻时的钻头直径也要增大。下入井内的油层套管的直径大小，一般应以油气井的产量和常用井下修井工具的尺寸来确定。其发展趋势是多使用小直径的油层套管，这样有利于节省钢材、泥浆及水泥等用量，并有利于提高钻井速度，而对油气生产和修井工作的影响却不大。

上述介绍的这几种套管在一般的井身结构中并不一定都同时存在，只有在比较完整的井身结构中有可能同时存在这几种套管。随着钻井技术的提高，各油田采取少下或不下技术套管和表层套管，或者加深表层套管来代替技术套管等措施来简化井身结构，以便缩短建井周期，降低建井成本。

## （二）有关名词术语

（1）联顶节方入（联入）：是指钻井转盘上平面到最上面一根套管接箍上平面之间的距离。

（2）完钻井深：从转盘上平面到钻井完成时钻头所钻进的最后位置之间的距离。

（3）套管深度：从转盘上平面到套管鞋的深度，一般套管深度比实际完钻井深要浅些，套管深度是指修井工作的极限深度，一般不会超越，也不允许超越。

（4）人工井底：钻井或试油时，在套管内留下的水泥塞面称为人工井底，其深度是从转盘上平面到人工井底之间的距离，即采油和修井中常说的井底。

（5）人工井底深度：是指从转盘补心上平面到人工井底之间的距离，即采油和修井中常说的井深。

（6）油补距（也称补心高差）：是指钻井转盘上平面到套管四通上法兰面之间的距离。

（7）套补距：是指钻井转盘上平面到套管短节法兰上平面之间的距离。

（8）水泥塞：是指下套管固井后留在下部油层套管内的一段水泥柱体。

（9）沉砂口袋：是指从生产油层底界面到人工井底之间的一段井筒，其作用是用来沉积采油中油流带出的部分地层砂。

（10）水泥返高：是指各层套管外水泥浆的上返高度，而水泥返高深度则指转盘补心上平面到环形空间水泥顶面之间的距离。

# 二、套管柱附件

在实际施工过程中，安装在套管柱上的一些附加部件统称为套管柱附件。

## （一）引鞋（套管鞋浮鞋）

引鞋中的套管鞋用螺纹连接到套管上，它位于整个套管柱下部，其作用是引导套管入井，防止套管插入井壁或刮削井壁。套管鞋下端车成45°内锥面，可防止以后起钻时钻具接头、井下工具台肩挂碰套管。引鞋是一个弧锥形的带孔短节，由生铁、铝或水泥等易钻材料制成。如需继续加深井眼，引鞋要被钻掉，不再加深的油层套管可以不用套管鞋。常用的引鞋有浮鞋、差压灌注鞋。引鞋上的孔口，能够让钻井液和水泥浆等液体从中自由流通。浮鞋中有个回压阀，它允许钻井液和水泥浆从套管鞋内流出，以阻止流体从井底流入套管内。当钻机的承载能力不能完全承受管柱重量时，其作用能使套管"浮"在井中。

### （二）回压阀

回压阀也称为浮箍。浮箍的主要作用是在注水泥结束后，挡住水泥浆回流，以保证套管外水泥浆的上返高度；其次是在下套管过程中阻止钻井液流入套管内，以减轻套管柱的重量。浮箍类型有浮箍、差压充满浮箍及带挡圈（承托环或阻流环）的浮箍。注水泥浮箍与套管柱一起下入井中，并接在第一根或第二根套管接头的顶部。为保证套管鞋处环空水泥环质量，使管内有一定容积储存被污染的水泥浆，浮箍一般安放在距管鞋20～30m位置。

### （三）套管扶正器

套管扶正器安装在套管柱的外面，起到扶正套管的作用，使套管在井内居中，保证管外水泥环厚度均匀。

### （四）磁性定位套管

以磁性定位套管作为标准，用磁性定位的方法，测出油层部位套管接箍的位置，为油层准确射孔提供依据。磁性定位套管和普通套管在结构上是一样的，只是比普通套管短一些，一般用3～4m的短套管接在油层以上，距油层顶部20～50m的生产套管上。在磁性测井曲线中，套管接箍处会出现峰值，该短套管容易与其他套管相区别。

### （五）联顶节

联顶节实际上是一根具有严格长度的短套管。它是用来在下套管后到固井作业结束之前，悬挂套管柱的套管短节。选用适当长度的套管短节可以使套管柱下到预定的深度和得到标准的套管井口高度，从而满足安装防喷器和采油树时对井的高度的要求。联顶节在转盘面以下的长度称为联顶节方入，联顶节方入要保证四通、防喷器等井口装置安装拆卸的要求。上述套管柱附件由下而上一般顺序是：引鞋（或浮鞋，包括套管鞋）+回压阀（或称浮箍，包括阻流环在内）+扶正器、泥饼刷（刮泥器）+联顶节。

## 三、注水泥设备

注水泥设备主要包括水泥车、水泥混合漏斗、水泥分配器、水泥头、胶塞、水泥供应设备等。

### （一）水泥车

水泥车是专门用来对油气井进行注水泥和其他挤注作业时使用的特种车辆。车上装有活塞式水泥浆泵、柱塞式水泵、小汽油机、水箱，并带有水泥混合漏斗、水泥浆混合池及必要的管线。

### （二）水泥混合漏斗

水泥混合漏斗是把水和干水泥混合成水泥浆的设备。水被柱塞泵高速吸入漏斗下方，在下面混合，并形成真空，把干水泥粉吸下去。吸入的干粉越多，配成的水泥浆密度越大。

### （三）水泥分配器

各部水泥车泵送的水泥浆经过分配器汇集，然后注入井内。分配器装在水泥车与水泥头连接管线的中间。

### （四）水泥头

水泥头是注水泥施工时，把注水泥、替钻井液、顶胶塞等连接起来的一个管汇。水泥头体装有压力表，用以观察注水泥过程中的压力变化。水泥头一般用套管短节制成。

### （五）胶塞

胶塞的作用：用来替钻井液时，隔开钻井液与水泥浆，使之不互相混合；刮净套管内壁的钻井液，以免污染水泥浆；胶塞被推至浮箍时，泵压突然升高（即碰压），这是钻井液量替够的信号；保证套管内水泥塞长度和套管鞋附近注水泥质量。胶塞有上、下两个。上胶塞是一个实心的柱形橡胶塞，外表做成皮碗状，皮碗外径稍大于套管内径，皮碗根部直径小于套管内径。上胶塞预先放在水泥头之内，顶替钻井液前用水泥车顶入套管内。下胶塞是一个中空的橡胶塞，在注水泥之前顶入下胶塞，它到浮箍处受阻，施工泵压增高，其上部橡胶膜将被顶破。

### （六）储灰罐

水泥干灰运到井场后通过进灰管线吹到储灰罐里。固井时，将井场储灰罐出口与气灰分离器和水泥混合漏斗相连。

## 四、提高固井质量的措施

### （一）影响注水泥质量的因素

1.注水泥质量的基本要求

（1）注水泥井段环形空间的钻井液应全部被水泥浆替走，即无窜槽现象存在。

（2）水泥浆返高和套管内水泥塞高度必须符合设计要求，不允许过高或过低。

（3）水泥环与套管和井壁之间有足够的连接强度，不能有所分离，能防止高压油、气、水窜漏，要能经得住酸化压裂等后期施工的考验。

（4）水泥环能抵抗油、气、水等流体长期的侵蚀和破坏，要能够长期承受地下高压、高温和地层化学环境等复杂条件。

2.影响水泥浆顶替效率的主要因素

（1）井眼偏斜造成套管在井眼内不居中，其中在水泥环薄的部位容易破坏。

（2）水泥浆的上返速度过慢，顶替效率不好。

（3）水泥浆和钻井液的密度、黏度、切力等对顶替效率都存在影响。

## （二）提高水泥浆的顶替效率

### 1.紊流顶替

尽量改变水泥浆的流动状态，可采用紊流注水泥。紊流顶替由于流速高，水泥浆均匀推进，整个环空的钻井液比较容易被顶替出。使水泥浆达到紊流的上返速度一般为1.5～2m/s。高的上返速度有利于提高顶替效率，但将使流动压力增加，容易造成井漏、冲垮疏松地层、堵塞环形空间等固井事故。因此，要求根据井下条件合理确定水泥浆上返速度，并且尽量避免层流顶替。

### 2.打前置液

为改善水泥环质量，在钻井液与水泥浆之间注入一段前置液。前置液按其性质分为冲洗液及隔离液。冲洗液通常是在水中加入表面活性剂或用钻井液稀释混配而成的一种液体，主要作用是冲洗和稀释被顶替的钻井液。

隔离液是黏度密度和静切力均可调节的黏稠流体，主要用于隔离水泥浆和钻井液以及平面驱替钻井液，常用于塞流顶替注水泥设计中，避免钻井液与水泥浆直接接触，使水泥浆稠化，同时又能改善对钻井液顶替的效果。隔离液分为黏性隔离液与紊流隔离液，注水泥与冲洗液同时进行时，用于冲洗液之后水泥浆之前。隔离液的性能是不污染水泥浆、不促凝、不超缓凝、不腐蚀套管；润湿性能也要好，保证能够润湿井壁和套管壁，能够清除油脂；高温稳定性好、失水量小有防塌效果等。

### 3.活动套管

上、下活动套管能够破坏井壁泥饼，保证水泥环和地层紧密结合，防止油气窜漏。上、下活动套管一般采用2min左右活动一次，行程4～6m。

旋转套管能够产生同向牵引力，把窄边钻井液带到宽边，然后被水泥浆顶走。旋转套管速度以15～25r/min为好。

4.调整完井液和水泥浆的性能

在满足条件下尽可能降低完井液密度、黏度、切力，增加水泥浆的密度、黏度和切力；处理好钻井液性能。

5.使用扶正器

在套管外加扶正器，使套管在井眼内居中，使水泥环薄厚均匀。

## （三）防止水泥浆凝固过程中的油、气、水窜

1.引起油、气、水窜的原因

（1）水泥浆在凝固过程中失重。水泥浆失重是指水泥浆柱在凝固过程中对其下部或地层作用的压力逐渐减小的现象。

（2）井壁存在泥饼，水泥硬化过程体积收缩。

（3）注水泥过程中，水泥浆失水形成泥饼、井内油未带出的岩屑、注水泥冲蚀下来的岩块以及水泥颗粒的下沉等因素，在渗透地层或小间隙井段形成桥塞，使得桥塞上部水泥浆柱压力不能有效传递，产生失重。

（4）水泥候凝时，水泥颗粒下沉，自由水析出并聚集上窜，在水泥中形成纵向通道，油气进入水泥环置换自由水沿通道上窜。

2.防止油、气、水窜的措施

（1）采用两凝水泥。油气层注入快凝水泥，上部注入缓凝水泥，当油气层段水泥凝固失重时，上部井段水泥浆仍保持原来液柱压力，克服了因失重造成的液柱压力下降。

（2）分级注水泥。第一级水泥返高在油气层以上200～300m，第一级水泥凝固后再注第二级。第一级水泥凝固时，分级箍以上是完井液液柱，不会失重。

（3）减小水泥浆返高，增加完井液液柱长度。

（4）环空憋压候凝。注完水泥浆后，在环空憋一定的回压，增大对油气层的压力。

（5）使用特种水泥。使用充气水泥、非渗透水泥、膨胀水泥。

## （四）固井质量评价

1.试压

安装好防喷器和有关装置后，关井试压。通过试压可检查水泥环密封质量，压力有明显下降，说明固井质量不好，目前中国石油天然气集团公司和各油田内部都有相应的试压标准。

2.测井

可根据声幅测井曲线来判断套管与水泥环的胶结情况。声幅测井是在候凝24～28h之间进行的。依据声波全波列测井可以分析水泥环质量及水泥环与地层的胶结情况。注水泥

施工质量不合格时要采取补救措施。水泥返高不够时,在套管与井眼的环形空间插入小直径管子补打水泥浆。套管鞋附近被替空水泥浆严重窜槽,要进行挤水泥作业进行补救。

# 五、下套管

## (一)下套管准备工作

### 1.材料准备

要备齐按设计要求所需的各种合格的套管,并要进行严格的内径、外表及探伤、试压等检查,丈量好长度,按套管柱设计要求的钢级、壁厚顺序排列整齐,至少有3%的多余备用量。仔细检查套管柱下部结构,准备充分油井水泥、添加剂等。下套管前应按固井设计要求调整好井内钻井液性能,确保固井时油气层稳定,避免在水泥浆终凝前油气上窜。

### 2.井眼准备

固井之前要通井,遇阻井段必须划眼,大排量洗井,清除井底沉砂或其他井下异物,以利于套管的顺利下入。

### 3.工具准备

由于套管柱一般比钻杆的重量大,为保证安全,下套管前要对地面设备,包括井架基础、提升系统、钢丝绳、动力传动部分刹车机构及洗井液泵等进行严格的检查,并准备好下套管用的吊环、吊卡、卡瓦、联顶节等工具。检查接箍,注意吊卡碰击引起端面破坏,宜用卡瓦式吊卡。检查厂家原配接箍端螺纹外露牙数,标准余牙不应超过2牙,否则应进行密封检查,超过2.5牙一般不应入井。

## (二)下套管

下套管的工艺过程与下钻相似,要求司钻不猛起、猛刹。遇阻卡时,上提拉力和下放悬重不能超过该套管的受力允许范围。副司钻操作猫头要看得清起步要稳、速度要匀、扣要拉紧,余扣不得多于1扣。对于深井套管柱,上扣时要求有一定的上扣扭矩。打大钳要一次成功,使钳牙均匀贴紧套管,不咬伤、咬扁套管。保证将套管按编号顺序下井,不能错号,否则有可能多下或少下套管根数,一旦注完水泥,就无法挽救,造成油井报废。拉套管上钻台时,要逐根给套管带上护丝,防止螺纹损坏。

总之,下套管时必须要起下平稳,不硬提硬压,不错号,不错扣,不损伤套管,井内不允许有任何落物,还要定岗负责观察洗井液出口情况,避免意外事故的发生。

# 六、固井注水泥施工

注水泥是一种一次性的施工过程,失败后不能够返工,只能采取一些补救措施达到固井质量要求。

## （一）注水泥施工步骤

注水泥主要施工工序包括：循环、接地面管汇→打隔离液→顶胶塞→碰压→候凝。

（1）下套管至预定位置后装上水泥头，循环完井液。

（2）打隔离液、注水泥浆，泵压逐渐下降。

（3）压胶塞，开始替完井液。

（4）替完井液后期泵压逐渐升高。

（5）胶塞碰生铁圈，泵压突然上升，注水泥结束。

## （二）注水泥施工要求

（1）明确各岗位操作要求及注意事项，保证施工正常进行。

（2）注替时的上返速度应符合设计要求，注入排量要均匀，时刻注意泵压变化及返出情况，发现异常情况应迅速采取措施及时处理。

（3）替钻井液量要精确，碰压时的最高泵压不得超过碰压前3～5MPa。若在注替过程中出现异常高压，还要降低碰压值或不碰压。

（4）清理工具、设备及井场，返出物和多余的水泥浆等应妥善处理，防止造成环境污染。

（5）终凝48h后，装井口卸联顶节前，先吊开原井口装置，在露出第一根套管接箍后应加以固定，以防套管下沉及卸联顶节时套管倒扣。

# 七、特殊固井

习惯上，把除了常规一次注水泥技术之外的注水泥方法都称为特殊固井技术。

## （一）内管注水泥

内管注水泥就是当大尺寸套管下至预定深度后坐定，从套管内再下入注替水泥的内管的方法。内管注水泥适用于井比较浅且是大井眼、大尺寸套管，尤其在没有大尺寸胶塞，为了防止注水泥及替钻井液过程在管内发生窜槽、顶替钻井液量过大、时间太长时使用，也用于防止产生过大的上顶力。在没得到测井的情况下，可以保证水泥返至地面，内管注水泥常用于 $\phi$339.7～660.4mm 的套管。

当套管下至预定位置后，使管柱在井口固定，一般坐定于导管上，从套管内下入钻杆或油管，插入特制管鞋的引座内，通过钻杆或油管注替水泥。当替钻井液结束后上提内管，特制管鞋上的回压阀关闭，控制套管外水泥浆倒流。

## （二）尾管固井

用钻杆把尾管管柱送到待封井段，其顶部悬挂在上一层套管内的套管柱上的固井工艺称为尾管固井。使用尾管可以节约套管，减轻钻机负荷和降低施工压力，而且有利于保护油气层，解决深井、复杂井中常规固井无法解决的技术问题。尾管固井可以降低成本，是目前比较受欢迎的一种完井方法，在井身结构设计上广泛应用。尾管顶部为悬挂器，悬挂在上层套管内壁上，悬挂重叠长度一般在50~150m。

一般常用的尾管柱（串）结构是：引鞋+尾管鞋+几根套管+回压阀+一根套管+生铁圈+套管+尾管悬挂器+钻杆。如果悬挂器没有反扣倒扣装置，悬挂器之上还应有一对正反扣接头。尾管固井工具主要包括浮箍、回压阀、胶塞、悬挂器、回接装置、脱挂装置、封隔器、短方钻杆、水泥头等。

## （三）分级注水泥

一口井的注水泥作业可分为二级或三级完成。分级箍是分级注水泥的关键部件。分级注水泥是先注下部井段的水泥，然后再注上段的水泥。分级注水泥可降低环空静液柱压力，从而不仅减少了注水泥作业发生井漏的可能性，而且降低了施工压力，缩短了固井时间，同时还可防止或能够减少水泥浆失重造成的油、气、水上窜现象，有利于提高固井的质量。此外，还可选择最佳井段进行水泥封固，节约水泥，降低固井成本，油田现场多数采用二级注水泥。常用的分级注水泥工艺有正规非连续式双级注水泥和非正规连续式双级注水泥。

1.正规非连续式双级注水泥程序

正规非连续式双级注水泥这种方法油田现场使用的较多。具体做法是：当第一级按正常套管注水泥方法注完水泥并碰压后，井口卸压，证实下部浮鞋浮箍工作可靠，水泥浆不回流。再打开分级箍注水泥孔眼，可进行第二级注水泥工序。当分级箍孔眼打开恢复循环，可依据井下情况，立即或延迟开始进行第二级注水泥工作。注水泥前可调整井下钻井液性能，按设计注入前置液及水泥浆，注水泥结束后置入关闭塞、碰压，并且使注水泥孔眼永久关闭。

2.非正规连续式双级注水泥程序

非正规连续式双级注水泥这种方法是：当一级水泥浆返至设计深度，按间隔量置入打开塞，随后注入二级水泥浆。在第一级水泥浆被替到预计位置时，第二级水泥浆所推送的打开塞已打开分级箍上注水泥孔。二级水泥浆由孔返出，按间隔量随之置入关闭塞。由此达到顶替出二级水泥浆并碰压和关闭注水泥孔眼的目的。正规非连续式与非正规连续式双级注水泥在附件方面的差别主要体现在打开塞上，前者是重力式，置入后在钻井液中以自由落体形式下落至分级箍位置；后者由水泥浆推替至分级箍位置。

# 第二节　完井作业

## 一、井口装置概述

井口装置，又名采油（气）树，是油气井最上部控制和调节油气生产的主要设备，主要由套管头、油管头和采油（气）树本体三部分组成。

### （一）井口装置的作用

（1）连接井下各层套管，密封各层套管环形空间，悬挂套管部分重量。

（2）悬挂油管及下井工具，承挂井内油管柱的重量，密封油套环形空间。

（3）控制和调节油井生产。

（4）保证各项井下作业施工，便于压井作业、起下作业等措施施工和进行测压、清蜡等油井正常生产管理。

（5）录取油套压。

### （二）井口装置各组成部分的作用

1.套管头

套管头安装在整个采油（气）树的最下端。其作用是把井内各层套管连接起来，使各层套管间的环形空间密封不漏。

2.油管头

油管头安装在套管头上面，主要由套管四通和油管悬挂器组成，其作用是悬挂井内的油管柱，密封油套管环形空间。

油管头内锥面上可以承坐油管悬挂器，下端可以连接油层套管底法兰。上端在钻井或修井过程中分别连接所使用的控制器，油井投产时，在其上安装采油（气）树。

3.采油（气）树

采油（气）树又称为井口闸。采油（气）树是总闸门以上部分，主要由各类闸阀、四通、三通、节流器（或油嘴、针形阀等）组成，安装在油管头的上部。其主要作用是控制与调节油气流，合理地进行生产；确保顺利地实施压井、测试、打捞、注液等修井与采油作业。

### （三）采油（气）树的选择依据

油井完成后，还要安装好井口装置才算完成全部建井工作。自喷井井口装置主要由环形铁板套管短节、法兰盘［上接采油（气）树底法兰］及采油（气）树组成。环形铁板是指两层套管之间加焊的圆形铁板，它的作用是把内层套管与外层套管相连接，使内层套管的重量坐于表层套管，把各层套管连成一个整体。套管短节是为了适应井所处位置和环境而加装的。法兰盘是为加装采油（气）树而设置的。采油（气）树是井口装置的主体部分。由于钻井工艺技术的发展以及多数油田的井中只下入油层套管，老式井口装置采油树套管头已经不用。目前，矿场上井口装置通常只有油管头和采油树两大部分。

### （四）矿场采油（气）树的安装要求

（1）采油（气）树到井场后，要对采油（气）树进行验收，检查零部件是否齐全，闸门开关是否灵活好用。

（2）先从套管四通底法兰卸开，与套管头连接前必须把套管短节清洗干净，缠上密封纸或涂上密封脂，对正扣上紧。上齐采油（气）树各部件并调整方向。

（3）对采油（气）树进行密封性试压，一般油（气、水）井采油（气）树用清水试压，试压压力为采油（气）树额定工作压力，或采油（气）树的最高工作压力的1.5倍。经30min，压降不超过0.3MPa为合格。

## 二、完井方法

依据钻开油气层和下入油层套管的先后次序，分为先期完成法和后期完成法两种类型。先期完成法是先下入油层套管再钻开油气层。也可分为先期裸眼完成法和衬管完成法。后期完成法是先钻开油气层之后再下入油层套管。另外，还有射孔完成法、尾管射孔完成法、后期裸眼完成法和贯眼完成法。

常见的完井方法有裸眼完井法、射孔完井法、割缝衬管完井法、砾石充填完井法、预应力完井法。

### （一）裸眼完井法

裸眼完井方法有先期裸眼完井法、后期裸眼完井法和复合型完井法。先期裸眼完井法是钻头钻至油层顶界附近后，下套管注水泥固井。水泥浆上返至预定的设计高度后，再从套管中下入直径较小的钻头，钻穿水泥塞，钻开油层至设计井深完井。后期裸眼完井方式是不更换钻头，直接钻穿油层至设计井深，然后下套管至油层顶界附近，注水泥固井。固井时，为防止水泥浆损害套管鞋以下的油层，通常在油层段垫砂或者替入低失水高黏度的钻井液，以防水泥浆下沉。有的厚油层适合于裸眼完成，但上部有气顶或顶界临近又有水层时，也可以将技术套管下过油气界面，使其封隔油层的上部，然后裸眼完井，必要时再射开其中的含油段，此类完井可称为复合型完井方式。

裸眼完井方式的主要优点是：油层完全裸露，油气流有最大的渗滤面积，不会产生附加渗流阻力，产能较高，完善程度高。缺点是：不能克服井壁坍塌和油层出砂对油井生产的影响；不能克服生产层范围内不同压力的油、气、水层的相互干扰；无法进行选择性酸化或压裂等。裸眼完井方式仅适用于碳酸盐类裂缝性油气层。

## （二）射孔完井法

射孔完井法是目前油井完成中最为广泛运用的一种方法。

1.套管射孔完井方法

它是先钻开油气层，然后，下入油层套管至油气层底部后用水泥浆固井，再用射孔器对准油气层部位射孔，射穿套管和水泥环并进入地层一定深度，为油气流入井筒打开通道。套管射孔完井方法的优点是：能有效地防止层间干扰，便于分采、分注、分层测试和分层改造；能有效封隔和支撑疏松地层，加固井壁，防止地层坍塌；对于疏松地层，有利于采取各种防砂技术措施，控制油井出砂；适用各种性质的地层。缺点是：由于射孔孔眼有限，油气层裸露面积小，油气流入井底的阻力大；钻井和固井时钻井液浸泡时间长，油层污染严重，井壁附近渗透率降低。

2.尾管射孔完井方法

它是钻至油层顶界后，下入技术套管注水泥固井，然后用小一级的钻头钻穿油气层至设计井深，下入尾管悬挂在技术套管上，再对尾管用水泥浆固井，然后再射开油气层；尾管与技术套管的重合部分的长度应大于50m。尾管射孔完井方式的特点是有利于保护油层，可以减少套管重量和固井水泥的用量，从而降低完井成本。目前较深的油气井大多采用此方法完井。

## （三）割缝衬管完井法

割缝衬管完井法有两种完井工序。

一是用钻头钻穿油气层之后，套管柱下端连接衬管下入油层部位，通过套管外封隔器和注水泥接头固井封隔油层顶界面以上的环形空间，该完井方式井下衬管损坏后无法修理或更换。

二是后期衬管完井法：钻至油层顶界，先下套管注水泥固井，再从套管中下入直径小一级的钻头钻穿油层至设计井深；最后在油层部位下入割缝衬管，靠衬管顶部的衬管悬挂器（卡瓦封隔器），将衬管挂在套管上，并密封衬管和套管之间的环形空间。割缝衬管完井方式是当前主要的完井方式之一，它既起到裸眼完井的作用，又防止了裸眼井壁坍塌堵塞井筒，同时在一定程度上起到防砂的作用。

### （四）砾石充填完井法

对于胶结疏松出砂严重的地层，一般应采用砾石充填完井方式。砾石衬管完井法是人为地在衬管与井壁之间充填一定尺寸的砾石，使之起防砂和保护油气层的作用。砾石充填的井底结构按其施工方式不同，又可分为裸眼砾石直接充填和套管砾石预制充填两种。裸眼砾石直接充填是先将绕丝筛管或衬管下入油层部位，然后用充填液将在地面上预先选好的砾石泵送至绕丝筛管与井眼或绕丝筛管与套管之间的环形空间内，形成砾石充填层，阻挡油层砂流入井筒，达到保护井壁、防砂入井的目的。套管砾石预制充填是在地面预先将符合油层特性要求的砾石填入具有内外双层绕丝筛管的环形空间而制成的防砂管，将筛管下入井内，对准出砂层位进行防砂。砾石和衬管起双层阻砂作用，防砂能力强。砾石可防止井壁坍塌。

### （五）预应力完井法

由于注蒸汽热采井的高温条件，若按照普通井常规完井方法固井作业，套管受到高温作用产生热应力及水泥强度退化，而使套管和水泥环破裂，严重时造成油井报废，为了解决这一工程质量的问题，可以应用预应力固井完井的方法，即在下完套管后，预先使套管有一定的拉力，用以抵消注高温蒸汽时套管受热膨胀而产生的内应力，从而避免套管断裂破坏。

1.双凝水泥预应力固井完井法

双凝水泥预应力固井是采取在套管外分别注入两段水泥，下部注入速凝水泥，上部注入缓凝水泥，当下部水泥已经凝固，而上部水泥尚未凝固之前，对套管上提一定拉力，使套管获得预应力的工艺过程。

2.地锚式预应力固井完井法

地锚式预应力固井是在井内下入与套管连接在一起并且尺寸相当的座，其下部带有反方向的爪，按设计需要对套管串施加拉力，此时反向爪抓在井壁上，再用水泥封固，待水泥凝固后，使之获得一定预应力。

## 三、水平井完井

### （一）裸眼完井

这是一种最简单的水平井完井方式，即技术套管下至预计的水平段顶部，注水泥固井封隔，然后换小一级钻头钻水平井段至设计长度完井。裸眼完井主要用于碳酸盐岩等坚硬不坍塌地层，特别是一些垂直裂缝地层。

### （二）割缝衬管完井

割缝衬管完井方式是将割缝衬管悬挂在技术套管上，依靠悬挂封隔器封隔管外的环形空间。割缝衬管要加扶正器，以保证衬管在水平井眼中居中。该完井方式简单，既可以防止坍塌，还可以将水平段分成若干段进行小型措施。

### （三）射孔完井

射孔完井方式是将套管下过直井段，注水泥固井后在水平井段内下入完井尾管，注水泥固井。完井尾管和套管重合100m左右为佳，最后在水平井段射孔。这种完井方式将层段分隔开，可以进行分层增产及注水作业，可以在稀油和稠油油层中使用，是一种非常实用的方法。

### （四）管外封隔器（ECP）完井

这种完井方式是依靠管外封隔器实施层段的分隔，可以按层段进行作业和生产控制，这对于注水开发的油田尤为重要。管外封隔器的完井方法，可以分三种。

### （五）砾石充填完井

在水平井段内，不论是进行裸眼井下砾石充填还是套管内井下砾石充填，其工艺都很复杂，裸眼井下砾石充填时，在砾石完全充填到位之前，井眼有可能已经坍塌；裸眼井下砾石充填时，扶正器有可能被埋置在疏松地层中，因而很难保证长筛管居中；裸眼及套管井下充填时，充填液的滤失量大，不仅会造成油层损害，而且在现有泵送设备及充填液性能的条件下，其充填长度将受到限制。

## 四、射孔作业

射孔就是根据开发方案的要求，采用专门的油井射孔器穿透目的层部位的套管壁及水泥环阻隔，构成目的层至套管内井筒的连通孔道。射孔的目的主要是试油、采油、采气、补挤水泥或注水等。射孔完井是目前使用最广泛的完井方式，它是在钻井完成、下入油层套管，并固井的井中，用射孔器射穿套管、水泥环和产层，形成沟通井筒与油气产层的流体通道，使油气经过射孔孔眼流入井底。如果采用正确的射孔设计和恰当的射孔工艺，就可使射孔对产层的损害最小，完善程度高，从而获得理想的产能。射孔完井应达到以下质量要求：射孔深度必须准确无误，能够按设计准确打开目的层。选择合理的射孔器和射孔方式，以获得最佳的射孔效果，并且不破坏套管和水泥环。满足油气层保护的需要。保证安全施工，能够避免射孔器落井及中途自爆等事故发生。

## （一）射孔参数对油气井产能的影响

### 1.孔深、孔密对油气井产能的影响

油井产能比随孔深增加而增大，特别是当孔深超过钻井液污染带时，油井产能会有一个较大幅度的提高，但孔深增加到一定程度时，产能上升的幅度将越来越小。因此，无限地追求深穿透，从经济效果上考虑是不合理的。油井产能比随孔密增加而增大，但孔密增加到一定的程度后，也不再能显著地提高油井产能。

### 2.布井相位角对油井产能的影响

布井相位角对油井产能有影响，当90°相位布孔时，油井产能最高，120°和180°相位布孔次之，0°相位布孔最差。

### 3.孔径对油气井产能的影响

孔径对油气井产能比的影响较小，例如，孔径增加1倍，产能比仅增加7%。可见，相对而言，孔径是一个不重要的影响因素，一般多倾向于用较小的孔径（12mm左右）来获取较大的孔深。

### 4.布孔格式对油井产能的影响

采用螺旋布孔格式时，油井的产能比最高，且螺旋布孔格式中，相邻孔眼之间的距离最远，井底的压力分布最均匀，而且在每一个枪身平面上只射一个孔，枪身变形小，有利于施工，对套管的影响也小。因此，现场应尽可能采用螺旋布孔格式。

## （二）射孔方式

根据油藏和流体特性、地层损害状况、套管程序和油田生产条件，选择恰当的射孔方式。

### 1.电缆输送套管枪射孔（WCG）

电缆输送套管枪射孔按采用的射孔压差可分为常规电缆套管枪正压射孔和套管枪负压射孔。套管枪正压射孔是指射孔前用高密度射孔液造成井底压力高于地层压力，在井口敞开的情况下，利用电缆下入套管射孔枪后，通过接在电缆上的磁性定位器测出定位套管接箍对比曲线，调整下枪深度对准层位，在正压差下对油气层部位射孔；取出枪后，下油管并装好井口，进行替喷、抽汲或气举等诱喷或直接采用人工举升的方法，使油气井投产。该方法具有施工简单成本低高孔密深穿透的特点，但正压会使射孔的固相和液相侵入储层而导致较严重的储层损害，特别要求优质的射孔液。

套管枪负压射孔与套管枪正压射孔基本相同，只是射孔前将井筒液面降低到一定深

度，使井底压力低于油藏压力以建立适当的负压。该方法主要用于低压油藏。负压差射孔可以使射孔孔眼得到"瞬时"冲洗，形成完全清洁畅通的孔道，可以避免射孔液对油气层的损害。负压差射孔可以免去诱导油流工序，甚至也可以免去解堵酸化投产工序。因此，负压差射孔是一种保护油气层、提高产能、降低成本的完井方式。

负压值的选择是负压射孔的关键：一方面，要保证孔眼清洁、冲刷出孔眼周围的破碎压实带中的细小颗粒，满足这一要求的负压称为最小负压；另一方面，负压值又不能超过某个值，以免造成地层出砂、塌垮、套管挤毁或封隔器失效等其他方面的问题，对应的这一临界值称为最大负压。合理射孔负压值的选择应当是既高于最小负压又不超过最大负压。合理负压值可根据室内射孔岩心靶负压试验、经验统计准则或经验公式确定。

2.油管输送射孔（TCP）

油管输送射孔（TCP）是利用油管将射孔枪下到油层部位射孔，油管下部连有压差式封隔器、带孔短节和引爆系统，油管内只有部分液柱形成射孔负压，通过地面投棒引爆、压力或压差式引爆或电缆湿式接头引爆等各种方法射开油气层。该方法具有高孔密、深穿透的优点，负压值高，易于解除射孔对储层的损害，对于斜井、水平井和稠油井等电缆难以下入的井更为有利。由于在井口预先装好采油树，故安全性能好，非常适于高压油气井；同时，射孔后即可投入生产，便于测试、压裂、酸化等和射孔联作，减少压井和起下管柱次数，减少对油层的损害和作业费用。

3.油管输送射孔联作

油管输送射孔联作包括油管输送射孔和地层测试联作以及和压裂、酸化联作工艺。油管输送射孔和地层测试联作是指将油管输送装置的射孔枪、点火头、激发器等部件接到单封隔器并打开测试阀，引爆射孔后转入正常测试程序。这种工艺尤其适合于自喷井。油管输送射孔与压裂、酸化联作工艺是指将油管输送装置的射孔枪、点火头、激发器等部件接到压裂或酸化管柱的底部，射孔后即可进行压裂或酸化等工序。

4.电缆输送过油管射孔（TTP）

电缆输送过油管射孔首先是将油管下至油层顶部，装好采油树和防喷器，射孔枪和电缆接头装入防喷管内，然后打开清蜡闸门下入电缆，射孔枪通过油管下出油管鞋。用电缆接头上的磁定位器测出短套管位置，点火射孔。该方法具有负压射孔、减少储层损害的优点，适合于不停产补孔和打开新层位的生产井，避免了压井和起下油管作业。但是，由于该射孔方式使用的射孔枪和射孔弹受到管内径的限制，无法实现深穿透、高孔密、大孔径射孔，其应用受到很大限制。目前，一般都不采用这种方式，仅在海上和一些不能停产的井用于补孔。

5.超高压正压射孔

超高压正压射孔是利用聚能射孔时射流局部的高压和高速，采用高于油层破裂压力的正压进行射孔。例如，油管传输氮气正压射孔工艺，是在射孔枪下至射孔位置后，将液氮替入井内，并在井口加压使井底压力高于油层破裂压力下射孔。该工艺的主要优点是：

（1）成孔瞬间的高正压差或气体膨胀能使孔眼周围形成微裂缝，以消除孔眼压实带造成的伤害。

（2）可避免射孔液对油层的伤害。

（3）部分进入油层的氮气有利于清洗孔眼及排液，从而解除油层堵塞。

（4）通过控制放压可使油井迅速建立压差，投入生产。

（5）对于钻开油层及固井过程中造成严重损害的井，与酸化处理联作（射孔前井内替入酸液）可有效地解除近井处的油层损害。

### （三）高压喷射和水力喷砂射孔

高压喷射射孔是指利用高压液体射流配合机械打孔装置在套管上钻孔，并以高压射流穿透地层，带喷嘴的软管边向前进，射孔后收回。该方法的优点是孔径大、穿透深度远。

水力喷砂射孔的原理是利用高压液携砂。携砂液质量分数为5%左右，利用高压喷砂液体将套管射穿，继而射向地层。因射流压力高，若地层不是坚硬地层，则可能不是将地层射成一个孔，而是一个洞穴，不利于今后生产。因此，除非特殊要求外，一般情况下不采用此方法。目前发明了一种喷砂切割，形成穿透较大的窄缝，运用于低渗透油藏，并可消除压实带的影响。

### （四）射孔枪和射孔弹选择

根据射孔枪的枪体结构，可把它分为有枪身射孔枪和无枪身射孔枪。有枪身射孔枪是使用最早、适合各种用途的射孔枪，尤其是在不允许套管和管外水泥受到破坏以及打开油水或油气界面附近的较薄地层时，通常采用该方法。其基本特点是：爆炸材料与井内液体无接触；爆炸的飞出物和弹筒的碎片残留在壳体内。无枪身射孔枪分为全销毁型和半销毁型，主要用于过油管射孔作业。其特点是：对套管弯曲和有缩径井况具有较好的通过性；射孔后电缆易于提出地面。

聚能射孔弹由弹壳、聚能药罩（金属衬套）、炸药和导爆索组成。对一定类型和数量的炸药，射孔弹有一确定的能量用于做功。射孔弹设计要考虑的主要参数有导爆索、聚能罩、炸药柱和间隙穿透能力等。射孔弹的最大可能尺寸，主要受枪身内部径向尺寸以及枪身或套管允许变形尺寸的限制。

# 第八章　找水与堵水作业

## 第一节　油井找水作业

### 一、油井出水的原因

油井出水的来源是多方面的，比较复杂，可分为下述几种类型：

#### （一）注入水及边水

由于油层性质不均匀以及开采方式不当，使注入水及边水沿高渗透层及高渗透区不均匀推进，在纵向上形成单层突进，在横向上形成舌进，致使油井过早水淹而大量出水。

#### （二）底水

底水可能出现在某些油田的某些油层中。当油层有底水时，由于油井生产时在地层中造成的压力差，破坏了由于重力作用所建立起来的油水平衡关系，使原来的油水界面在靠近井底时呈锥形升高，这种现象称为底水锥进。底水锥进，随着原油一起采出，造成油井含水量上升，产油量下降。注入水、边水底水在油藏中虽然处于不同的位置，但它们都与油在同一层中，可统称为同层水。同层水推入油井是不可避免的，但要缓出水、少出水，只要采取控制和封堵措施，还是能够办到的。

#### （三）上层水、下层水和夹层水

上层水、下层水和夹层水是从油层上部或下部的含水层及夹于油层之间的含水层中窜入油井的水。由于它们是油层以外的水，故统称为外来水。外来水往往因固井质量不高，或套管损坏而窜入油井，或者是由于误射水层使水层油井出水。凡是外来水在可能的条件下都是采取将水层封死的措施。

## 二、油井防水措施

油井出水后会给油田开发带来一系列严重问题，而堵水工作在技术上又比较复杂，封堵成功率也低，很不经济。因此，应当采取积极的预防措施，进行油田防水工作。油井出水的预防措施很多，首先要预防地层水和外来水的窜流。从钻开油层开始，就应注意外来水的侵入；完井过程中要求有良好的固井质量，避免油层、水层窜通；油井生产过程中要保护好井身结构，发现损坏立即修井；准确选择射孔位置；在油层下部留有适当的厚度，防止底水锥进。在注水开发油田中，预防油田注入水的突进尤为重要，使油井迟见水或降低油井含水量。油井防水的主要方法是控制油层内水线推进，制定合理的开发方案，建立合理的工作制度。在油水井上要采取对应的配产、配注，达到注采平衡。为使油井纵向上的水线均匀推进，常用的方法是在注水井中对低渗透层进行压裂、酸化处理，对高渗透层（或部位）注入增粘剂等以控制吸水能力，调整油井中高、中、低渗透层的吸水剖面。

对付油井的各种不正常出水，应以防为主，防堵结合，单靠出水后在油井上采取各种措施堵水是难以达到堵水效果的（如有效期短、产液下降等）。综合性防止不正常出水的措施可归纳为以下3个方面：

（1）制定合理的油田开发方案，特别是要根据油层的特点，合理地划分注采系统，采取分采分注的方式；规定合理的油水井工作制度，以控制油水边界均匀推进。

（2）在工程上要提高固井质量和射孔质量，避免采取会造成套管损坏的井下工艺技术措施，以保证油井的密封条件，防止油层与水层窜通。

（3）加强油水井的管理与分析，及时调整分层注采强度，保证均衡开采。

## 三、油井找水方法

确定出水层位的方法很多，如综合资料对比法、水化学分析法、根据地层物理资料判断出水层位的方法、机械法、找水仪测试法等。随着找水测试工艺技术的发展，应用生产测井方法确定出水层位，越来越显示出其效率高、准确率高的优点。

### （一）综合资料对比法判断出水层位

综合资料对比法是一种间接判断出水层位的方法。出水后，要对见水井的地质情况（井身结构、开采层位、各层油水井连通状况、各层的渗透率、孔隙度大小、断层以及边水、底水、夹层水的情况等）进行仔细研究。同时，对开采过程中积累的动态资料（产量、压力、含水变化、水质分析、与见水井连通的注水井的注水情况等）进行综合分析、对比，即可找出出水层位。

其中的水质资料是判断地层水还是注入水的主要依据。也可以结合小层平面图和油水井连通图，以及注采井生产关系推断可能的出水层位。这是一种用动态、静态资料结合起来判断出水层位的间接方法，还需要同其他方法配合才能最后确定出水层位。

### （二）水化学分析法判断出水层位

水化学分析法是利用采出水的化验分析结果来判断地层水或注入水的方法。因为地层水和注入水在组成上有明显的不同，地层水一般具有矿化度高，或含有硫化氢及二氧化碳等特点。不同深度的地层，其矿化度和水型也不同，有的油田地层越深，地层水矿化度越高，这就有助于根据矿化度来判断是上部的地层水还是下部的地层水。

### （三）根据地层物理资料判断出水层位的方法

方法有流体电阻测井法、井温测量法和放射性同位素法。

1.流体电阻测井法

流体电阻测井法是根据高矿化度的水有不同的导电性，利用电阻计测有水流入油井的电阻率变化曲线，确定出水层位。流体电阻测井法的步骤是：

（1）先往井内注入一种和井内水具有不同含盐量的水，进行循环洗井，并把井内原有的液体循环干净，然后进行初次控制测量，这样可测得一条控制测量电阻率曲线。

（2）然后将液面抽汲到一定数值后再进行一次测量，这样交错进行，抽汲一段，测量一次，直到发现外来水为止。这种测量方法的设备比较简单，但找水工艺比较复杂，需要多次进行抽汲提捞和测井工作。该方法不适用于高压水层。

2.井温测量法

井温测量法是利用地层水具有较高温度的特点来确定出水层位的方法。测量井温的方法同电阻法相似。如果套管破裂部位与出水层不相重合时，流体要在套管外流动一段距离，所以套管外的流体通过套管加热井内流体，温度曲线上有一段较平稳的高温显示。该法要求井温仪必须有较高的灵敏度。

3.放射性同位素法

放射性同位素法是以人为的方法提高出水地段放射性强度为基础来判断出水层位。施工时向井内注入同位素液体，根据注同位素液体前后测得的放射性曲线来鉴别出水层位。放射性同位素法的步骤是：

（1）先在欲测的井内记录自然放射性曲线，再往井内注入一定数量含同位素的液体（一般为$1.5 \sim 3m^3$），用清水将其替入地层。洗井后再测放射性曲线。

（2）对比前后两次测得的曲线，如后测曲线在某处放射性强度异常剧增，说明套管在该处吸收了放射性液体。根据此异常，结合射孔资料，便可确定套管破裂位置及与套管破裂位置连通的渗透地层。上述方法在追踪套管破裂和管外窜槽方面效果较好，但在确定油水层时则受到限制，为此往往采用相渗透法及次生活化钠法。

相渗透法是建立在油层、水层对油水具有不同的渗透率的基础上。施工时将含有同位素的油和水分两次挤入地层，每挤完一次测一次放射性曲线。根据注入同位素油和水后测得的放射性曲线强度不同，可判断油层和水层。

次生活化钠法是利用油层和水层中钠离子（$Na^+$）含量的明显不同（通常油层中$Na^+$是含水层的 1/10 ~ 1/3）来判断油层、水层。用中子源照射所测地层，使地层中的$Na^+$变成活化钠（$^{24}Na$），它衰变后将放出伽马射线，用放射性仪器测伽马射线的强度来判断含钠量的多少，进而判断油层、水层。

### （四）机械法找水

机械找水法目前主要使用封隔器找水。该法是采用封隔器将各层分开，然后分层求产，求出出水层位。为了准确起见，一般只用两级封隔器单卡一个油层，在井口取样化验，录取各项资料分析对比，将油井全部油层逐个单卡完毕，确定出水层位。这种方法工艺简单，能准确确定出水层位，但施工时间长。在窜槽井上，或油水层之间的夹层很薄的井上无法确定油水层。因此，只有在发现油层窜通而不得不进行封窜时，才应用封隔器找水法确定出水层位。

### （五）找水仪测试法找水

找水仪能在油井正常生产的情况下，测得各小层的产量，从而确定主要出水层位，近似估计出水量。

1.工作原理

在自喷井采油正常生产情况下，用电缆将找水仪下入井内，由上而下地逐层测量其液体流量和含水率，然后用递减法计算各层段产油量和产水量，从而确定出水层位。这种方法的优点是能够准确地确定出水层位，并能够确定含水油层的含水率；缺点是对油井测试条件要求较高，有时为了保证找水的准确性还需要一些辅助工序的配合。

2.找水仪结构

找水仪由皮球集流器涡轮产量计、油水比例计三部分组成。

3.施工工序

找水仪分层测试方法和一般生产测井所用地面设备、仪器、施工工序相同。用六芯铠装电缆将找水仪下入笼统采油的生产井内，经过油管的喇叭口进入套管，停在射孔井段顶部 2m 以上位置，然后利用点测方式测量油层产液量及含水率。点测的程序是：地面仪器通过电缆芯给电磁振动泵通电；泵入液体张开皮球集流器，封隔套管通道，使液流经仪器进液孔流进内腔，经过涡轮产量计、油水比例计取样罐，再从出液孔流出。液流经过涡轮产量计时，冲动涡轮旋转，在感应线圈上产生脉冲电流。脉冲经电缆送到地面仪器，记录下每分钟的脉冲数值。脉冲数一般连续记录5min，取其平均值。涡轮产量计测量完后，再通电关闭锥度阀，密封取样室，静止3min之后，给电容电极供电，测量油水比例。取样室内液体的油水比例大小，由电容电极与仪器外壳间产生的电位差大小反映出来。电容电极上因油水比例的影响所产生的电位差，经过电缆芯传输到地面测量仪表记录下来。脉冲和电位差录取完后，第一点测量即告结束。然后给泄压阀通电，使集流器泄液收缩，下放仪器到第二点进行测量。

## 四、封隔器找水

### （一）操作步骤

（1）接反循环管线，用清水洗压井，卸井口起出井内全部管柱。

（2）下油管，底部带套管刮削器，用刮削器在油层射孔井段上下反复刮削3~5次后，下至油层以下50m，起出刮削管柱（刮削过程中要边洗井边刮削，洗井方式以反洗井方式为宜）。

（3）按设计要求，组配好下井找水管柱，顺序自下而上为：丝堵+封隔器1个+活动配产器乙（内径48mm不带堵塞器）1个+封隔器1个+配产器甲（内径52mm带堵塞器）1个+油管+油管挂。

（4）将找水管柱下至预定深度，坐好封隔器，装好全套采油树，求产测试。

（5）正挤压井，捞出配产器甲的堵塞器，用清水洗压井，从油管内投入48mm活动配产器乙的堵塞器，对第二层进行求产测试。对两层测试资料进行对比分析找出出水层。

### （二）技术要求

（1）下井的油管、工具要丈量准确，并做好详细记录。如果施工有特殊要求或要求下深精确度高时采用电测校深的方法。

（2）下井的封隔器坐封位置要避开套管接箍1m以上，确保密封。

（3）下管柱要平稳操作，速度小于0.5m/s，避免封隔器中途坐封。

（4）油层测试资料必须齐全、准确。

# 第二节 油井堵水作业

由于油井出水的原因各不相同，采取的封堵方法也就不同。一般情况下，对于外来水或水淹后不再准备生产的水淹油层，在搞清出水层位并有可能与油层封隔开时，采用非选择堵剂（如水泥、树脂等）堵死出水层位；不具备与油层封隔开时，采用具有一定选择性堵剂进行封堵，对于同层水，则普遍采用选择性堵剂进行堵水；为控制个别水淹层的含水，消除合采时的层间干扰，大多采用封隔器来暂封高含水层。对于底水，在有条件的情况下则采用在井底附近油水界面处建立隔板，以阻止锥进。

## 一、机械堵水

机械堵水一般有4种方式：封上采下、封下采上、封中间采两头、封两头采中间。一口井究竟采用哪种方式，要视每口井层位多少和出水层的位置及数量而定，然后配以合适的堵水管柱，即可达到堵水的目的。堵水管柱主要由丢手接头、防顶卡瓦、封隔器和配产器组成。在深井机械堵水中，利用丢手上提堵水管柱，进行换封。

### （一）机械堵水管柱

机械堵水要借助于井下管柱来实现。各种机械采油井（简称JC）用的堵水管柱一般采用丢手管柱结构，所用的堵水管柱有以下5套：

（1）机械采油支撑防顶堵水管柱。该管柱主要由防顶器、活门、配产器（或堵水器）、封隔器和支撑器等井下工具组成。卡堵层段的管柱丢手在井内，以便各类抽油机械设备在井内安装。该管柱的主要优点在于可进行不压井作业检泵及投捞验封、找水和堵水等各类工艺措施。卡堵水可靠性高，但施工工序多，难度大，周期长，一般适用于中深井。

（2）机械采油整体堵水管柱。该管柱主要由封隔器、配产器（或堵水器）等井下工具组成。卡堵层段的管柱与抽油泵的管柱为一整体，管柱底部支撑井底（或采用支撑器），管柱自重使封隔器处于良好状态。在该管柱中，抽油泵固定阀是可捞的，实现了找水、堵水和采油为同一管柱。该管柱结构简单，施工方便，但由于抽油泵固定阀为可抽捞阀，因而降低了泵效，且检泵作业必须起出卡堵水管柱，也增加了施工的工作量。

（3）机械采油堵底水管柱。该管柱主要由丢手封隔器等井下工具组成。封堵层之间允许工作压差小于15MPa，下入打捞管柱，上提一定值的张力负荷，封隔器即可解封。该管柱优点是施工成功率高，工作可靠。

（4）机械采油平衡丢手堵水管柱。该管柱主要由丢手接头、活门、封隔器、配产器（或配产器、堵水器）等井下工具组成。该管柱的卡堵段丢手于井内，尾管下至井底。油层上部2~5m和油层下部2~5m各下一个平衡封隔器，以平衡相邻封隔间液压产生的作用力，确保管柱安全可靠地工作。

这种管柱结构简单，能实施不压井作业检泵，工作可靠，封隔层间允许压力差小于8MPa，但封隔器采用液压解封时性能较差。

（5）机械采油固定堵水管柱。该管柱主要由丢手接头、封隔器、密封段、短节和导向头等井下工具组成。该管柱也适用于斜井，卡堵层之间允许工作压力差为30MPa，能与各类机械采油井井下抽油设备相适应。该管柱主要缺点是必须逐个安装封隔器，作业工作量大，封隔器不能解封，只能采用磨铣工艺才能清除。

## （二）机械堵水选井选层

（1）根据油井地质动态分析，选择含水上升、产油量下降的高含水井初定堵水井。

（2）进行分层测试，测试流压、每个层段的产液量、产油量及含水率。

（3）根据可靠的分层测试资料，预测机械堵水效果。

（4）根据预测机械堵水效果及地质动态分析资料，正式确定堵水施工井。

# 二、化学堵水

油井化学堵水，就是将化学堵水剂或降水剂挤入出水油层（或水层），利用其反应或堵水剂（或降水剂）与油层发生的反应产物，堵塞出水孔隙或改变水的流度，从而实现堵水的目的。化学堵水对于裂缝地层、厚层底部出水更为有效。

油井化学堵水按堵水剂性质与堵水的机理分为选择性堵水和非选择性堵水两种。

## （一）选择性堵水

选择性堵水，就是将具有只堵水层、不堵油层特点的堵水剂挤入出水层，实现只堵水不堵油的堵水方法。选择性堵水剂在挤入油井出水层后，不与油发生反应，而只与水发生反应。选择性堵水剂与水层反应的结果，或产生沉淀或凝胶物质堵塞住出水层；或者改变油、水、岩石间的界面张力，降低水的相对渗透率，实现堵水的目的。目前，油田上所选用的堵水剂和堵水的工艺方法较多，一般认为，选择性堵水机理基本上可以从以下方面说明：选择性堵水剂与油层中的电解质发生离子交换作用，反应物为不溶性的盐类和皂类沉淀物；或在吸附作用过程中与水中的电解质产生凝聚作用；或遇水膨胀。属于这类的选择性堵水剂有水解聚丙烯酰胺、水解聚丙烯腈、膨胀体聚合物等。另一种选择性堵水剂（黏性碳氢化合物、憎水性乳化液、两相泡沫甲硅烷类等），由于与岩石表面的水膜反应，使岩石表面转变为亲油性；或者与油层孔隙内的水作用产生气阻或液阻效应，使孔隙内水流阻力增加，降低水的分流速度。使用油基水泥等选择性堵水剂时，堵水剂与油层内不同矿化度的水发生水解和水化反应而凝固。比较常用的品种有聚合物类堵水剂、水泥类堵水剂、泡沫堵水剂、树脂类堵水剂、硅酸盐堵水剂等。

1.聚合物类堵水剂

（1）水解聚丙烯酰胺：这类聚合物的酰胺基在水溶液中可以变成羧基，在有钠离子存在的条件下又变成羧钠基，这个过程称为水解。可以用水解度来表示聚丙烯酰胺水解的程度。水解度代表酰胺基变成羧钠基的数目。水解聚丙烯酰胺具有两个极性的集团，这两个集团都具有很强的极性，对水都有很强的亲和力，而对于油类却刚好相反。这些基团可以强烈地吸附在砂岩或岩石的表面。水解的聚丙烯酰胺称为水解聚丙烯酰胺，堵水用的聚丙烯酰胺多数都属此种。选择性堵水所使用的水解聚丙烯酰胺大致可以分为聚合物H聚合物M和聚合物L三类。

（2）聚丙烯腈是聚合物类中应用较广泛的一种选择性堵水剂，特别是水解聚丙烯腈发展更快。其原因是聚丙烯腈与地层水中的电解质作用，能够形成不溶性的聚丙烯酸盐沉淀。这是水解聚丙烯腈的主要特性之一。水解聚丙烯腈的堵水机理，是由于水解聚丙烯腈与含有多种金属离子（钙、镁、铁）的地层水作用，形成弹性凝固物。这种弹性凝固物可以自身硬化。弹性凝固物的数量和特性则取决于水中钙、镁、铁离子的含量，以及水解聚丙烯腈和水的混合比例。实验与资料证明，水解聚丙烯腈与含有多种金属离子的地层水作用的必要条件，是地层水中金属离子的含量超过30g/L。

在油井生产的实际过程中，开始阶段产出水的矿化度高，而以后随着原油的采出，产出水渐渐淡化，在进行堵水机理研究与堵水设计时必须充分重视这一点，才能取得较好的堵水效果。使用水解聚丙烯腈对裂缝性灰岩水淹层段进行选择性堵水是有效的。

2.水泥类堵水剂

油田上应用各种水泥进行堵水的历史最长，应用较广泛。用水泥类堵水剂进行堵水，首先要找准出水层位，其次要选择吸收能力高的出水层。同时，还要根据油井与出水等具体条件选择合适的水泥堵水剂类型和注入方式，才能取得好的堵水效果。

（1）油基水泥浆选择性堵水剂，是用柴油或轻质油类作母液，加入适当比例的灰质混合均匀，具有只堵水层不堵油层的一种混合堵水剂。应用油基水泥浆堵封出水层，工艺简单，施工方便，成本也低。油基水泥浆堵水机理是：当油基水泥浆被挤入井内进入出水层后，地层中的水置换掉油基水泥浆中的油品，并与水泥浆化合而凝固，将出水层的孔隙堵塞；若油基水泥浆被挤入不含水的油层，由于水泥浆有亲水不亲油的特性，遇油后不发生作用（不凝固），并在以后的生产过程中随油流排出地层，故不会对油层有堵塞作用。

①对油基水泥浆堵剂的性能要求：要按与封堵层特点相适应的配方配制堵水剂，配制成的堵水剂应具有良好的润湿性、稳定性、置换性、膨胀性。

②油基水泥浆的配方。油：灰=1：2（重量比）。此关系式中的"油"由95%的火油和5%的低含水（8%以下）原油组成，"灰"则由95%水泥和5%碳酸钠组成。

（2）索拉水泥是油基水泥经过改性的一种产品，具有良好的渗透能力、合适的黏度和均质性。它的溶剂是由一种被称为"日光油"（或"太阳油"）、沸点为240～400℃的石油产品，再添加1%的表面活性剂组成。最合适的水泥溶液密度为1.55g/cm³，用于封堵沿高渗透地层窜入的地层水。

（3）其他水泥堵水剂

①含水蒸气的气相物质和水泥的混合物。这是一种用于封堵底部水层的选择性堵水剂，既能封堵单层出水也能封堵多层产水层。其堵水机理是：含有水蒸气的气相物质与水泥混合物注入井后，由于水的黏度比油的黏度小，因而进入油层的阻力比进入水层的阻力大，所以封堵剂混合物将优先进入产水层段将出水层封堵，达到减水增油的选堵目的。

②水泥聚合物堵水剂，是在水泥溶液中按一定的比例加入一些环氧树脂和硬化剂-聚乙烯聚氨溶液。它具有在地层条件下形成坚硬物质的特性。

水泥聚合物堵水剂中的聚乙烯聚氨溶液能使封堵溶液在地层的条件下形成坚硬的封堵物质。而环氧脂肪族树脂在水泥溶液中具有高液相黏度，能够保证沉淀物的高稳定性。水泥聚合物堵水剂注入含水地层中能扩大堵区。此选择性堵水剂主要用在封堵底部水淹油井和油层、水层窜通后，通过环形空间水侵入油井的含水油井。

3.泡沫堵水剂

利用泡沫堵水剂控制地下水活动，可以提高油井增产效果。无论是用二相还是用三相泡沫堵水，都取得了良好的效果。泡沫的特性：根据泡沫起泡液成分的不同，可以分为二相泡沫和三相泡沫。二相泡沫含有表面活性剂、起泡剂及各种添加剂；三相泡沫除含有起泡剂与各种添加剂之外，还含有黏土、白粉等固相物质。两种泡沫成分不同也产生了性能上的差别，主要表现在三相泡沫比二相泡沫稳定程度高出许多倍。

泡沫堵水机理：当泡沫堵水剂注入水淹油层后，液气两相形成的小气泡进入油层孔隙内黏附在岩石孔隙的表面上，这样便阻止了水在多孔介质中的自由运动。岩石孔隙表面上原来存在的水膜是气泡黏附的障碍，用一定数量的表面活性剂处理这种水膜将有助于气泡的黏附。泡沫进入含水油层孔隙后，因为贾敏效应和孔隙中泡沫因压降而膨胀缩小了孔隙通道，致使水流在岩石孔隙介质中的流动阻力大大增加。又由于在岩石孔隙介质内形成乳化，从液体中析出的氧在一定条件下使多孔介质表面憎水，故能限制水的窜通，达到减水和堵水的目的。另外，泡沫在含油带不起作用，不会限制油流而减少油的产量。因此，泡沫堵水剂只堵水不堵油，成为减水增油的选择性堵水剂。泡沫堵水剂的效果主要取决于泡沫在地层条件下的充气程度和泡沫用量，要获取最优的处理效果必须做到：

（1）充气程度高于2.0。

（2）起泡剂溶液用量每米有效厚度不少于3m³。

4.树脂类堵水剂

树脂类堵水剂主要有松香皂和脂肪酸皂，这是树脂类堵水剂中较为常用的两种选择性堵水剂。其主要原理是把水溶皂（非油溶）注入地层后，与金属离子反应生成不溶于水而溶于油的皂类。此种皂可以选择性地堵水。利用松香皂和脂肪酸皂进行选择性堵水时，由于地层条件和油井条件的不同，所采用的方式也不相同。具体方式有以下4种：

（1）向出水油井内注入水溶性皂。此种皂进入地层后将同地层水中的金属离子反应，生成一种溶于油而不溶于水的皂，这种皂可以选择性地堵水。

（2）先向井内出水层注入金属离子，然后再注入水溶性的皂。在地层中，皂和金属离子发生反应生成油溶性的皂，进行选择性堵水。

（3）应用挤注管柱将金属离子与水溶性皂同时挤入出水油井地层中，这些金属离子与水溶性皂在地层中反应生成油溶性皂将出水层堵塞。采用这种方法时，为了防止皂和金属离子过早反应，先将金属离子络合，使其只能在达到地层温度时才能与水溶性皂反应。

（4）把一种母酸不溶于水的水溶性皂和一种强酸酯一起注入地层，酸酯水解后产生强酸，强酸与皂反应生成不溶于水的母酸。松香皂选择性堵水的原理是：地层水中有大量的钙、镁离子存在，当松香皂遇到这两种离子时立即反应生成松香酸钙和松香酸镁沉淀物，将地层孔隙堵塞阻滞出水层的水流入井内。

倘若松香皂被挤进油层时，因油液内不含（或含少量）钙、镁离子，松香皂液不会发生反应生成沉淀物，而是随着油流从油层中排出，因此实现了选择性堵水的目的。松香皂堵剂的配制方法是：将松香皂100kg碳酸钠13～16kg、水100L三者混合配制成溶液，放进池子中加温到80～60℃使其发生皂化反应，放出二氧化碳气体。在反应过程中要不断搅拌，直到形成凝胶状即配制合格。

5.硅酸盐堵水剂

硅酸盐堵水剂应用较广，从岩性上看，可用于石灰岩和砂岩；从井况看，可用于裸眼井、射孔井、生产井和注入井；从封隔层性质来看，可用于隔离油水层、封堵漏失带和高渗透地层（如底水或夹层水），还可调整注水剖面。目前常用的硅酸盐堵水剂是硅酸钠，成功率一般达80%，有效期为3个月到两年。硅酸钠堵水剂主要有三个品种：原硅酸钠（$2Na_2O \cdot SiO_2$）、正硅酸钠（$Na_2O \cdot SiO_2$）和二硅酸钠（$Na_2O \cdot 2SiO_2$）。硅酸钠能溶于水。

6.其他类型堵水剂

堵水剂的种类很多，现仅举几例加以说明。

（1）甲硅烷类堵水剂。这类堵水剂与地层中的油不起作用但却溶解于油，而在含水部位能与水发生作用，形成胶质凝固状聚合物，具有有效的堵水能力。在地层的条件下，这种堵水剂的性能可以控制，且具有机械强度高等特点。

（2）乳化石蜡堵水剂。这是一种利用石蜡与硬脂酸进行乳化后形成乳化液的选择性堵水剂。

（3）石油硫酸混合物堵水剂。它由石油磺化产品和高浓度硫酸所组成。

（4）黏土粉末水溶液堵水剂。黏土粉末在水中具有很高的扩散性，当将黏土粉末水溶液注入含水油井中时，黏土溶液必然选择性地进入渗透率较高的水淹层。黏土分散在岩石的孔隙内，遇水后膨胀将水流通道堵塞，达到了减低油井出水的目的。而在渗透率较低的含油层位黏土形成泥饼，油井重新投产时即可排除，不损害油层的产油能力。

## （二）非选择性堵水

非选择性堵水剂对出水层与出油层没有选择能力，必须采取相应的技术措施才能使堵水剂只进入出水层而不进入出油层。应用非选择性堵水剂封堵出水层时，首先必须找准出水层，然后用封隔器或其他措施将水层与油层分开，把堵水剂挤进出水层，这样才能达到堵水层、保护油层的目的。

1.非选择性堵水剂适用范围

（1）单一水层，如油层的上层水、下层水或夹层水。油井出现这样的出水层，是由于完井时固井质量不高或发生误射孔，使这些地层水窜入油井。

（2）大厚油层的底水锥进。

（3）油层被注入水严重水淹，或被油层厚度不太大的高含水油层淹。这样的出水层一般压力较大，会对其他油层造成大的干扰。

2.水泥浆堵水

水泥浆堵水是应用较普遍的一种方法。现场常用水泥塞和挤入水泥浆封堵水层。水泥浆遇水后凝固变硬，于是造成一个不透水的封隔层而实现堵水的目的。水泥浆堵水多用于封堵下层水。

封堵方法是利用高压水泥车将水泥浆注入井筒预定的位置，形成一个悬空水泥塞，封隔其下部出水层。

3.酚醛树脂堵水

酚醛树脂堵水的原理是：在酚醛树脂中加入触剂氧化钠和固化剂草酸，挤入地层后，便形成坚固的不透水的人工井壁封堵住出水层。

4.水玻璃加氯化钙堵水

将水玻璃（$Na_2SiO_3$）和氯化钙（$CaCl_2$）溶液隔开，通过化学堵水管柱，以4：1比例循环交替注入高含水层内，两种溶液在层内接触反应，产生沉淀物硅酸钙（$CaSiO_3$）和膨胀性胶体，堵塞裂缝或孔隙，从而起到封堵、封窜作用。

## 三、封隔器堵水

### （一）施工准备

（1）井况调查。内容包括井身结构、油层、射孔、历次施工、历年生产、测试资料、目前井下管柱等。

（2）选择最佳堵水方案，编写施工设计书。

（3）现场调查。内容包括井位、井场条件、电源情况、道路交通情况、地面流程、井场设备情况等。

（4）工具准备。根据施工设计要求，配全堵水作业使用的井下工具。井下工具主要包括封隔器和井下配套工具。

（5）设备准备。根据施工内容、工艺参数及施工设计要求，备好水泥车、水罐车等。

### （二）操作步骤

（1）压井：按设计要求选择合适的压井液进行压井，注意不污染地层。

（2）起管：起出井内管柱，起管前必须装好适当压力等级的井口防喷器。

（3）通井、刮削：用通井规通井至人工井底或设计深度50m以下。

（4）下堵水管柱：按设计要求下入堵水管柱至设计深度，坐封封隔器，下井工具及油管必须清洁、丈量准确，油管要用通径规通过。

（5）投产：根据设计要求，打开井下相应开关，装油管、套管压力表，分别对上、下层投产。

### （三）技术要求

（1）作业前应测静压和流压或有最近6个月内所测的压力数值资料。

（2）装好检验合格的指重表或拉力计。

（3）下井管柱、工具必须清洁干净，丈量准确，丈量累积误差不得大于0.2‰。

（4）仔细检查下井油管，下井前必须用通径规通过。φ73mm油管使用的通径规直径为φ59mm，长度800～1200mm。

（5）管柱下井前必须先通井至人工井底或设计深度50m以下。

（6）压井时必须注意保护油层，循环压井时要控制回压。

（7）封隔器和配套工具必须有出厂合格证，经地面检验合格方可下井。

（8）下井油管螺纹必须涂密封脂，油管螺纹上紧。

（9）严禁使用有结蜡、弯曲、腐蚀裂缝和环扣的油管。

（10）管柱下井过程中，要求操作平稳，严防顿钻。

（11）管柱下井过程中，严禁任何物件掉入井内。

（12）为确保堵水施工质量达到设计要求，每道工序应及时进行工序质量验收。

（13）取全取准各项数据、资料。

（14）机械堵水主要是解决层间矛盾问题，选井必须是多层位的油井。选井后，必须准确判断出水层位。

（15）封隔器坐封要严密准确，只有封隔器位置准确、坐封严密，才能把水层与油层分开，这也是机械堵水成功与否的重要因素。

## 四、水玻璃–氯化钙堵水封窜

### （一）施工步骤

（1）起原井管柱。井下管柱有油管锚时，使锚爪脱离套管；井下管柱装有封隔器时，解封封隔器。平稳操作，井下管柱有上顶显示时应装加压装置，做到不碰、不刮、不掉、不顶、不飞。

（2）试注验窜。按验窜施工作业指导书要求下入验窜管柱，确定不同泵压情况下套压变化或溢流变化情况，取准所封堵部位的吸水量。

（3）检查堵剂数量、密度、模数，并做好记录。堵剂符合以下标准：水玻璃密度1.38～1.43g/cm³、模数2.8～3.2m；氯化钙含量不小于30%。

（4）按施工作业指导书要求下入化堵管柱：封隔器与管柱一并下入，要求小于2m的夹层必须进行磁测。

（5）连接井口和地面化堵管线。

（6）连接好堵剂罐车和化堵泵车。

（7）循环试压：用清水逐车进行循环，保证泵车上水良好，工作正常。地面化堵管线试压30MPa不刺不漏为合格。

（8）打开井口球阀用清水试挤，使封隔器坐封。

（9）按施工作业指导书要求挤堵剂。

（10）替挤清水，将地面管线及井筒管柱内的堵剂全部替入地层，替挤水量按要求执行。

（11）关井口球阀，带压候凝，按施工作业指导书执行候凝时间。

（12）活动管柱并加深油管核实人工井底，然后起出化堵管柱，用蒸汽刺干净，并排放整齐。若遇阻深度超过标准规定，应下入冲砂管柱冲砂至人工井底。

（13）刮削洗井：所用刮削器规格、刮削深度按施工作业指导书执行。反洗井将堵剂残渣全部流出。

（14）完井：按施工作业指导书要求下入生产管柱，装井口。

## （二）施工注意事项

（1）在挤堵剂时各罐车的闸门开关次序要准确，以防闸门倒错使堵剂在管线内固化。

（2）化堵时井口高压管线汇及各闸门、套管阀门，要有专人负责，分工明确，听从现场指挥员的指挥。

（3）试挤和挤堵剂过程中，注意观察套管压力是否变化，判断封隔器是否工作正常。

（4）替挤后，严禁油管、套管放喷及泄漏，以防堵剂从堵层吐出污染油层，堵塞井筒影响堵水效果。

（5）凡是堵水用过的油管都必须洗净，用$\phi 58mm$内径规通过。

# 第九章 完井与试油

## 第一节 完井方式与选择

### 一、直（斜）井完井方式

#### （一）自然完井

自然完井是最常使用的完井方式，包括裸眼完井、割缝衬管完井和射孔完井。

1.裸眼完井

裸眼完井分为先期裸眼完井、复合型完井和后期裸眼完井三种方法。

先期裸眼完井是钻头钻至产层顶部附近后，取出钻具下套管注水泥浆固井，水泥浆从套管和井壁之间的环形空间上返至预定高度；待水泥浆凝固后，从套管中下入直径较小的钻头，钻穿水泥塞和油气层，直至达到设计井深。由于在钻开之前已经完成了固井工序，因此在起钻、下套管、挤水泥浆期间，对产层没有任何影响。同时，这种工艺可以消除高压油气对固井的影响，有利于提高固井质量，并且为采用清水或其他保护产层的优质钻井液打开产层或平衡钻井创造了良好条件。

对于产层较厚、产层上部有气顶或顶界附近有水层的情况，可以将技术套管下到油气界面以下，用以封隔上部的气顶，然后下部裸眼完井，必要时可以再将上部的含油段射开。这种类型的完井称为复合型完井。

后期裸眼完井是当钻头钻至产层顶部附近后，不用更换钻头，用同一尺寸的钻头钻穿油气层直至设计井深，然后下套管至油气层顶部，注水泥固井。为了防止固井时水泥浆损害套管鞋以下的产层，通常在产层段垫砂或替入低失水，高黏度的钻井液，防止水泥浆下沉。

裸眼完井方式的主要优点是产层完全裸露，产层具有最大的渗流面积，流线平直，符合平面径向渗流规律。这种井称为水动力学完善井，其产能较高。此外，由于井底没有任何设备，也不需要诸如射孔、砾石充填等工序，因此工艺简便，成本低，完井速度快。

应当注意，在地质情况不太清楚的探区先期裸眼完井时，如果未能弄清产层部位，则无法保证准确地将套管下至产层顶部。套管下得过高，封不住上部坍塌地层，给今后的油井开采带来困难；套管下得太低，一旦钻开产层，则相当于后期裸眼完井，还有可能造成井喷事故。可见，先期裸眼完井最重要的是弄清层位，卡准套管下入深度，确保套管下至产层顶部。目前，后期裸眼井完井在现场已经很少使用，仅用于地层情况了解不够的探区。

裸眼完井的主要缺点如下：

（1）不能克服井壁坍塌和产层出砂问题；

（2）不能克服整个生产层内不同压力下油、气、水层之间的相互干扰；

（3）不能进行选择性酸化或压裂等分层作业；

（4）不能实现分层开采和控制；

（5）先期裸眼完井在下套管固井时不能全部掌握产层的真实资料，继续钻进时如遇特殊情况容易给钻进造成被动。

因此，裸眼完井仅适用于岩层坚硬致密、无含水夹层、无易坍塌夹层的单一油气层，或一些油气层性质相同、压力相似的多层油气层。因裸眼完井难以进行增产措施、控制底水锥进和堵水，现多转变为套管射孔完井。

2.衬管完井

衬管完井有两种工序。

一是种用同一尺寸钻头钻穿产层后，套管柱下端连接衬管下入产层部位，通过套管外封隔器和注水泥接头固井，封隔产层顶界以上的环形空间。这种完井工序的缺点是井下衬管一旦损坏就无法修理或更换，目前基本不采用。

另一种完井工序和先期裸眼井完井相似。先钻至产层顶部，下套管注水泥固井，待水泥凝固后，再从套管中下入直径较小的钻头钻穿油气层达设计井深。和先期裸眼完井不同的是：在产层部位下入衬管（包括割缝管或预孔管），依靠衬管顶部的衬管悬挂器把衬管的重量悬挂在套管上，并密封套管和衬管之间的环形空间，使油气只能通过衬管上的孔眼或割缝流入井内。

采用这种完井工序的产层不会受到固井水泥浆的伤害，可以采用与储层相配伍的钻井液或其他保护储层的钻井技术钻开产层。当衬管发生磨损和故障时，还可以把它起出来进行修理或更换。

衬管完井可分为割缝衬管完井和预孔管完井两种。它既起到裸眼完井的作用，又防止了裸眼井壁坍塌堵塞井筒，同时割缝衬管在一定程度上具有防砂的作用。由于这种完井方式工艺简单、操作方便、成本低，在一些不出砂或出砂不严重的中粗砂粒储层中应用较多。

3.射孔完井

射孔完井是目前国内外使用最广泛的完井方式，包括套管射孔完井和尾管射孔完井。套管射孔完井是先钻穿产层至设计井深，将生产套管下至产层底部注水泥固井，然后再下入射孔枪对准产层进行射孔。射孔弹射穿套管、水泥环并在产层形成一定深度的孔眼，建立起油气流入井筒的通道。

尾管射孔完井是在钻头钻至产层顶界后，下套管注水泥固井，然后下小一级的钻头钻穿产层至设计井深，用钻具将尾管送下并悬挂在套管上，再对尾管进行注水泥固井，然后实施射孔。

尾管射孔完井在钻开产层以前上部地层已被套管封固，因此，可以采用与产层配伍的钻井液，采用平衡或欠平衡的方式钻开产层，有利于保护产层。同时，此类完井方式可以减少套管的重量和固井水泥的用量，降低完井成本。

射孔完井方式的优点是：

（1）能比较有效地封隔和支撑疏松易塌的生产层。

（2）能比较有效地封隔含水夹层，支撑易塌的黏土夹层。只要不射开这些含水夹层和黏土夹层，就可以避免它们对生产的影响。

（3）能够分隔不同压力和不同特性的油气层。可以有选择性地打开产层，从而实现分层开采、分层测试和分层增产措施等作业。

（4）可进行无油管完井及多油管完井。

射孔完井方式的缺点是：

（1）在钻井和固井过程中，由于钻井液和水泥浆浸泡时间较长，产层易受污染。

（2）射孔完井的水动力学性质不完善，产层的渗流面积只是井眼孔壁面积的总和，流线在孔眼附近必然会发生弯曲、聚集，产生附加渗流阻力。

（3）对射孔参数要求严格，固井质量要求高。

（4）对于裂缝性油气藏，由于裂缝发育的不均匀性，孔眼与裂缝相遇的机会难以控制。射孔完井虽然存在上述缺点，但由于产层多数都存在层间干扰问题，加之射孔工艺技术的发展使完井的某些缺点已经得到克服。因此，目前国内外90%以上的油气井都是采用套管射孔完井方式，较深的油气井大多采用尾管射孔完井方式。

## （二）防砂完井

防砂完井是疏松砂岩油气藏开发过程中常用的完井方式，包括砾石充填完井，独立筛管完井、膨胀筛管完井和无筛管防砂完井。

**1.砾石充填完井**

对于胶结疏松、出砂严重且粉砂含量较高的地层，一般应采用砾石充填完井方式。它是先将金属绕丝筛管下入井内产层部位，然后用充填液将地面上预先制好的砾石泵送至绕丝筛管与井眼或者绕丝筛管与套管之间的环形空间内，构成一个砾石充填层，以阻止产层砂流入井筒，达到保护井壁、防砂入井之目的。砾石充填完井一般使用不锈钢绕丝筛管而不用割缝衬管，其原因是筛管的流通能力大大高于衬管，且绕丝筛管以不锈钢丝为原料，其耐腐蚀性强，使用寿命长。

为了适应不同的产层特性的需要，裸眼完井和射孔完井都可以进行砾石充填，分别称为裸眼砾石充填完井和套管内砾石充填完井。

（1）裸眼砾石充填完井：在地质条件容许使用裸眼技术而又需要防砂时，就应该采用裸眼砾石充填完井方式。其优点是渗流面积大、产量高、阻力小。充填层因扩孔厚度大，结构稳定。其缺点是工序复杂，井下滤饼使产量下降。

施工工序包括领眼、扩孔，测井、下防砂管柱、充填、下生产管柱和完井投产。领眼是指钻到产层顶界以上3m后，下技术套管注水泥固井，再用小一级钻头钻穿水泥塞，然后钻开产层至设计井深。扩孔是指用专门的扩张式钻头将产层部位的井径扩大到技术套管外径的1.5～2倍，以确保充填砾石时有较大的环形空间，增加防砂层厚度，提高防砂效果。一般砾石层的厚度不小于50mm。

（2）套管内砾石充填完井：对已下套管和射开多层或要求封隔夹水层、气层及易坍塌层的防砂井，需要采用套管内砾石充填完井。与裸眼砾石充填完井相比，套管内砾石充填完井表皮系数较高，多采用高孔密、大孔径负压射孔。

套管内砾石充填完井的基本工序是：钻头钻穿产层至设计井深后，下产层套管于产层底部，注水泥浆固井，然后对产层部位射孔。要求采用高孔密（≥32孔/m）、大孔径（≥18mm）射孔，以增大充填流通面积，有时还把套管外的产层砂冲掉，以便于向孔眼外的周围产层填入砾石，避免砾石和地层砂混合增大渗流阻力。

套管内砾石充填施工从充填类型上（按携砂液黏度和砂比）可分为常规低密度砾石充填和高密度砾石充填。由于高密度砾石充填（高黏充填液）紧实，充填效率高，防砂效果好，有效期长，目前大多采用高密度砾石进行充填施工。

**2.独立筛管完井**

独立筛管完井是指在裸眼井段放置具有一定防砂能力的筛管。筛管流通面积较大，有利于油气井产能发挥，在确保防砂能力的基础上又具有支撑井壁的作用。

独立筛管通常包括绕丝筛管、预充填筛管和各种类型的优质复合筛管等。使用方法是：将上部带有悬挂封隔器的某种防砂筛管下入井中，对准出砂层，然后坐封封隔器，并实现丢手，把防砂筛管留于井底，起出施工管柱后，再下入生产管柱投产。采油时，地层砂随液流进入井筒，逐渐堆积在防砂筛管周围，形成自然砂拱，阻止地层出砂。下面简要介绍6种防砂筛管的结构及性能。

（1）金属绕丝筛管是使用最广泛的绕丝筛管。金属绕丝筛管是通过特殊的绕丝机床将金属丝缠绕并焊接在金属肋条上，形成螺旋的外窄内宽的丝缝，而金属肋条焊接在打孔基管上，基管起到支撑的作用。

金属绕丝筛管具有以下特点：结构简单，价格便宜，流通面积大，不易堵塞；抗冲蚀能力不强，下井过程中容易损坏。全焊接金属绕丝筛管或者标准绕丝筛管采用304L或者采用316L不锈钢丝，比割缝衬管更耐腐蚀和冲蚀。

（2）预充填筛管是在地面预先将符合产层特性要求的砾石填入具有内外双层绕丝筛管的环形空间而制成的防砂管柱。它是绕丝筛管和砾石充填的一种模块化结合，其外层为标准绕丝筛管，其内部空间为塑脂固结的砾石，再往里面又是一层筛管（双筛管层）。有些预充填筛管是外部为带孔保护套，则是单层筛管。

使用该防砂方法的油井产能低于井下砾石充填的油井产能，防砂有效期不如砾石充填长，因其不像砾石充填能防止产层砂进入井筒，只能防止产层砂进入井筒后不再进入油管，但其工艺简便、成本低，在一些不具备砾石充填防砂的井仍是一种有效方法。因此，国外仍普遍采用，特别在水平井中更常使用。

（3）精密微孔复合防砂筛管：该种滤砂管从内到外由基管、复合防砂过滤套、不锈钢保护套等组成。基管采用API标准的套管或油管。复合防砂过滤套为不锈钢精密微孔复合过滤材料，采用全焊接结构。由于复合防砂过滤层具有高渗透性、高强度、高抗变形能力和抗腐蚀性好的特点，这种微孔复合防砂筛管具有较好的使用性能。

多层复合防砂过滤套采用316L不锈钢材料编织成精密微孔筛网，这种微孔筛网叫作防砂过滤套；用同样的不锈钢材料编织成孔眼较大一级筛网，这种较大一级的筛网叫作扩散层；然后把一层扩散层筛网和一层过滤套筛网重叠在一起，形成一个单一的过滤层，同样再把一层扩散层和一层过滤套重叠在已形成的单一过滤层之上，共4层微孔筛网，将其焊接在基管上形成多层复合防砂过滤层，因而具有较高挡砂精度，但要注意防止筛管堵塞。

复合防砂过滤套的特点：过滤面积大，为割缝筛管和绕丝筛管的10倍；流动阻力小；滤孔稳定，抗变形能力强，径向变形40%时，防砂能力不变，能满足水平井使用要求；滤孔均匀，渗透率高，防砂能力强，堵塞周期是普通筛管的2～3倍，且便于反洗；外径小，质量轻，便于在长距离水平段上推动到位。

（4）精密冲缝筛管：这种筛管由基管、不锈钢冲缝过滤筛管和支撑环组成。基管采用API标准的套管或油管钻孔而成，冲缝过滤筛管采用优质不锈钢材料，经数控精密冲孔工艺形成高密度的空间条缝。冲缝过滤筛管通过支撑环与基管焊接为一体。工作时地层砂被阻挡在冲缝过滤筛管之外，地层流体经过冲缝间隙进入筛管内达到防砂的目的。根据实际需要，在冲缝过滤筛管外面还可以增加外保护套，以加强对冲缝过滤筛管的保护。

冲缝筛管的特点：

①精密可控的缝隙。冲缝宽度可在0.15～0.8mm范围内精确控制，缝宽精度为±0.02mm，能较好地与不同粒度组成的地层砂相匹配，满足防砂要求。

②抗腐蚀性强。不锈钢冲缝过滤筛管能抗酸、碱、盐腐蚀，适应含$H_2S$、$CO_2$高含$Cl$气井的特殊要求，长期使用其缝隙不会因腐蚀而变宽。

③整体强度好，抗变形能力强。冲缝过滤筛管内部由基管支撑，外部根据需要可增加外保护套。钻孔基管的整体强度比标准的套管、油管仅下降2%～3%，具有足够的强度抵抗地层抗压变形。

④高密度缝隙，低流动阻力。缝隙密度是普通割缝筛管的3～5倍，流动阻力低，有利于提高油气井的产量。

（5）金属纤维防砂筛管有两种类型：一种是用金属纤维滚压、定型的防砂筛管；另一种是金属纤维烧结而成的防砂筛管。

①金属纤维滚压、定型的防砂筛管。不锈钢纤维是主要的防砂材料，由断丝、混丝经滚压、梳分、定型而成。它的主要防砂原理是：大量纤维堆集在一起时，纤维之间就会形成若干缝隙，利用这些缝隙阻挡地层砂粒通过，缝隙的大小与纤维的堆集紧密程度有关。通过控制金属纤维缝隙的大小（纤维的压紧程度）以适应不同产层粒径的防砂。此外，由于金属纤维富有弹性，在一定的驱动力下，小砂粒可以通过缝隙，避免金属纤维被填死。砂粒通过后，纤维又可恢复原状而达到自洁的作用。在注蒸汽开采条件下，要求防砂工具具备耐高温（360℃）、耐高压（18.9MPa）和耐腐蚀（pH值为8～12）等性质，不锈钢纤维材质特性符合以上要求。

②金属纤维烧结防砂筛管。金属纤维烧结防砂筛管是用套管或油管作为基管，在基管上按一定规则打孔并在高温高压条件下将金属纤维烧结在打孔的基管上，从而形成立体网状滤砂屏蔽。该金属纤维能使原油及粒径小于0.07mm的细粉砂通过，并随油流一起被携带出井筒；而较大粒径的粗砂被阻挡在筛管外，形成自然的挡砂屏障，从而达到防砂的目的。

（6）外导向罩滤砂筛管将绕丝筛管与滤砂管结合在一体，既具有绕丝预充填筛管的性能，又具有滤砂管的性能，而且优于其各自的性能。这种筛管的组成为：带孔的基管，其外面是绕丝筛管；筛管外面包以由细钢丝编织绕结的网套；再外面是一外导向罩，用于保护滤砂筛管。这一结构提供了较好生产能力，并延长了筛管的寿命。这种筛管可用于垂直井、水平井的套管射孔或裸眼完井。

①外导向罩。外导向罩起着保护筛管和导向的作用。在筛管下井时可防止井眼碎屑、套管毛刺伤害筛管,一旦油井投产,导向罩流入结构可使地层产出携带砂的液体改变流向,以减弱对筛管冲蚀,因而延长了筛管的寿命。

②钢丝编织滤砂网套。钢丝编织滤砂网套比预允填筛管的流入面积大10倍,提供了最大的流入面积和均匀的孔喉,有助于形成一个可渗透的滤饼。此外,携带砂的液体再一次改变流向,而减少对筛管冲蚀。更重要的是,此滤砂网套可以反冲洗,可清除吸附在滤砂网套上的细砂滤饼。

③绕丝筛管。携砂的液体先进入外导向罩,再通过钢丝编织滤砂网套,最后通过绕丝筛管,将产层出砂阻挡在整套滤砂筛管外,而让流体进入筛管中心管的孔眼,再进入油管产出地面。此绕丝筛管与原来绕丝筛管一样,都是焊接在骨架上,不同之处是绕丝的断面由梯形改为圆形,可充分利用圆形的全部表面积,改变液体转向,从而减弱冲蚀,提高使用寿命。由于该筛管改进了结构,改善材质和制造工艺,可防粗、中,细粒度的砂,并提高了防砂效果,延长了使用寿命。

3.膨胀筛管完井

膨胀管包括实体膨胀管和膨胀筛管两种,膨胀管完井技术是20世纪90年代初期逐步发展起来的钻采行业核心技术之一,已被应用于钻井、完井、采油及修井等作业过程。

膨胀筛管完井是以常规的尺寸下入井内预定位置,然后用驱动头驱动膨胀筛管产生永久变形。膨胀后的筛管外壁可以紧贴裸眼井的内壁,可实现达到"零环空"和防砂功能,对于恢复井壁应力,稳定井筒具有较好作用,大大降低了生产过程中地层砂在环空的充填和重新排列,可有效防止筛管堵塞、降低环空砂层带来的附加流动阻力。膨胀筛管主要包括最内层的可膨胀基管,中间过滤层、可膨胀保护罩和可膨胀式整体接头。

最内层的膨胀基管是一种可膨胀的割缝管,通过提高过滤面积可有效降低生产过程砂堵的可能性。一般膨胀后的割缝管的内径可以扩大为原来内径的1.8倍,过流面积增大30% ~ 60%。中间过滤层是专门为膨胀防砂系统设计的、由不锈钢材料316L和镍合金编织而成的一种金属织物,类似于将多层筛网叠合碾压在一起而成,滤网的缝眼尺寸在110 ~ 270um之间。可膨胀保护罩的作用是在下膨胀筛管完井管柱的过程中保护中间过滤层,并在膨胀作业过程中避免中间过滤层重叠部分张开而导致防砂失效。

膨胀筛管完井的优势在于可降低生产成本,可作为应变方案,能够进行选择性完井和层间隔离,并可提供优良的油井生产动态。

4.无筛管防砂完井

无筛管防砂完井是指产层段没有安装机械挡砂装置的防砂完井方法,目前主要包括三种:化学固砂完井、完井及投产参数优化,压裂充填防砂完井。

化学固砂就是使用各种硬质颗粒如核桃壳、石英砂作为支撑物,使用酚醛树脂、水泥浆作为胶结剂，混合均匀后，挤入套管外产层出砂部位，凝固后，形成有渗透性和一定强度的人工井壁。化学固砂仅适用于单层薄产层，通常用于5m左右的产层。化学固砂的适用性比较强，对细粉砂的防止较为有效，但该种方法的成本高昂，使用周期有限，因而限制了它的应用。

完井及投产参数优化方法防砂主要是通过控制投产压差避免产层出砂，或通过优化射孔策略避射容易出砂的层段、优化射孔参数（比如孔密、孔径、方位）以增加孔道的稳定性等方法控制地层出砂。这种方法由于没有挡砂或固砂功能，因而只适合于出砂趋势不明显的地层，弱-非胶结地层不宜采用。

## 二、水平井完井方式

水平井完井根据完井后所具备的主要功能可分4类，即水平井自然完井、水平井防砂完井、水平井控水完井、水平井增产完井。目前这些完井方法都在不同的油田得到不同程度的应用，由于概念上和直井基本相似，因此只进行简要说明。

### （一）水平井自然完井

1.水平井裸眼完井

裸眼完井是一种最简单的水平井完井方式，把技术套管下至预计的水平段顶部，注水泥固井封隔，然后换小一级钻头钻水平井段至设计长度完井。另外，还可以通过封隔器滑套完井方式实施层段分隔。由于裸眼完井产能高、工艺简单且成本低，推荐在满足地质和工程条件的碳酸盐岩地层、变质岩地层、火山喷发岩地层和部分硬质砂岩地层中使用，比如在新疆塔河和塔里木的奥陶系油藏、胜利深层潜山油藏、千米桥潜山油藏、新疆石西裂缝性变质岩油藏、四川裂缝性碳酸盐岩气藏、川西低渗透裂缝性硬质砂岩气藏以及南海流花生物礁灰岩油藏都有不同程度的应用。

2.水平井衬管完井

水平井衬管完井是将衬管悬挂在技术套管上，依靠悬挂封隔器封隔管外的环形空间，衬管要加扶正器，以保证衬管在水平井眼中居中。该完井方式简单，既可防止井塌，还可将水平井段分成若干段，以便于实施小型措施。该完井方式也可用于分支井及多底井等复杂井底结构，另外还可以通过封隔器及衬管完井方式实施层段分隔。国内在塔河油田和塔里木的奥陶系油藏、胜利深层潜山油藏、石西裂缝性变质岩油藏、四川裂缝性碳酸盐岩气藏、川西低渗透裂缝性硬质砂岩气藏、南海生物礁灰岩油藏、塔里木志留系和石炭系砂岩油藏都有应用。

3.水平井射孔完井

水平井射孔完井方式是将套管下过直井段，注水泥固井后在水平段内下入完井尾管,再注水泥固井。完井尾管和套管重合100m左右为宜,最后在水平井段实施射孔或定方位射孔。这种完井方式可将层段分隔开,可以进行分层增产及注水作业,在砂岩油气藏应用较多。基于不同设计目的,水平井射孔完井可分为常规射孔完井、变密度射孔完井和分段射孔完井等。

## (二)水平井防砂完井

水平井防砂完井是疏松砂岩油气藏常用的完井方式,包括水平井裸眼防砂和水平井管内防砂两大类。其中基于裸眼的水平井防砂完井包括水平井独立筛管完井、水平井砾石充填完井和水平井膨胀筛管防砂完井三大类。由于水平井射孔完井费用高,流动面积小,产能发挥受限,因此基于套管射孔井的管内水平井防砂完井方式(比如水平井管内下绕丝筛管完井、水平井管内预充填砾石筛管完井、水平井管内金属纤维筛管完井、水平井管内烧结陶瓷筛管完井、水平井管内金属毡筛管完井、水平井管内砾石充填完井、水平井管内压裂充填完井)应用较少,水平井裸眼防砂完井是国内外发展的主流水平井完井技术。

1.水平井独立筛管完井

常用的水平井独立筛管完井包括绕丝筛管、预充填砾石筛管、金属纤维筛管、烧结陶瓷筛管、金属毡筛管和各种类型精密复合筛管。由于预充填筛管很重,在水平井中基本不用。

由于水平井独立筛管完井工艺相对简单,防砂效果较好,结合裸眼膨胀式管外封隔器(ECP)或遇油膨胀式封隔器,目前已大量使用。其缺点包括:

(1)当水平井沿井段供液或供气不均时,容易在某些高产井段形成热点(hot spot),引起筛管冲蚀,导致防砂失效;

(2)当粉砂含量较高或储层泥质含量高时,容易引起筛管堵塞,导致完井失败。

为了消除独立筛管环空存在造成的冲蚀加剧或筛管堵筛问题,采用水平井砾石充填完井或水平井膨胀筛管完井是较好的方法。

2.水平井砾石充填完井

水平井砾石充填完井是防砂效果最好的完井方式,由于套管射孔水平井存在上部孔眼难以充填砾石、完井成本高、完井表皮系数高等缺点,因而水平井管内砾石充填应用较少,目前水平井砾石充填主要采用裸眼砾石充填完井方式。

水平井砾石充填完井的一般过程为:首先在地面组装管柱,组合后下入井筒水平段,筛管在封隔器和扶正器作用下位于井筒中心放置。砾石与携砂液及添加剂按一定比例在地面混合后泵入井筒,经过井下转换工具,砂浆进入筛管和井筒环空。如果地面泵入砂浆排量较高,砂浆在环空中高速流动,固体颗粒以对称的浓度剖面呈完全悬浮状态;随砂浆流速的降低,液体的湍流强度对固体颗粒的举升能力下降,使原来对称的浓度分布剖面发生变化，固体颗粒由于重力的作用发生沉降，使得筛管和井筒环空中底部固体颗粒浓度大于上部，液体呈非对称悬浮流动状态；当砂浆流速进一步降低时，流体携砂能力就进一步下降，固体颗粒开始在环空底部沉积，形成在上部流体携带下而流动的沉积床；当砂浆流速继续降低时，流动床的底部颗粒不再流动，形成静止沉积床。

水平井砾石充填一般分为α波充填和β波充填两个阶段。其中，α波充填为井筒底部的"平衡堤"充填过程。当砾石砂浆流入筛管和井筒环空后，在一定流速条件下，流体难以携带全部砾石颗粒，一部分砾石颗粒开始在环空底部沉积，形成所谓的"平衡堤"。砂床升高，砂床上部砂浆流动空间减小。在流量不变的条件下，流动面积减小导致流速增大，从而携砂能力上升，到达一定程度后，流体又重新携带一部分已沉积的砾石颗粒，以增大流动空间。依此反复，直到砾石颗粒的运动和沉降达到一个动态平衡状态，这个平衡条件下的沉积平衡堤称为平衡砂床。由于在沉积前段流动空间最大，当后部达到平衡后，砾石颗粒总是趋向于在沉积前沿沉积，随着充填的继续，沉积前沿不断向前推进，直到达到水平井段末端，这一充填过程称为α波充填。α波充填前沿到达水平井末端或当沉积床顶部接触到套管或井筒上壁时，砂浆中固体颗粒无法再向前运移，此时α波充填阶段结束，砾石开始在砂床顶部的空间内从井段末端进行反向充填，直至充填到水平段开始位置。携砂液通过沉积的砾石层和筛管进入冲管向上返回地面，这一过程称为β波充填阶段。β波充填压力决定了水平井最大能实现的充填长度，因为充填压力必须低于地层的破裂压力。

由于随着流动方向，携砂液向地层不断滤失，所以水平井砾石充填是沿流动方向截面流量不断减少的变质量固液两相流动。影响砾石充填的因素很多，包括井身结构参数、携砂液性质参数、砾石性质参数、充填施工参数、油藏压力及渗透率参数等。在其他参数确定的情况下，如果施工排量过高，导致水平环空中携砂液携砂能力过高，砾石颗粒无法沉积；如果施工排量过低，水平环空中携砂液携砂能力过低，固体颗粒则会过早和过量沉积，堵塞环空。这两种情况都会导致充填失败。因此，要想达到水平井完全充填，必须将施工排量控制在一个合理的范围内。

水平井裸眼砾石直接充填方式缺点为：

（1）裸眼井下砾石充填时，在砾石完全充填到位之前，井眼有可能已经坍塌。

（2）裸眼井下砾石充填时，扶正器有可能被埋在疏松地层中，因而很难保证筛管居中。

（3）裸眼及套管井下砾石充填时，充填液滤失量大，容易伤害储层，而且在现有泵送设备及充填液性能条件下，其充填长度受到限制。一般来讲，砾石充填长度小于1000m，国外最高纪录是英国北海一口井，裸眼充填长度将近2000m。

为了提高水平井充填效率，水平井旁通管充填技术被大量采用，包括旁通充填管和旁通输送管，旁通充填管喷嘴大小一般6mm左右。在水平段内，无论是进行裸眼井下砾石充填还是套管内井下砾石充填，其工艺都很复杂。

3.水平井膨胀筛管完井

水平井膨胀筛管完井概念与在直井上的应用类似，早期在水平井中的应用效果并不理想，随着技术逐步完善，水平井膨胀筛管防砂完井已逐步成为可替代水平井裸眼砾石充填完井和水平井管内砾石充填完井的主要防砂完井技术。其主要优点在于：

（1）由于筛管膨胀后与岩石砂面接触，不存在环空，可有效避免水平井独立筛管完井因热点冲蚀失效问题。同时，在一定程度上可恢复井壁应力，提高井壁及骨架砂的稳定性。

（2）水平井膨胀筛管完井后产能和井筒完整性与裸眼砾石充填相似，但操作更容易、成本更低。

（3）水平井膨胀筛管与实体膨胀管结合，可有效实现层间封隔与水层封堵。

目前使用的水平井膨胀筛管主要有两种类型。

第一种是采用层叠的金属网，筛管膨胀后金属网不膨胀，只是多层叠合的筛网变薄（如变为单层）而已；内层基管和外层保护套采用延展性较好的金属材料，并通过预先在基管和保护套上割缝实现可膨胀性能。由于防砂的金属筛网不膨胀，因而常规的防砂筛管材料都可以使用。

第二种类型膨胀筛管的基管和保护套之间的防砂筛网是可膨胀的，在编织金属筛网时，沿筛管轴向的金属丝（经线）是铅直的，而沿筛管周向的编织丝（纬线）是弯曲的。这样就保证筛管膨胀时中间的防砂金属网可沿周向膨胀，即纬线由弯曲状态变为直线状态，这样可保证筛网间隙达到防砂精度，同样地，可膨胀防砂筛网可采用多层筛网结构。

# 三、欠平衡完井方式

欠平衡完井是欠平衡钻井的配套工艺。如果欠平衡钻井结束后仍采用传统方式完井，势必对产层重新造成伤害，导致产能下降，使欠平衡钻井前功尽弃，从而降低欠平衡钻井的综合经济效益。欠平衡完井的基本目的是使产层免受完井（包括压井、固井等）带来的地层伤害。

## （一）欠平衡完井的适应性

欠平衡完井作为欠平衡钻井的自然延伸，可将完井过程的地层伤害降到最低程度，这对于正确评价油气层和最大限度发挥油气井自然产能具有重要作用。但在确定选择欠平衡钻井和欠平衡完井之前，也必须充分考虑地质条件，施工作业条件以及后期采油气工程技术的要求。有时，在完井作业中保持欠平衡状态是非常有意义的，有时则不然。以下几条规范提供了选择欠平衡完井的一般原则：

（1）对于必须进行压裂投产的井，如果必须进行固井，没有必要进行欠平衡完井。

（2）如果在钻井过程中采用欠平衡作业只是为了增加机械钻速，在完井时可停止欠平衡作业。对于这种情况，通过欠平衡完井一般不会节省时间，实际反而会花费更多的时间，耗费投资。

（3）如果采用欠平衡作业只是为了防止或减轻循环钻井液漏失，则在完井作业中继续进行欠平衡是合适的。

（4）防止压差卡钻不能作为选择欠平衡作业的唯一依据。

（5）储层评价本身不能用来作为决定继续或停止欠平衡作业的主要依据，因为采用传统方法完井同样可以有效完成油藏评价目标。

（6）如果防止地层伤害是首要目标，则应该继续欠平衡作业。

## （二）欠平衡完井方式

欠平衡完井方式应根据储层特征、井筒稳定性、出砂趋势以及后期工程技术要求进行综合评价后确定。

1.裸眼完井

裸眼完井分先期裸眼完井和后期裸眼完井，能够实施欠平衡完井的是先期裸眼完井方式。先期裸眼完井是在产层顶部下入技术套管并固井，然后采用欠平衡钻井方式钻开产层裸眼完井。

2.衬管完井

常用衬管完井方式也有两种完井工序。通常欠平衡完井只能采用与先期裸眼完井相似的完井工序，即钻头钻至油气层顶界后，先下入技术套管注水泥固井，再从技术套管中入直径小一级的钻头，在欠平衡条件下钻穿油气层至设计井深，并在产层部位下入预先准备好的衬管（割缝管或预孔管），依靠衬管顶部的悬挂器将衬管悬挂在技术套管上，并密封衬管和套管之间的环形空间，使油气通过衬管的割缝流入井筒。采用这种完井工序，油气层不会遭受固井水泥浆的伤害和钻井液及完井液的伤害，当衬管发生磨损或失效时也可起出修理和更换。

实现欠平衡衬管完井的常用做法是用钢丝绳、钻杆或连续油管将膨胀桥塞下至技术套管鞋的附近，用电点火憋压或其他方式使桥塞膨胀坐封后起出钢丝绳、钻杆或连续油管。然后在常压下入衬管，并从衬管中下入钢丝绳或连续油管将膨胀桥塞解封起出，最后，在压力作用下将衬管加深至设计深度，投产完井。

3.管外封隔器尾管完井

针对储层岩性复杂、层间各向异性大，非均质性严重的油气层，可以采用管外封隔器尾管完井方式。利用水泥浆管外封隔器完井技术可以对裸眼段非目的层进行有选择性的封固，同时又保证不封固油气层段，避免了固井对欠平衡钻井成果的损害。该技术一次作业可同时胀封多个管外封隔器，通过对管外封隔器间油气层的空套管（未固井）射孔投产。它解决了长期困扰人们的常规水力封隔器长期有效封隔地层的完井寿命问题，拓展了封隔器完井技术适用范围，能满足欠平衡钻井保护油层的需要。水泥浆胀封多个管外封隔器完井方案能适应目的层多、井眼稳定性一般的储层，是能满足欠平衡钻井工艺要求的一种较好的完井方案。

4.欠平衡防砂完井

对弱-非胶结储层，必须采用防砂的完井方式。一般采用类似于欠平衡衬管完井工序，即钻头钻至油气层顶界后，先下入技术套管注水泥固井，再从技术套管中下入直径小一级的钻头，在欠平衡条件下钻穿油气层至设计井深，并在产层部位下入防砂筛管（比如各种不同的独立筛管）或采用膨胀管完井工序，使井底结构具有有效的防砂能力。这种完井方式主要在水平井欠平衡完井中使用。

## （三）欠平衡完井工艺的种类

当确定合理的完井方式后，必须采用合适的完井工艺才能保证欠平衡完井的顺利实施。实现欠平衡完井从实质上来说就是不压井作业，使地层处于微流量流动状态，避免井筒完井液伤害储层。目前，主要的欠平衡完井工艺有以下4种：

1.平衡井筒压力完井工艺

所谓平衡井筒压力完井，即位于产层段的全部井筒替入油层保护液，单纯地降低油层段完井液的固相含量和失水量等，而把加重钻井液放在储层保护液顶部以平衡井筒压力，便于后续完井作业。这种完井工艺操作简单，对地层伤害不大，是目前大多数欠平衡井所采用的完井工艺。但从本质上说，这种完井工艺不是真正意义上的欠平衡完井。

2.井下防喷管完井工艺

在欠平衡状态下钻开产层并起出钻具后，为了防止井眼在欠平衡状态下自喷，先用钢丝绳或钻柱在技术套管管鞋附近安放一个膨胀式桥塞，并试压检查其密封情况。此时，技术套管就相当于一个井下防喷管，它可以用于上面所说的各种完井方式。根据桥塞类型的不同，可分两种情况：其一是使用过油管桥塞，验封后，在常压下下入衬管，并从衬管中下入钢丝绳或连续油管将膨胀桥塞解封起出，最后在压力作用下将衬管加深至设计深度，投产完井；其二是验封后在常压下下入生产管柱时，将打捞筒接在衬管底部一起下入井内，下到膨胀式桥塞上方时，一旦打捞筒与桥塞接触，打捞筒就会抓住桥塞使桥塞解封，接着将衬管下到完井深度后投产，桥塞和打捞筒可留在井下。这种方法还可以在欠平衡条件下下入较长的井下完井组合工具，如油管传送射孔枪和防砂筛管。用连续油管可以将组合工具下入井内，它是较理想的传送工具。

另外，类似工具还有贝克半阀封隔器，它可以在欠平衡钻井结束后由钻杆下入并膨胀坐封在技术套管底部。半阀封隔器坐封后实现了井下关井，这样可以下入完井管柱，在管柱的最下端带有封隔器插管，通过插管打开半阀封隔器进行生产，同时半阀封隔器还能有效封闭油套环形空间，充当采油气封隔器使用。采用这种工具时，只能采用裸眼完井。

3.基于不压井设备的完井工艺

当进行欠平衡完井作业时，如果不采用压井或井下关井的措施，井口一般带有一定的压力，这个压力会给管柱一个上顶力。在起钻后期或下入管柱的初期，由于管柱自重较小，上顶力大于管柱自重时，管柱就会喷出或无法下入，这时就需要在井口安装不压井起下钻设备来完成管柱的起出和下入。虽然不压井起下钻装置在现场的修井和完井作业中取得了较好效果，但也存在3个方面的问题：

（1）装置体积较大，需要占用井场位置，且在一定程度上影响到钻工的井口操作；

（2）作业速度特别慢，而且影响正常的起下钻作业；

（3）作业费用较高。

4.井下套管阀完井工艺

由于不压井起下钻装置存在上述问题，国外公司都相继开发了各自的新型井下套管阀完井工具，这些工具可以保证起下钻快速、安全以及完井过程的欠平衡状态，实现钻井、完井全过程的欠平衡状态，极大地提高了欠平衡钻井的效率和油井产能。

根据套管阀的控制机理分为两种类型，一是水力控制型，二是机械控制型。水力控制型主要通过水力控制管线由地面控制阀的动作进行控制；机械控制型则通过井下钻井和完井工具组合（BHA）来实现控制阀的动作，它不像水力控制那样需要额外的控制管线，需要专门配套井口，费用相对要低。

# 第二节　完井参数优化设计

## 一、自然完井设计方法与应用

自然完井主要包括裸眼完井、衬管完井（包括割缝管和预孔管）及射孔完井，下面将主要论述衬管完井和射孔完井的完井参数设计和产能评价方法。

## （一）割缝衬管完井优化设计

割缝衬管是有一定挡砂能力的机械防砂设备，在自然完井或机械防砂中占据重要地位。由于割缝衬管在井下一直处在高温，高压及高流速的环境中，且流体介质含有大量矿物质，对衬管有较强的腐蚀作用，还可能因结垢堵塞缝眼；由于地层砂的存在，割缝衬管受冲蚀造成的质量损失也可能很大，割缝部位如不能加强抗腐蚀及磨损的能力，极易造成割缝尺寸的扩大，对有防砂要求的油气井会影响防砂效果，最终造成防砂失效。割缝衬管完井是一种较为简单、实用的完井技术。割缝衬管既可用于常规支撑井壁（不防砂）完井，也可作为防砂筛管和砾石充填筛管。在设计割缝参数时，必须综合考虑产能、防腐、防垢、防砂和强度的综合需求。

1.衬管完井参数设计

割缝衬管完井参数主要包括缝宽、缝长、缝密、布缝方式与缝腔结构、割缝相位和缝眼面积比等。割缝衬管设计时必须满足产能要求，同时又必须挡住地层砂（如果存在出砂可能），缝宽设计是独立于产能设计的重要参数。

（1）割缝衬管缝眼方向主要有垂直于衬管轴线方向和平行于衬管轴线方向两种。布缝方式指缝眼的分布模式，主要包括垂向平行割缝、轴向平行割缝、轴向交错割缝、轴向成组交错割缝以及螺旋割缝等。由于垂向平行割缝筛管强度低，目前主要采用了轴向交错和成组交错布缝方式。

缝腔结构是割缝衬管的重要参数，它不但影响缝眼过流阻力，而且影响挡砂效果。缝腔结构主要有三类，即矩形缝腔、梯形缝腔和复合缝腔。

矩形缝腔管壁内外缝宽基本相同，容易出现砂粒堵塞，已经很少采用，现在主要采用外窄内宽的梯形缝腔（斜面夹角12°左右）或复合缝腔结构，这两种缝结构有"自洁"作用，即进入到缝腔中的细砂粒很容易被油流冲走，不易形成砂堵，可显著地减少流压的损失。

（2）缝宽是指割缝管外壁单个缝眼的宽度，缝宽大小与割缝加工工艺有关。割缝衬管的加工工艺主要有刀片线切割、等离子切割、火焰切割，激光切割和水射流切割，不同加工工艺下的缝眼质量不同（包括毛刺、形状、内外一致性等），能实现的最小缝宽也不同。目前，刀片切割最小缝宽为0.3~0.5mm，等离子割缝最小缝宽可达0.15mm，激光割缝和水力射流割缝最小缝宽可达0.1mm。

缝宽通常有两种设计原则：一是基于形成砂桥来控制地层砂的设计原则；二是基于完全阻止砾石移动的设计原则（用于砾石充填）。如果确定地层没有出砂可能，则缝宽设计主要从产能和强度方面考虑，这种情况则可不选用割缝衬管而应选择预孔管完井，因为预孔管相比割缝管来讲更经济。

2.割缝衬管防腐防垢设计原则

割缝衬管防腐是指在能够保护套管的前提下，防止割缝筛管自身因腐蚀而失效。石油套管和割缝衬管、油管在井下的腐蚀主要是电化学腐蚀。在电化学腐蚀介质中，只有使其电极电位的绝对值高于套管的电极电位绝对值，或者在割缝筛管与套管外还有电极电位绝对值更高的材料，如牺牲阳极保护材料的存在，既可以保护套管，又能够保护割缝筛管。如果只是割缝筛管采取了防腐措施，如喷涂有机防腐层或采取化学镀等，但割缝筛管与套管之间不能保证绝缘，那么割缝筛管将首先加快套管的腐蚀，然后在某点上集中加大自身的腐蚀。因此，割缝筛管的防腐设计必须以保护套管为前提条件，遵循全面考虑、相互兼顾、统一设防的原则。在割缝筛管上装带牺牲阳极保护圈，既可以保护割缝筛管，又能够保护套管；或者选择电极电位绝对值较高的管材制作割缝筛管。

割缝筛管的防垢主要是指缝壁面的防垢。割缝筛管的防垢设计，除要求割缝筛管整体防垢外，重点强调割缝筛管缝隙防垢。由于普通碳钢、不锈钢均为负电性金属。衬管材料标准电位绝对值越大，金属表面负电荷密度越大，溶液中的$Ca^{2+}$、$Ba^{2+}$、$Sr^{2+}$社离子就会吸附在带负电的金属表面。一旦井液环境（如温度）发生变化，井液处于过饱和状态时，在金属表面便会产生$CaCO_3$，$CaSO_4$，$CaSO_4 \cdot 2H_2O$、$BaSO_4$和$SrSO_4$等晶核，并逐步长大成晶体，形成壁面结晶垢。因此，从防垢的角度出发，宜选用标准电位绝对值较低的材质制作割缝衬管。

目前采用陶瓷刀片切割加工的割缝管，由于陶瓷刀片使用立方氮化硼（CBN）进行了铺敷处理，切割时由于高温作用使得部分硼渗进缝隙壁面的金属结构中，并与钢铁形成铁硼化合物，可以大幅度地提高缝隙壁面的耐磨性、防腐性以及抗高温氧化性能。因此，陶瓷刀片线切割加工有利于提高割缝管的抗蚀防垢能力。另外，采用等离子切割技术在对衬管加工的同时可对缝腔表面进行高频淬火和电化学处理，在筛管割缝表面能形成0.1～0.2mm厚的淬硬防腐层，割缝表面光滑，不存在残渣和微裂纹，可有效地提高割缝的耐磨损和耐腐蚀性。

## （二）射孔完井优化设计

不管哪种完井方式，最终的目的都是得到高的油气井产能，射孔完井也不例外。在射孔完井中，除了要选择合理的射孔工艺、保证高质量的射孔施工外，就是对射孔参数进行优化设计。

1.主要射孔工艺技术

射孔工艺的选取主要根据油气藏地质特征、流体特性、地层伤害状况、井类型（直井、斜井或水平井）、套管程序和油气井试油投产或完井目标等来进行，不同射孔工艺的使用条件也存在一定差异。在不易垮塌地层的水平井中，为了有效防止气、水锥进，便于分层段开采和增产作业，越来越多的水平井采用射孔完井方式。水平井射孔枪一般采用油管或连续油管输送，水平井射孔井下总成一般包括定位短节、引爆装置、负压附件、封隔器、定向射孔枪、扶正器和滚珠引鞋等。

由于水平井射孔层段长且跨度大，射孔枪起爆的安全性和传爆的质量是重点考虑的对象，一般都采用多个起爆器。水平井射孔虽然都采用压力引爆，但根据不同目的和用途又派生出多种形式，比如油管加压引爆、环空加压引爆、压力开孔装置＋压力（延时）起爆、压差开孔装置＋压差（延时）起爆、开孔枪＋压力（延时）起爆、一体式压力（延时）起爆开孔装置以及隔板传爆等。

隔板传爆技术的基本原理是用隔板火工件封堵夹层枪两端，将射孔枪爆轰能量通过隔板传爆装置可靠地传递至夹层枪以下射孔枪，爆炸后的夹层枪两端处于密封状态，井液不能进入。射孔后射孔枪串提至井口，隔板传爆装置泄压阀能安全、可靠地释放夹层枪内压力，否则夹层枪内部憋压。其优点为：适用于各类有枪身射孔作业；可靠传递爆轰能量，能量输出稳定，耐压100MPa，密封可靠；夹层枪内无污染，对海上油田不会造成平台、海洋污染，重复使用夹层枪时不用清洗；接头上的泄压阀能可靠释放夹层枪内气体，卸枪更安全，提高拆枪速度，降低劳动强度；该装置既可以从上至下传爆，也可从下至上传爆，安全可靠。该项技术已在渤海湾油田成功推广使用，取得了良好的经济效益和社会效益。该技术的应用将大大减少环境污染，提高作业安全和作业效率。

水平井射孔的另一关键是选择合适的射孔枪，必须要求射孔枪能安全地送到目的层，并能安全起出。这就要求射孔枪在曲率井段内通过时不产生塑性变形，枪身内弹架旋转自如，射后枪身变形小且孔眼处无撕裂。因此，根据实际地层情况选用经热处理等特殊工艺用无缝钢管加工而成射孔枪，一般射孔后毛刺高度不超过3mm，最大膨胀不超过5mm。

其次是选择水平井的射孔方位。水平井射孔方位有周边射孔（360°）、低边射孔（60°、120°）、高边射孔和定向180°等几类。射孔方位的选择主要取决于地层坚硬程度，一般情况下，特别是胶结疏松地层，射孔方位大多采用180°～120°，以免水平井段上部因射孔后岩屑下落堵塞井筒。射孔方位是通过水平井射孔枪的定向来实现的。目前射孔枪的重力定向有两类，即外定向和内定向。其中，外定向是采用在枪身外焊翼翅，配合转动接头，靠翼翅与井壁摩擦阻力不平衡，在偏心重力作用下实现枪串的整体转动来进行射孔定位；而内定向是在枪身内采用弹架偏心设置，配合偏心支撑体，在偏心重力作用下弹架旋转实现每根枪射孔定位。由于内定向的精度高，定向效果易检测，且可安装尺寸相对较大的射孔枪，国内目前普遍采用内定向。内定向又有偏心旋转和配重块旋转两种方式之分。

需要特别提及的是，近年来国外水平井或大位移井连续油管输送射孔发展很快。由于连续油管施工安全、快捷和对油气藏特有的保护作用等特点，在国外油气田开发中获得了广泛的应用。

2.射孔单元产能预测

为了科学地评价射孔过程对地层的伤害、预测不同射孔条件下的射孔井产能，需要利用室内实验、理论方法及现场试验等手段针对不同储层类型、不同流体类型以及不同井的类型，结合相应的射孔工艺进行研究，弄清不同条件下射孔参数与油气井产能的关系，以便科学合理地指导施工。

一般来讲，由于直井打开的地层厚度不大，因而可以忽略打开段井筒压力对产能的影响，即可作为一个打开单元考虑；但水平井则不同，由于水平井段长，脚趾压差会影响水平井产能，打开单元（相当于一个小的井段）的产能评价不能作为整个水平井射孔完井的产能评价。水平井射孔完井全井的产能评价应考虑地层渗流、井筒压降、井身轨迹、渗透率分布等因素相互作用的影响。

研究射孔影响因素与产能之间的关系目前有两大类方法。一类是物理模拟方法，另一类是数值模拟方法。根据这些方法，可以获得射孔参数、地层参数、污染参数、流体参数与油井产能之间的关系。由于问题的复杂性，首先是考虑较为简单的油气藏情况，然后根据油气田实际情况考虑更为复杂的因素，得出适合于油田的较为准确的射孔完井产能规律预测方法，经过实际应用，在实践中不断补充和完善。

3.射孔压差设计方法

完井设计要求在既安全又经济的条件下保证完井段压力损失最小、产量最高。按照实施射孔时井筒压力与地层压力的关系，可把射孔作业分为负压射孔（包括动态负压射孔）、正压射孔和超正压射孔。由于常规正压射孔时射孔液的压持效应，伤害地层的风险极大，目前很少采用。负压射孔和超正压射孔都能改善油气井的生产能力，目前已在世界范围内获得了大量应用。前者几乎成为一种工业标准，而后者则是前者的有益补充。为了保证在油气井安全的前提下获得预期的射孔效果，必须对射孔压差进行科学设计。

负压射孔就是指射孔时造成的井底压力低于油藏压力。负压射孔出发点的关键在于利用射孔瞬间负压产生的高速回流冲洗孔眼，运移由于射孔压实造成的孔眼堵塞物，以获得清洁无伤害的孔眼，因此负压值是负压设计的关键。一方面，要保证孔眼清洁、冲刷出孔眼周围的碎屑压实带中的细小颗粒，满足这一要求的负压称为最小负压。另一方面，负压值又不能超过某个值以免造成地层出砂、孔眼垮塌、套管挤毁、封隔器失效和其他方面的问题，对应的这一临界值称为最大负压。合理射孔负压值的选择应当是既高于最小负压又不超过最大负压。

负压射孔能有效地提高油气井产能，得到广泛应用，但其效果与油气田的射孔工艺水平、负压设计水平和储层物性有极大关系。对于没有进行优化射孔的低渗油气藏，可能出现虽采用负压射孔但负压选择偏低的情况，产层产能仍未充分发挥；对于低渗、严重伤害的油气藏，完全清洁孔眼要求的负压值较高，有时可能无法实现；对于层间非均质严重的地层，在同一负压下射孔，孔眼的清洁程度不一；对于油气藏欠压情形，有时会出现采用全井掏空也不能达到理想负压值的情况；对于弱胶结地层，负压能满足孔眼清洗要求但又可能造成地层出砂。因此，采用负压射孔虽能改善这些情况下井底附近的流动能力，但达不到最优值，在这种情形下应寻求更为有效的方法。动态负压射孔可以实现更高负压，但动态负压值不易控制，需要对井筒压力动态进行数值模拟，才能达到预期效果。

超正压射孔（Extreme Overbalance Perforating，简称EOP）则完全避开了这些问题，它在射孔瞬间井底压力大于地层破裂压力的条件下完成点火射孔。射孔点火后，射孔液垫立刻在高压压缩气体膨胀能的驱动下以很高的流动速度快速冲击孔眼。由于液体几乎是不可压缩的，它就像楔子嵌入岩石一样使孔眼迅速起裂。液体或其中的支撑剂将以高达16m³/min的速度冲蚀地层，形成稳定畅通的流动通道。一般来讲，当气体到达孔眼时EOP裂缝扩展立即终止，因为气体将迅速滤失进入地层。

EOP作业时，井筒施加的压力必须足够大。首先它必须超过当地岩石最小主应力，其次还必须穿透孔眼中滞留的不渗透弹屑物。这些弹屑在常规作业中常常会影响作业效果。研究表明，要克服这些弹屑障碍物，实施的超正压压力梯度必须足够高，通常在30kPa/m以上。

对实施EOP作业的井，孔眼（压实）伤害带来的孔眼流动能力降低的影响是很低的，因为弹屑还来不及硬化就被冲入裂隙的远端，孔眼周围岩石破碎导致的渗透率降低已经被产生的高渗透裂缝掩盖而变得微不足道了。同时，气体在通过孔眼时速度将接近声速，也会对孔眼和裂缝壁面产生冲蚀和摩擦作用，提高渗透能力。

超正压射孔工艺的效果与井口施工压力、液氮用量、液垫用量以及地层物理性质密切相关，其中射孔时井口压力（或射孔压差）十分关键，相应的井底压力必须大于井底地层破裂压力，对射孔地层井底破裂压力的准确预测也直接影响施工参数的合理选择。

## 二、防砂完井设计方法与应用

按照目前国际上通行的分类方法，把防砂完井分为独立筛管防砂和砾石充填防砂两个大类。根据储层特征和工艺要求，派生出很多种类型的防砂完井系列，比如割缝衬管完井、绕丝筛管完井、金属纤维筛管完井、烧结陶瓷筛管完井、金属毡筛管完井、管内绕丝筛管完井、管内金属纤维筛管完井、管内烧结陶瓷筛管完井、管内金属毡筛管完井、多孔冶金粉末防砂筛管完井、管内多孔冶金粉末防砂筛管完井、各种复合筛管完井、裸眼砾石充填完井与管内砾石充填完井等。

## （一）防砂完井设计方法与应用界限

防砂完井设计必须根据地层砂粒度分布、地层抗压强度、水平井长度以及完井目标，结合不同防砂完井的特点和适应性，并进行细致的分析、评价和设计。基本步骤如下：

**1.地层砂样分析与粒度曲线测定**

全面获取不同深度处地层砂样是防砂设计的关键之一。应根据地层砂成分分析和特征，选择合适的筛析方法（干式振动筛析和湿式激光粒度分析）。

**2.确定筛管滤砂类型**

筛管防砂主要目的是在维持油气井正常生产的情况下，防止地层出砂，必须阻止地层砂进入井内。研究表明，为了防止筛管堵塞，不论是独立筛管完井还是砾石充填完井，低于40um的粉砂必须产出。目前，筛管滤砂的方式有两种：一种是将地层砂挡在筛管的外部，即表层滤砂；另一种是将地层砂挡在筛网处，容许地层砂进入筛管，即深层滤砂。一般割缝衬管和绕丝筛管属于表层滤砂，预充填筛管，滤砂筛管和复合筛管都属于深层滤砂。表层滤砂的防砂筛管一般不易堵塞，而深层滤砂的防砂筛管则容易被堵死，设计时必须注意这点。

**3.确定防砂目标**

防砂目标是指确定防砂完井是否容许细粉砂通过筛管从油管产出，筛管堵塞后是否容易清洁或解堵；绕丝筛管也容许细粉砂产出，以防止堵塞；但复合筛管一般不容许粉砂产出，极易产生堵塞。选择时必须注意细粉砂的含量，判断所选用的筛管是否适合。

**4.确定工艺可行性**

主要从地层强度、水平井长度、工艺复杂性和经济性来考虑。选择水平井防砂完井方法时要考虑的关键因素是地层强度和完井长度。

砾石充填完井对完全非胶结砂岩非常适合，也只有采用砾石充填（裸眼或套管）才能获得最大的井筒稳定性和期望的产能。有三种情况尽量不要使用砾石充填：

（1）水平井段太长（超过600m），无法实现全井段充填。

（2）地层强度太低，水平井眼不可能保持完全通畅。

（3）充填费用太高。虽然砾石充填可成功应用于胶结强度较高地层，但完井成本就高了，井段长了同样无法保证全井有效充填。

独立筛管完井（SAS）是长水平井完井唯一经济的选择，适用于长水平井和不适宜砾石充填的水平井。独立筛管完井曾被称为自然充填完井，但只有在非胶结地层，这一概念才准确。当SAS用于非胶结地层水平井，投产时地层的粉砂和细砂会从筛管产出，较大的地层砂会被挡在筛管与地层的环空，从而进一步阻挡一些细砂进入，这一过程很容易被理解为自然充填。

独立筛管完井包含很多种类，具体选择通常从经济和挡砂的角度出发。割缝衬管最便宜，但防砂能力最差；大直径预充填筛管防砂效果好，但成本高，且筛管容易被堵塞；绕丝筛管通常适用于砾石充填完井，筛缝尺寸设计为可阻挡砾石即可；复合筛管的开孔尺寸较小，能阻挡全部地层砂，更容易堵塞。

5.水平井防砂完井技术应用界限

通过上述分析，水平井防砂完井方法的选择必须充分考虑设计难易、安装复杂程度、筛管强度、产砂风险、筛管堵塞风险、冲蚀风险、油气井产能、完井费用等综合影响，其过程是十分复杂的。

## （二）防砂完井工艺参数优化设计

下面按砾石充填防砂和独立筛管防砂两个大类分别阐述防砂完井参数设计。

1.砾石充填防砂完井设计

砾石充填应当是防砂效果最好的方法，主要分为裸眼砾石充填和套管固井管内砾石充填，采用两级挡砂方式，即充填的砾石阻挡地层砂，筛管阻挡砾石。砾石充填防砂的施工设计应符合三条基本原则：一是注重防砂效果，正确选用防砂方法，合理设计工艺参数和工艺步骤，以达到阻止油层出砂的目的；二是采用先进的工艺技术，最大限度地减少对油井产能的影响；三是注重综合经济效益，提高设计质量和施工成功率，降低成本。防砂设计要形成一套完整的程序，有利于方案的系统化和规范化，从而提高施工设计的质量。一般程序为：充填方式选择→地层预处理设计→砾石设计→防砂管柱设计→携砂液设计→施工工艺设计。

（1）根据防砂油层、油井的特点和设计原则，结合完井类型选择合适的砾石充填方式。

（2）砾石尺寸优选：

①地层砂粒径分布。取得有代表性的砂样并对其进行分析，是各种防砂工艺设计的基础。橡皮取心筒取得的全尺寸岩心能真实代表地层砂，但有时候长井段的取心成本高。井壁取心会混入钻井液中的固体颗粒，提捞砂样以地层砂中的粗砂为主，而采出砂以细砂为主。一般对均匀地层，3～6m的取心间距可以得到可靠程度较高的砂样，从而作为选择正确砾石尺寸的基础。

目前最常用的粒度分析方法是筛析法，得到粒径与累积质量分数的关系曲线为一条S形曲线，即筛析曲线。它基本反映地层砂的特性，可以作为选择充填砾石尺寸的依据。

②砾石尺寸选择。砾石充填于射孔孔眼以外以及绕丝筛管（或衬管）及套管的环形空间中，形成一定厚度的挡砂层。如果砾石尺寸选择得当，被地层流体携带入井的地层砂就

会被挡在砾石层之外。液流中的部分细砂被携入砾石层内。流动一段时间后，地层砂中较大的砂粒在砾石层表面形成稳定的砂桥，砂桥将更细的地层砂阻止在更外面。经过自然选择，在砾石层的外面形成一个由粗到细的滤砂器，既有良好的渗透能力，又能阻止产层大量出砂。

（3）绕丝筛管的几何尺寸主要指缝隙尺寸、筛管直径以及筛管的长度。绕丝筛管应能保证砾石充填层的完整，故缝隙尺寸原则上应小于充填层中最小的砾石尺寸，一般为最小砾石尺寸的1/2~2/3，推荐采用2/3设计，或查砾石与绕丝筛缝的配合尺寸。

选择筛管直径时，应考虑在筛管和套管之间留出足够的环形充填空间使砾石层有足够的厚度，从而具有良好的挡砂能力和稳定性。同时，如果环空间隙过小，在进行砾石充填时容易产生堵塞。推荐砾石充填环形空间的径向厚度不小于20mm（射孔井）。

生产筛管长度应超过产层上下界各1.0~1.5m以正对产层，信号筛管（Tell-tale Screen）尺寸（缝隙和直径）与生产筛管尺寸相同，长度为1~3m。光管长度一般为20~30m。

（4）砾石充填管柱设计：

①信号筛管：信号筛管的缝隙和直径尺寸与生产筛管相同，长度为1~3m。

②光管：光管一般为光油管（也称盲管），位于充填工具和生产筛管之间以及两主体筛管之间，用于在井筒环形空间内储备砾石，以补充由于砾石密实性沉降造成的亏空。光管直径等于筛管中心管直径。光管长度的确定方法为：产层厚度小于30m时，光管与主体筛管的氏度比1∶1；若产层井段超过30m，光管长度至少30m；若产层中间夹层厚度超过30m，应采取分层充填。

③冲管：冲管外径与筛管的中心管内径之比应大于0.6，推荐选取0.8。

④扶正器设计：扶正器的最大外径应比套管内径小4~6mm。扶正器在管柱上的分布距离由井斜角确定。井斜角为0°~45°时，扶正器间距为8~10m；井斜角为45~70°时，扶正器间距为4~5m；井斜角超过70°时，扶正器间距为1.5m左右。扶正器布置在筛管与筛管的接头位置。

⑤充填工具：井斜大于45°时，不采用皮碗式充填工具，而采用卡瓦式充填工具。

（5）充填砾石的质量直接影响防砂效果和完井产能。因此，砾石的质量控制十分重要。砾石的质量包括砾石尺寸的合格程度、砾石的球度和圆度、砾石的酸溶度及砾石的强度等。

①砾石尺寸的合格程度：根据API砾石尺寸合格程度的标准，大于要求尺寸的砾石重量不得超过砂样的0.1%，小于要求尺寸的砾石重量不得超过砂样的2%。

②砾石的强度：API砾石强度的标准是抗破碎试验所测得的破碎砂质量分数不得超过规定的数值。

③砾石的球度和圆度：API砾石圆球度的标准是砾石平均球度应大于0.6，平均圆度应大于0.6。

④砾石的酸溶度：API标准是在标准土酸（3%HF+12%HCl）中砾石溶解质量分数不得超过0.1%。

⑤砾石的结团：砾石试样水浊度不大于50度。API标准是砾石应由单个石英砂粒所组成，如果砂样中含有1%或更多个砂粒结团，该砂样不能使用。

（6）砾石充填防砂所用的砾石数量主要由充填部位的体积决定。为了保证施工质量，设计用量时要考虑足够的附加量。一般以多挤入为好，可提高防砂效果。

砾石充填量为管内充填量、管外充填量及附加量三者之和。管内充填量为盲管段环空容积、筛管（包括生产筛管和信号筛管）段环空容积与口袋容积之和。新井管外充填量为射孔孔眼的容积；老井由于出砂期长，地层亏空较严重，管外充填量由累积出砂量和孔眼容积确定。附加量根据具体情况而定，一般为理论充填量的20%左右。通常用充填效率（即实际充填砾石量与理论砾石充填量之比来）来评价砾石充填程度。

（7）选择筛管或衬管时，应考虑防砂井的具体条件和综合经济效益。如果井液腐蚀性强，产层砂较粗，产能偏低的产层适合选用割缝衬管，反之选用绕丝筛管；井段超过30m的产层，应考虑使用绕丝筛管，虽然长井段施工和修井费用高，但使用绕丝筛管寿命长，综合经济效益好；海上油气田则应选用成功率高、生产周期长的绕丝筛管。此外，特殊油气井条件应当选用特殊材料和机械结构的绕丝筛管，如高含硫化氢井可选用抗硫能力强的1Cr18Ni12Mo2Ti不锈钢材质；热采井可采用滑套式筛管，以防止筛管与中心管因膨胀系数不一致而造成的损坏；某些油气井中还可选用预充填双层或多层绕丝筛管。

绕丝筛管有绕线式、开槽式、肋条式和全焊式4种类型。其中，绕线式流通能力最差，全焊式流通能力最好。绕线式、开槽式和肋条式都有一块被绕丝压住的凸块以保持缝隙不变。用焊条或焊珠将绕丝固定在管子上。在高温、腐蚀环境中，凸块以及焊珠、焊条会首先受到腐蚀。

全焊式筛管采用电阻焊将钢丝沿每个内肋接触点全部焊牢，没有焊条、焊珠和凸缘压块，这样可获得更大的流通面积，且绕丝缝隙可以达到很小，同时其强度高，不会因打捞作业损伤和受腐蚀而失去完整性。

（8）砾石充填用携砂液要求与其他完井液和修井液一样，必须对地层无固相伤害，能有效阻止黏土的膨胀与运移，有效防止原油乳化，保持井内压力平衡。根据不同的施工工艺及完井类型，选择不同黏度的携砂液。普遍采用以2%KCl溶液为基液、以高分子聚合物为稠化剂的盐水凝胶液，主要包括低黏、高黏和中黏携砂液三大类。

# 第三节　钻井完井液与射孔液

## 一、钻井完井液功能及基本要求

### （一）钻井完井液功能

不同的油气藏及不同的钻井工程要求所使用的钻井完井液类型及性能各不相同，但其基本要求都相似，即它一方面必须具有钻井液的功能，另一方面又必须满足保护储层的要求。钻井完井液必须具有以下功能：

（1）控制地层流体压力，保证正常钻井。

（2）具有满足钻井工程必需的流变性。

（3）稳定井壁。

（4）改善造壁性能，提高滤饼质量，稳定井壁，防止压差卡钻。

（5）其他钻井液所必须具备的功能。

（6）钻井液除具有上述功能外，还必须能较好地防止对所钻储层的伤害。

（7）完井液对储层的伤害程度与储层特性和完井液性质有关。

### （二）钻井完井储层伤害特点

钻开储层的过程一般都要维持一段时间，对储层的伤害包括从钻开储层起一直到固井完成为止的全过程，其中压差、浸泡时间及环空返速均有影响。就其对储层伤害的一般规律，可对其影响因素归纳如下：

1.钻井完井液中的固相含量及固相粒子级配

在钻开储层时，使用钻井完井液必然对储层造成一定程度的固相粒子堵塞，钻井完井液中固相含量越高，对储层伤害越大。固相对储层伤害的大小决定于固相粒子的形状、大小及性质和级配。在钻井完井过程中，大于储层孔喉直径的粒子不会侵入储层造成伤害，而比储层孔喉直径小的粒子进入储层造成伤害的可能性极大。颗粒越小，侵入深度越大。若钻井液中含有细颗粒或超细颗粒，则侵入深度和伤害程度更大。若钻井液中各种大小直径的颗粒都有，则细粒子及超细微粒的侵入深度将降低，但在伤害带的伤害程度并不减小。

2.钻井完井液对黏土水化作用的抑制能力

储层中黏土矿物的水化膨胀、分散运移是储层水敏伤害的根本原因。钻井完井液对黏土水化的抑制性越强，则地层水敏伤害越小。

3.钻井完井液滤液与地层流体的配伍性

钻井完井液滤液与地层流体若经化学作用产生沉淀或形成乳状液，都会堵塞储层，其中水基钻井完井液滤液与地层水的不配伍可能形成各类沉淀是最常见的伤害。

4.各种钻井完井液处理剂对储层的伤害

各类钻井完井液处理剂随滤液都将与储层发生作用，尽管其作用类型、机理会因处理剂种类和储层组成结构不同而异，但大多会对储层产生不同程度的伤害。由于处理剂是钻井完井液的必要成分，针对油气藏特性选择适当的处理剂，是钻井过程中保护储层技术的又一重要内容。

## （三）保护储层对钻井完井液的要求

为了实现储层保护，钻井完井液必须满足以下要求：

（1）保持钻井完井液的液相与地层的相容性：①与储层中液相的配伍性，包括不与地层水发生沉淀，不与油发生乳化，无气泡产生；②与储层岩石的配伍性，尤其对于水敏、盐敏、碱敏较为严重的储层，更需特别注意；③对储层润湿性的影响。以上与储层各方面的配伍性需要适当选择完井液的组成，包括处理剂、无机盐、表面活性剂等，用有效的评价方法加以验证评价后确定。

（2）严格按照储层孔喉分布特点，控制钻井完井液中固相（特别是黏土、重晶石）的含量及其级配，以减少钻井完井液中固相粒子对储层的伤害。

（3）注意防止完井液对钻具、套管的腐蚀作用。由于完井液中大多含有各类无机盐（NaCl、KCl、$CaCl_2$等），它们对钻具和套管的腐蚀更为突出，不仅降低钻具和油气井的寿命，而且腐蚀产物会伤害储层。

（4）对环境无污染或污染可以消除。

（5）体系性能稳定，保证井下安全，在深井中还需考虑热稳定性问题。

（6）成本低廉，应用工艺简单。

## 二、钻井完井液体系及其应用

钻井完井过程中，应根据所钻储层的地层压力、岩石组成及结构特性、地层流体情况等不同条件，选择不同类型和不同组成特性的钻井完井液。目前，国内外使用的钻井完井液种类很多，按其成分及作用原理大体可分为3大类，即气基类钻井完井液、水基类钻井完井液、油基类钻井完井液。

## （一）气基类钻井完井液

钻遇低压储层（一般压力系数小于1）时，为了对储层不产生过大的正压差，避免储层伤害，不能采用常规的水基钻井液和油基钻井液。在地层条件允许的情况下，应采用气基类钻井完井液。

1.空气流体

空气流体是指由空气或天然气、防腐剂、干燥剂等组成的循环流体。由于空气的密度低，常用来钻漏失层、敏感性强的储层、溶洞性低压层和低压生产层等。用空气流体作钻井液，机械钻速与用常规钻井液时相比可增加3～4倍，具有钻速快、钻井时间短、钻井成本低等特点。使用空气钻井时，需要在井场专门配备空气压缩机等设备。在一般情况下，地面注入压力为0.7～1.4MPa，环空流速为762～914m/min时能有效地进行空气钻井。它的使用常受井深、地层出水、井壁不稳等因素限制。

2.雾液

雾液是由空气、发泡剂、防腐剂和少量水混合组成的循环流体，是空气钻井完井过程中的一种过渡性工艺。当钻遇地层液体时，如果地层出液量低于24m³/h，可用雾液来钻进低压油气藏；如果地层出液量大于24m³/h，就只能采用泡沫液钻进。在雾液中，空气是连续相，液体是非连续相。当用雾液钻井时，空气需要量通常比空气钻井高30%，有时要高50%。视井内出液量情况，通常要向井内注入20～50L发泡液（其中90%是水、10%为发泡剂）。

为了能有效地将岩屑携带出井口，地面注入压力一般高于2.50MPa，使井内环空流速要达到914m/min以上。由于空气和雾液环空压力很低，是在负压下钻井，对生产层的影响很小。

3.充气钻井完井液

充气钻井完井液是将空气注入钻井液来降低液柱压力。充气钻井完井液的密度最低可到0.5g/cm³，钻井液和空气的混配比值一般为10：1。用充气钻井完井液钻进时，环空速度要达到50～500m/min，地面正常工作压力为3.5～8MPa。在钻进过程中，要注意空气的分离和防腐、防冲蚀等问题。

4.泡沫液

目前，泡沫液是钻进低压产层常用而有效的完井液，用它作为修井液也可收到良好效果。最常用的钻井泡沫液是稳定泡沫。它在地面上形成后再泵入井内使用，故而也称作预制稳定泡沫。稳定泡沫完井液的应用特点为：泡沫密度低，井内流体静压力低；稳定泡沫的携屑能力强；液量低；流体中无固相，除钻屑外，泡沫中可以不含其他的固相（即可不选专用的固体泡沫稳定剂），因而减少了固相的伤害；一般不能回收，无法循环使用。

钻井完井、修井用泡沫的种类很多，但就其基本组分而言，有以下5种：

（1）淡水或盐水：其矿化度和离子种类依地层条件而定，水的含量为3%～25%（体积比）。

（2）发泡剂：是一些具有成膜作用的表面活性剂，种类很多，常用的有烷基硫酸盐、烷基磺酸盐、烷基苯磺酸盐、烷基聚氧乙烯醚和烷基苯基聚氧乙烯醚等。

（3）水相增黏剂：用以提高水相黏度的水溶性高分子聚合物，如CMC等。

（4）气相：空气、氮气，由压风机及专门供气设备提供。

（5）其他：用以提高泡沫稳定性的专用组分等。

泡沫组成（配方）是否合适，除了它与地层是否匹配外，主要看这种组成形成泡沫的稳定性。稳定性强，则其组成（配方）好，反之则差。而泡沫稳定性可用泡沫寿命或半衰期来衡量。泡沫组成确定好之后，能否形成可在井下实际使用的泡沫液，关键在于专用配制设备。目前，国内外都有定型设备供现场使用。综上所述，只要地层条件和井下情况允许，在低压油气藏采用泡沫钻井完井液是目前最好的方法之一。在我国的新疆、长庆等油田的低压产层，都曾成功地使用了泡沫液作为钻井完井液和修井液，收到了明显的效果。

## （二）水基类钻井完井液

这是目前国内外使用最广泛的钻井完井液体系。它是一种以水为分散介质的分散体系，最常用的有三大类。

### 1.无固相清洁盐水钻井完井液

无固相清洁盐水钻井完井液消除了固相对储层的伤害，完井液中完全不含固相而又能满足保护储层及钻井工艺的两大要求。体系为不含任何固相的清洁盐水，用精细过滤的办法保证盐水的清洁程度。依据无机盐的种类、浓度和配比来调整完井液密度，以满足井下需要。用高矿化度和各种离子的组合实现体系对水敏矿物的强抑制性，以控制储层的水敏伤害。用对储层无伤害（或低伤害）的聚合物提高黏度。用对储层无伤害（或低伤害）的聚合物降低失水。必要时采用表面活性剂和防腐蚀剂。

（1）清洁盐水实质上是由清水和一种或几种无机盐配成的盐水溶液。它的密度由盐的浓度和各种盐的比例确定，密度范围为$1.0～2.3g/cm^3$。

同种盐的水溶液，浓度不同，则密度不同，改变浓度则可调整密度；同种盐的水溶液，浓度相同，温度不同则其密度不同。使用时应注意考虑温度的影响。

（2）几种常用无固相盐水的配制：

①氯化钾盐水。氯化钾盐水是针对水敏性储层最好的钻井完井液之一，在地面可以配成$1.003～1.17g/cm^3$的溶液，其密度由KCl的浓度确定。

②氯化钠盐水。氯化钠盐水最为常用，其密度范围为 $1.003 \sim 1.20 \text{g/cm}^3$，为防止储层黏土矿物的水化，在配制过程中一般加 $1\% \sim 3\%$ 的氯化钾。氯化钾不起加重作用，只作为储层伤害抑制剂。氯化钠盐水的密度由 NaCl 的浓度确定。

③氯化钙盐水。深井钻井完井和储层异常高压要求钻井完井液的密度高于 $1.20 \text{g/cm}^3$，而氯化钙盐水密度的配制范围为 $1.008 \sim 1.39 \text{g/cm}^3$。氯化钙有两种：粒状氯化钙的纯度为 $94\% \sim 97\%$，含水 $5\%$，能很快溶解于水中；片状氯化钙的纯度为 $77\% \sim 82\%$，含水 $20\%$。若使用后一种氯化钙，则需增大加量，联合作用可适当降低成本。这种盐水的密度由 $CaCl_2$ 的浓度确定。

④氯化钙/溴化钙盐水。当井眼要求工作密度为 $1.40 \sim 1.80 \text{g/cm}^3$ 时，就需要使用氯化钙/溴化钙盐水。氧化钙/溴化钙在配制时以密度为 $1.82 \text{g/cm}^3$ 的溴化钙液作为基液。降低密度时，将密度为 $1.38 \text{g/m}^3$ 的氯化钙溶液加入基液内调整体系密度。这种盐水的密度由 $CaCl_2$ 与 $CaBr_2$ 的浓度确定。

⑤氯化钙/溴化钙/溴化锌盐水。氯化钙/溴化钙/溴化锌盐水可配制密度为 $1.81 \sim 2.31 \text{g/m}^3$ 时的完井液，专用于某些高温高压井。配制氯化钙/溴化钙/溴化锌盐水时，要视每口井的具体情况及其环境来考虑溶液的相互影响（密度、结晶点、腐蚀等）。增加溴化钙/溴化锌盐水的浓度可提高密度、降低结晶点，最高密度的最高结晶点为 $-9℃$；而增加氯化钙的浓度，则可降低密度，提高结晶点，可使结晶点升至 $18℃$，且组分最经济。这种盐水的密度由氯化钙、溴化钙、溴化锌的浓度确定。

2.有固相无黏土钻井完井液

倘若在盐水中加入一些可后期清除的固相粒子加重钻井完井液，有利于形成滤饼控制失水。这些固相粒子可以在后期用特殊办法消除而不伤害储层，这种特殊的固相粒子叫暂堵剂，这项技术叫暂堵技术。而由此形成的钻井完井液体系就是无黏土有固相钻井完井液体系，又称暂堵型完井液体系。

这类体系由水相和作为暂堵剂的固相粒子所构成。水相一般是与储层配伍的水溶液，显然不会是淡水，而是与储层相适应的加有各种无机盐和抑制剂的溶液。由于不需要从液相考虑体系的密度问题，因此它就简单得多，而且对储层的针对性也强得多。固相部分（即暂堵剂）的作用除对体系加重外，在井壁可形成后期可以除去的内外滤饼，以减少失水。这种固相粒子自身可以溶解于酸、油或水中，依其自身密度和溶解能力可分为酸溶性暂堵剂、油溶性暂堵剂及水溶性暂堵剂。

（1）酸溶性体系：此体系内的所有成分都应能在强酸中溶解。比较常用的酸溶性体系有聚合物碳酸钙钻井完井液。这种体系主要由盐水、聚合物、碳酸钙微粒（2500目）、加重剂和其他一些必要的处理剂组成，密度范围为 $1.03 \sim 1.56 \text{g/cm}^3$。在作业后，用酸化方式可清除沉积在储层井壁内外的固相颗粒或滤饼。

（2）水溶性体系主要由饱和盐水、聚合物、盐粒和相应的添加剂等组成，密度范围为1.0～1.56g/m³。它是把一定尺寸的固相盐粒加入已经饱和的盐水里，并加入聚合物。由于盐粒在饱和盐水内不能再溶解，悬浮在黏性溶液里可起惰性固相作用，这样，盐粒和体系中的胶体成分可起到桥堵、加重和控制滤失的作用。与酸溶性体系相比，暂堵在储层上的盐粒及滤饼不需进行酸化，而只用淡水或非饱和盐水浸洗即可除去。

（3）油溶性体系由油溶性树脂、盐水、聚合物及一些添加剂所组成。其中，油溶性树脂为桥堵材料，聚合物选用HEC，以提高黏度，另需加入一些亲水性表面活性剂使树脂被水润湿。油溶性树脂可由地层中产出的原油或凝析油溶去，也可注入柴油和亲油的表面活性剂加以溶解。这类体系虽有很多优点，但由于油溶性暂堵剂难于悬浮，不能形成结构，并且制备困难，因而在实际使用中应用并不太多。而大量的暂堵剂用于改性钻井完井液体系，改性途径为：

（1）调整钻井液无机离子种类，使之与地层水中离子种类相似，提高钻井液矿化度达到储层临界矿化度以上，或者按"活度平衡原理"，调整钻井液矿化度达到要求，并使钻井液液相与地层水配伍。

（2）降低钻井液中固相含量。

（3）调整钻井液固相粒子级配，根据储层孔喉直径选择粒径与之相当的粒子作为桥塞粒子，同时尽量减少小于1μm的亚微粒子数量。

（4）选用酸溶性或油溶性暂堵剂。

（5）改善滤饼质量，降低钻井液高温高压失水。

目前，改性钻井液被国内外广泛用作钻开储层的完井液，这是因为它成本低，应用工艺简单，对井身结构和钻井工艺没有特殊要求。同时，实践证明，这类钻井完井液也可将对许多储层的伤害降到10%以下，使其表皮系数很低以致接近于零。

另外，在实际使用中，由于很多实际问题使专用的完井液体系（如清洁盐水、无黏土相暂堵体系）无法使用。比如，储层上部有未被套管封隔的坍塌层，为保持该井段井眼的稳定，必须使钻井液具有较高的密度，这样钻开储层必然产生一个较大的正压差；又如，所钻储层本身就是坍塌层，钻井完井液必须具有良好的防塌性能；再如，深井深部储层高温作用等，都是专用完井液难以解决的技术难题。而且在实践中常会钻遇多套含油气层系，各油气层组之间是富含黏土的泥页岩夹层，这时专用完井液在使用中很难一直维持其原有组成和特性，仍将成为含有黏土粒子的钻井液体系，失去专用完井液的优势。

综上所述，在实际生产中，由于井下情况复杂，油气层并不单一及套管程序的限制无法采用和维持专用完井液，只有采用能对付井下各种复杂情况的钻井液进行改性，以使它对储层的伤害减到最小，是保护储层钻井完井液技术中最有实用价值的部分。目前，国内外的改性钻井液作为完井液技术，大多是以如何尽量减少钻井液对储层伤害为基础的。

### （三）油基类钻井完井液

油基类钻井完井液包括油包水型乳状液（如逆乳化钻井完井液）和油为分散相、固相在油中的分散体系（如油基钻井完井液）。它们都具有热稳定性好、密度范围大，流变性易于调整、能抗各种盐类污染，对泥页岩有很强的抑制性、稳定井壁、防腐等优点，而且由于滤液为油相，避免了储层的水敏作用，一般认为对储层产生很低的伤害，被看成是既能满足各种作业要求，又能保护好储层的完井液。它可以广泛地应用于钻开储层、扩眼、射孔、修井等作业中，也可用于低压储层的砾石充填液，并都在实践中取得了好的效果。但也应考虑其经济性和安全性。

1.油基类钻井完井液对储层伤害机理

实践证明，油基类钻井完井液对储层仍然可能产生伤害。各种油基完井液对储层伤害的机理类似，且可归纳为以下5方面：

（1）使储层润湿性反转，降低油的相对渗透率。

（2）与地层水形成乳状液堵塞储层。

（3）亲油性粒子的微粒运移。

（4）完井液中固相粒子侵入储层。

（5）其他组分对储层的伤害。

2.油基钻井完井液的组成配方

油基钻井完井液的组成配方随其用途和储层特点各有不同，但其基本组成和应用规律则基本相同，且与油基钻井液类似，它们可在有关钻井液专著中查到。但必须对它的各种组分针对所用油气藏进行评价实验以后再进行优选，这样才能获得既能满足钻井完井要求，又具有保护储层功能的钻井液。

## 三、复杂储层的钻井完井液

钻开复杂储层的钻井完井液技术的特殊性体现在两个方面：一方面，在于井下地层对安全正常钻进带来的复杂问题，如钻进过程中的漏、喷、塌、卡事故，也包括由于特殊钻井工艺对钻井提出更高的要求；另一方面，敏感性储层的保护问题将更进一步增加其技术难度，而且往往复杂的钻井问题和储层保护问题交织在一起互相影响而使问题更加复杂化。

### （一）易漏易塌井的钻井完井液

井漏和井塌本身就是钻井所需解决的技术难题之一，它要求钻井完井液必须具备防塌、防漏和保护储层的3种功能。首先是如何保证安全、正常地钻开储层，即必须防漏、防塌、防喷，其后是在此基础上实施保护储层技术。

第一，要确定合理的钻井完井液密度。此密度必须大于造成井壁力学不稳定的侧应力（或坍塌应力），但又必须小于地层破裂应力，同时应很好地调整钻井完井液的流变性及注意钻井工艺（合理的水力参数、合理的钻具组合及适当的起下钻速度），以防止抽汲和压力激动所造成的井塌或井漏。

第二，必须提高钻井完井液的抑制性。这是井壁稳定的需要，同时也是对敏感性储层进行保护的需要。提高钻井完井液抑制性的办法很多，比如用无机盐（特别是$K^+$，$NH_4^+$，$Ca^{2+}$）、高分子聚合物（非离子聚合物、阳离子聚合物，两性离子聚合物等）、无机聚合物、正电胶等，但同时能满足井壁稳定又保护储层的办法却并不十分普遍。因此，必须分别用井壁稳定和储层保护的评价方法进行评价筛选，以获得同时能满足防塌和保护储层抑制性需要的完井液体系。

第三，必须提高体系的造壁和封堵能力。针对地层特点，选择其最佳方式及办法，不仅防塌，而且兼顾保护储层。在采用屏蔽暂堵技术后，有可能提高地层破裂压力，减少井漏的可能性。

第四，若漏层与产层同层，则必须首先堵漏，而且最好是堵漏与屏蔽暂堵统一起来，先堵漏层，以此为基础进行屏蔽暂堵。

第五，必须采用适当的钻井工艺措施。显而易见，钻开这类储层大多采用改性钻井完井液，并且采用屏蔽暂堵技术。

## （二）调整井的钻井完井液

调整井所钻产层的原始平衡状态已破坏，因此，无论从钻井角度还是从保护储层角度，都应针对这种已发生变化的油藏采取有针对性的措施。

一般有两种情况：一是注水开发后，有的单层见到注水效果，压力异常，大大高于其他各层，这种情况下钻调整井过程中，若钻井完井液密度过高就可能漏失，若钻井完井液密度偏低又会发生井涌或井喷；二是溶解气驱开采或多轮次的蒸汽吞吐开采井，产层压力异常低，在钻调整井过程中，会经常出现钻井完井液大量漏失。

遇到上述第一种情况若高压层在上部，则可采用高密度钻井完井液压住高压层，再对低压层堵漏或加入屏蔽暂堵剂，直至低压层能承受高密度钻井液的液柱压力而不漏失时，则可钻完全井各产层；若低压层在下部，则可先堵漏或加入屏蔽暂堵剂，然后逐步加大钻井完井液的密度，钻开高压层。至于第二种情况，则可以采用屏蔽暂堵钻井完井液钻穿全井段。若低压层的薄互层中有高压层，也可以采用与第一种情况类似的方法处理。目前，钻井工程已有解决上述情况的技术和能力。

### （三）深井及超深井的钻井完井液

深井及超深井的钻井完井液的最大特点是应用于高温高压条件下，而且深井、超深井经常使用的高密度钻井完井液（有时密度超过2.00g/cm³）会对储层产生高正压差。因此，深井、超深井钻井必须首先考虑高温的影响，包括高温改变和破坏钻井完井液性能两个方面。

高温的复杂作用使深井及超深井的钻井完井液的井下高温性能及热稳定性变得十分复杂，需要专门的评价方法和专用的耐温处理剂，从而形成了一项特殊的技术。另一方面，由于高温的作用使一些专用完井液如气基完井液、清洁盐水、有固相无黏土相盐水体系等不宜采用，还是采用改性钻井液作完井液为好。同时，由于高温高压和高正压差的存在，而且井越深浸泡时间越长，则为使用屏蔽暂堵技术提供了良好条件。但有两大技术问题需要解决：一是要有在对应高温度（150～180℃）下发生形变的填充粒子，但目前国内还无此产品；二是暂堵效果必须在对深井温度、压差条件下进行评价，才对应用具有实际指导意义。

### （四）定向井及水平井的钻井完井液

作为定向井、水平井的钻井完井液，在钻开储层时必须解决三大技术难题：一是携带岩屑问题（包括解决垂沉现象）；二是大斜度井段、水平井段的井眼稳定问题；三是润滑降摩阻的问题。这三大技术问题在定向井和水平井钻井技术中已经配套解决，这里不作专门论述。定向井、水平井钻井对储层伤害的机理与垂直井相同，但其评价方法有差异，因为水平井应该考虑三向渗透率，然而目前国内尚无公认的测定三向渗透率的仪器及方法，使其保护储层技术缺乏可靠依据。

另外，定向井特别是水平井在对储层伤害的因素上与直井的差异主要有：

（1）储层与完井液接触面积比直井大得多，对储层伤害的可能性更大，储层保护的技术难度更大。

（2）储层浸泡时间长。水平井钻井时间一般较直井长，而且从钻开目的层到完钻所用时间比直井长，伤害范围增加，伤害带半径增大，特别是在储层中的初始水平井段。

（3）对储层压差大。储层中水平钻进时，随水平段增长，流动附加压力作用于所钻储层上，使其压差不断增大。

（4）储层伤害各向异性明显。由于钻具与井壁岩石作用，在井眼下方位的伤害程度要强于侧方位和上方位。

（5）一定压差下，自然返排解堵效果不如直井，辅助性的清除滤饼的方法是必要的，如酸洗、氧化解堵、微生物解堵、复合解堵等。

### （五）保护致密砂岩气层的钻井完井液

低孔隙性致密含气砂岩有常压和超压之分，且裂缝发育。这种特殊的孔隙—裂缝结构和由此而得到的渗流特性，加大了钻井完井液对地层的伤害作用，且易受外界因素影响。加之致密砂岩中黏土的含量及其在裂缝中的分布使之对于外界伤害因素的敏感性很高，增大了气层保护的难度，表现出其特殊性。因此，保护致密砂岩气层的完井液除满足一般钻井完井液的要求外，应特别注意以下问题：

1.提高完井液对黏土水化的抑制性

这种抑制性一方面是为针对储层中的黏土矿物等敏感性矿物，以解决储层水敏性、盐敏性、碱敏性等问题带来的伤害；另一方面是针对夹层的泥页岩，应有效地抑制其水化作用以防止产生水化膨胀对气层产生额外的有效应力。为此，应在完井液中引入无机盐（如 $K^+$、$Ca^{2+}$、正电胶等）及抑制性聚合物，并对夹层的泥页岩进行有针对性的抑制性评价试验研究。

2.特别注意防止微裂缝发生的自吸水作用

致密气层孔隙、裂缝的表面一般都亲水，对于水基完井液来说，即使在负压差欠平衡的情况下也能自动将水吸入气层。裂缝宽度越小，地层原始含水饱和度越低，其自吸水能力越强，吸水量越大，进入储层的水越难排出。如对喉道半径小于 $0.075\,\mu m$ 的孔喉，需大于 10MPa 的压降梯度才能把水排驱出毛细管孔喉。大量吸水会极大地降低气相渗透率，造成气井产能下降，最后形成这类气层特有的水相圈闭伤害。这类伤害沿裂缝大大深入地层深部，其深度可达数米或更多，其伤害后果大大超出人们的想象。

3.适用于保护致密砂岩气层的屏蔽暂堵技术

凡使用钻井完井液正压差钻开储层，固相及液相对气层伤害不可避免，由于这类储层的特性必将使其伤害十分严重，最有效的保护致密气层的办法是有效地制止钻井完井液进入气层，所以有必要采用保护气层的屏蔽暂堵技术。但它与孔隙性油气藏所用屏蔽暂堵技术相比，有其突出的特点。

（1）裂缝宽度的预测。因为对这类储层屏蔽暂堵的对象主要是裂缝，按其堵塞机理必须了解气层井壁裂缝的宽度，才能恰当地选取架桥粒子的尺寸。裂缝宽度可用薄片统计法、压汞法、扫描电镜观察等办法测定。然而，所测出的数据不能真正代表井下裂缝的实际宽度，必须以此为基础根据地层应力敏感性的规律预测出裂缝在井下的宽度及其分布范围，但这是目前国内外都没有完全解决的问题。目前，国内外正在用以下几种办法进行研究：试井、室内模拟实验、计算机模拟实验等。

（2）裂缝性储层屏蔽暂堵技术的作用机理。现在国内外研究证明：固体粒子对裂缝的堵塞主要是桥塞粒子首先在裂缝的狭窄处产生系列架桥作用，把"缝"变成"孔"，然后再在孔上进行类似孔隙型储层暂堵模型的堵塞过程。国内外研究证明，长轴尺寸与裂缝宽度相当的纤维状粒子最为有效。新的研究成果表明，采用高度分散且能生成絮团的纤维效果更好。

（3）裂缝性储层完井液效果的室内评价技术。很显然，它与孔隙型储层用完井液的评价方法是很不相同的，它至少要能反映出裂缝宽度及应力敏感性对完井液效果的影响，目前国内已有相应的方法和标准可供应用。

## 四、射孔液

随着对油气层保护的日益重视及勘探成本的不断增加，射孔液的应用极为广泛。特别是对投资大、风险高的复杂油气田以及海上油气田的勘探开发，更要求应用最合适的完井工艺技术和液体技术，以获得储层的最小损害和油气井的最大产能。伴随环境保护法规的日益严格和环境控制技术的发展和应用，要求在射孔液的研究和使用中采用无毒、低毒、易生物降解的添加剂和体系。

### （一）射孔液类型

目前国内外使用的射孔液种类很多，按其成分及作用原理，大体可以分为以下5大类：

1.无固相清洁盐水射孔液

该体系是由各种盐类及清洁淡水加入适当的添加剂配制而成。该体系保护产层的机理是利用体系中各种无机盐及其矿化度与地层水中的各种无机盐及其矿化度匹配，液体中的无机盐改变了体系中的离子环境，降低了离子活性，减少了黏土的吸附能力。在滤液侵入油气层后，油气层中的黏土颗粒仍然保持稳定，不易发生膨胀运移，因而尽可能地避免油气层中敏感性黏土矿物产生变化。同时，由于射孔液中无固相颗粒不会发生外来固相侵入产层孔道的问题，但这种射孔液对于裂缝性地层、渗透率较高且速敏效应严重的油气层不宜使用。

无固相清洁盐水射孔液体系以清水为基液，使用时必须考虑选择适当的盐类型、盐浓度，以及黏土稳定剂、防乳破乳剂和防腐剂等添加剂。使用无固相清洁盐水射孔液体系应当特别注意两个方面：一方面是必须保证清洁和过滤，以保证无固相要求；另一方面是密度调整和控制应满足射孔压差要求，应当注意井下温度对盐水密度的影响，必须保证井下无盐析出，必要时加入盐结晶抑制剂（如NAT）。

无固相清洁盐水射孔液的优点主要有：

（1）不存在固相侵入地层，可减轻对地层的损害（岩心渗透率恢复值高达80%以上）。

（2）盐水可抑制储层中水敏性矿物。

（3）密度可调范围广（如$ZnBr_2/CaBr_2$体系可在1.07～2.33g/cm³范围内随意调节）。

（4）一般不必加入加重剂就可满足生产要求。

（5）工艺简单，材料种类少，便于现场操作、管理。

无固相清洁盐水射孔液的缺点是对黏土的稳定时间较短，需考虑防腐、控制结晶点，配制时需精细的过滤装备，且成本高。

2.聚合物射孔液

这种射孔液主要用于可能产生严重漏失（裂缝）或滤失（如高渗透）以及射孔压差较大、速敏较严重的油气层。它是在无固相清洁盐水射孔液的基础上，根据需要添加不同性能的高分子聚合物配制而成的，加聚合物的主要目的是调整流变特性和控制滤失量。为了获得更好的降滤失效果，还可以加入不同类型的固体作为桥堵剂。桥堵剂可以是酸溶性（如$CaCO_3$、$MgCO_3$）、水溶性（如盐粒）或油溶性的（油溶树脂）。该体系常加入的聚合物增黏剂有HEC（羟乙基纤维素）改性HEC、生物聚合物XC（黄胞胶）、聚丙烯酰胺（PAM）及其衍生物、木质素磺酸钙或采用合成聚合物等。

聚合物类型和浓度的选择主要是根据滤失量和滤液损害率来确定，总的要求是滤失量小，对产层的伤害小。

3.油基射孔液

油基射孔液可以是油包水型乳状液或者直接采用原油或者柴油加入一定量的添加剂作为射孔液。它具有热稳定性好、密度范围大、流变性易于调整、能抗各种盐类污染，对泥页岩有很强的抑制性，稳定井壁、防腐等优点，而且由于滤液为油相，避免了产层的水敏作用。但应注意，由于某些添加剂（如表面活性剂）的作用可能导致产层润湿反转（由亲水变为亲油），或者是用作射孔液的原油中的沥青或石蜡等乳化剂进入产层形成乳状液，使产层渗透率降低。它可以广泛地应用于钻开储层、扩眼、射孔、修井等作业中，并取得了较好的效果，但使用时需考虑其经济性和安全性。

4.气基射孔液

伴随欠平衡钻井液体系发展而来的气基射孔液是指含有人为充入气体（空气、氮气等）的低密度完井流体，按含气体比例，聚合物及其添加剂类型和密度的不同又分为泡沫射孔液、微泡沫射孔液等。微泡沫射孔液不是聚集在一起的单气泡，而是形成了一种可以阻止或延缓液体侵入地层的微泡网络。微泡沫射孔液的配制和维护简单，微泡沫体积一般能达到8％～14%。

该类射孔液适用于低压裂缝性油气田，稠油油田、低压强水敏性油气层、低压低渗透油气层，易发生严重漏失的油气藏、能量枯竭油气藏以及海洋深水油气井实施完井修井作业。其特点是密度低、滤失量小、保护油气效果好。

**5.酸基射孔液**

该体系射孔液是由醋酸或稀盐酸加入适合不同要求的添加剂配制而成，可使射孔后孔眼中以及孔壁附近压实带物质得到一定的溶解，从而缓解射孔后压实带渗透率的降低及避免残留颗粒堵塞孔道。一般采用10%左右的醋酸溶液或5%左右的盐酸溶液对产层进行处理。与水基射孔液类似，该体系必须加入黏土稳定剂、破乳剂、防腐剂。此外，还应加入铁离子稳定剂（螯合剂）、抗酸渣添加剂（酸与原油接触可能形成酸渣）。

这类射孔液的使用应当注意两个问题：一是防止酸与岩石或产层流体反应生成沉淀和堵塞，尤其是酸敏矿物较多的产层应当慎重选用；二是要考虑设备和管线的防腐问题，尤其是在含$H_2S$高的油气层会引起钢材严重腐蚀和脆裂。

## （二）完井工艺对射孔液的要求

射孔液总的要求是保证与产层岩石和流体配伍，防止射孔过程中和射孔后对产层的进一步伤害，同时又能满足射孔施工工艺要求。因此，必须结合实际地层情况和射孔工艺类型，选择既能保护储层又能顺利完成施工作业的最佳射孔液体系。

可以说，地层伤害的控制和射孔液体系的设计与选择既是一门科学，也是一门艺术。某些情况适用的配方未必能适应其他情形。一般来讲，常规射孔工艺（如电缆传输或TCP）对射孔液体系没有特别的要求，主要从油气层保护的角度出发，选择与储层特点相适应的射孔液体系。但对于非常规作业的射孔施工，射孔工艺本身对射孔液是有较高要求的。

液量的选择以淹没射孔枪至一定高度为原则，同时与裂缝扩展或施工设计效果关联，通过动态模拟分析计算进行设计。

对于射孔与高能气体压裂联作（即复合射孔），由于射孔液不可避免地被带入地层，射孔液体系的选择必须特别小心，尽量设计和选择与储层特点相适应的体系。

对于低压低渗油气层、水平井或多分支井、深水油气井，必须慎重选择射孔液体系，尽量采用低密度的泡沫射孔液或微泡沫射孔液，避免射孔液对储层的伤害，达到需要的射孔负压要求。而对于高温异常高压油气层，射孔工艺则要求采用高温高密度的清洁盐水射孔液体系。总体来讲，射孔液的选择必须具有针对性。例如，委内瑞拉马拉开波湖地区为了防止射孔液及顶替液伤害产层，完井时用盐水（1.02g/cm³）将钻井液替出，再用水包油型乳状液，密度为0.89g/cm³，耐温160℃不破乳作为射孔液，射孔后用轻质油（密度约0.78g/cm³）将乳化液替出投产。也就是从射孔开始到投产过程不再使水基射孔液与产层接触，以减少射孔液伤害产层。目前国内也有直接采用产出水作为射孔液的先例，但在使用时必须进行必要的过滤等处理。

# 第四节　油气井试油

## 一、试油工作内容

为了很好地完成试油工作，必须对试油的对象、任务、工作内容、应取得的资料以及取得资料的技术手段（试油工艺）等有充分的了解。

### （一）试油的任务和要求

试油工作的主要任务是了解储层及其流体的性质，为附近同一地层的其他探井提供重要的地质资料，许多探井资料可以初步确定该油田的工业价值；查明油气田的含油面积及油水边界或气水边界以及驱动类型，为初步计算地下油气的工业储量提供必要的资料；了解储层的产油气能力，验证测井资料解释的可靠程度；试油资料的整理和分析结果是确定一口井合理工作制度的基础，在制订油田开发方案时可作为确定单井生产能力的依据。

试油工作总是首先围绕探井而展开，探井分为参数井、预探井、详探井、资料井及检查井，不同的探井类型，其试油的要求也不一样，但不论哪种类型的井，试油的基本原则是坚持分层试油，不能漏掉一个油（气）层。各类探井的试油要求为：

（1）参数井：主要钻探目的是了解地层层序、厚度、岩性、生储产层情况。遇有油气显示时应进行试油。层位选择的前提是尽快落实含油情况并确定油（气）层的工业价值。首先选择最好的油气显示层优先进行试油或试气，以尽快打开新区找油找气形势。

（2）预探井：主要钻探目的是探明构造的含油（气）性，查明油（气）层位及其工业价值。试产层位主要选择有利的油（气）层为重点试产层。但一定要系统了解整个剖面纵向油、气，水的分布状况及产能，搞清岩性、物性及电性关系，为计算三级储量提供依据。

（3）详探井：主要钻探目的是探明含油（气）边界，圈定含油（气）面积。试产层位以搞清油、气、水的分布，产能变化特征及压力系统。不允许油、气、水层大段混试，应按产层组自下而上分段逐层试油。对于可疑层、认识不清的油水界面及水层，均要分层测试，为计算二级地质储量提供依据。

（4）资料井：试油的主要目的是搞清岩性、含油性、产层物性与电性关系，落实油水层电性参数，为此在取心部位要分层试油，不允许油、气、水层混在一起大段合试。

（5）检查井：主要目的是取得油水过渡带分层试油资料，不断从动态资料中加深认识产层。

## （二）试油资料的取得与应用

在油气田勘探过程中，通过试油可以判断油气田有无工业开采价值的油气层，同时通过试油还能对各个油气层的产能及原油特性进行评价，为估算油井及储油构造的储量提供依据。为了能准确地评价油气层，在试油过程中应尽可能将资料取全取准。

应取得的资料大致有以下4方面：

（1）产量数据：包括地面或井下的油、气、水产量。

（2）压力数据：包括地层静压、流动压力、压力恢复曲线及井口油/套管压力。

（3）原油及水特性资料：包括井下及地面原油取样、氯根及原油的含砂量。

（4）温度数据：包括井下温度及地温梯度等。

## （三）油井完成与试油的关系

试油工作与油井完成是相互联系的，油井完成的各个工序质量的好坏必然影响试油工作。

### 1.钻开产层的方法对试油的影响

在钻穿产层时，出于防止井喷的考虑而采用高密度钻井液压井。如果钻井液密度过大，会污染产层，在诱导油流时影响油（气）流入井的能力。对于新探区的探井，在试油时甚至会形成"无油气"的假象，严重地影响找油工作。钻井液失水还可能降低产层产能，对于油（气）层的真实评价也会带来不利影响。因此，在钻穿产层时防喷的要求应该是"压而不死"，以求达到保护产层不给试油带来危害。

### 2.下套管和固井质量好坏对试油的影响

下套管质量的好坏包括两个方面：一方面是套管本身的质量，如套管内径是否规则、套管强度特别是接箍的强度够不够、套管螺纹是否受过损伤以及加工如何等；另一方面是在下套管的施工过程中，必须保证套管不受损伤以及套管螺纹必须上紧。套管内径不规则，试油时井下工具和仪器不易下去或遇卡。套管螺纹强度受到损伤或没有上紧，将给以后井内憋压带来很大的困难，或者憋不上足够的压力，或将套管憋坏。固井质量不好，将在试油时因井内憋压而产生窜槽，使试油工作不能正常进行。

### 3.油井完成方法对试油的影响

完井方法选择是否适宜，对试油工作有着很大影响。例如，适宜射孔完成的井，由于不恰当地选用了裸眼完成，从而造成了产层岩石的坍塌，给今后试油、增产增注措施以及分层生产控制带来很大的困难；反之，对于坚硬致密，渗透性很差、不需要分层控制的地层，如果选用射孔完成，将影响油井的完善程度，对试油及以后油井生产也是不利的。

## 二、试油工艺方法

试油是认识油藏的基本手段。由于油井、产层条件的不同，试油工艺方法也有所不同。下面简要说明试油主要工序和分层试油工艺。

### （一）试油主要工序

常规试油的主要工序有施工前准备、通井、洗井、试压、射孔、替喷、诱喷，求产、测压及封层。

1.通井

通井的目的一是清除套管内壁上黏附的固体物质，如钢渣、毛刺、固井残留的水泥等；二是检查套管是否有影响试油工具通过的弯曲和变形；三是检查固井后形成的人工井底是否符合试油要求；四是调整井内的压井液，使之符合射孔要求。

对于采用裸眼完井或下筛管、尾管完成的井，应根据不同的套管或井眼内径选择适当的通径工具分段通井，一般规定通井规的外径应小于套管内径6~8mm，大端长度应大于0.5m。若有特殊要求，如试油期间需下入井内直径较大和长度较长的工具，则应选用与下井工具相适应的通井工具。

2.射孔

射孔的目的是将套管外的试油目的层与井筒连通起来。

3.诱喷

诱喷就是降低井筒内的液（气）柱对地层的压力，使地层压力高于井筒内的液（气）柱压力，在压差作用下，地层流体进入井筒或喷出地面。降低井筒液柱的方法有两种：一是用低密度液体置换井筒高密度液体，通常称为替喷，如海水，淡水、原油、柴油、液氮等；二是通过提捞、抽吸、气举、气化水泵排等方式将井筒的液体排出，以降低液柱压力，通常称为排液。

4.求产

通过各种计量设备、器具和仪表准确计量地层中产出的原油、气、水量，取得油量、气量、水量以及它们之间的比例关系，对评价油气藏和制订开发方案十分重要，也是计算地层参数的基础数据。求产期间，将对产出的油、气、水分别取样，进行各种组分和物性的分析，取得油、气、水的基本物理性质。

5.测压

所测压力，包括地层的原始压力、静止压力、流动压力、压力梯度，压力恢复或压力降落，以及各种压力的高低及相互关系。这些反映了油气藏的生产能力和油、气、水在地层和井筒内的流动状态，是评价油气藏、计算地层参数和制订开发方案的基础数据。

6.封层

试油结束后，将对测试层暂封或永久封闭，以保证其他层位的试油工作顺利进行，防止不同试油层位之间相互影响。

## （二）地层测试技术

地层测试是用钻杆或油管将测试工具（包括压力温度记录仪、封隔器、测试阀等）下入测试层段，让封隔器膨胀坐封于测试层上部，将其他层段和钻井液与测试层隔离开来，然后由地面控制，将井底测试阀打开，测试层的流体经筛管的孔道和测试阀流入管柱内直至地面。井底的测试阀是由地面进行控制的，可以进行多次的开井和关井，开井流动求得产量，关井测压求得压力恢复数据。测试的全过程记录在机械压力计的一张金属卡片上或电子压力计的存储块上。根据实际记录的压力温度数据，评价解释测试层的特性和产能。

地层测试可按不同的类型或方式进行分类。地层测试按封隔器坐封环境条件可分为裸眼井测试和套管井测试：前者包括常规测试、支承于井底的跨隔测试、选层式跨隔测试及膨胀式常规跨隔测试，后者包括常规套管测试、双封隔器跨隔测试和桥塞跨隔测试。地层测试按测试方式可分为常规测试和跨隔测试。地层测试按综合性能可分为射孔测试联作和综合测试联作，其中综合测试联作又包括射孔与跨隔测试联作、测试酸化再测试联作和高温高压非常规管柱测试。

# 三、试油监督与技术管理

对试油井实施有效的监督，可以达到以下目的：探明新区、新构造是否有工业性开采价值的油流；探明油气层含油气面积及油水边界，搞清油、气水层的分布、物性、产能高低，压力系统和油气藏的驱动类型等；验证油气藏的含油气情况及测井资料的准确性；通过分层测试，取得分层测试资料，为计算油气储量和编制油气田的开发方案提供可靠依据；验证开发效果，检查注入水在油田中的推进情况、受效情况、产层产油能力和原油物性变化，为油田开发调整提供科学依据。高效的质量管理可有效规避作业风险，节约资源和成本，实现经济和社会效益最大化。

## （一）质量及HSE管理体系

### 1.质量管理

质量管理是指在质量方面指挥和控制组织的协调的活动，通常包括制订质量方针和质量目标，开展质量策划、质量控制、质量保证和质量改进等活动。质量管理的中心任务是建立实施和保持一个有效的质量管理体系，并持续改进其有效性。

**2.试油过程中的质量管理**

试油系统工程质量控制的核心部分是试油施工质量和资料录取质量。对施工现场，甲方需要派出现场监督人员进行试油施工现场监督。现场监督人员代表甲方行使对乙方试油施工全过程的组织、指挥、协调、施工质量监督的权力，是使试油施工过程始终处于甲方控制、避免不可预测风险的有效途径。有没有试油现场监督和进行怎样的监督反映了甲方对试油工作管理的规范性和有效性程度。试油现场监督内容包括对现场生产管理与协调、施工工程质量监督、资料录取进行规范以及原始资料现场预验收。

**3.HSE（健康、安全与环境）管理体系**

健康、安全与环境管理体系简称为HSE管理体系，或简单地用HSE MS表示。HSE MS是前些年出现的国际石油天然气工业通行的管理体系，是指实施健康、安全与环境管理的公司的组织结构、职责、惯例、程序、过程和资源。

建立、实施HSE管理体系是为了最大限度地降低风险，防止人员伤害、财产损失及环境破坏，以满足或超过顾客的期望、政府的法规及各相关方的要求。实施HSE管理体系对我国石油企业既有挑战又有益处。我国目前一些石油企业的广大群众及一些领导干部对管理中的健康、安全与环境意识还比较淡薄，不少企业还仅仅满足于事件的事后处理和污染的末端治理，存在着重治理、轻预防的思想；另外一些石油企业资金缺乏，根本无力来负担HSE管理体系标准所需要的人力、物力和财力。但是，建立HSE管理体系可促进我国石油企业进入国际市场，可减少企业的成本，节约能源和资源，可减少各类事故的发生，可改善企业形象，可吸引投资者，可使企业将经济效益、社会效益和环境效益有效地结合。

## （二）试油定额

**1.定额的基本概念**

定额是规定在生产中各种社会必要劳动的消耗量的标准额度。定额是一种规定的标准，是人们根据各种不同的需要，对某一事物规定的数量标准。与工程造价有关的定额是指施工生产经营活动中，根据一定的技术、装备和组织条件，在一定时间内为完成一定数量的合格产品所规定的人力、物力和财力资源消耗及利用的标准额度。

**2.定额的分类**

建立完善的定额体系对规范管理与各定额之间建立联系具有重要意义。定额按生产要素分为劳动定额、材料消耗定额、装备消耗定额，按用途分为施工定额、计价定额，按使用范围分为全国统一定额、行业定额、企业定额，按费用性质分为直接费用定额、间接费用定额。

3.试油工程定额

试油工程定额就是试油作业队使用专用成套设备（通井机、修井机），在一定条件下，完成规定工程量计价的工时、材料及专用车辆、通用机械的使用台时的数量标准，以及工程服务量。试油工程定额标准是为定量计算试油工程的工期和费用而制定的，因此，定额应适应试油工程工艺流程的需要，分别满足工程概算、预算和结算的要求。

## （三）陆上试油监督与管理

1.试油技术监督的内容

（1）试油井作业是否按设计施工；

（2）通井、替钻井液、洗井、人工井底等施工是否符合要求；

（3）常规试油时压井液性能及压井液面深度是否符合要求；

（4）射孔后下油管替喷、诱喷施工时，替喷液性能、替喷方式、诱喷方式及掏空深度是否符合要求；

（5）求产、取样根据不同类型井层所确定的工作制度是否合理；

（6）下井材料是否符合全新标准要求；

（7）新井完井油管试压是否符合标准要求。

2.试油井监督所要解决的技术问题

（1）新井生产后返工率问题；

（2）作业完井后发现杆管材料以旧充新问题；

（3）试油生产后油井热洗与清防蜡管理滞后问题；

（4）丛式井井号准确率问题；

（5）新井生产一段时间后套管漏、上窜、变形问题。

# 第十章 套损井修复技术

## 第一节 套损井修复概述

油层套管损坏使油水井不能进行正常的生产和作业，降低了油水井的综合利用率，使油气产量受到较大的影响。因此，修复套管损坏井已成为油井大修工作的重要内容。一些油田井下作业公司的科技人员在套损井修复技术攻关和新技术推广方面，开展了大量的工作，并取得了一定成果。最初，利用通井机和小型修井机进行简单的浅井套管胀修、水钻井液封堵等作业，以后随着套管损坏井日益增多，套损情况也越来越复杂，作业手段和作业技术都不能满足要求。从20世纪80年代初期开始先后引进了外国生产的50t、80t修井机，国内生产的80t、100t、120t修井机及配套设备，使修井作业井深达到4800m以下，形成了钻、铣、套、磨的综合作业形式。引进HOMCO公司的测卡车，可以进行测卡、切割、套管补贴等作业。井下作业公司与测井公司协作，实现了用井下声波电视成像技术对套管进行检查。同时，研制和外购了不同种类的修套工具，形成了系列化。通过多年对套损井修复技术的研究和实践，已取得了较成熟的经验，油田井下作业已经发展成为装备良好、工艺技术较完善的油水井大修队伍，对油田的生产将发挥重要的作用。

# 第二节 套管损坏的原因、类型和判断方法

## 一、套管损坏的原因

由于每口井的井身结构、深度、地层的不同，以及不同的生产方式、不同的作业内容等。油层套管损坏的原因也千差万别，但大体有以下5种：

（1）套管本身质量差、强度低，承受不了长期生产过程中复杂多变的内外作用力，导致套管损坏。

（2）套管受地层水、作业液体中的酸碱盐等物质腐蚀或电化学作用而引起的钢质破坏，造成套管穿孔、破裂。

（3）地层岩性和地质构造变化也是套管损坏的原因，它表现在以下3方面：

①在构造顶部套损井多而集中，在构造翼部少而分散，在断层发育地区多，一般地区少。

②地层胶结疏松，出砂严重造成井壁坍塌，挤压套管外壁。当挤压力大于套管抗压强度时，套管就会弯曲变形。

③泥岩层段在注入水的浸泡作用下产生膨胀，呈可塑性状态。当泥岩膨胀和塑性移动的挤压力大于套管抗挤压强度时，套管就会变形。港东、港西、枣园油田均有出现。

（4）固井质量差也是套管损坏的一个重要因素。由于套管外水泥环分布不均匀或无水泥环，高压层与低压层串通形成孔道，导致套管外侧向压力不均匀。套管受单向挤压易变形、弯曲。

（5）在油水井的生产措施和各类施工作业过程中，在某些情况下由于处理不当或出现意外事故，是造成大批油水井套管损坏的重要原因。

①采用强采强注工艺不当，如对疏松油层采用大排量的抽油工艺产生地层激动，造成地层岩石结构破坏出砂、坍塌。

②油水井强化性的技术措施，如气举排液、酸化、压裂等，不断使套管膨胀、回缩。反复的加压与卸载，加速了套管损坏。特别是注水井在修井作业前若快速放溢流，使地层与套管内短时间形成很大的压差，这种压差反复多次极易造成套管缩径、破裂。另外，高压注入水在注水层内形成高压区，因地层的不均质性，高压区要向低压区扩散，并

产生横向运动，其作用力易使套管变形损坏。

③修井作业中，一些措施也会对套管造成直接的破坏。质量差的射孔弹，如以前使用过的文革弹、文胜弹等以及重复性的大孔径、大密度射孔，会造成套管裂纹、破损，减弱其抗外挤强度，缩短套管使用寿命。在向井内打入高压液体（如压裂砂、注水、重钻井液压井）时，因管柱丝扣不密封或管柱本身有孔洞、裂缝，液体在高压作用下从丝扣、孔洞、裂缝处漏失，并射向套管内壁，在很短时间内就可将套管穿孔或割断。修井作业中发生顿钻、溜钻时，若掉落有伤害性的工具，也会损伤套管。在修井作业中大量使用对套管有伤害的工具，会使套管受到不同程度的损坏。如磨鞋、套铣筒、胀管器、铣锥、钻头、钻杆接箍等，这些工具在井下长时间旋转，其钢体外圆周面与套管壁产生摩擦，磨损套管。

（6）既无表套又无技套或油层套管完井时悬挂负荷太少，都将造成套管在水泥返高以上的井段内弯曲，也影响固井质量，缩短油层套管寿命。

## 二、套管损坏的类型

### （一）套管破裂

包括裂缝、劈裂、穿孔、断脱、锈蚀破损。

### （二）套管变形

包括：缩径，单向挤扁，多处缩径；弯曲，多处弯曲。

## 三、套损井的现场判断

（1）洗压井过程中返出大量并非泵入井筒的钻井液、地层砂、水泥块、大颗粒岩屑，并发生大量的压井液漏失现象。

（2）在起管柱过程中有遇卡现象，且大直径工具外表面明显划伤。

（3）套管试压不合格。

（4）地表面或技套环空、表套环空返出大量生产层所产出的油气水。

（5）较长的或较大直径的工具在下井中途遇阻，若套管损坏，起出工具检查可以发现有刮痕、弯曲、磕碰痕迹。这些工具如通井规、捞筒、母锥、铅模、封隔器等。

（6）油井生产过程中产水量突然大增。

（7）注水井注水量大增，且注水压力下降。

（8）利用井下声波电视照相和微井径仪等测井工具，可直接测出套管损坏的位置和程度，如缩径、变形、破裂、穿孔等。

## 四、套损井的检测及技术要求

套损井检测，是指对套管损坏类型、损坏程度的确定。在油田修井作业中常用以下4种方法：

1.通井规通井

（1）使用长通井规通井，检验套管是否弯曲、缩径，作业技术要求执行通井操作标准，注意事项：

①通井规长度不小于9m；

②通井规外径应小于套管内径4～6mm；

③起出通井规后要测量其弯曲、变形程度，筒身刮痕、端部有无磕碰、变形等。

（2）在未确认井下套管变形程度时，可采用薄壁通井规验证。避免用铅模打印时出现的掉铅体的事故。注意事项：

①通井规长度0.5～1m。

②将通井规下端300～400mm长的筒壁制作成2～3mm的壁厚，外径不变。

③起出通井规要观察、测量端部变形情况。

④通井规一般是验证套管变形处的上部情况。若要进一步验证下部，可采用逐级缩小通井规外径尺寸的方法。

2.铅模打印

作业技术要求：执行铅模操作标准。注意事项：

（1）铅模直径越小，打印时加压越轻，一般是根据接触面积定。

常规情况下：$\phi$114～116mm铅模，加压50～80kN；$\phi$90～114mm，加压30～50kN。

（2）铅模起出后要测量印迹，检查铅模卜有无附着物，对印痕要详细描述。

（3）对铅模加不上压的浅井段套损，可采用黄泥印模制作，骨架外包1.5mm铁皮，中间用黄泥砸实。

3.封隔器侧面打印

利用特制膨胀式封隔器的长胶筒，外壁黏附一层塑性好的生胶。通过水力压差，使胶筒膨胀紧贴于套管内壁，具有一定的挤压力（压差越大胶筒对管壁的挤压力越大）。套管内壁的孔、缝等形状就印在胶筒外壁上。释放泵入压力后胶筒回缩。提出后对胶筒印痕进行测量分析，就基本上可以了解打印处的套损情况。

4.确认套管的变径及破损

与测井公司协作利用井温仪、微井径仪、井下声波照相来确认井下套管的变径、破损情况。

# 第三节 套损井整形技术

## 一、套管整形技术

### （一）胀管器整形

经检测套管损坏为一处或多处挤扁、缩径，且存在一定的通过孔径（如φ140mm套管缩径后孔径不小于φ110mm）均可采用胀管器进行修复。胀管器是一种结构简单、安全可靠、经济耐用的修套工具，目前油田在修套作业中常用的有梨形胀管器和偏心辗子整形器两个基本类型。其结构由三部分组成，即上部接头、中部胀修工作体、下部导引锥体。

注意：套管缩径并有破裂现象时不宜胀修。

1.梨形胀管器

一般梨形胀管器为整体结构，有长锥面和短锥面胀管器两种。在工作体外部加工出水槽，有直槽式、斜槽式和螺旋槽式，旋向要与接头丝扣一致。虽然工具外形不同，但修套的工作原理相同。依靠钻具本身的重量或钻具弹性伸长，迫使工具的导引锥体楔入套管变形部位，与工作体同时进行挤胀、敲击，使套变部位得以恢复。长锥面胀管器适用于修套初期，它的导引性比较好，短锥面胀管器适用于后期套管内壁的平整。

（1）整形工艺技术

①验证套管变形处的最大通径。如用通井规、铅模等。

②选用合适的胀管器。一般比最大通径大2mm。

钻具组合：胀管器＋钻铤＋钻杆。若变形部位较浅，钻具重量不够时，可以在胀管器上串接下击器，增大胀管器的冲击力。

③胀管器下至套变部位以上5m时，开泵循环冲洗，并缓慢下放钻具。随时观察泵压和指重表的变化，探明遇阻深度，在钻杆上做好标记。上提钻具2～4m后快速下放。当标记距离转盘补心0.3～0.5m时，突然刹车，让钻具惯性伸长使胀管器冲胀、敲击变形部位。如此数次尚不能通过，应将钻具的刹车高度下降，再重复操作，直至挤胀通过。

④使用下击器组合钻具胀修时，应根据现场钻具重量、井斜、井内液体情况，制定好钻具上提高度及下放速度，以达到加压冲胀的目的。

⑤经过以上操作仍不能胀修通过时，则表明胀管器所选尺寸过大，应更换小一级的胀管器，重新胀修。

⑥第一级胀管器通过之后，第二级胀管器的外径只能比第一级大1.5～2mm，以此类推逐级增大尺寸。

（2）施工注意事项

①多次冲胀仍不能通过时，应查明原因，切忌急躁蛮干。快速大力冲胀时的瞬时冲击力巨大，胀管器虽可能通过，但套管被挤胀变形后钢材本身的弹性恢复，又将通道变小使胀管器卡死，造成卡钻事故，严重时可将钻具顿弯。

②每胀两次应将钻具下放至遇阻处逐级加压紧扣，防止松扣而发生掉钻杆和胀管器事故。

③在施工前应做全面安全检查，如刹车系统、指重仪、井架绷绳、地锚、大绳等要害部位。

2.偏心辗子整形器

该工具可以将变形的套管修复到原套管内径的98%，其结构由偏轴、上辐、中辗、锥轮、钢球、丝堵组成。

## （二）磨铣整形

1.磨铣整形的对象

（1）射孔后套管内壁出现的毛刺、飞边。

（2）提放井下工具时挂碰套管接箍接缝而造成的套管翻卷、破裂。

（3）清除油气水井在长期的生产过程中在套管内壁上形成的坚固的矿物质晶体，如$CaCO_3$、$CaCl_2$。

（4）打通因套管严重锈蚀或受地层挤压而形成的套管缩径、堵塞，并且为下一步的套管修复做好井眼准备。

（5）修整错断、破裂的套管，为下一步的套管修复做准备。

（6）消除套管局部较小的变形。

2.磨铣工具的种类及结构原理

常用的磨铣工具主要是长锥面铣锥、短锥面铣锥、螺旋线型铣柱、组合型铣锥等。其基本结构由三部分组成，即接头、铣锥胎体和胎体工作面上铺焊的磨铣体（合金）。磨铣体的铺焊部分又有直线型、斜线型和螺旋线型三种。长锥面和短锥面铣锥具有引导作用，适合清除套管壁上的结垢，磨铣破损套管的翻卷、毛刺、飞边和劈裂的管壁。可将套管内衬加固的衬管上口修整成光滑的喇叭口，以便于起下作业，对经胀管器胀修仍不能通过的套管塌陷，或缩径到$\phi$110mm以下的套管进行扩径、通孔。短锥面的磨铣效果要更好一些。螺旋线型铣柱和组合型铣锥能校正套管的轻度弯曲和变形。适合在井段比较长的破损套管内通孔、扩径，对套管断脱且错位不大的可以修直。螺旋线型铣柱具有较好的井眼修正作用，组合型铣锥能提高磨铣效率。

3.磨铣

（1）磨铣前的准备工作

①通过套管检测手段，确认套损部位的损坏程度，选择合适的铣锥，制定正确的磨铣工艺。

②若磨铣井段以上有严重的出砂层、漏失层，应提前处理，如挤固砂剂、水钻井液封堵、在压井液中加单向压力封闭剂等。

③铣锥在下井前要做质量检查，如发现YD合金铺焊不牢、丝扣接头损伤者不得下井，铣锥的最大外径应小于套管内径3mm，水眼应畅通。

（2）磨铣钻具组合

①对于直井，可采用井口钻具驱动，如转盘或动力水龙头。其钻具组合可用铣锥＋捞杯＋钻铤＋钻杆＋方钻杆。

②对于斜度较大的井应采用井下动力（液马达）驱动磨铣。其钻具组合可用铣锥＋井下动力＋捞杯＋井下过滤器＋钻杆。

（3）磨铣工艺

①将铣锥按钻具组合进行连接下井。

②若采用转盘或动力水龙头驱动钻具旋转磨铣套管作业时，先将铣锥下至磨铣深度以上6m开泵洗井，待进出口液体排量一致后，缓慢下放钻具，启动转盘或动力水龙头，加压磨铣。说明：因每口井的井身结构、套管材质、工作液体不同，磨铣参数亦不相同，应根据现场情况适当调整，以达到最佳效果。

③若采用井下马达驱动铣锥进行磨铣作业，可按下列程序：

将铣锥下至磨铣深度以上5m，开泵洗井，排量300～400L/min，待进出口液体排量一致后，缓慢下放钻具，加压并加大排量磨铣。

说明：磨铣的钻压，泵排量，要参照所选井下马达的技术要求。

④磨铣结束后要大排量洗井，至返出液体机械杂质含量低于0.5%，方可停泵起钻。

⑤磨铣钻具起出地面要仔细检查并做好记录。

（4）磨铣注意事项

①转盘安装必须牢固、水平、对中。

②水龙头提环进入游动滑车上的大钩后，必须将大钩锁紧。

③因铣锥水眼较小，下钻中途要注意洗井，防止钻杆内铁锈、异物堵塞水眼。

④下钻速度要慢，防止铣锥将套管内壁挂坏或碰掉铺焊在铣锥上的YD合金。

⑤方补心要用2条以上螺丝上紧。

⑥要在钻井液槽内放置磁块，以清除返出洗井液里的铁屑。

⑦磨铣时不得停泵或降低排量，若因故停泵，应立即上提钻具并不断上下活动和旋转钻具，防止卡钻事故。

⑧当磨铣无进尺或进尺减慢时，应调整磨铣参数或下放钻具，使铣锥与鱼顶撞击产生新的磨铣刃。

⑨随时观察转盘扭矩，防止扭矩过大，发生事故。

⑩磨铣时若发现漏失或铁屑不能携带出井口，应立即停止磨铣，起出钻具。返出的工作液须净化后方可重新使用。井口必须安装防喷器和防落物装置。

## 二、爆炸整形

爆炸整形为一项新的修套工艺技术，在油田引进较晚，对其工艺的认识尚未完全融会贯通。

### （一）工艺原理

用电缆将磁性定位仪和爆炸索下入井内，至套损井段定位。点火引爆后将产生高温高压气体及冲击波，通过介质（水或钻井液）传递。当冲击波和高温高压气体达到套管表面时，将产生径向的压力波，能克服套管和岩石的变形应力和挤压压力，使套管向外扩张膨胀。达到扩张套管的目的。这项修套技术用药量是关键，药量小了达不到整形的目的，药量大了就可能将套管炸裂。用药量主要与套管的变形程度、套管钢级、壁厚及套管外地层岩性有关。另外，整形效果还与引爆方法（如一端引爆或两端同时引爆），爆速及布药方式（集中布药、梅花状布药等）有关。

### （二）主要工艺

（1）采用验套手段查明套管变形部位及变形状态。

（2）计算药量，制作爆炸索。

（3）对照测井曲线，采用磁性定位进行跟踪引爆。

（4）用通井规通井，电测爆炸后的井径与爆炸前对比。

（5）非射孔井段爆炸整形后，要试压试漏，油层井段还要试压验串。

（6）修套结束后，按设计完井。

### （三）注意事项

（1）爆炸整形修套应以不破坏套管，不引起管外串槽为原则。修复后套管通径能满足下井工具顺利通过的要求。

（2）爆炸后井径膨胀应控制在套管材料延伸率的12%～16%。

（3）爆炸索密度要均匀。重复爆炸的药量要减少30%。

（4）在实施爆炸前井内应充满液体，漏失井的液面应高于爆炸索50m。

# 第四节　套管加固技术

## 一、套损井内衬加固工艺技术

（1）施工前要根据井内资料和套损情况制定出详细的内衬加固施工方案。要确定内衬管的长度、外径、内径和衬管材料。（若是在油层井段内衬可选择筛管悬挂）确定内衬管在井筒内固定方法（支承法或悬挂法）。

（2）准备内衬加固施工所需的衬管（或筛管）、丢手（包括蹩压式可钻丢手和反扣丢手）、套管引导扶正器等工具材料。

注意：内衬管总长度应大于套损井段长度40m，也就是说，内衬管要覆盖套损井段上部和下部的完好套管各20m。

（3）施工工艺

①采用套管检测技术验证套管损坏的形式、程度和井段。

②用套管整形磨铣技术恢复原井眼直径（以$\phi$140mm套管为例内径要恢复到$\phi$118mm以上）。

③下封隔器对套损井段顶界至井口的套管试压，检验其密封性，清水试压20MPa，30min，压降要小于0.5MPa为合格。

④试下衬管。管串组合，衬管鞋＋衬管2根（长度20m）＋安全接头＋$\phi$73mm油管。当衬管鞋下至套损井段以上5m时要降低下钻速度，控制在0.5～1m/min。遇阻后加压5～20kN，若不能通过应下套管检测工具验证，对遇阻井段应重新整修，至衬管顺利通过为止。

⑤下衬管完成套管内衬加固。

支承法，是将内衬管串支承于井底或水泥塞面上的套管加固技术。

管串组合：筛管内加固管串：衬管鞋＋衬管＋筛管＋衬管＋蹩压丢手（或反扣丢

手）＋φ73mm油管。注明：套损部位距井底较近。衬管内加固管串：衬管鞋＋衬管＋蹩压丢手（或反扣丢手）＋φ73mm油管。

衬管完成：筛管内加固管串：将管串下至井底投球蹩压（或正转管柱倒开反扣）甩掉丢手，起出丢手以上管串，下生产管柱投产。不需要水泥固井。衬管内加固管串：将管串下至井底（或水泥塞面）注灰，正替水钻井液，使衬管内、衬管与套管环空充满水钻井液，内外平衡。水钻井液面要位于丢手以上30m。投球蹩压（或正转管柱倒开反扣）上提油管2根反洗井。再上提油管5根，关井候凝。下φ70mm螺杆钻及钻头，将衬管内的水泥塞钻掉，试压合格，下生产管柱投产。

注意事项：通过套损井段的油管接箍上下端面要有45°倒角，防止接箍台阶将修复的套管重新挂坏或挂掉油管。所下衬管两端必须超过套损井段顶、底界20m。完成在井内的丢手（或反扣）上下端必须呈喇叭口状，便于作业时不碰不挂。每根衬管要加扶正器，保证筛管、衬管的居中性，以提高衬管的固井质量。输送衬管的油管必须用通管规通过，防止蹩丢手时球不到位。φ70螺杆钻的钻头必须小于衬管内径4mm。

当钻塞到丢手头时，进行第一次清水反试压20MPa，30min压降不大于0.5MPa为合格。若发现试不住压，应重复挤水钻井液封堵。当钻塞至衬管鞋以下时进行第二次试压，标准及补救措施与第一次相同。全井合格后，钻掉水泥塞，完井投产。悬挂法：是将衬管串悬挂于井筒中的套管加固技术。

将内衬管串下到井内套损位置，正替水钻井液，使衬管内部及衬管与套管的环空充满水钻井液，上返高度要位于丢手以上30m。完成顶替后投球，用泵车蹩压，将可钻悬挂丢手锚定，蹩开丢手，使悬挂器与油管脱离。上提油管2根，清水反洗井，再上提油管5根，关井候凝。

钻塞：分三步进行。第一步用钻头钻掉悬挂器以上的水泥塞；第二步用磨鞋磨掉可钻悬挂器，清水试压，标准与套管找漏相同；第三步用φ70mm螺杆钻及钻头钻掉衬管内水泥塞，清水试压合格后，将衬管以下水泥塞钻完。下生产管柱投产。

## 二、套管外衬加固工艺技术

可分为套管外水钻井液封固技术和外衬套管加固技术。。

### （一）套管外水钻井液封固技术

适用于套损部位在表层套管或技术套管以内，并且能与表层套管或技术套管的环形空间建立循环的套损井。油层套管损坏的形式一般为穿孔（包括误射、腐蚀、损伤）和套管丝扣渗漏。

（1）通井检查套管通径，并经过检测，找到套损的准确深度。

（2）在套损部位以下100m打水泥塞或下桥塞暂时封井。

（3）循环油层套管与技术套管环空（或油层套管与表层套管环空），使井筒内压井液与环空压井液一致。

（4）下封隔器对井口至套损部位的油层套管试压检验。

（5）注灰封固：

将配制的灰浆从套损处替挤入套外环空内，使灰浆返至套损井段以上30m，原油套水泥返深未至技套时可加压适量挤入水钻井液。保持油层套管内外的压力平衡，然后关井候凝。

（6）钻开油层套管内的水泥塞，对套损部位清水试压20MPa，30min压降不大于0.5MPa为封固合格。

（7）注意事项：

①若采用封隔器封井，其下部要有足够长的尾管，防止因地层压力过高顶开封隔器，造成封井失败。在封隔器顶部要填砂保护，防止水泥固结封隔器。

②严格执行注灰质量标准。

## （二）外衬套管加固技术

适用于油层套管的损坏部位处于裸眼地层段，既没有技术套管也没有表层套管的浅层部位。此项技术就是用套铣管当外衬管从油层套管外套铣直至套损部位，注水钻井液把外衬管（套铣管）和油层套管固结在一起达到加固油层套管的目的。油田油层套管外套铣深度一般在300m以内。

（1）在套损井段以下注灰封井，并将油层套管用丝堵堵好井口。

（2）根据井身结构选择套铣钻具。

（3）套铣至套损井段以下30m时，上提钻具1m，循环钻井液，同时按设计调配好水钻井液注灰施工，水钻井液的上返高度要覆盖套损井段以上30m或上返至地面，卸掉方钻杆，回放套铣管，使套铣管的接箍略低于油层套管接箍。卸掉油层套管丝堵，用$\phi$73mm钻杆与油层套管回接，上提油层套管使其处于拉伸状态，候凝。

（4）卸掉$\phi$73mm钻杆安装井口。

（5）钻塞至套损处试压合格后钻穿全部水泥塞投产。

（6）注意事项：

①封井水泥塞灰面距套损段下界大于10m时，要垫稠钻井液至套损处，避免在固结外衬管时灰浆倒流在油层套管内形成过厚的水泥塞。

②必须使用符合设计要求的钻井液套铣施工，防止因钻井液失水过多而造成泥饼过厚，粘卡套铣管或因钻井液性能不好造成井壁坍塌发生卡钻事故。

③套铣参数要根据现场情况随时调整，保证套铣效率。

④套铣筒内径要大于被套铣套管接箍外径6～8mm，其接箍外径小于表层套管内径6～8mm。

# 第五节　套管补贴技术

## 一、工艺原理

1986年，油田引进了美国某公司套管补贴技术。此技术适用于补贴套管腐蚀穿孔裂纹、接箍渗漏和封堵炮孔等。其工具由滑阀、震击器、水力锚、双缸总成和衬管止动器、光杆、加长杆、安全接头及胀头膨胀器等构成。

补贴工艺原理是：把补贴工具连接在油管（或钻杆）下端，下至设计补贴井段后，用地面泵车向油管（或钻杆）内泵入液体，液压使液缸内的活塞产生向上运动。这个运动带动了工具的一级和二级胀头（一级胀头为刚性胀头尺寸小些，二级胀头为弹性胀头尺寸较大），将有纵向波纹的衬管胀开碾平，衬管外表面缠玻璃丝布并涂有环氧树脂，环氧树脂与套管被挤压黏结在一起。用这种方法修补套管损坏处若为$\phi 25.4$mm的孔眼，可以承受30MPa的压力而不损坏。当然，所补孔眼越大，其承受的压力越小。

## 二、工艺步骤

### （一）井眼准备

（1）通过套损检测手段，找出套损部位的井深及上、下界面。

（2）用套管刮削器刮削至套损段以下5m，目的是去除井壁上的水泥饼、射孔毛刺、结垢等，保证补贴质量。

（3）用小于套管内径3mm的通井规连接在刮削器下进行通井，以确保补贴工具的顺利下入。

### （二）现场工具的组装

（1）将工具的主要部件如滑阀、震击器、水力锚、液缸总成在操作间里组装好。

（2）提升组装后的工具至竖立状态后，下部拉杆应全部自由伸出。

（3）在拉杆下面接加长杆，以调整补贴所需长度。

（4）缓慢下放工具，使之进入波纹管。

（5）当工具穿过波纹管后，在安全接头下端分别装上一级胀头、二级胀头、导向头。

（6）在环氧树脂内加入固化剂充分搅拌后均匀涂擦在衬管外的玻璃丝布上。这时衬管是边涂边下入井里，要使玻璃纤维尽可能完全涂满树脂，工具下放速度为1.2m/min。

## （三）套管补贴施工

（1）准确丈量油管（或钻杆），以衬管止动器处为计算点，计算到达补贴深度的管柱长度、补贴前止动器应在补贴井段的顶部。

（2）下井工具到达预定深度后：再下放工具1.5～3m活动滑阀，然后慢慢上提钻具至所需深度，这时滑阀已关闭。第一次打压将管线中的空气排净后平稳升压，使胀头总成进入衬管向上运动。在冲程开始时压力为上升趋势，而后压力平稳或稍有下降，当达到冲程的末端时，压力又表现出增加的趋势，保持24.5～28MPa的压力约2min，这时再打开泵的排空阀卸压，上提工具0.9～1.5m，上提长度大约相当于一个冲程长，指重表显示拉力增加，这时工具被提到下一个冲程开始的位置。当一个冲程的补贴完成后，第二次开泵进行下一个冲程的二次补贴，直至套损井段全部补完。一般完成补贴需要10.5～28MPa的泵压，每分钟37.8L的排量。

（3）补贴结束放压起管时，每起一根油管都要高于井口1.5～2.5m，然后再下放卸扣，这样就打开了井下滑阀，平衡油套压差。

（4）关井候凝，使环氧树脂的强度达到完全固化的90%后可试压检验补贴质量。

# 第六节 取套换套技术

油层套管在水泥上返高度以上发生严重损坏，使油气水井无法正常生产时，可将损坏套管取出地面。用合格套管与井下套管回接，以达到恢复生产的目的，这项工艺称为取套换套技术。

# 一、特种工具

## （一）叉板

替代套管吊卡，减少套管提升高度，避免大负荷拉伸套管。

## （二）换套紧扣器

工作原理：当下接头与最后一根套管接箍连接时，用手将丝扣拧紧后，再反转锁紧套，推动滑环和限位套顶紧套管接箍端部。当下钻对扣紧扣时，由于反扣螺纹拧在下接头外层的锁紧套挡住了滑环和限位套，并紧紧顶住套管接箍，下接头丝扣不会继续拧进套管接箍内。随着正转紧扣扭矩的增大，此处连接丝扣只会增大轴向拉力，不会增加丝扣齿尖和齿根的锁紧力。当套管紧扣结束需要退出紧扣器时，只要正转锁紧套，使之后退，限位套和套管接箍端的顶紧力也由大到小至消失。

在拆卸紧扣器时，如果锁紧套露出地面，则可用勾板子将锁紧套卸松。若在地面以下时，则要预先将卸扣短节和套筒组成的套筒板手套在φ76mm对扣方钻杆上。卸扣时将套筒板手下入井内，并使套筒的四齿和锁紧套的四爪互相咬合。此时，正转短节，即可将锁紧套退出，再提高套筒扳手，反转方钻杆就可卸下紧扣器。

## （三）机械式内割刀

### 1.结构
由芯轴、切割机构、限位机构、锚定机构等部件组成。

### 2.工作原理
把内割刀下放到预定切割深度，正转钻具，由于摩擦块紧贴套管内壁产生一定的摩擦力，迫使滑牙板与滑牙套相对转动，推动卡瓦上行沿锥面张开，并与套管内壁咬合完成锚定动作。继续转动并下放钻具，芯轴下行。刀片沿刀枕斜面外伸并随钻具转动进行切割。切割完成后，上提钻具，芯轴上行，单向锯齿螺纹压缩滑牙板弹簧，使之收缩，由此滑牙板与滑牙套即跳跃复位，卡瓦脱开，解除锚定。

### 3.注意事项
（1）下钻过程中严禁正转钻具，防止中途座卡。

（2）按操作规程控制钻盘转速和放钻量，防止损坏刀片。

（3）在切割过程中，洗井液排量保持50L/min以上，不可停泵，切割完成后要将井筒彻底清洗。

（4）割刀以上有较长套管时，应先将套管悬挂适当负荷再割，以免把刀片扭断。

## （四）对扣头

1.结构

由上接头、下接头和引鞋组成。

2.工作原理

可以在较大的环形空间里将井下套管顶部引进对扣头，完成新旧套管的对扣回接，避免偏扣。

## （五）铅封注水泥补接器

在换套管作业时，用于连接新旧套管，并保持井筒的通径不变。利用铅环压缩变形实施第一道密封，注水钻井液实施第二道密封。

补接原理：正转管柱将套管引入引鞋，通过引鞋上部6个凸台将套管外壁的铁锈等附着物刮掉，并扶正套管。当套管接触螺旋上卡瓦后，将螺旋卡瓦向上顶起。螺旋卡瓦的外锥面与卡瓦座的内锥面间形成一定的间隙，使螺旋卡瓦外径得以扩张。当边转动边下放管柱时，靠螺旋卡瓦与套管外径之间的摩擦扭矩的作用，螺旋卡瓦内径扩大，使套管顺利通过卡瓦座上台阶，直到顶住上接头。上提管柱，螺旋卡瓦外螺旋锥面与卡瓦座内螺旋锥面互相贴合，产生径向压力，使卡瓦齿尖嵌入管壁，将套管咬住。继续上提管柱，因螺旋卡瓦咬紧套管，卡瓦不能随外筒一起上行，于是引鞋在外筒拉力作用下给内套以向上的推力，使铅封总成受到轴向压缩产生塑性变形，起到密封作用。

在上述工序完成之后，慢慢下放管柱，使补接器受到7~9kN的下压力，卡瓦座顶住上接头，内套离开端面铅封打开卡瓦座与外筒之间的通道，开泵循环畅通后，注水钻井液完，再上提适当拉力，待水泥凝固后卸去拉力负荷，钻掉管内的水泥塞。

如果压缩铅封后未达到密封效果，应更换新的补接器，方法是用管柱下击工具，使螺旋卡瓦外锥面与卡瓦卡座内锥面脱开。卸掉上提时产生的径向压力，再一边缓慢转动一边上提，可将补接器退出套管，起出井口，重新下入新的补接器。

## （六）封隔器型套管补接器

用于取换套时补接新旧套管。

1.结构

由抓捞机构及封隔机构两大部分组成。

2.补接原理

将补接器下至井下套管顶部，缓慢正转下放钻具，井下套管通过引鞋进入卡瓦，卡瓦先被上推，后被胀开使套管通过。套管通过卡瓦后，继续上行推动密封圈、保护套，使其顶着上接头，则密封圈双唇张开，完成抓捞。上提钻具卡瓦捞住套管。上提负荷越大，抓捞越紧。同时，双唇式密封圈内径封住套管外径，外径封住筒体内壁，从而封隔了套管的内外空间。

此类补接器类似于捞筒。带密封圈的可以不用水钻井液封固，但承压与密封程度差。不带密封装置而带引鞋尾管的，捞住后可循环，用水钻井液封固。后者承压高，密封可靠。

## 二、取套技术

### （一）切割取套技术

切割取套技术适用于处理技术套管内或表层套管内的油层套管。油层套管是在悬挂状态完成的，即在技术套管内的油层套管或水泥返高以上的油层套管始终承受着自身重量的巨大拉力。这种拉力是取换井下套管的困难因素之一。为此，下入机械式内割刀至井下套管损坏段附近实施切割，拉力自然释放。下套管倒扣捞矛将切割断的半根套管倒出，井下暴露出完好的套管丝扣，为下步更新套管的对扣回接做准备。

1.切割

割刀下井至预计深度后，开泵循环洗井，缓慢旋转下放座卡。要求在转速 5 ~ 10r/min，下放速度 1 ~ 2mm/min 下进行切割。当扭矩突然减少时，说明套管已割断，此时上提管柱即可解除锚定状态，提出切割管柱。

2.取套

（1）用套管变扣短节将套管悬挂器提出或割掉环形钢板。

（2）起出切割点以上的大套管。

（3）下套管打捞倒扣，捞矛至鱼顶以上5m，开泵循环洗井，并缓慢下放至鱼顶加压30~50kN打捞，捞住后上提超过原悬重200~300kN，使捞矛牙咬紧套管壁，再下放至中和点倒扣。

（4）起出打捞管柱及倒开的套管。

3.注意事项

（1）取套前须在套损点以下50m注水泥塞封井。若套损严重，注灰管柱无法下入时，应先采用胀修、磨铣手段将套管扩径。

（2）以套管破损处为通道建立循环，对油层套管外进行循环冲洗。

（3）切割点要避开套管接箍。

（4）套管捞矛打捞后上提负荷要适当，防止捞矛将套管切口胀裂，给打捞工作造成困难。在倒扣过程中，不可间断旋转，防止下部的套管柱松扣。

（5）切割套管所用的割刀刀片，必须与所切割套管的内径与钢级相匹配。

## （二）套铣取套技术

适用于油层套管的破损段处在水泥返高以上的裸眼地层段。

（1）采用割刀将井口下部油层套管割断，卸掉油层套管悬挂装置，提出割断的套管。

（2）套铣：套铣深度要超过破损套管以下的第一个接箍，为下步倒扣做准备。

（3）切割、取套：与切割取套技术相同。

（4）注意事项：倒扣取套时严格按规程操作，不可将套铣点以下的油层套管倒开。若倒开，油层套管将处在套铣管以下的裸眼中，在套管回接时会出现对不上扣或对偏扣的现象，若继续套铣会将井内的油层套管顶部损坏。

# 三、换套技术

将新套管与井下某一深度的套管对接并恢复井口原貌，这是换套技术中的关键。

## （一）对扣法换套

（1）对扣管柱组合：套管对扣接头+套管+套管紧扣器+方钻杆。

（2）对扣；当对扣接头下至鱼顶以上5m时，开泵冲洗，同时缓慢正旋转下放对扣管柱。下放速度0.5m/min。遇阻后停泵，加压2~5kN，转速10r/min对扣。对扣过程中悬重应保持不变，当达到紧扣扭矩标准时停止紧扣。

（3）提出套管接箍，垫好叉板。

（4）将套管悬挂器套于悬挂短节上，并与套管接箍对接。

（5）将套管紧扣器、方钻杆与悬挂短节母扣相接，启动转盘使各连接丝扣上紧达到紧扣扭矩标准。上提管柱，撤掉叉板，下放管柱，使套管悬挂器座入锥体，完成悬挂。

（6）下封隔器对套管对接部分及以上的套管试压，以清水为介质加压20MPa，30min后压降小于0.5MPa为合格。

## （二）铅封注水泥套管补接器换套

（1）管柱组合：铅封注水泥套管补接器+套管+方钻杆。

（2）当补接器下至鱼顶以上5m时，开泵冲洗，同时缓慢旋转下放管柱，使鱼顶（套管）进入补接器内，加压10~20kN。

（3）停泵，上提管柱超过原悬重100~150kN，压缩铅封。

（4）下放管柱至超过原悬重20~30kN，开泵试压4~7MPa，30min压降≤0.5MPa为合格。如果试压不合格，应退出补接器重下。

（5）下放管柱，使补接器承受7～9kN的下压负荷，打开水泥循环通道，循环水钻井液固井。

（6）上提管柱，使补接器承受100～150kN的拉力，关井候凝。

（7）钻水泥塞，对套管试压20MPa，30min压降小于0.5MPa为合格。

（8）完成套管悬挂和安装井口。

## （三）封隔器型套管补接器换套

（1）管柱组合：封隔器型套管补接器＋套管＋方钻杆。

（2）当补接器下至鱼顶以上5m时开泵冲洗，同时启动转盘缓慢旋转下放管柱，套管进入补接器内后加压9～10kN。

（3）停泵，上提管柱，使补接器承受100～200kN拉力，完成抓捞与密封。

（4）对套管试压15MPa，30min压降小于0.5MPa为合格。

（5）完成井口悬挂。

## （四）注意事项

（1）下井套管丝扣必须上紧，达到丝扣上紧扭矩。

（2）鱼顶必须是套管本体，且断口规则无变形。

（3）用铅封注水泥补接器换套后，必须达到水泥终凝时间，才能进行下步作业，否则影响固井质量。

# 第十一章　侧钻

## 第一节　侧钻概论

随着油田开发进入后期，套变井和复杂大修井日趋增多，将严重影响油气水井的正常生产和维护性井下作业的正常进行。随着科学技术的发展，套管内侧钻工艺技术已在国内外大力发展起来。套管内侧钻就是在原井套管内，选择一开窗位置和一定的开窗方式钻达目的层的钻井工艺技术。随着定向井与水平井钻井工艺技术的发展，随之亦产生了套管内定向侧钻和水平侧钻。利用此项技术，可以迅速恢复油气水井的正常生产，保证维护性井下作业的正常进行，不但可以大幅度地降低油田开发的资金投入，而且能满足油田开发的要求，大大提高油井的产量。

### 一、侧钻工艺技术的应用

#### （一）复杂大修井、套变井修井的需要

油气水井在生产或作业过程中会出现各种井下事故，如生产管柱及其辅助井下工具卡钻或落井等，有些事故在一般修井工艺技术条件下难以处理或者可以处理而需要大量的资金投入和较长的修井周期，使油气水井难以正常生产，长期处于停产状态；另外，油气水井在长期的生产过程中，由于地层之间压力失去平衡或由于出砂引起地层坍塌以及构造应力作用而形成的套管错断、较大程度的变形，地层流体的腐蚀所造成的套管破裂、增产措施作业过程或注水作业过程中所产生的异常高压对套管所造成的损坏等，在一定条件下，套管内侧钻是恢复这些套变井正常生产最主要且可行的工艺技术措施。

## （二）老油田的开发与完善

油田开发过程中，需要进行如加密井距和调整开发层系，一般都采用打加密井来完成。而老油田的一部分调整井可以利用已枯竭或低产的油井，采用套管内侧钻这种行之有效的手段，利用原井打侧钻井调整或完善注采系统，不但节约了钻新井和征地的费用，而且加快了建井和投产的速度。

## （三）油井增产措施

对于低产、低渗透、垂直裂缝性油气藏，在油层具有一定厚度的条件下，利用原井进行套管内水平侧钻，可以提高油流进入井筒的渗流面积，增加油井的产量，提高油田的采收率。

# 二、套管内侧钻分类

## （一）一般侧钻

为了处理油层部位或靠近油层的套管损坏和复杂落物，使油井恢复不能正常生产，在套管损坏或复杂落物井段以上选择合适深度进行开窗侧钻，方位和井斜没有严格限制，只要使侧钻后的新井眼能顺利绕过套损或落物段，与原井眼保持一定距离形成一口更新井。一般侧钻在所有侧钻井中占着相当大的比重。

## （二）定向侧钻

定向侧钻的目标是：
（1）钻达油层的高渗透带；
（2）获取某一定构造部位或油藏部位的地质资料；
（3）避开由于地层结构严重破坏而引起的出水、出砂的油层部位及来水方向；
（4）利用未钻遇油气层的井重新调整钻探相邻新的构造部位；
（5）开采油藏中的死油区。

## （三）水平侧钻

对于有一定厚度的垂直裂缝性地层、低渗透油层、稠油层及底水油层，采用水平侧钻工艺技术可以大幅度地提高油井的产量和采油速度，取得良好的经济效益。

一般定向侧钻和水平侧钻，为了实现设计的井眼轨迹，必须采用一定的工具进行造斜以达到定向钻进的目的。通常把造斜工具的造斜能力用造斜率K表示，即单位井眼长度内井斜角的变化值。套管内水平侧钻，由于受原井井眼限制，加之侧钻钻进工具、定向工具及完井方式等因素的制约，长半径水平侧钻具有很大的局限性，中、短半径水平侧钻具有极其广泛的使用价值，在目前工艺技术条件下，中半径水平侧钻为最常见的形式。

# 第二节　侧钻施工程序

侧钻施工作业一般按施工程序进行：侧钻前井眼准备；侧钻开窗；裸眼钻进；电测井；侧钻井完井；侧钻井完井质量检查。

## 一、侧钻前井眼准备

实施侧钻作业，在开窗深度以上的套管必须完好，以保证开窗工具、钻具、电测工具及完井管柱的顺利起下。

### （一）通井

基于油田油气水井油层套管尺寸多数为φ139.7mm的现状，考虑到开窗工艺、裸眼钻进及完井工艺的要求，一般选用直径φ114mm、长8m的通井规对开窗深度以上的套管进行通井检测，如油层套管经过通井满足侧钻要求，可转入下步施工，否则需要根据实际情况对设计开窗深度进行调整，或对油层套管进行必要的整修。

### （二）试压

在通井合格后，应对开窗深度以上（若有射孔段时应在射孔段以上）油层套管进行试压检测。一般以清水为介质，加压12～15MPa稳压30min压降不超过0.3MPa为合格。若在开窗位置以上有射孔井段，如果对裸眼钻进及完井有不利影响时，如严重漏失或异常高压，应根据实际情况采取适当的措施，以保证侧钻工作的顺利进行，保护新钻开的油气层。

### （三）封隔已射层段

窗口以下有两个以上射孔层段时，应尽可能用水钻井液封隔，以免多个油、水层在此井串通。

## 二、侧钻开窗

开窗是侧钻作业中最关键的工艺过程之一，是实施裸眼钻进的前提。由于套管内侧钻作业的特殊性，对侧钻开窗形成的窗口有严格的要求，唯有优质的窗口才能保证钻具、电测工具及完井尾管自由进出窗口，才能保证裸眼钻进、电测和完井的顺利进行。侧钻开窗通常有两种方法：

### （一）磨铣开窗

在设计开窗位置固定一个斜向器，利用铁锥沿着斜向器斜面磨铣套管，在套管上开出一个斜长、圆整平滑的窗口。油田常采用这种开窗方式。

### （二）段铣开窗

在设计开窗位置用水力式切割工具割断套管，并将套管磨铣掉10～20m，造成一段裸眼。作为段铣开窗的一种变异方法，针对油层套管外有技术套管，而油层套管外的固井水泥返高和技术套管的深度又基本符合开窗深度的要求，可在技术套管鞋深度以下10～20m，将油层套管用水力切割或机械式割刀割断起出切割位置以上的油层套管，露出原钻井的一段裸眼作为侧钻的窗口，将技术套管当油层套管使用。此方法已在现场进行了成功的尝试。

## 三、裸眼钻进

侧钻裸眼钻进与普通钻井基本相同，都是采用一定的钻具组合，使用一定性能的钻井液，按设计的水力和机械参数钻进至设计井深的工艺过程。但是，侧钻钻进与普通钻井又有所不同。区别在于侧钻钻进所采用的钻具组合相当程度上受到施工井油层套管尺寸、开窗方式及窗口尺寸的限制。同时，侧钻钻进过程中所钻遇地层与原钻井井眼地层虽基本相同，但地层的复杂程度不同，这是因为侧钻钻进井段地层一般都经过长期的开采或注水、或多次改造，地层异常情况多，层间矛盾突出，加之连通井层的开采或注水等措施的实施，以及由于裸眼尺寸的限制所形成的高的环空压耗，都极大地增加了侧钻钻进的特殊性和复杂性。因此，在施工过程中应考虑以下6点：

（1）钻具组合应满足裸眼轨迹的要求。对于一般侧钻，由于裸眼没有严格的轨迹要求，使用钻头、钻铤、钻杆的组合，采用转盘钻进方式便可完成裸眼的钻进。对于施工井原为定向井的一般侧钻，为了防止转盘钻进过程中，窗口以上钻具对原井油层套管的磨损和窗口对钻具的磨损，可改转盘钻为井下马达。对于定向侧钻和水平侧钻，由于对裸眼轨迹有严格的要求，必须采用一定的造斜、稳斜钻具组合，使用井下动力造斜马达与转盘钻进方式相结合，并辅以测斜工具实施轨迹的跟踪与控制，才能达到设计裸眼轨迹的要求。

（2）裸眼内的工具和钻具必须进行精选，不管是其强度、质量还是可靠性均应优于窗口以上部分的工具和钻具，这是窗口和裸眼尺寸的特殊性所决定的。一旦在裸眼内出现钻具事故，处理起来特别困难。

（3）起下作业过程中，当井下工具、仪器、钻具通过窗口时，应时刻注意对窗口的保护。不管是磨铣开窗形成的窗口还是段铣形成的窗口，操作时一定要平稳、匀速、谨慎，以防止对窗口的顿、碰、提、挂，一旦窗口遭到损坏，将前功尽弃。

（4）在裸眼钻进过程中，应随时注意钻井液性能的维护与调整，钻压、转数、排量的调整与配合，这是保证快速钻进和良好裸眼质量的关键。

（5）在侧钻裸眼钻进过程中，应保证钻进的连续性，因故停钻，钻具须提至窗口以上井段是一个基本原则。

（6）由于侧钻钻具与裸眼之间的环空容积小，起钻过程中的抽汲作用和下钻过程中的压力波动较为明显，再加之侧钻钻遇地层的复杂性，均对侧钻防喷工作提出了较高的要求，必须具备完善的、可靠性高的井口防喷装置和制定严密的防喷措施。

## 四、电测井

由于侧钻井裸眼尺寸、窗口尺寸的限制，完井电测资料的录取最初只能进行标准测井、井斜测井和井径测井三项内容。

## 五、侧钻井完井

对于一般侧钻和定向侧钻，油田普遍采用同心管尾管固井完井方式。这种完井方式的优点是施工工艺简单，可靠性高，尾管内无须钻水泥塞。采用这种方式固井成功率达到了100%。在 $\phi$139.7mm油层套管内进行侧钻作业，完井尾管选用 $\phi$102mm套管，基本能达到采油作业的要求。对水平侧钻，油田采用割缝筛管带管外封隔器完井方式，割缝筛管与尾管尺寸均为 $\phi$73mm。

## 六、侧钻井完井质量检查

完井质量的检查一般进行以下三项工作：

（1）凡下 $\phi$102mm尾管的井，用 $\phi$85mm、长1.2m通井规通井至人工井底。

（2）全井筒用清水试压12～15MPa。

（3）进行声波幅度测井检查固井质量，同时进行自然伽马和磁定位测井。

# 第三节　侧钻工艺技术

侧钻工艺技术是钻井工艺技术、定向井技术和水平井技术在油田开发过程的特殊应用。

## 一、侧钻井井眼轨迹的设计

### （一）开窗位置的确定

（1）一般侧钻开窗位置的选择。选择开窗位置的原则：尽可能缩短裸眼长度，在套损或复杂落物位置以上选择固井质量好、无复杂地层，并考虑侧钻目前的工艺技术水平。若采用磨铣开窗方法，要避开套管接箍的位置。

（2）定向侧钻和水平侧钻开窗位置的确定。定向侧钻和水平侧钻与一般侧钻的不同之处在于：一般侧钻仅仅依靠窗口处的自然造斜能力和钻具的漂移产生一定量的井底水平位移，而定向侧钻和水平侧钻则由于工具受到套管内径、开窗窗口尺寸以及所钻井眼曲率的限制，其造斜能力是有限的，同时侧钻目的的不同，钻遇地层的不同所设计的井身剖面亦不同。因此，定向侧钻与水平侧钻窗口位置的确定，必须综合考虑目的层的水平位移、裸眼长度、造斜工具的造斜能力以及侧钻裸眼钻进的能力等因素。

### （二）井眼轨迹设计

1.定向侧钻轨迹设计

井眼轨迹的设计重点是考虑开窗方位的设计和采取何种类型的井眼剖面以实现要求的水平位移以准确中靶。由于目前定向仪器和造斜工具的不断发展，轨迹设计相对变得简单起来，对于定向侧钻而言，简单的"增、稳"剖面完全可以适应定向侧钻的需要。

2.水平侧钻轨迹设计

在此，仅对其轨迹设计作原则上的说明：

（1）在达到水平侧钻目的的前提下，尽可能选择简单的剖面类型，以利于快速安全钻进，减少井眼轨迹控制的难度。

（2）对于岩石裂缝较发育的油藏，应据裂缝在油层中的发育方向、倾角、裂缝长度以及在开发中所起的作用，其侧钻方向的选择应尽量沿垂直于裂缝走向，以提高水平段裂缝的钻遇率。

（3）重点考虑水平段的垂深设计，必须将水平段或亚水平段保持在油层内。

（4）一般采用中短半径水平侧钻类型，造斜率20°～40°/30m，造斜段长90～130m。

## 二、侧钻开窗方式的选择

一般情况下，可采用磨铣和段铣两种方式开窗。

### （一）磨铣开窗

这是目前常用的开窗方式

1.固定斜向器

在选好开窗位置，完成了前期井眼准备工作后，开窗的第一步是固定斜向器。斜向器固定应满足以下要求：斜向器应准确固定在设计要求的位置；固定要稳，不能有偏转或上下移动；斜向器一定要避开套管接箍2m以上；定向侧钻时，方位要符合要求。

固定斜向器的工艺常用的有水泥固定和卡瓦固定两种。

（1）水泥固定。注水泥有两种方式：一是先注水泥后投送斜向器；二是利用有循环通道的斜向器先下入预定深度注水泥后剪断销钉提出送斜器。这两项工艺均要求在预计深度有固定可靠的支撑面，且斜向器底部有带钩齿的地锚，一般情况下长度不少于5m。当用此工艺固定斜向器时，应注意：

①连接斜向器和送斜器的销钉必须经检验合格方可下入井内，并保证在钻具负荷下可剪断；

②起下钻平稳，防顿、挂、碰；

③全部工作必须在水泥初凝70%的时间内完成。

（2）卡瓦固定。这不仅可用于一般侧钻，又可满足定向侧钻及水平侧钻要求。只是施工工艺相对要求较高。基本原理是通过横向和纵向双重固定，控制了斜向器发生偏转和上下移动的可能性，同时利用定位键定向，可设计斜面方位，满足定向侧钻要求。其座封、定向工艺过程如下：

①磁性定位，使封隔器座封位置准确。

②刮削，清理封隔器座封深度以上的套管内壁。

③下锚定封隔器于设计深度（取顶界深度），用清水正洗井投球分别憋压10、20、30MPa（每点2min），上提管柱，负荷大于原悬重130kN，座封锚定封隔器后管柱回位。

④陀螺仪测井，确定定向键方位。

⑤封隔器脱手。定向键测定后，保持中和点不变，顺时针旋转管柱，丢掉封隔器，提

出管柱。

⑥定向。按实测的定向键方位，调整斜向器接头与原斜面的相对位置，使斜向器方位符合设计要求，然后焊死斜口接头和开口接头，再下送斜向器至预定深度遇阻<30kN，试提超悬重30kN，证明已与封隔器对接好。注意：不得转动钻柱，确定固定销已锁定，可加压50~70kN剪断销钉，然后上提验证销钉是否剪断。

2.开窗

对任何一口侧钻井，建立一个优质的窗口是整个侧钻过程的关键。窗口长、宽、方位、深度均必须满足设计要求，对水平侧钻井，还必须满足造斜要求，特别是起下钻具经过窗口的过程中不得有挂、碰、阻现象。

快速、有效地建立一个优质的窗口，最重要的是设计好钻具组合和开窗参数。实践证明，这套钻具组合和开窗参数能有效快速地保证开窗的顺利施工。特别是采用φ118mm钻铰式组合铣锥，可一次性完成开窗、修窗及裸眼试钻，具有开窗快、韧性好、几何形态利于切削，切削负荷小，不易卡钻，便于排屑，刀刃具有横向纵向两种切削作用，而且其最大外径与裸眼钻头直径相同，不须再扩眼。对于开窗三个阶段，参数的选取及要求达到的目标是：第一阶段采取轻压慢转，应产生一个稳定的吻合面；第二阶段高压快转以提高时效；第三阶段轻压快转，以加长窗口规则形状。修窗适于轻压快转，但应防止铣锥头脱落。通过以上各阶段优化组合，最终达到建立一个优质窗口的目的。

## （二）段铣开窗

油田在φ139.7mm套管中采用较少，其工艺过程大致如下：

（1）下井前仔细检查开窗工具，确认型号，刀片尺寸及扶正块外径。

（2）检查钻具工具性能，观察不同排量下刀片张开的不同角度，记录下泵压、排量。

（3）下钻前用细铁丝将刀片扎紧，要求下钻平稳，以保护刀片。

（4）下到开窗段底部，然后上提到开窗点附近，慢开泵小排量循环，在较小排量下上提钻具，再次确认套管接箍位置后停泵。

（5）在开窗点深度开泵，泵排量稍高于最低刀片张开排量，启动转盘，转速50~60r/min，钻压为0，注意扭矩变化，过15min左右，套管接近切断时扭矩增大（注意整死转盘），切断套管后，扭矩变平稳。

（6）进行正常磨铣作业时，加压要匀，钻压依据磨铣速度与铁屑形状随时调整，磨铣速度通常为2m/h，以返出铁屑长7~10cm，厚度小于8mm，均匀为宜。

（7）当磨铣到0.8m左右，要检查套管是否被完全切断，可开泵，下压30~50kN，钻具不下滑，然后上提到开窗点。

（8）磨铣到接箍时进尺要慢。

（9）每磨铣一段，要慢慢活动钻具，以便观察有无铁屑堆积。随时观察铁屑返出情况，对铁屑量与进尺差异大或尺寸有异，应采取措施调整磨铣参数，防止铁屑缠死刀片。

在完成磨铣后，注水泥塞封固段铣井段，然后进行侧钻作业。

### （三）磨铣开窗与段铣开窗的比较

1.段铣开窗

优点：

（1）下井工具简单，易操作；

（2）适合于各种套管尺寸；

（3）对开窗后的钻井、完井作业无妨碍。

缺点：

（1）作业时间长；

（2）切削量大，对钻井液泵磨损大，易卡钻；

（3）对高强度套管、深井、小套管不易处理；

（4）不能一次切削多层套管。

2.磨铣开窗

优点：

（1）作业时间短；

（2）套管切削量少；

（3）能一次穿过多层套管；

（4）不注水泥塞。

缺点：

（1）下井工具多，工艺复杂；

（2）在小套管中定方位不准，且不易改正；

（3）如开窗不好，给下步工作造成困难；

（4）如造斜器座封不可靠，易造成开窗失败。

## 三、裸眼钻进

### （一）钻头选择

钻头的选择应根据钻具组合、井身轨迹和钻遇地层来灵活掌握。常见钻头有金刚石钻头、牙轮钻头、刮刀钻头及PDC钻头。其中，金刚石钻头适用于钻硬而且研磨性很强的地层。为有效满足水平井钻井要求，人们往往通过改进钻头流型、水眼分布及孕镶的金刚石齿，以避免钻头泥包，提高钻速。牙轮钻头有较高的机械进尺，但易受磨损，钻头寿命短，特别在小井眼钻进中对井底清洗困难。刮刀钻头类似于牙轮钻头，易受磨损。PDC钻头目前在油田已广泛应用，能满足钻具、测井、完井工具起下需要。而且在砂、泥岩地层剖面中有较理想的钻速。要求钻井液性能好，失水少，泥饼薄且韧，以免钻头泥包。在正常钻进时，应避免过大撞击震动，造成切削齿崩掉或碎裂。

## （二）井下钻具组合（BHA）设计

开窗后的裸眼钻进中，钻具组合应能满足井身剖面、井身轨迹设计及安全快速钻进要求。对于没有严格的轨迹要求的一般侧钻，可根据窗口、套管选用由钻头、钻铤、钻杆的组合。驱动方式可采用转盘或井下马达，对于定向侧钻和水平侧钻，由于有特定的井身剖面和井眼轨迹设计，如钻具设计不当，会出现复杂的扭矩和阻力，主要影响因素有：

（1）井身剖面。

（2）钻机和泵的功率。

（3）水力参数及机械参数。

（4）组成钻具各部分的限制与均衡。

（5）摩擦系数，常用0.2～0.4，特殊情况，加大一级系数。

因此，对于定向侧钻，中半径水平侧钻及短半径水平侧钻的钻具组合采用分段设计。

## （三）钻井液性能设计

钻井液性能是侧钻成功的重要保证，其要求与普通钻井液基本相同，主要性能包括：

（1）有较强的防塌、防卡钻、防漏失性能；

（2）有较强的携砂能力；

（3）有效抑制泥岩膨胀；

（4）有良好的润滑性，护壁性能；

（5）有良好的流变性；

（6）有良好的配伍性，有效保护油气层；

（7）具有符合设计要求的密度。

## （四）水力参数与机械参数设计

现代钻井技术中，为达到快速、优质、安全钻进，优化水力参数和机械参数的设计显得十分重要，最优钻压、最优转速及最优水力参数设计及其优化组合在实践中得到广泛应用。

最优钻压、最优转速设计，理论上可通过设置目标函数，以钻压、转速为变量，其他涉及参数可按实际情况定为常数，然后以最低钻进成本分求最优钻压或转速。最优水力参数，以其获得最大机械进尺为准，但必须注意：一是钻井液泵的正常工作压力及最佳工作状况；二是排量必须大于或等于携屑的最小环空返速；三是考虑优选钻头喷嘴，让钻头得到最大的压降；四是考虑改进钻井液密度和黏度，减少循环压耗，最终考虑在最优排量下快速钻进。

以上是最优钻井技术基本原理和实施办法，实践中还应该总结经验，针对不同地层、井身结构、钻具组合及井眼轨迹，优选最佳水力参数和机械参数。

在实践中，根据钻进情况，须适时调整钻进参数，其过程应考虑：

（1）钻具受力状况，特别对水平井。

（2）目前钻进状况，含井眼轨迹。

（3）地层因素。

（4）预测轨迹变化趋势。

## 四、侧钻井完井

### （一）一般侧钻及定向侧钻完井工艺技术

1.完井方法及选择

常见完井方法：

（1）裸眼完井：适用于坚硬且不会造成井壁坍塌的地层。

（2）射孔完井：能有效封隔和支撑易垮塌地层，适用于砂泥岩互层及油水关系比较复杂的地层。

（3）割缝衬管完井：多用于碳酸盐岩地层和致密块状砂岩地层。

（4）砾石充填完井：用于易出砂地层，而且油层比较单一或比较集中。

完井方法的共同要求是：

①有效连通井底和油气层，减少油气进入井筒的阻力。

②妥善封隔油、气、水层。

③有效防止井壁坍塌和油层出砂，保证油气井正常生产。

④便于采油和后期措施作业。

⑤工艺简单，施工安全。

2.下尾管固井工艺

工艺过程如下：

（1）电测井：完钻后进行标准测井，或3700系列测井，电测前充分洗井，循环处理好钻井液性能。确保测井顺利。

（2）试下尾管：先下尾管20m，并试下到井底，注意遇阻情况，如达不到预计深度应重新划眼，并处理好钻井液。

（3）下尾管：开窗侧钻所下尾管组合如下：

$\phi$101.6mm尾管引鞋＋双单流阀＋$\phi$107.6mm尾管＋正反扣＋同心变扣（尾管内下中$\phi$60.3mm油管洗出多余的灰浆用）＋$\phi$73mm正扣钻杆＋方钻杆。当尾管下至预定深度、在同心变扣与正反扣连接时，要做到三上三卸。下钻过程中防止尾管正转倒扣，尾管下到预计深度以上2～3m时开始循环完井液，同时配制水钻井液，以尽量缩短尾管在固井前停留在裸眼中的时间。

（4）注水泥固定尾管：由于井斜大，尾管与井壁之间间隙小，而窗口位置更小，所以下完尾管后循环调整好完钻井液性能，在注入水钻井液的前、后垫清水以防止水钻井液与完井液搅混，水钻井液密度符合设计要求（常达1.85g/cm³），并适当注意排量，使前垫液达到紊流，增强顶替效率，提高固井质量。为此还应上下活动钻具，但活动范围不要过大，常在5～8m之间。

（5）倒开尾管：替入水钻井液后，下放管柱至井底，加压40kN，再提至原悬重，后下放至倒扣中和点，正转倒扣，然后将管柱上提到预计深度，洗出多余水钻井液。由于采用了双单流阀，尾管内不留多余灰塞。

（6）将$\phi$60.3mm油管起出窗口（保持液面在井口），关井候凝。

（7）全井套管经试压合格后，即可射孔投产。

## （二）水平井侧钻完井工艺技术

针对侧钻水平井特有的井身结构和所钻穿的地层，采用的完井工艺是不同的。

对长曲率的水平侧钻井，可采用常规定向侧钻井完井工艺。而对短半径侧钻水平井，可采用裸眼完井割缝衬管和筛管，也有下套管射孔完成的。

# 第四节 侧钻井经济效益

随着侧钻技术的应用和推广，侧钻技术本身得到迅速发展，不仅可以促进油田开发，大大提高油井产量，而且大幅度降低了油田开发的资金投入。侧钻井与常规钻井相比，有以下效益：

（1）井场占地面积小；

（2）钻井设备轻，辅助设备少，消耗材料少；

（3）钻井作业人员少，易培训；

（4）处理岩屑少，利于减少机械磨损，同时有利于环保；

（5）建井周期短；

（6）技术已趋成熟，而且可借鉴普通钻井的大部分技术，投入运行可靠；

（7）适用范围广，可用于老井修复，老油田开发完善，油井增产；

（8）可利用老井的部分套管及地面流程，投资少；

（9）在目前的工艺情况下，侧钻井深一般在1000~2500m，裸眼长度也较短，所以单井成本低。

# 第十二章 采油设备新技术

## 第一节 抽油机与抽油杆

### 一、抽油机

#### （一）国外抽油机发展

抽油机自动化、智能化控制技术的发展是近几年来抽油机技术进步的一个显著特点，是成熟技术和高新技术集成化应用的具体体现。自动化抽油机具有实时测得油井运行参数，及时显示和记录并且通过计算机进行综合计算与分析功能，推荐最优工况参数、进一步指导抽油机以最优工况进行抽油的特点而成为最具发展前景的抽油机。美国APS公司生产的自动化抽油机装有系统分析控制器，可以监测、记录与分析抽油机的以下参数：电动机的输入、输出电流，输入、输出功率及输出扭矩，皮带传动效率，减速器传动效率及输出扭矩，连杆、游梁的受力，悬点位移、速度和加速度，电动机、曲柄的瞬时和平均转速。这种系统分析控制器具有各种诊断功能，可使抽油机达到最优抽汲工况。

美国Nsco公司研制了世界上第一台智能型抽油机，效率高、动力消耗少，自动化程度高，与常规抽油机相比较，具有以下特点：

（1）结构紧凑，占地面积小。

（2）是一种无游梁长冲程抽油机，最大冲程长度12.19m，冲程可根据需要进行调节。

（3）该抽油机具有防抽空和防液击的功能；节能效果好，电动机功率消耗可减少10%～30%。

（4）冲次较低，运行较平稳，动载荷较小，可减轻抽油机各种零件的机械磨损，提高抽油系统的使用寿命。

（5）微处理机和电子控制器具有诊断功能，还配有示功器和数字显示以及数字传输机构，可将信息输入数据库。此外，微处理机还具有记忆功能，记录抽油机的抽汲状况，分析流动谱，以便对油田和油井及时做出决策，提高抽油机效率，降低采油成本，取得更好的抽油经济效益。

美国Baker公司开发的自动化抽油机具有多种保护功能，一旦某些运行参数超过允许值时，会自动报警停车。此外，还配有泵抽空控制器，利用它来监测光杆载荷，以便及时发现抽油机在抽油过程中井下抽油泵的工作状况，如液击或抽空等，确保安全可靠地进行抽油。

2.节能型抽油机

油田机械采油中，抽油机井占总井数的82.1%，由于抽油机井的系统效率较低，大量的能量（70%以上）在传递过程中损失掉，因此，国内外都在致力于发展节能型抽油机。国外在节能型抽油机研制方面投入较大，研制和应用了许多新型节能型抽油机，在采油实践中，达到了节约能耗，提高采油经济效益的目的。比较典型的有低矮型抽油机、前置式抽油机、前置式气平衡抽油机、无游梁长冲程抽油机、轮式抽油机及异相型抽油机等。

3.无游梁长冲程抽油机

目前，长冲程抽油机已形成三大类，即增大冲程游梁抽油机、增大冲程无游梁抽油机和无游梁长冲程抽油机。无游梁长冲程抽油机是没有游梁，不采用曲柄连杆机构换向，不采用增大冲程机构，利用抽油机本身的机构特性即可实现长冲程或超长冲程抽油的全新的设计结构，能够彻底摆脱游梁抽油机的缺点，是国内外长冲程抽油机的主要发展方向之一。

主要技术特点：

（1）提高采油效率，增加产量。采用长冲程抽油方式时，抽油泵的相对冲程损失小，提高了抽油泵的充满系数和排量系数，有利于提高采油效率，增加产量。

（2）在产液量和泵径一定的情况下，采用长冲程，就可降低冲次，因而可以减少抽油泵的机械磨损和抽油杆与油管间的磨损，可大大提高抽油泵和抽油杆的使用寿命。

（3）采用长冲程和低冲次工况抽油，抽油机运行平稳、噪声小，减少了抽油机载荷疲劳应力值与次数，排量稳定、动载荷较小、事故少，可提高抽油系统的使用寿命。

（4）可以实现较高的平衡效果，可节约更多的能量，提高运行经济性，降低采油成本，具有较高的经济效益。

由于冲程长、冲次低，可根据油井条件进行较大范围内冲程长度调节以及经济合理地匹配，具有较高的适应性，并且适用于开采稠油、含气油。

## （二）国内抽油机发展

高效节能型抽油机为主要发展类型。近年来，我国研制的新型抽油机几乎都具有高效节能的特点，但使用数量不多，造成总耗电量还是很大。目前，我国开采石油耗电指标与国外先进水平相比，还有很大差距。无游梁长冲程抽油机是国内抽油机主要发展方向，并在辽河、胜利等多家制造厂生产，生产的链条式、天轮式抽油机具备较高水平。大中型长冲程抽油机发展迅猛，广泛采用增程机构。塔架式抽油机在长冲程抽油机中占有优势，可以解决高含水油井在大排量下能够不停机进行环空测试的难题。抽油机自动化、智能化控制技术的发展是近几年来抽油机技术进步的一个显著特点，是成熟技术和高新技术集成化应用的具体体现，也是未来国内外大力发展的技术。从国内的发展情况看，还存在一定差距，建议加强这方面的技术研究和应用，对提高自身装备水平和实力将有重大改观，尤其对旧式抽油机的智能化改造是未来急需解决的问题。

1.自动化、智能化、数控化抽油机

（1）平衡型循环定时及远程控制抽油机：国内某公司研究出平衡型循环定时及远程控制抽油机，它是针对现有抽油机存在的问题，从机械平衡的角度出发，结合现代电子技术和通信技术，研制的新一代抽油机。该种抽油机的结构简单合理、耗能小、抽油率高、噪声低、零部件寿命长。它能根据油井出油情况，采用循环定时技术，及时调整工作状况。平衡型循环定时及远程控制抽油机还具有远程控制接口，具有远程遥控抽油机的开机和停机的能力，能够实现远程管理和网络化管理。从该平衡型循环定时及远程控制抽油机的技术性能看是一项具有国内外领先水平的新产品，该技术已申请国家专利。

该抽油机与现有游梁式抽油机相比，具有以下优点：耗电量低比现有抽油机节能40%～50%（生产1t油的耗电量）。抽油率比现有抽油机高25%～40%，提高了油井的出油率。结构简单、操作简便、易于维修，降低了生产和维护成本。可靠性高、寿命长。能实现自动化、远程遥控和网络化管理。

（2）智能远程监控的抽油机：由华北油田采油工艺研究院研制的"抽油机井智能远程监控器"能对抽油机井进行集中控制和自动管理，具有实时数据采集、抽油机启停控制、故障报警、油井时率计算等功能，还可实时检测光杆载荷、电流和位移，并合并成示功图、位移—电流曲线。

数据检测：测试抽油机示功图、电流图、最大和最小载荷、最大和最小电流、油井回压、温度、电压、冲次。报警：出现停机、回压异常、缺相及电流异常、抽油机抽空、曲柄销退扣等情况时报警控制功能；远程启停抽油机及井场照明灯。生产数据管理：自动记录油井数据、生产报表打印、数据查询、记录各油井故障情况、抽油机井示功图诊断。实时监控，操作人员可随时了解油井工况；及早发现事故隐患，防止设备带病运行；提高安全系数，避免不必要的能耗；可替代例行低压测试。

（3）数控抽油机是采用计算机或具有存储、分析功能的芯片作为控制系统的智能式抽油机，它的基本特征是能够通过传感器测出悬点载荷和产出液的变化情况，利用这些数据，分析井下泵的工作状态，据此，调整抽油机的冲程和冲次及急回性等参数，使抽油泵时时处在最佳工作状态。数控式抽油机和普通抽油机的区别是该抽油机的控制系统采用了智能控制方式。西安石油学院研制了控制常规游梁式抽油机的数控拖动系统，该系统驱动的抽油机，在保留原游梁式抽油机优点的基础上，采用变频调速、可编程控制和电力电子等技术，将原普通游梁式抽油机改造成为智能游梁式抽油机。该抽油机主要由变频控制系统、传感器、异步电动机和游梁式抽油机等组成。试验表明，该机可使油井供排液系统达到动态协调，泵的充满度和电动机的功率因数显著提高，具有明显的增产、节能效果。

B石油机械厂、D科技自动化机械有限公司等单位生产的数控抽油机，是属于用数控系统控制电动机换向滚筒式抽油机的类型。B石油机械厂生产的SKC16E数控抽油机。该机由两部分组成：一部分是抽油机械部分；另一部分是数控智能部分。这种数控抽油机使用的全数控电力拖动系统，综合了微电子技术、电力电子技术、过程控制技术等高新技术，按照机电一体化的设计思想制作的电子—机械装置，是一种能随机改变运行"姿态"的实时数字控制电动系统。采用这一新技术，可使传统抽油机从机械化运行进化到实时可控的随机运动，打破了传统的机械动力无法随机改变"姿态"的约束。因此，这种数控抽油机工作时可以根据每口油井的特征随机应变，实时控制，始终保持事先优选的最佳运行状态。其工作原理：按油井生产的要求在变频器上设定满意的抽油机工作参数，接通电源开关及系统控制器的开关，抽油机即可自动地在设置的参数下投入运行，电动机通过减速器链轮、链条，带动悬绳器、光杆、抽油杆和深井泵做上、下往复运动，将井下液体抽出地面，其平衡方式为重锤式平衡。该抽油机自动化程度高，操作简单，使用方便；无级调整冲程和冲次时简单方便，只需按键重新设定即可，从而减轻了工人的劳动强度。这种抽油机装机容量小，节能效果显著。

（4）采油自控监测系统：为了提高原油产量，提高油田管理水平和经济效益，航天总公司三院天上星测控技术研究所根据油田自动化生产管理的要求，设计生产了采油自动测控系统。该系统采用集散式控制结构，通过监测抽油机载荷、电潜泵井及螺杆泵井电机电流、功率因数以及井口压力、井口温度、井底流压、井底温度等参数，经过计算机处理和分析，在中心控制室就能迅速准确掌握方圆15km范围内各种油井的工作状况，及时发现隐患，遥控启停抽油设备。同时，可以存储所有监测数据，通过计算机网络，将所有信息传至油田数据中心，从而达到提高工作效率和经济效益的目的，而且极大地改善了工人的工作条件。

①产品特点：采油设备参数实时采集，速度快，精度高，容量大；具有故障在线分

析和诊断功能，准确、及时；产品软硬件均采用模块化结构，功能扩充性强；除基本配置外，可根据用户需求选配；产品系列化，有普通、低温、密封、盐雾等型号，适用于各种环境，如寒冷地带、沙漠地带、海上等特殊环境；测量和控制完美结合，实现了油田高度的生产自动化和管理自动化。

②主要功能：用作采油设备的遥控启停机；抽油机载荷、位移、电流、电压、功率因数、温度、套压、回压、油压、流量（井底流压）等井场数据的实时采集、遥控定时巡检；空油启动控制；连抽带喷自动控制；故障诊断技术和多功能报警功能；油井信息数据库管理；电机日耗电量的计量和电机与油井的最佳匹配。

③技术水平。采油自动测控系统经石油系统采油队应用后认为，该系统可提高采油效率，节约能耗，为提高油井管理质量创造了条件；故障及时解除，减小和消除了故障的负效应；可使抽油机保持良好的平衡状态，减少减速器齿轮的背面冲击，延长使用寿命；提高了资料录取质量；提高了劳动效率，改善了劳动条件；改善抽汲工况，提高工艺及维护措施成功率，经济效益和社会效益显著。

2.节能型抽油机

（1）渐开线异型抽油机机型采用柔性传动，通过变径天轮，降低扭矩峰值及波动，大大缓解了冲击载荷，较异相曲柄抽油机节能效果有大幅度提高，提高整机的使用寿命。

工作原理：在抽油机运转过程中，后钢丝绳展开长度和渐开线天轮的有效半径是非定长的，因此由曲柄、钢丝绳、蹶开线形小天轮和基杆构成"变参数四杆机构"。在上冲程初始阶段，悬点载荷较大，但由于渐开线轮对应的有效半径也较大，使曲柄轴扭矩不至过大；在悬点载荷较小时，渐开线轮对应的有效半径变小，使悬点数荷引起的曲柄轴扭矩不至于过小，从而降低了扭矩峰值和扭短波动的幅度。通过对变参数四杆机构尺寸的优化，使载荷扭矩变化接近曲柄平衡扭矩的正弦变化规律，达到很好的平衡效果。同时，传动角始终保持90°左右，动力性能好。由于加速度小、动载小，尤其是采用了柔性件连接，进一步减少了冲击，运转平稳，因而减速器额定扭矩和电机装机功率大幅降低，从而达到节能目的，也降低了整机重量。

（2）吊重滑轮组平衡式抽油机是陕西B电机厂的专利技术成果，节能效果达50%以上。

该种抽油机的技术特点：曲肘增力机构可进一步降低扭矩峰值，节约动力；曲柄连杆机构设计了适当的极位夹角，实现了上冲程快，下冲程慢的理想抽油工况，泵的充满度高，抽油效率高；前置式游梁摆角小，摆弧大，使负载变化率小，机构运转平稳，吊绳对中性好，从而提高抽油泵的寿命；减速机轴功率小，无负扭矩，大幅度提高了使用寿命；配套动力小，大幅度降低了油田电网供配电的容量，节约基础性投资；电气控制监控机构平衡状态，一旦抽油工况变化引起负载变化而使机构失衡超载时会自动停机，杜绝抽油机因失衡运转造成的无功损耗；扩大了机型使用范围，即当采油深度增加使负载加大时，可通过局部加强和增加吊重再平衡负载力矩而轻而易举地实现，不必更换更大的机型；高达50%以上的节能效果。

该抽油机的节能原理：采用吊重平衡方式，百分之百地回收利用了光杆下冲程时的重力功；采用前置式游梁和直接平衡负载的方式，实现了全程跟踪平衡的效果；用了曲肘增力机构，降低了峰值力矩，使均方根功耗减少。

（3）曲柄链条动滑轮式长冲程抽油机。链条式抽油机是由我国设计试制成功的一种独特的无游梁式抽油机。由于其结构简单且易实现长冲程、低冲次，其体积小、质量轻、节能效果好，并有较高的机械效率，对稠油井、深层油井的开采有着重要意义。但同样存在不足：普通链条式抽油机十字滑块部位在使用过程中磨损严重，轨迹链条由于受力不均衡，易于断销、跳链，其平衡系统复杂，可靠性偏低。为此，研究人员提出了一种新型链条式抽油机——曲柄链条动滑轮式长冲程抽油机。

结构与工作原理：该机由电动机、皮带传动、齿轮减速箱、带平衡重的曲柄、连杆、安装平衡重的小车、链轮、链条、天轮、钢丝绳、悬绳器及光杆等组成。其工作原理是，电动机的高速转动经三角带传动和齿轮减速箱减速后使曲柄转数与悬点的冲次相同。再通过由曲柄、连杆、安装平衡重的导向小车与机架组成的曲柄滑块机构将曲柄旋转运动变换为小车（滑块）的往复直移运动。小车上有多排链轮（动滑轮）。盘绕该链轮的多排链条的一端固定，另一端与钢丝绳的右端连接。钢丝绳绕过天轮后通过悬绳器连接光杆。这样，小车的直移运动通过链条动滑轮机构获得了倍增，从而实现抽油光杆的长冲程。这样，在无急回运动情况下，导向小车位移是曲柄长的2倍，而抽油光杆冲程又是导向小车位移的2倍。通常，曲柄最大长度取1.25m，因此，抽油光杆最大冲程可达5m。如果将减速器输出轴中心偏离导向小车中心线一定距离，这样不但可获得急回运动以满足慢提快放节省动力的需要或快提慢放特稠油开采工艺的要求，而且还可使抽油机冲程略为增大。

该机采用曲柄滑块机构换向，运动平稳。采用小车平衡重平衡悬点载荷的常量部分，采用曲柄平衡重平衡悬点载荷的变量部分，降低链条总载荷和对链传动进行润滑的有效措施，可有较长的使用寿命。

3.液压抽油机

功率回收型液压抽油机是将平衡问题归入功率回收问题来考虑，通过能量转换与储存，不仅可回收更多的重力势能，还可以回收换向时的制动能，可实现长冲程、低冲次、大载荷运行，可广泛用于深井、稠油井和斜井中。

（1）启动回路。当按下启动按钮后，为了减小启动电流和保护电机，负载并不立即加上，需自动延时5s后才能形成载荷。

（2）平衡回路。该机取消了配重块，利用液压装置来实现平衡功能，它既可以准确地达到平衡，使抽油机效率提高，增加电机的使用寿命，又可以很方便地实现无级调节，在最大冲次和冲程范围内，可以任意改变所需值。

（3）换向回路。当驴头到达上死点或下死点后，要自动反向。本机没有依靠碰撞换向的触点，因此，寿命长，且便于调节冲程。

（4）过载与断载保护回路能够自动识别过载与断杆，并能自动停机报警。

（5）刹车回路。当在抽油过程中出现各种紧急情况时，能够自动刹车或手动刹车，使驴头即时停在出事位置。

（6）补油回路。当驴头换向时，为了运动平稳需要减速和停顿瞬间，可以将停顿瞬间电机所耗费的无用功收集起来，在上冲程时使用。这样不仅提高了效率，还可实现驴头上行快、下行慢的特殊运动规律。

（7）防振回路。对于稠油井和注聚井，在驴头上行时，油液可能没有完全充满泵的下腔，当驴头由上死点向下运动瞬间，油泵的上阀门并未打开，驴头仍以最大载荷向下运动，直到活塞与下腔油面相接触，油泵才打开上阀门，此时驴头开始卸载，由悬点最大载荷变成最小载荷。在这一瞬间，驴头会出现一次摆动。为此，需引入防振回路，如果对普通油井驴头不出现振动时，此回路可不起作用。

主要技术应用：节能技术是以节能为目标函数，对全机各个部件及整个系统都分别进行了优化设计与优化配置，使整机达到节能效果。全状态连续调控技术，对于冲程、冲次均能连续或无极调节，而且调节十分方便，只需改变一个按键和一个旋钮位置。新的平衡技术，研制出一种无配重块的新平衡理论与新平衡技术，它可以使抽油机准确地达到绝对平衡，因而提高了整机效率，而且调整方便。换向平稳及停顿可控技术，采用特殊的换向技术，可以使换向平稳，并且可以改变换向停顿时间，以便提高井下油泵的充满系数、减少断杆次数、减轻抽油杆的偏磨程度等。

4.增大冲程游梁抽油机

（1）动力矩的变化。可变的动力矩是节能的一个主要机理。在摆杆上作用两个力矩：一个是抽油杆上载荷，通过钢丝绳、驴头、游梁、横梁及连杆下接头与摆杆相连的铰点作用在摆杆上，对固定在支架上的支承轴的轴心形成一个力矩（称为载荷力矩）；另一个是电机的分力，通过皮带、减速器的输出轴、曲柄及安装在曲柄销上的滚轮作用在摆杆上，对支承轴轴心形成一个力矩（称为动力矩）。载荷力矩的力臂的长度是不变的，动力矩力臂的长度是变化的，而且是上冲程（工作行程）时力臂长、下冲程（空行程）时力臂短。因为上冲程时动力矩的力臂长，所以省力，故而节能。

（2）平衡的增大。载荷力矩的力臂长，下冲程时能提起的平衡质量大是节能的另一个主要机理。下冲程时，需要电机的动力和抽油杆上的载荷下降的重力共同将平衡抬起。因平衡重的重力对支承轴轴心的力矩的力臂短，而载荷力矩的力臂长，因而下冲程时载荷能够抬起的平衡量的质量大，蓄积的能量就多，上冲程时释放的能量就多，电机的动力也就得到了节省，所以节能。

（3）摆杆机构的平衡。摆杆平衡机构是节能的第三种机理。在摆杆的端部可加平衡板（为了区别曲柄平衡重，将其称为平衡板），又形成了一套平衡机构。当曲柄转速不变时，常规机曲柄平衡重对输出轴扭矩的影响按正弦规律变化，只能用它平衡掉悬点载荷引出起始轴扭矩的正弦分量，而摆杆平衡板对输出轴扭矩的影响在上冲程时较大，下冲程时较小，对平衡悬点载荷引起的输出轴扭矩很有效。特别是恰当地选择平衡板的位置和大小，不但可以使输出轴扭矩峰值较小，变化平稳，而且在一定条件下，可以实现全抽吸周期无负扭矩，这一机理是其他抽油机无法比拟的。

（4）悬点加速度的降低。从运动学角度看，六杆机比常规机悬点速度降低，动载减少，所需分力也相应减少，故而也可节能。

# 二、抽油杆

## （一）普通抽油杆

### 1.普通抽油杆结构

抽油杆通过接箍连接成抽油杆柱，上端通过光杆与抽油机相连，下端与抽油泵的柱塞相接，其作用是将地面抽油机悬点的往复运动传递给井下抽油泵，从而带动泵做抽汲运动。

普通抽油杆的杆体为实心圆形断面钢杆，两端为锻粗的杆头。杆头由以下几部分组成：外螺纹接头；卸荷槽；推承面台肩；扳手方颈；凸缘和圆弧过渡区。外螺纹接头用以与接箍相连接。卸荷槽用来减轻由于螺纹和截面变化引起的应力集中，提高抽油杆的疲劳强度。推承面台肩在接箍与抽油杆连接时可使接箍端面与推承面台肩的端面间产生足够大的应力，从而有效防止抽油杆在使用过程中脱扣及井液对螺纹腐蚀。扳手方颈在装卸抽油杆时用以卡抽油杆钳。凸缘是为了方便起下作业时抽油杆的吊装。圆弧过渡区的作用是避免构件截面刚度的急剧变化，减小应力集中。

抽油杆的杆体直径分别为13mm、16mm、19mm、22mm、25mm和29mm，抽油杆的长度一般为8000mm或7620mm。另外，为了调节抽油杆柱的长度，还有长度为410mm、610mm、910mm、1220mm、1830mm、2440mm、3050mm、3660mm的短抽油杆。

### 2.接箍

接箍是抽油杆组合成抽油杆柱时的连接零件，按其结构特征可分为普通接箍、异径接箍和特种接箍。

（1）普通接箍用于连接等直径的抽油杆。

（2）异径接箍用于连接不同直径的抽油杆。

（3）特种接箍主要有滚轮式接箍和滚珠式接箍，又称滚轮式扶正器和滚珠式扶正器，用于斜井或普通油井中，可降低抽油杆柱与油管之间的摩擦力，减少抽油杆柱对油管的磨损。滚轮式接箍形式变化多样，各种形式的区别主要体现在3个方面：圆周上滚轮数目不同；接箍的长度不同；滚轮材质不同。滚轮式接箍适用于斜井段和抽油杆柱下部扶正，尤其适用于斜井、丛式井、水平井和深井。

（4）接箍的材料及性能要求：接箍的材料一般选用中碳结构钢，国内大都选用45钢。由于接箍是承受变动载荷的连接零件，它必须满足强度要求和连接要求。强度要求是指接箍能承受变动载荷的作用，其疲劳强度要与所连接的抽油杆相匹配。对于特种接箍，还应具有扶正与减磨作用。

## （二）特种抽油杆

随着生产的发展，普通钢质抽油杆在使用中遇到了一些困难。适应不了深井采油、大泵强采的需要。油田进入中后期，井液含水量不断上升，泵挂逐渐加深。为了提高油井产量，普通D级抽油杆由于强度不够，已适应不了这些油井的需要。适应不了斜井和定向井开采的需要。随着技术的发展，斜直井和定向井不断增多。利用普通抽油杆开采这些油井，由于接箍与油管的摩擦会造成接箍与油管的严重破损，并且由于弯曲抽油杆的工作应力增大，致使抽油杆断裂频繁。适应不了高黏油井开采的需要。原油黏度高，使抽油杆的载荷增大，造成抽油杆断裂频率增高。普通抽油杆由于强度不够，适应不了这些油井的开采需要。适应不了高腐蚀性油井开采的需要。油井流体中含有水、硫化氢、二氧化碳和氯化物等，由于它们的腐蚀作用，致使抽油杆发生破坏。普通抽油杆的抗腐蚀能力低，适应不了这些油井的开采需要。适应不了严重结蜡油井开采的需要。油井结蜡，使抽油杆工作载荷增大，造成抽油杆断裂频繁。普通抽油杆由于强度不够，且不具备清蜡功能，适应不了这些油井的开采需要。为了开采这类油井，目前应用较多的特种抽油杆有玻璃钢抽油杆、空心抽油杆、电热抽油杆、连续抽油杆、柔性抽油杆和超高强度抽油杆等。

1.玻璃钢抽油杆

与金属材料相比，玻璃钢制品具有重量轻、抗腐蚀、疲劳性能好等独特优点，因而近几十年的开发研究，已成功地用玻璃钢材料制成了抽油杆。经现场使用证明，玻璃钢抽油杆具有很大的发展潜力。

（1）玻璃钢抽油杆由玻璃钢杆体和两端带外螺纹的钢接头组合而成。钢接头内腔由数级锥面组成，利用特殊的粘接工艺，使环氧树脂黏接剂牢固地粘在玻璃钢杆体上，形成相应的锥面。抽油过程中靠钢接头内腔与环氧树脂黏接剂的多级锥面承受工作应力。

（2）玻璃钢抽油杆的类型是按杆身直径、最高工作温度和端部接头的级别而划分的。

（3）玻璃钢抽油杆的性能特点：①玻璃钢抽油杆的重量轻。玻璃钢抽油杆杆体密度为（2.02～2.05）×10³kg/m³，加上金属接头，其单位长度的质量约为普通钢杆的1/3。因此，采用玻璃钢或玻璃钢—钢杆的混合杆柱，可减小抽油机的悬点载荷，降低峰值扭矩和功率消耗，从而提高设备的抽汲能力及系统效率。

②玻璃钢抽油杆的弹性好。国产D级抽油杆材料的弹性模量为20.86×10⁴MPa，而玻璃钢杆材料的弹性模量为4.96×10⁴MPa，仅为D级抽油杆弹性模量的1/4，玻璃钢抽油杆具有更好的弹性。由于玻璃钢抽油杆的刚度比普通钢杆小得多，在相同液柱载荷$F_0$的作用下，玻璃钢抽油杆柱的无量纲伸长比钢杆柱要大得多，即为了克服液体载荷，玻璃钢抽油杆柱的伸长将比普通钢杆伸长得多，玻璃钢抽油杆更适合于小泵深抽。

③耐腐蚀，可减少抽油杆的断脱事故。玻璃钢杆体抗腐蚀性能好，杆头采用K级抽油杆用钢，亦耐腐蚀，玻璃钢抽油杆特别适于在酸性油井中使用。

④玻璃钢抽油杆不能承受轴向压缩载荷。由于玻璃钢抽油杆不能承受轴向压缩载荷，一般与钢杆组成混合杆柱使用，而且在保证玻璃钢杆不受压力的情况下，应尽量加大玻璃钢杆在混合杆柱中的比例。玻璃钢杆存在以下缺点：价格贵，使用温度不能超过限定温度，报废杆不能熔化回收利用。

2.空心抽油杆

空心抽油杆具有以下使用特点：

（1）空心抽油杆除可做普通抽油杆传递动力外，还可以通过其内孔加入各种稀释剂、轻油、热油等降低原油的黏度，清除油井结蜡，有助于改善井筒中原油的流动性质；

（2）空心抽油杆可以和无管泵配套使用，使原油从空心抽油杆的内孔流出，这样，空心抽油杆既起抽油杆的作用，又起油管的作用；

（3）空心抽油杆的流道小、流速快，不易沉积砂粒，适用于含砂油井；

（4）空心抽油杆抗扭能力比普通抽油杆大，适用于螺杆泵采油；

（5）便于向井中安装各种控制器。

空心抽油杆存在的问题：空心抽油杆既当抽油杆又当油管时，必须与相应的深井泵相匹配，才能得到合理使用；在制造过程中，必须解决杆体与杆头的连接质量和同心度问题。

3.电热抽油杆

电热抽油杆是为开采稠油或含蜡原油而研制的一种特殊抽油杆。它在抽油杆轴向上的孔内装有电阻加热元件，称为电热抽油杆。电热抽油杆有两种：一种是输入直流电产生电阻热的直流电热杆；另一种是输入交流电产生集肤效应热的交流电热杆。

（1）电热抽油杆的连接结构：在每根抽油杆的内孔中安装有电阻加热元件。为避免电阻加热元件与抽油杆直接接触，在电阻丝周围包有电绝缘体，它的作用是防止电阻丝与周围物质及抽油杆相接触，同时还具有最佳导热功能。为将组成抽油杆柱的相邻抽油杆中的电阻丝连接起来，在接箍的中心安装有轴向电导元件。该电导元件通过绝缘体置于轴向位置，这样既可以将电阻丝连接起来，又可以与接箍和抽油杆隔开。

（2）形成回路的终端结构如下：变压器的一根电缆线与抽油杆的电阻丝相连，另一根电缆线与光杆的外表相连，而每根抽油杆的外表是相连的，所以需要有一种装置使连接电阻丝的电缆线与连接抽油杆外表的电缆线相连才能构成回路。为此，设计了一种整体式电导体装置。该电导体定向装入接箍中，通过它把电阻丝与接箍连接起来，从而构成回路。当电热抽油杆工作时，电流会使每根抽油杆中的电阻丝产生热量，热量通过抽油杆传向周围的原油，使原油被加热而升温，从而起到降黏及防止结蜡的作用。

4.连续抽油杆

（1）连续抽油杆的优点及存在问题连续抽油杆有如下优点。

①可大幅度降低抽油杆的失效频率。根据调查，普通抽油杆连接部分的失效数占抽油杆总失效数的60%～80%。如果能消除抽油杆螺纹连接，那么就可从根本上解决这一技术问题。连续抽油杆正是基于这样的思想而设计的，它可彻底消除连接部分的失效。

②可减轻抽油杆与油管的磨损。普通抽油杆在油管中工作时，由于井身轨迹等因素会造成抽油杆柱与油管发生接触。通常接触只发生在接箍与油管之间，这样抽油杆柱对油管的正压力集中作用在接箍上，造成接触部分磨损加剧。从油管横截面来看，接箍与油管内表面是点接触，这更加剧了磨损。连续抽油杆的横截面为半椭圆形，曲率半径为38.1mm，而任何油管的内径均小于76.2mm，因此连续抽油杆在油管内有两个以上的接触点，而在曲率半径相同的油管中则为线接触。此外，每7.6m长的抽油杆柱上，普通抽油杆与油管的接触线长度仅为接箍的长度，为100～150mm，而连续抽油杆可达15.2m。由此可见，连续抽油杆与油管的接触面积可能为普通抽油杆的100～150倍，如果抽油杆对油管的正压力相等，则连续抽油杆对油管的单位正压力比普通抽油杆小得多，对油管磨损的严重程度也远小于普通抽油杆。

③可降低抽油杆的工作应力。由于连续抽油杆没有头部锻粗部分和接箍，一般情况下，其重量比相应的普通抽油杆柱减小8%～10%。另外，可以使用比普通抽油杆尺寸更大的连续抽油杆，从而使抽油杆的工作应力降低。

④可提高安装和起升抽油杆的速度，减轻劳动强度。

⑤可减少结蜡。普通抽油杆杆体上结蜡很少，结蜡多发生在接箍周围。这是由于在接箍周围区域压力降低，导致气体析出，使这个区域冷却而结蜡。连续抽油杆没有接箍，因而可减少结蜡。

⑥可减小流体的流动阻力。由于连续抽油杆取消了接箍，杆管环空截面积增大，因而

减小了流体的流动阻力。

（2）连续抽油杆存在的问题。

①运输困难。

装有连续抽油杆卷盘的拖车高4.58m、宽3.66m，由于铁路隧道高度有限，有些公路路面狭窄，因此铁路和公路运输都比较困难。

②焊缝局部热处理质量有待进一步提高。

由于局部加热而引起的过渡区金相组织的变化，会降低连续抽油杆的疲劳性能，因此，要进一步提高局部热处理的质量。

5.其他特种抽油杆

（1）柔性抽油杆：具有代表性的柔性抽油杆是钢丝绳抽油杆。钢丝绳抽油杆是由多根高强度钢丝制成的钢丝绳。钢丝绳抽油杆具有与连续抽油杆相似的优点，但现行的井口密封装置无法采用该种抽油杆，需要专门的配套装置。

（2）带状抽油杆：带状抽油杆是一种由石墨复合材料制成的抽油杆。带状抽油杆具有很高的弹性模量和刚度，而且有足够高的挠性，可以卷到一个卷筒上，用一轻型工程车即可装运。带状抽油杆具有以下优点：

①带状抽油杆没有接头，可减少由接头引起的杆柱断脱现象；

②带状抽油杆材料的许用应力很高，可大幅度减轻抽油杆自身重量，从而降低抽油设备的工作载荷和能耗；

③连续的带状抽油杆可绕在卷筒上，便于装卸、运输和起下作业。

（3）铝合金抽油杆：铝的成本较低，为制造铝合金抽油杆创造了条件。这种抽油杆的接头采用与铝的电势相近的不锈钢，以防止电化学腐蚀。铝合金抽油杆具有以下优点：

①重量轻，仅为钢质抽油杆的1/3；

②抗盐水、硫化氢、二氧化碳等介质的腐蚀能力是钢质抽油杆的3~5倍。

（4）KD级抽油杆既有D级抽油杆的强度，又有K级抽油杆的耐腐蚀性能，KD级抽油杆可用于负荷较大且具有腐蚀性的油井中。

## （三）抽油杆失效分析

抽油杆在交变应力的作用下发生破坏的现象称为疲劳断裂。影响疲劳的因素可归纳为4个方面，即材料特性、载荷、构件的形状和尺寸以及工作环境。

1.失效类型

抽油杆及其接箍的失效类型有两种：一种是断裂，即在抽油杆柱的某个截面发生断裂；另一种是脱扣，这是由于接头的螺纹连接松动，使得抽油杆与接箍脱开。抽油杆断裂主要是疲劳断裂，也有因卡泵时超载或接箍严重磨损而引起的。抽油杆疲劳断裂部位通常是外螺纹接头、扳手方颈、锻造热影响区和杆体。接箍的疲劳断裂大多数是从内部与外螺纹接头第一个完整螺纹相重合的地方开始，也有的发生在外表面的磨损、凹坑、刻痕处或扳手平面的圆角处。

2.失效原因

抽油杆和接箍失效的原因可归纳为以下6个方面。

（1）抽油杆外螺纹接头断裂的原因：预紧力过大或不足；材料缺陷或热处理质量不符合要求；螺纹加工质量差，台肩端面与外螺纹中心线的垂直度误差太大；抽油杆台肩侧面与接箍端面接触不紧密，地层水渗入引起腐蚀；抽汲载荷超载。

（2）扳手方颈区断裂的原因：由锻造缺陷引起，主要是折叠和裂纹；扳手方颈两端过渡圆角太小，引起应力集中；机械损伤。

（3）热影响区断裂的原因：晶粒粗大，表面存在残余拉应力；锻造后在热影响区的杆体上有压痕或局部直径变小；锻造加热温度太高，产生过热组织；杆头弯曲，包括制造过程中和使用磨损严重的吊卡引起的杆头弯曲。

（4）杆体断裂的原因：制造、运输和储存过程中引起弯曲；使用过程中造成的杆体弯曲；材料缺陷或热处理质量不符合要求；表面刻痕、凹坑引起应力集中；抽油杆柱设计不合理，部分抽油杆超载或因卡泵超载；腐蚀。

（5）抽油杆接头脱扣的原因：抽油杆台肩侧面和接箍端面的垂直度不符合要求；预紧力不足；装配前没有将抽油杆外螺纹接头和接箍清洗干净；选用的螺纹润滑剂不合适；液击、碰泵的冲击载荷的影响；悬绳器的扭摆；抽油系统的振动；抽油杆柱下部弯曲。

（6）接箍断裂的原因：接箍与油管摩擦；预紧力不足；材料缺陷或热处理质量不符合要求；表面刻痕、凹坑引起应力集中；内螺纹牙底形状不佳引起应力集中；腐蚀。

## （四）预防措施

（1）减缓偏磨现象。虽然由于井况造成的抽油杆偏磨现象不可避免，但合理使用防偏磨工艺可有效减轻抽油杆偏磨程度。

（2）防止腐蚀。加缓蚀剂是解决油井抽油杆腐蚀的一种有效方法。

（3）合理设计抽油杆柱。合理设计抽油杆柱，可防止下冲程时抽油杆柱弯曲，避免抽油杆与油管内壁的磨损，减少抽油杆断脱事故。

（4）严把抽油杆制造质量关。要求出厂的抽油杆无弯曲现象，表面无伤痕。

（5）加强抽油杆管理。一方面，尽可能避免运输过程中的损伤；另一方面，加强使用过程中的生产技术管理，建立每口井抽油杆使用档案，规定抽油杆服役期限，定期更换抽油杆，并制定抽油杆回收管理和操作制度。

## （五）抽油杆柱附属器具

抽油杆柱中，除了抽油杆和接箍外，还有很多重要的附属器具，主要包括抽油光杆、抽油光杆卡抽油光杆衬套、抽油光杆密封盒、抽油杆扶正器、加重杆、抽油杆减振器、抽油杆防脱器等。

1.抽油光杆

抽油光杆是将抽油机悬点的往复运动传递给抽油杆的一个重要部件，它通过光杆卡、悬绳器与抽油机连接，并通过光杆接箍与抽油杆连接。在抽油机的带动下，光杆在抽油光杆密封盒内做往复运动。

抽油光杆的工作条件及使用要求：抽油光杆与抽油杆一样承受不对称循环应力，同时又在大气和井液中往复运动，其外表面与抽油光杆密封盒形成滑动摩擦。因此，抽油光杆是在大气腐蚀、井液腐蚀、不对称循环载荷以及滑动摩擦条件下工作的。这就要求抽油光杆必须具备耐腐蚀和耐磨性能。同时，应保证抽油光杆与抽油杆连接可靠，且连接成的抽油杆柱具有较高的直线度。抽油光杆与抽油杆一样，按不同的强度和使用条件分为C级、D级和K级三个等级。

2.加重杆

当采用大直径抽油泵或抽稠油时，抽油泵柱塞在下冲程时将受到较大的阻力，随着泵径和原油黏度的增大，阻力增大，直至抽油杆柱的下部发生纵向弯曲，使抽油杆柱承受附加弯曲应力，引起抽油杆早期断裂。为了防止这种现象的发生，减少抽油杆柱的断脱事故，可在抽油杆柱的下部采用加重杆。

加重杆连接在抽油杆柱的下部，除了所匹配的重量应满足要求外，还应满足以下要求：两端螺纹应按普通抽油杆的要求进行设计和制造；材料及热处理方式的选择，应考虑到与所连接的抽油杆的强度相匹配。

3.抽油杆扶正器

（1）抽油杆扶正器的基本功能：抽油杆扶正器可使抽油杆处于油管中心，不直接与油管接触，减少抽油杆与油管之间的磨损。另外，由于抽油杆不直接与油管接触，还可以减少抽油杆的振动和弯曲，改善抽油杆的受力状况。由于扶正器具有以上两种基本功用，最适用于斜井、丛式井和水平井。

（2）抽油杆扶正器的类型及用途：抽油杆扶正器按其与油管的摩擦性质可分为滚动式和滑动式两种。

①滚动式抽油杆扶正器又分为滚轮式扶正器和滚珠式扶正器两种。滚轮式扶正器又称滚轮接箍。滚轮式扶正器除了具有普通接箍的连接作用外，在加长接箍圆周上装有滚轮，可改善油井中抽油杆与油管之间的工作条件，变滑动摩擦为滚动摩擦，减少抽油杆与油管

的磨损。滚珠式扶正器用半嵌在加长接箍上的肘形座孔里的滚珠代替滚轮，起到与滚轮扶正器相同的作用，而且滚珠滚动不受方向的影响，更进一步减小了杆柱与油管的摩擦力。

②滑动式扶正器可分为具有刮蜡作用的和不具有刮蜡作用的扶正器两种，前者称为刮蜡器，后者称为扶正器。刮蜡器是两端带有较大圆角、中间有孔的圆柱体，其外圆直径较油管内径小，内孔比抽油杆体稍大。在外圆柱上开有数条均匀的螺旋槽作为油流通道，其中一条较宽的螺旋槽与内孔相连，作为往抽油杆上安装的入口，通道的螺旋槽上宽下窄，它所形成的油流通道总面积应在保证螺旋齿有一定强度的情况下尽量采用最大值。普通扶正器外圆上无刮蜡片，不具备刮蜡作用。普通扶正器能够减少抽油杆与油管的磨损，延长其寿命。

③对于要求安装刮蜡器的抽油杆，需要在抽油杆上设置一定数量的限位器，两限位器之间的距离为冲程的一半。当抽油机的悬点上下运动时，刮蜡器既在杆体上相对杆体做上下滑动和转动，又随着杆体相对于油管做上下滑动和转动。这样既覆盖了抽油杆杆体的全长，也覆盖了油管内壁的全长，起到清除抽油杆杆体和油管积蜡的作用。对于主要用作扶正作用的刮蜡器，不需要在所有抽油杆上安装，只在斜井段和抽油杆柱的弯曲部位安装即可。在油井中使用刮蜡器以后，抽油杆在上下冲程时的阻力增加，这将使悬点最大负荷增加，使抽油杆在下冲程时产生附加的弯曲应力，为此应采取必要的措施，一般应在抽油杆下部使用加重杆。

**4.抽油杆减振器**

抽油杆减振器安装在抽油光杆上，置于悬绳器和光杆卡之间，其作用是减少抽油杆柱的振动。当抽油机驴头带动抽油杆柱做上下往复运动时，载荷大小和方向的变化引起抽油杆柱产生不同程度的振动，这种振动给抽油杆柱带来附加冲击载荷，使抽油杆载荷增加并使连接螺纹松脱。抽油杆减振器主要由弹性元件和安装弹性元件的壳体或框架组成。弹性元件随抽油机型号规格和油井井况的变化而有所不同，主要有橡胶的、蝶形弹簧的等。

**5.抽油杆防脱器**

在抽油杆柱上下往复运动的过程中，由于井斜、杆柱弯曲以及杆柱振动等原因，容易造成抽油杆柱受到附加扭矩的作用，这一扭矩可能会形成对抽油杆柱连接螺纹的旋松力矩。在抽油杆柱适当位置安装防脱器后，可以将杆柱产生的旋松扭矩释放掉，从而避免了杆柱接头螺纹的松动。短抽油杆和连接套分别与抽油杆柱的两部分连接，它们之间通过套筒和止推轴承发生转动，当抽油杆柱附加扭矩大于防脱器转动的扭矩时，短抽油杆或外壳转动，消除附加扭矩，从而起到防止抽油杆脱扣的作用。

# 第二节 抽油泵

## 一、抽油泵的类型及发展现状

抽油泵分为管式抽油泵和杆式抽油泵两大类。管式抽油泵有组合式和整体式之分。相对于组合泵，整体泵则有泵效高、冲程长、装卸方便等优点。整体式抽油泵将逐渐取代组合式抽油泵。

杆式抽油泵整体随抽油杆下到油管内的预定位置固定并密封，故又称为"插入式泵"。杆式抽油泵按支承总成类型可分为机械支承和皮碗支承，按支承位置可分为定筒式顶部固定、定筒式底部固定和动筒式底部固定三种。有杆抽油泵从用途上又可分为常规泵和特种泵两类。

抽油泵的工作环境复杂，条件恶劣，抽油泵一般应满足以下要求：结构简单，强度高，连接部分密封可靠；制造材料耐磨，抗腐蚀性好，使用寿命长。抽油泵的发展趋势主要包括以下3个方面：

（1）发展长冲程抽油泵，与长冲程抽油机配套；

（2）发展多功能特种泵，如适应高含砂、含气等复杂情况的特种泵；

（3）发展自补偿泵，提高泵效，降低摩阻，节能降耗，延长泵的寿命。

## 二、有杆抽油泵

### （一）常规抽油泵的基本结构及原理

1.抽油泵的结构

抽油泵是将机械能转化为流体压能的设备，主要由泵筒、柱塞、吸入阀和排出阀4部分组成。按照抽油泵在油管中的固定方式，抽油泵可分为管式泵和杆式泵。管式抽油泵的泵筒连接在油管的下端，而柱塞则随抽油杆下入泵筒内。其特点是把外筒、衬套和吸入阀在地面组装好并接在油管下部先下入井中，然后把装有排出阀的柱塞用抽油杆柱通过油管下入泵中。抽油泵由泵筒总成、柱塞总成、固定阀总成、固定阀固定装置及固定阀打捞装置组成。管式泵的特点：结构简单，成本低，泵筒壁厚较厚，承载能力大，在相同油管直径下允许下入的泵径较杆式泵大，因而排量大，在我国的各大油田得到了广泛应用。

但检泵时必须起出管柱，修井工作量大，作业费用高，故适用于下泵深度不大、产量较高的井。杆式抽油泵有内外两个工作筒，外工作筒上端装有锥体座及卡簧，下泵时把外工作筒随油管先下入井中，然后把装有衬套、柱塞的内工作筒接在抽油杆的下端下入外工作筒中并由卡簧固定。检泵时不需要起出油管，而是通过抽油杆柱把内工作筒拔出。杆式抽油泵的特点：检泵方便，但结构复杂，制造成本高，在相同油管直径下允许下入的泵径比管式泵小。杆式泵适用于下泵深度大、产量较小的油井。

2.常规泵的工作原理

在泵的工作过程中，具体抽汲过程：在上冲程，抽油杆柱带着活塞向上运动，活塞上的游动阀受阀球自重和管内压力作用而关闭。泵内由于容积增大而压力降低，固定阀在沉没压力作用下打开。井中原油进泵，同时在井口排出液体。

在下冲程中，抽油杆柱带动活塞向下运动，固定阀关闭，泵内压力升高到高于活塞上方压力时，游动阀被顶开，泵中液体排到活塞上方的油管中去。同时，由于光杆进入井筒，在井口挤出相当于光杆体积的液体。光杆从上死点到下死点的距离称为光杆冲程长度，简称光杆冲程。曲柄转一周，悬点完成一个，上冲程和一个下冲程，活塞上下抽汲一次，称为一个冲次。每分钟的冲次数称为冲数或冲次。

## （二）特种泵的结构及基本原理

为适应各类油井复杂开采条件，对抽油泵提出了特殊的要求。特种抽油泵正是为解决这些要求而设计的。

1.抽稠油泵

用常规抽油泵无法正常开采稠油的原因主要有两个：一是常规泵进油通道太小，使得泵充满程度差，泵效低；二是由于油稠、黏滞力强、产生的阻力大，常规泵抽稠油时下行过程中，杆柱下行困难。为解决这些问题，在稠油开采中，机械强制性启闭阀、液力反馈、空心抽油杆、电流或蒸汽加热降黏和降黏剂降黏等方法都是有效的方法。

（1）液力反馈抽稠油泵主要由上泵筒、上柱塞、下泵筒、下柱塞、中心管、进油阀、出油阀、抽油杆接头及泵筒接头等组成。液力反馈抽稠油泵是由两个不同泵径的抽油泵串联而成，中心管连接上、下柱塞，泵筒接头连接上、下泵筒，进、出油阀均装在柱塞中。当下冲程时，上柱塞与上泵筒的环形腔体积减小，形成高压环形腔，高压环形腔中的原油顶开出油阀，进入油管，此时由于进油阀关闭，油管内液柱的压力通过进油阀施加在柱塞上，形成液力反馈力，帮助抽油杆下行，缓解抽油杆在稠油井中下行的难度。当上冲程时，柱塞上行，环形腔增大，压力减小，进油阀打开，出油阀在油管内液柱压力作用下关闭，井下原油又流入环形腔。上柱塞在上下冲程中，始终与上泵筒接触。在抽汲和停抽过程中，颗粒大的砂子可沿着泵筒与外管形成的环空下落到底部的密封装置与尾管形成的环空口袋中，可有效避免柱塞的砂卡和砂埋。

（2）环流抽稠油泵。环流抽稠油泵的结构原理与液力反馈泵相似，由两台不同泵径的抽油泵串联，由连杆将上柱塞和下实体加重柱塞连为一体。该泵的环流阀装在上泵筒下部环形阀罩中。当下冲程时，上柱塞下行，上柱塞与上泵筒的环形腔体积减小，压力增大，环形阀罩的环流阀关闭，上柱塞出油阀打开，环形腔的原油通过上柱塞出油阀，再通过上柱塞内孔排至油管中，油管内的液柱压力施加在下实体加重柱塞上，强迫柱塞克服稠油的阻力下行。柱塞上行时，环形腔增大，压力减小，环形阀罩里的环流阀打开，原油进入环形腔，出油阀在油管中液柱压力的作用下关闭。管式环流抽稠油泵的设计特点：在液力反馈泵的基础上，增加了环流阀总成，增大了流道面积，缩短了井下原油进入环形腔的路程，减小了液流阻力，既保留了液力反馈泵的优点，又提高了泵的充满系数，更宜于抽汲稠油。由于增加了环流阀总成，泵的外形尺寸增大，只能适用于177.8mm以上套管的稠油井。环流抽油泵可在原油黏度小于4000mPa·s的稠油井中正常工作。同时，从结构可知，井下可以补装泄油器，还可不动油管柱，只需提出柱塞总成，就可以进行井下测试和对油层实施蒸汽吞吐工艺。

（3）封闭式负压抽油泵主要由泵筒、加长管、柱塞及上下接头组成。泵筒上设有进液孔，工作时柱塞在泵筒与加长管之间往复运动。与普通抽油泵相比，主要区别是该泵没有固定阀。柱塞上行时将柱塞上部的液体排到地面，由于稠油黏度高，泵内液面与活塞上行不同步，在柱塞的下部形成一个负压区，井内原油的黏度越高，泵内形成的负压越大，负压区达到一定负压后，柱塞让开进液孔，泵筒上的进液孔打开，产出液进入负压区，泵筒内充满液体；柱塞下行，柱塞堵塞进液孔，进液孔关闭，游动阀打开，柱塞行至下死点时，泵筒内的液体全部进入柱塞上部空间。如此往复运动，抽油泵将井内液体不断地排到地面。封闭式负压抽油泵具有以下4个性能特点：

①抽油泵没有固定阀，因此不存在固定阀漏失问题，使用寿命较长。

②泵的进液孔过流面积较大，稠油入泵比较容易，可提高泵的充满系数，进而提高泵效。

③具有防砂卡、防气锁功能。抽油泵工作时，泵以下的液体处于相对静止状态，大颗粒砂沉积到尾管，小颗粒砂随产出液排出。同时，进液通道的加大有利于气体逸出，从而使气锁的概率大大减少。

④可不动管柱正反洗井，反洗井时需下放光杆，使柱塞停到抽油泵的下端，泵筒上的进液孔可将油套连通，方便现场洗井作业。封闭式负压抽油泵适合原油黏度在5000mPa·s以下的稠油井。选井时应考虑油井的生产参数，不同冲程的井选用不同型号的抽油泵。

（4）VS-R抽稠油泵是依靠机械力的作用迫使锥形阀开启来解决抽汲稠油问题的。

VS–R抽稠油泵泵筒总成与常规泵相同，而柱塞总成则有较大区别。VS–R抽稠油泵用穿过柱塞内孔的拉杆将连接器和柱塞头组装成一个整体。在上冲程时，连接器下端面与柱塞上端面保持一个间隙"C"。柱塞下端连接一个阀座，阀座下端与柱塞头上端组成一副倒装的锥形阀。

上冲程时，受抽油杆向上拉力的作用，锥形阀关闭并带动柱塞上行，固定阀打开，原油进入下部泵筒，柱塞上部的原油经过油管排到地面。下冲程开始时，由于泵筒对柱塞的摩擦力和间隙"C"的存在，柱塞与泵筒相对静止。由于抽油杆向下推力的作用，锥形阀打开。随连接器下移，间隙"C"消除，柱塞被推动下行，固定阀关闭，原油通过柱塞头、阀座、柱塞、连接器的流道进入油管。这种泵的特点是依靠机械力的作用迫使锥形阀关闭，解决了抽稠油时阀球不能及时动作、与阀座不能形成可靠的密封和球在阀罩中阻碍稠油流动的问题，并较好地解决了热采时蒸汽锁或气锁等一系列问题。由于锥形阀是倒装的，连接器与柱塞头的刮砂也使得这种泵在含砂较多的稠油井中能正常使用。

（5）注采杆式抽稠油泵能够实现稠油热采注采一体化。注采杆式抽稠油泵主要由密封活塞、密封泵筒、工作活塞、工作泵筒、游动阀总成、固定阀总成及锚定总成等组成。注采杆式抽稠油泵工作活塞上行时，固定阀打开，游动阀关闭，完成吸油过程；工作活塞下行时，固定阀关闭，游动阀打开，完成排油过程。注蒸汽时，将抽油杆柱上提，抽油杆柱带动拉杆、工作活塞、密封活塞、工作泵筒、固定阀总成、锚定总成等部件一起上行，锚定部分脱开，形成注汽通道，从井口注入的蒸汽通过通道进入地层；注完蒸汽后，闷井自喷；自喷后，下放抽油杆柱至碰泵位置，调好防冲距进行抽油。在注蒸汽与转抽过程中不需要起出抽油杆柱和油管，实现了注采一体化，可避免修井过程中油层的能量损失。

注采杆式抽稠油泵具有以下优点：①具有作业不起油管的优点，减少了地面污染；②与现有的稠油抽油泵相比，具有吸入流道短、流道面积大的特点，减小了原油的吸入阻力，提高了排液量和泵效；③采用活塞、泵筒式的间隙密封，密封可靠，取出和重入安全方便；④抽油泵的锚定装置采用弹簧爪结构，克服了常规杆式抽油泵工作时泵筒易拉出泵座的缺点。

（6）多功能长柱塞抽稠油泵是一种用于稠油开采注汽的新型特种抽油泵，具有不动管柱就能实现注汽、抽油、冲砂的特点。多功能长柱塞抽油泵在传统长柱塞抽油泵的基础上进行了改进设计。

改进后的长柱塞抽油泵泵筒用整体结构取代了传统的分体结构，在柱塞上开有注汽孔，取代了传统的注汽接箍。改进设计前综合考虑注汽通道尺寸、泵筒开注汽孔段的强度、泵的漏失量等因素的要求，合理地设计了注汽孔的位置、孔的结构、孔道尺寸。传统长柱塞抽油泵由于泵筒和柱塞的分体结构，难以保证上下两段同心的要求，同时注汽接箍位于泵筒的中间位置，致使泵在工作中余隙容积过大，泵效降低。改进后的泵筒结构解决了传统长柱塞泵泵筒不同心的问题。多功能长柱塞抽稠油泵设计有注汽导罩，对蒸汽起到引导注入的作用。

（7）适用于水平井的大斜度抽稠油泵。大斜度抽稠油泵的外形尺寸及参数配置与常规管式泵相同。该泵的关键技术在于启闭阀的设计和扶正器位置的确定。它可有效改善井斜矛盾，提高泵充满系数。与常规泵相比，该泵具有以下特点：①将阀球设计为带有上下扶正杆体的半球阀结构，受扶正杆控制，阀的启闭运动被约束在泵轴心线上，使阀的启闭不受井身轨迹的影响，克服了球阀在大斜度井段的非直线滚动运动所造成的启闭滞后；②合理设计了弹簧推力的附加机构，在启闭阀上安装强闭弹簧，在柱塞换向时，可依靠弹簧力作用迫使游动阀关闭，固定阀复位，解决了因油稠而导致的关闭滞后和气锁问题；③配置了抽油杆扶正器附件系统，避免了抽油杆偏磨，保证泵在大斜度井段的正常抽汲，解决了因井斜过大而造成的下泵过浅问题。

2.防砂抽油泵

在对出砂油藏进行开采时，往往出现砂磨甚至砂卡现象。当砂粒较少时，柱塞将砂粒挤碎并继续上行，但会使柱塞及泵筒受到严重刮伤和磨损。当砂粒较多时，柱塞上行力不足以克服砂粒对它的摩擦力，柱塞被锁在泵筒里，造成砂卡，甚至砂埋等事故，影响油井的正常生产。防砂泵的种类较多，其防砂原理也各有差异。

（1）长柱塞防砂抽油泵。

长柱塞防砂抽油泵主要由外筒、内筒、长柱塞、短泵筒、双通接头、进油阀、出油阀等零部件组成。长柱塞防砂抽油泵的抽汲原理与常规泵相同，采用长柱塞、短泵筒结构和环空沉砂结构。

柱塞上行时，出油阀与进油阀之间空间变大，压力降低，井液在沉没压力的作用下经双通进油接头的侧向进油孔顶开进油阀进入泵腔，柱塞上部的液体同时被举升一个冲程的高度。柱塞下行时，进油阀关闭，出油阀被顶开，进入泵腔的液体被迫经过柱塞并到达柱塞上部，完成一个工作循环。泵筒与外筒之间有一环形空间，是沉砂进入尾管的通道。双通进油接头下端连接沉砂尾管，用于储集沉积下来的泥砂，最下端接有丝堵，防止尾管中的液体及沉砂反流入井内。

长柱塞防砂抽油泵具有以下性能：①防砂埋，该泵的柱塞长、泵筒短，在整个抽汲过程中柱塞上端始终处在泵筒之外，油井停抽时下沉的砂粒沿沉砂环空沉入泵下尾管中而不会在泵上聚积造成砂埋；②防砂卡，防砂泵的长柱塞上部始终处于泵筒之外，长柱塞短泵筒结构无楔形间隙，同时砂粒会沿环空通道沉入泵下尾管中，因此无法形成自锁，不会造成砂卡；③耐砂磨，由于不允许大砂粒进入密封间隙，因此砂粒对泵筒及柱塞的磨损将显著减轻。该类抽油泵适用于含砂量不大于0.8%的油井。

（2）串联长柱塞防砂抽油泵是在长柱塞防砂抽油泵的基础上改进而来的。下行程时，环形腔的体积逐渐变小，内部压力逐渐升高，从而使上阀球、座打开，下阀球、座关闭，环形腔内井液进入柱塞上方；上行程时，环形腔的体积逐渐变大，内部造成真空度，从而使上阀球座关闭，下阀球、座打开，井液进入环形腔。长柱塞防砂抽油泵为侧向进油，而串联长柱塞防砂抽油泵为尾管进油，后者易于连接气锚、砂锚等井下工具。串联长柱塞防砂抽油泵的成品尺寸长，作业复杂，沉砂部分要进行双管作业。

（3）动筒式防砂抽油泵的最大特点是柱塞固定，泵筒做上下往复运动。动筒式防砂抽油泵主要由泵筒、柱塞、游动阀、固定阀、沉砂筒、刮砂环及泵外防砂筛管组成。上行程时，抽油杆带动泵筒向上运动，游动阀关闭，承受油管柱内液柱载荷，泵腔体积增大，压力减小，固定阀打开，井下油液进入泵腔。下行程时，抽油杆带动泵筒向下运动，泵腔内油液排到泵上油管中。停抽时，油管柱直接与沉砂筒相连，泵筒上部油管柱内的浮砂自行下沉，通过沉砂筒沉入下部尾管。

动筒式防砂卡管式抽油泵在作业时应注意：下放泵筒接近固定柱塞上部时，要减慢下放速度；要合理调整防冲距，防止上抽时泵筒与柱塞脱离。

动筒式防砂卡杆式抽油泵在作业时应注意：其沉砂尾管要加长，因为杆式泵和油管管柱在检泵时往往是不动的；要有专门的吊卡。为了达到更好的防砂效果，又在其柱塞上设计了刮砂环，在其进油通道（即防砂泵）的外部增加了泵外防砂筛管。该类泵可适用于含砂量不大于1.3%的油井。在现场使用中，动筒式防砂泵通常与防砂卡抽油管柱结合使用。

（4）耐磨抽油泵采用长柱塞设计，主要有上游动阀、柱塞、下游动阀、短泵筒、刮砂装置、加长管、进油阀、分流接头、沉砂管等零部件组成。

耐磨抽油泵的工作原理与常规抽油泵的工作原理基本相同。上冲程时，固定阀在其上下压差作用下打开，井液在沉没度压力下进入泵腔完成吸油过程；下冲程时，固定阀关闭，游动阀打开，井液进入泵上油管。

（5）等径柱塞抽油泵。

等径柱塞抽油泵采用等径刮砂柱塞结构，能有效防止砂卡柱塞现象的发生，大大减缓柱塞与泵筒间的磨损，延长出砂油井生产周期。

等径柱塞抽油泵的主要性能特点如下：①防砂卡、防砂磨，上冲程时，柱塞上行，由于刮砂柱塞的作用，可有效地将泵筒内壁附近的砂粒刮落于柱塞排液口处，消除了普通抽油泵存在的柱塞与泵筒之间由于砂粒的压实作用而形成的硬性挤压摩擦力，所以能有效防止砂卡柱塞，延长油井的高泵效生产周期；②具有自冲洗特性，下冲程时，不仅具有下行刮砂作用，而且随柱塞下行，排出的井液能将积存于柱塞排液口附近的少量砂粒冲刷干净，以便在下一上冲程时保证柱塞工作于最佳的清洁环境中，起到自动冲洗防砂卡的作用。

等径柱塞抽油泵适用于含砂量为1%左右的中低含砂油藏。现场数据表明，等径柱塞抽油泵泵效高（可平均提高泵效8%～10%），生产周期长（可延长生产周期2～3倍），具有明显的防柱塞上接头断脱的特点。

3.防气抽油泵

常规抽油泵在气油比较大的油井中，油液充满程度差，泵效低，当气体影响严重时，常发生"气锁"，使抽油泵无法正常工作。所谓气锁，是指在抽汲时由于气体在泵内压缩和膨胀，吸入和排出阀无法打开，出现抽不出液的现象。在这种油井中抽油，常发生"液面冲击"，加速了抽油杆柱、阀杆、阀罩、油管等井下设备的损坏。为解决这一问题，专门设计了多种防气抽油泵。机械启闭阀抽油泵采用机械力强行开关，可有效防止气锁现象的发生。

4.防偏磨抽油泵

（1）柱塞自旋器装置能够带动柱塞做旋转运动，可避免由于柱塞与泵筒之间的接触位置在圆周方向上不变而总在某一处磨损的情况。将柱塞自旋器安装在柱塞上面，可使柱塞在每一冲程中随机转动，不断地改变柱塞与泵筒的接触面，从而达到预防柱塞偏磨的目的。

上部通过上接头与抽油杆柱相连，下部螺旋转子与柱塞刚性连接。连接杆可以相对承力筒转动。工作时，上部抽油杆柱只做上下往复运动，而下部的螺旋转子靠连接杆与抽油杆柱相对运动。下冲程时，固定阀关闭，游动阀开启，泵筒内的液体沿螺旋转子做螺旋上升运动，同时液体会对螺旋转子产生作用力，通过此作用力的分解，产生一个沿圆周切线方向的冲击力，当冲击力能克服转动柱塞所需的摩擦阻力时，螺旋转子便带动柱塞做旋转运动。上冲程时，抽油杆柱与油管中液体之间无相对运动，液体不会对螺旋转子产生作用，此时柱塞不转动。这样就避免柱塞总在某一处磨损，从而解决了柱塞偏磨问题，达到提高抽油泵寿命的目的。

在抽油杆柱、柱塞自旋器、柱塞组成的旋转系统中，存在两个方向的力矩：一个是液体推动螺旋转子转动的动力矩，另一个是阻力矩。其中，阻力矩是由柱塞与泵筒的摩擦力矩和液体与螺旋转子之间的摩擦力矩组成的。当动力矩大于阻力矩时，自旋器旋转；反之，就不旋转。

（2）偏阀式防偏磨抽油泵把固定阀做成偏心的，使导向柱塞穿过固定阀和下部导向筒到达泵下。同时，导向柱塞下端可以连接一定数量的加重杆。游动阀球和阀座安装在柱塞上端的游动阀罩中，组成游动阀。固定阀球和阀座安装在固定阀体中，组成固定阀。每台泵有两个与轴心对称的偏置固定阀。导向柱塞穿过与固定阀及下接头相连接的下部导向筒，将加重杆和柱塞连接在一起。下泵作业时，上接头和下接头通过螺纹分别与上下油管连接，将防偏磨抽油泵固定于设计好的泵挂深度处。上冲程时，柱塞下面的下泵腔容积增大，压力减小，固定阀在上下压差的作用下打开，原油经过筛管、固定阀进入下泵腔。同时，游动阀在上下压差的作用下关闭，柱塞上面的上泵腔中的原油沿油管排到地面。下冲程时，压缩游动阀与固定阀之间的原油，固定阀关闭，游动阀打开，下泵腔中的原油进入上泵腔。如此往复，将原油抽汲到地面。

# 第三节　酸化压裂设备

## 一、地面动力机械设备

压裂用的动力机械设备很多，仅专用特殊施工车辆就达数十辆。这些设备能造成高压条件，泵送高压液体，快速均匀搅拌混砂液体。根据它们在压裂施工中的不同功能，分别称为压裂车、混砂车、平衡车、仪表车等。

### （一）压裂车

压裂车是压裂的主要设备，它的作用是向井内注入高压的压裂液，将地层压开，并把支撑剂挤入裂缝。压裂车主要由运载动力、传动、泵体、操作面板等组成。压裂泵是压裂车的工作主机。现场施工时对压裂泵的技术性能要求很高，必须具有压力高、功率大、耐腐蚀、抗磨等特点，并要求性能稳定、工作可靠。绝大多数压裂车装备的压裂泵为卧式三缸单作用柱塞泵。

### （二）其他压裂车辆

1.混砂车

混砂车的作用是根据施工设计要求，将压裂液和支撑剂按一定比例混合后供给压裂车泵入井。所有压裂车均由混砂车供给压裂液，要求混砂车性能好、工作可靠、机械化程度高。有的混砂车带储砂槽，有的装有按比例、按顺序混合各种添加剂的装置，并配有自动记录和测量流量、累计流量、混砂比等的装置。大部分装有螺旋输砂器或真空吸砂泵等装置。输砂量一般在30~50t/h；排量达3m³/min。

混砂车主要由供液系统、输砂系统及传动系统三部分组成，一般用运载汽车的发动机做动力。供液系统包括供液泵、混砂装置、砂泵等。供液泵将储液罐的压裂液泵送到混砂罐内，支撑剂和压裂液在混砂罐内进行混合，砂泵再把混合液泵送到压裂车的上水管线。供液泵和砂泵出口管线上装有流量计和自动控制阀，以便测流量和控制排量。输砂系统装有螺旋输砂器或风动输砂器，将砂子从地面或某一高度，输送到混砂罐内。输砂时要求满足、上砂均匀、砂量可调。传动系统有机械传动和液压传动两种。

**2.平衡车**

在分层压裂施工中，压裂管柱最上部封隔器的上、下压力不一样，且相差很大。在这样的工作条件下，封隔器强度要受影响。如果封隔器受到破坏，压裂管柱中的高压液体就会通过套管环形空间向上蹿。封隔器上部的套管压力突增，可能导致套管断裂或其他恶性事故。另外，当封隔器上、下压差过大时，可能使压裂层段的高压液体通过夹层上蹿，破坏夹层。为了保护封隔器，平衡车从油套管环形空间注入一定压力的液体，平衡封隔器的部分压差，改善封隔器的工作条件。另外，当施工中出现砂堵、砂卡等事故时，平衡车可立即进行反洗或反压井，排除故障。

**3.仪表车**

仪表车是在压裂施工时供现场工程技术人员准确、及时地掌握各种施工参数，帮助了解和判断井下施工情况，正确指导施工的特种车辆。仪表车上装有计量压裂参数的各种仪表，如计量压力、液量、排量、砂量、混砂比等的仪表装置。此外，还装有扩大器、送话器等通信联络装置。

**4.管汇车**

管汇是压裂时高压液流汇集通过的总机关，由高压三通、四通、单流阀、控制阀等部件组成。因为是组装在汽车上的，所以称为管汇车。管汇车要求管汇耐高压、机械强度高、适应性好。

# 二、井下工具

为实现压裂工艺要求，除地面设备，还必须有一套适应压裂的井下工具，这就是以井下压裂封隔器为主体的井下压裂管柱。其中，包括压裂封隔器、喷砂器、水力锚等。在压裂时，液体的传压作用，使封隔器胶筒张开分隔层段，水力锚的锚体伸出紧贴套管壁，起固定管柱的作用。当油管内的压力增加到一定值时，喷砂器开启，压裂液流向目的层。

## （一）压裂封隔器

压裂封隔器是分隔井的压裂层段的主要井下工具。各油田根据井的特点使用的压裂封隔器各有不同，主要有水力压差式、水力机械式和水力压缩式等。现以水力压差式封隔器为例。其结构是由上接头、下接头、密封盒、钢碗、中心管、胶筒、滤网等组成，其工作原理是当封隔器下入井内预定位置以后，地面泵开始向井内注入液体，使压力增高。当液体通过封隔器的滤网而进入胶筒与中心管的环形空间时，由于液体的压力作用，促使胶筒向外扩张，直到与套管内壁接触，使油套管环形空间上下隔绝。随着压力的增高，胶筒的密封性也越来越可靠。当油管内卸压以后，胶筒又依靠自己的弹性收缩力，将胶筒与中心管之间的液体排至油管中，重新恢复到原来的状态。

### （二）压裂喷砂器

喷砂器的作用：一是向地层喷砂液；二是造成节流压差，保证封隔器所需的坐封压力。目前，有弹簧式和喷嘴式两种。喷砂器单级使用时，不装滑套芯子。喷砂器多级使用时，最下面一级也可不装滑套，其余各级均应装入相应的滑套。在连接管柱时，按照从上到下滑套通径由大变小的原则，不得接错。

### （三）水力锚

压裂时，为了防止因压力波动而引起的封隔器上下蠕动，避免因上、下封隔器不协调或下部封隔器损坏而引起的油管上顶，可下入水力锚来固定井下管柱，以保证施工正常进行。水力锚的主要结构是由主体、扶正器、密封圈、外弹簧、内弹簧、锚体、扶正器套组成。当油管内加压后，随着压力上升，水力锚体开始压缩弹簧向外推移，直到水力锚体外牙与套管壁接触为止。压力越高嵌得越紧，管柱不致上下移动。卸压后，弹簧推动水力锚体，使外牙离开套管内壁，恢复到原来位置。使用水力锚时，应注意下入位置要在水泥返高范围之内，防止由于压力过高而造成套管变形。如果水力锚有防砂装置，可下在管柱底部。若没有防砂装置，水力锚应在最上一级封隔器上部，以免被砂卡。

## 三、酸化井层的选择

一般地说，为了能够得到较好的处理效果，在选井选层方面应考虑以下5点：

（1）应优先选择在钻井过程中油气显示好，而试油效果差的井层。

（2）应优先选择邻井高产而本井低产的井层。

（3）对于多产层位的井，一般应进行选择性（分层）处理，首先处理低渗透地层。对于生产史较长的老井，应临时堵塞开采程度高、地层压力已衰减的层位，选择处理开采程度低的层位。

（4）靠近油气或油水边界的井，或存在气水夹层的井，应慎重对待，一般只进行常规酸化，不宜进行酸压。

（5）对套管破裂变形，管外串槽等井况不适宜酸处理的井，应先进行修复，待井况改善后再处理。

## 四、碳酸盐岩油气层酸化

常用的碳酸盐岩地层酸化技术有基质酸化和酸压。近年来，随着石油工业的发展，酸化技术也越来越先进，除普通盐酸酸化外，出现了改性盐酸体系酸化工艺如泡沫酸酸化、胶束酸酸化、乳化酸酸化、稠化酸酸化和化学缓速酸酸化等酸化技术。

### （一）基质酸化工艺技术

基质酸化也称为常规酸化或解堵酸化，是在低于破裂压力的条件下进行的酸处理工艺，只能解除井眼附近的堵塞，一般采用15%～28%盐酸加入添加剂。通过酸液直接溶解钙质堵塞物和碳酸盐岩钙质胶结类岩石，解除堵塞，疏通油气流通道，从而达到恢复或提高地层的渗透能力，提高油气井产量或提高注水井注入量的目的。优点是施工工艺简单、成本低，对地层的溶蚀率较强，反应后生成的产物（$CaCl_2$，$MgCl_2$）可溶，生成的$CO_2$利于助排，不产生沉淀。缺点是与石灰岩作用的反应速度太快，特别是高温深井，由于地层温度高，与地层岩石反应速度较快，处理范围较小。为了缓速、降阻、降漏失等目的，又发展了泡沫酸酸化，胶束酸酸化等工艺技术，其工艺大同小异，主要是使用的酸液有所不同而已。

### （二）酸压工艺技术

酸压是碳酸盐岩油藏一种有效的油层改造措施，普通酸压通常是以足够大的压力将酸液挤入地层，将地层压开或扩大已有的天然裂缝。由于地层的非均质性以及裂缝壁面的不平整性，当酸液沿裂缝流动时，对裂缝壁面形成不均匀的溶蚀，产生许多酸蚀沟槽，当裂缝闭合后这些酸蚀沟槽仍保留下来，成为油气流通道。一般情况下，酸压比加砂压裂有以下优点：没有脱砂危险，而脱砂是支撑裂缝形成过程中的主要问题。酸压裂不存在凝胶残留物的返排问题，这在加砂压裂中是造成裂缝导流能力降低的主要原因之一。从理论上讲，酸压裂缝及其相连通沟槽的导流能力应当很大。但由于下列问题的存在，影响到酸压的范围和压后油井的产能，从而降低了酸压的效果。

（1）酸蚀裂缝长度：酸液的快速消耗（尤其是在高温方解石地层中）导致裂缝缝长较短，大约为30m，比约450m的常规支撑裂缝短得多。

（2）裂缝导流能力：酸压裂缝的导流能力常常比推断的无限导流能力低得多。为了提高碳酸盐岩地层的酸压效果，控制酸液滤失及扩大活性酸的有效作用距离是非常重要的。

由于压裂液中常用的降滤剂和胶凝剂大多数在酸液中会迅速水解而极难稳定，因此，为控制滤失，提高活性酸的穿透深度，经多年的研究和试验，对酸压工艺不断进行改进和完善，国内外已形成几种行之有效的酸压工艺技术。

1.前置液酸压

这种工艺的施工方法是：先挤注黏性前置液，接着挤注酸液和顶替液。先挤注高黏液体比一开始就注酸所产生缝宽要大得多。缝宽加大使裂缝的面容比减少，从而降低了酸液的反应速度。前置液还具有冷却裂缝内温度的作用，减缓酸液的反应速度。另外，这种黏性前置液可在裂缝上形成一个可压缩滤饼层，防止随后注入的酸液直接与岩石面接触。由于酸液黏度比前置液黏度低得多，它不是以活塞方式完全驱替，而是趋向于向前置液内指进。这样就减少了岩石与酸反应的表面积，提高了酸液在裂缝中的流动速度，增加了活性酸的穿透距离。此外，由于有更多的酸液流过一小段裂缝，沿这一选择性指进段就会酸蚀更多的岩石，从而可提高酸蚀裂缝的有效导流能力。高黏前置液可以采用胶凝水、乳化液，其中加入适量降黏剂。前置液的初始黏度在注酸过程中基本不变，只允许在裂缝中压力释放之后或与压力释放的同时破胶。酸液可以采用无机酸或有机酸，如盐酸、醋酸、甲醛或其混合物，必要时可加入缓蚀剂，缓速剂和转向剂。在压裂之前可采用预处理液、压裂液和酸液之间可采用缓冲剂。此外，一切注入流体中都可加入降滤失剂来提高流体效率。前置液的最佳用量可通过模拟加以确定，即采用不同前置液来计算增产倍数。前置液与酸液的用量比一般为1∶1～1∶3。

2.多级前置液酸压工艺（多级交替注入酸压）

采用多级前置液酸压处理地层的原理基本上与上述前置液酸压相同，主要区别是在挤注各段酸液之前，先注入高黏造壁性前置液，压开裂缝并控制酸液的滤失。多级前置液可封堵和填充被前面酸液溶蚀出的孔洞，迫使后续酸液在裂缝壁上溶蚀出具有高导流能力的指进沟槽，并在酸液再次滤失之前使溶蚀出的酸蚀裂缝进一步延伸，实现深度处理。前置液中常加入细颗粒来帮助控制流体滤失，这种颗粒物填充或桥塞酸蚀洞和天然裂缝，从而提高流体效率。前置液可采用各种聚合物制备，最常用的是凝胶。无论是高黏度交联凝胶还是低黏度线性凝胶都可以使用。交联凝胶由于具有造缝宽的优点常常被优先采用。制备这种凝胶的方法：每3.785m³水中加入4.8～4.9kg/m³胶，然后加入锆、钛或硼酸盐等任一种交联剂。纤维素衍生物或聚丙烯酰胺等合成水溶性聚合物也可采用。温度在93℃以内时最好采用胶和纤维素衍生物。稠化酸常用的几种丙烯酰胺共聚物也可以使用，这些稠化剂具有良好的酸蚀热稳定性，在93℃以上时用于配制前置液效果很好。油包酸乳化液反应缓慢，在中温井中也可作前置液。

酸液通常采用15%～28%的盐酸，也可采用20%的盐酸加7%的甲酸。此外，各处理级可采用不同的前置液和酸液。例如，第一级用15%盐酸，后几级可用28%盐酸，这样可以获得更大的酸穿入距离。另外，还可以考虑使用缓速酸。

3.缓速酸酸压

降低酸液反应速度最简便的方法是直接利用反应生成的天然副产品。要利用这种生成的副产品来延缓反应速度，只需加大酸的初始浓度。初始浓度为15%的盐酸，其反应速度几乎是初始浓度为28%、消耗后降为15%的盐酸的2倍。其原因是在酸液消耗的同时，反应生成物进入了酸液，致使反应速率降低。

最早采用的延缓酸液反应速度的方法之一是向酸液中添加亲油表面活性剂（乳化酸）。如烷基磷酸盐或烷基胺。当缓速表面活性剂与地层原油混合后，就在岩石表面形成一层油膜，保护碳酸盐物质不受酸的侵蚀。其中，一些表面活性剂缓速剂还与反应生成物释放出的$CO_2$生成一种稳定的泡沫，在岩石表面形成一个隔层，防止酸与岩石表面接触。

加入表面活性剂和气体生成的泡沫也有利于降低酸的反应速度，这种泡沫含有能形成泡沫隔膜的表面活性剂。而且，这种泡沫以乳化液形式出现，总是有两个分离相与岩石面接触，其中之一是非反应性气体。此外，泡沫液能够产生较高黏度，有利于加大缝宽，降低扩散，并对滤失性有改善能力。已经证明乳化酸对延缓酸的反应速度很有效。油外相和酸内相乳化液的应用已获得巨大成功。油外相乳化液是最有效的，它本身具有防止酸液立即接触岩石表面的作用。这些液体由于其黏度高，具有加大缝宽的优点，如加入亲油性表面活性剂，可进一步降低其反应速度。除此之外，前面提到的泡沫酸、交联酸、胶凝酸等都可作为缓速酸酸压的工作液。它们的特点及适应范围有所不同，但处理工艺基本相同。

# 五、砂岩油气层的酸化

砂岩油气层结构复杂，矿物成分较多。因此，砂岩酸后所用酸液类型较多，需针对油气层的特点（岩石物性、储层特征）开展试验研究，找出与该地区油气层相适应的酸液和添加剂，提高酸化效果。

## （一）常规土酸酸化工艺技术

土酸由盐酸、氢氟酸及相应的添加剂组成，适用于砂岩地层的酸处理。土酸进入地层跟二氧化硅、长石等硅酸盐矿物反应，使之变成可溶的，从而解除污染堵塞，提高地层渗透率，提高增产、增注效果。在此过程中，应注意保持足够的剩余酸度，以避免形成二次沉淀，影响酸化效果。酸液中应加入足量的缓蚀剂，以保护地面施工设备和井内管柱，还需加入适量的表面活性剂、络合剂、破乳剂等，以提高酸化效果。施工工艺：施工中酸液以低于地层破裂压力的压力被挤入地层。处理过程一般是先挤前置液（一般是15%HCl），然后挤土酸液，最后挤入足量的清水或油作为后置液，将井内管柱中的酸液潜入地层。为了防止地层黏土水化膨胀，在挤注土酸和后置液之间加上挤防膨剂溶液步骤，称之为"土酸防膨增注酸化"。有时在挤注土酸和后置液之间加上挤互溶剂步骤，以利于地层岩石的水湿和酸化后微粒的排除，此工艺称之为"互溶剂土酸酸化"。只要选井得当、配方合理、施工正常，常规土酸酸化、土酸防膨增注酸化、互溶剂/土酸酸化均会取得令人满意的增产、增注效果。

### （二）胶束酸酸化

胶束酸是加有胶束剂配制而成的酸液。它是根据胶束理论，利用胶束溶液的增溶作用，将与酸液不相溶的，而又是酸化所需的各种药剂复配，使之和酸具有良好的配伍性和地层流体有很好的相溶性，从而达到改善酸液性能和提高酸化效果的目的。钻井、完井及注采过程中的钻井液、完井液、注入水等外来液体及携带物的浸入，往往会污染油层，堵塞渗流孔道，造成产油量或注水量降低。尽管造成堵塞原因诸多，但堵塞物不外乎是有机物（沥青、胶质的析出、细菌代谢物、油水乳化物）与无机物（碳酸盐、硅酸盐、腐蚀产物和黏土等）两大类型。因此，要求酸液有多效性能，为此依据表面活性剂在水（或油）中能够形成胶束的性质，并加有互溶剂和有机溶剂，研制成具有多种效能的胶束溶剂，该剂加入土酸或盐酸，便配成胶束酸。其具有降低界面张力，破乳并有溶解重质烃的能力，酸中的胶束能把覆盖在岩石或无机堵塞物表面上的油垢渗透溶解下来，部分油垢可增溶到胶束中去，从而解除有机物造成的堵塞，也利于酸和无机堵塞物发生反应。

胶束剂用量视地层条件而定，对稠油或低渗透的油井一般为酸体积的5%～10%，一般油井则用1%～3%，水井中一般为酸体积的5%。

### （三）浓缩酸酸化

浓缩酸是以磷酸为主体酸并含有多种助剂的浓缩液体。它是一种缓速酸，反应速度比盐酸慢10～20倍，从而达到活性酸深穿透目的。适合于钙质胶结物高的砂岩油水井酸化，可解除地层较深部铁质、钙质污染堵塞。浓缩酸主要特点是可以解除碳酸盐、铁腐蚀产物，具有缓速作用，摩尔浓度相同的$HCl$与$H_3PO_4$相比，前者的$H^+$浓度要比后者大得多，这正是磷酸可延缓反应，以达到地层深部酸化之目的。其次还具有防沉淀作用，磷酸在与地层岩石反应过程中，由于同离子效应，磷酸与反应物可形成缓冲溶液，在地层条件下，磷酸便成为一种"自身缓速"的酸。因此，即使与地层长时间接触，它的pH值很少增加到3以上，故用磷酸处理地层，在一定时间内，可预防铁的氢氧化物沉淀。另外，对施工用的金属设备只有轻微腐蚀。施工方便，可不动管柱，油井可直接套管将稀释好的浓缩酸泵入井内，施工周期仅一天即可完成，经济效益高。

# 第四节 调剖堵水装置

## 一、调剖堵水剂

### （一）概念

调剖堵水剂简称堵剂，是指注入地层能起封堵作用的物质。从水井注入地层的堵剂叫调剖剂，从油井注入地层的堵剂叫堵水剂。调剖剂和堵水剂都属于堵剂。

### （二）分类

堵剂可以按照不同的标准进行分类。堵剂按形式可以分为树脂型堵剂、冻胶型堵剂、凝胶型堵剂、沉淀型堵剂和分散体型堵剂。树脂型堵剂是由低分子物质通过缩聚反应产生的不熔不溶高分子物质；冻胶型堵剂是一种最常用的调堵剂，是由聚合物与交联剂反应，形成具有空间立体结构的黏弹体堵剂；凝胶型堵剂是由溶胶胶凝而成的，凝胶是固态或半固态的胶体体系；沉淀型堵剂是指反应后能生成沉淀的堵剂；分散体型堵剂是指一相分散在另一相中所形成的分散体系。

堵剂按注入工艺可分为单液法堵剂和双液法堵剂。前者指调剖时只用一种工作液的调剖剂，主要有以下4种类型，即沉淀型（如铁盐水）、凝胶型（如硅酸凝胶）、冻胶型（如铬冻胶）和颗粒分散体型（如石灰）。后者指调剖时需用两种工作液的调剖剂，这两种工作液用隔离液隔开，当用水将它们顶替入地层一定距离（取决于隔离液用量）相遇，即可产生封堵物质，封堵高渗透层，双液法调剖剂分为沉淀型（如水玻璃和氯化钙）、凝胶型（如水玻璃和硫酸铵）、冻胶型（如HPAM和柠檬酸铝）、泡沫型（如烷基芳基磺酸盐溶液与氮气）和絮凝体型（如黏土悬浮液与HPAM）5类。

按对油和水或出油层和出水层的选择性，堵剂可分为选择性堵剂和非选择性堵剂。选择性堵剂指对油和水、出油层和出水层有不同封堵能力的堵剂。堵剂按封堵距离可分为渗滤面堵剂、近井地带堵剂和远井地带堵剂。调剖剂的设置通常是由近及远的，即先设置在注水地层的渗滤面，然后近井地带，再远井地带，以取得最好的提高波及系数的效果。渗滤面堵剂用于封堵注水地层的渗滤面，这类调剖剂用量较少，只适用于高渗透与中低渗透层有致密隔层的地层，氯化钙、水泥、黏土是使用较多的渗滤面堵剂。近井地带堵剂用于封堵注水井井眼附近（5 m以内）的注水地层，由于用量少，要求堵剂从流动状态到产生堵塞状态的时间短，所以通常使用单液法堵剂。远井地带堵剂用于封堵近井地带以外的注水层，由于用量大，要求堵剂的可泵时间长，所以通常使用双液法堵剂。

堵剂按使用条件可分为低渗透油藏堵剂（如硫酸亚铁）、高渗透油藏堵剂（如黏土—水泥固化体系）、裂缝性油藏堵剂（如酚醛树脂）、高温油藏堵剂（如各种无机堵剂）和中低温油藏堵剂。堵剂按配堵剂时所用的溶剂或分散介质可分为水基堵剂（如铬冻胶）、油基堵剂（如油基水泥）和醇基堵剂（如松香二聚物醇溶液）。

### （三）重要的堵剂

#### 1.铬冻胶

铬冻胶是一种由部分水解的聚丙烯酰胺与铬的多核羟桥络离子发生交联反应而产生的成冻时间、强度可调，能封堵距井眼不同距离的堵剂。

常用的交联剂有无机铬和有机铬交联剂，前者如$CrCl_3$、$Cr(NO_3)_3$，后者如醋酸铬和乳酸铬。铬冻胶的主要缺点是存在一定的毒性，但并未停止使用。常用的铬冻胶有无机铬冻胶和有机铬冻胶。重铬酸钠与还原剂亚硫酸钠反应产生聚合物交联所需$Cr^{3+}$。由于在较高温度下无机铬交联反应过快，难以保证充足的施工时间，而且易于发生过交联，所以形成冻胶的稳定性较差。有机铬冻胶的交联反应主要是通过低浓度络合态的铬离子与低浓度的聚合物发生络合架桥，使线性结构的聚合物形成网状或者体型结构的冻胶体，该调剖剂注入地层后，聚合物和交联剂可以通过吸附作用、动力捕集作用和物理堵塞作用封堵地层孔隙或填充裂缝，起到调整注入水分流、提高注入水波及体积的作用。

#### 2.酚醛树脂冻胶

酚醛树脂冻胶是由聚丙烯酰胺通过其酰胺基与酚醛树脂的羟甲基发生反应形成交联而生成的堵剂。酚醛树脂冻胶的优点是热稳定性好、强度较高、成冻时间长、预缩聚物低毒；主要缺点是预缩聚物的有效期短，需要及时使用。酚醛树脂交联剂分为单体型和预缩聚型。常用的酚醛树脂冻胶交联剂采用苯酚或其替代品对苯二酚、甲醛或其替代品乌洛托品。鉴于酚类和醛的毒性和刺激性，选择预缩聚型线性酚醛树脂交联剂。该交联剂为在氢氧化钠催化下由苯酚和甲醛产生的线性酚醛树脂预聚体。

酚醛树脂预聚体交联剂是具有流动性的缩聚度较低的热固性酚醛树脂，在室温下放置一段时间后，随着缩聚度的不断提高最终会变为固化的酚醛树脂。由于交联时间较长，形成的冻胶比铬冻胶具有更好的弹性，且稳定性好，该交联剂适用于高温条件作业。采用酚醛树脂预缩聚体降低单体挥发和毒性是近年来的发展趋势，适合海上油田堵水的环保要求。

3.聚乙烯亚胺冻胶

聚合物——聚乙烯亚胺交联冻胶堵剂是由水解聚丙烯酰胺（HPAM）与聚乙烯亚胺发生交联而产生的，聚乙烯亚胺毒性极低，可广泛使用。聚乙烯亚胺热稳定性好且具有–NH–非离子性的特点，从而形成的共价键交联聚合物抗温抗盐性能好。

4.硅酸凝胶

生成的硅酸溶胶进一步脱水凝聚，形成的网状结构凝胶体可封堵高渗透出水层。硅酸钠有热敏、盐敏等特性，使它能单独或与其他油井堵剂复合，用于高温高盐油藏的油井堵水。另外，硅酸盐和聚合物结合使用可形成一个功能多样、自我控制的化学体系，可在复杂的油藏中使用且经济、实用并适用于多种工艺情况。硅酸凝胶的优点是成胶前工作液黏度很低，易进入高渗透层，对环境无污染，胶凝时间可调，能封堵距井眼不同距离的地层。缺点是强度低，不耐冲刷。

5.水玻璃—氯化钙体系

水玻璃—氯化钙体系又分单液法水玻璃氯化钙体系和双液法水玻璃氯化钙体系。单液法体系配制液为乳状液，地面黏度小，可泵入性好，生成的沉淀可有效封堵高渗透出水层。水玻璃与氯化钙很容易反应，为减缓反应速度实现单液法，需先加碱使氯化钙变成氢氧化钙，再与水玻璃缓慢作用。

6.聚合物微球

聚合物微球是初始尺寸为纳米、微米级的聚合物交联体，采用微乳聚合方法，通过将聚合物单体、交联剂、引发剂和表面活性剂等聚合而成，根据地层孔喉调整微球尺寸大小，微球经过水化、溶胀后达到设计尺寸，具有一定的强度。当微球尺寸大于地层孔喉尺寸或架桥封堵时，可满足"堵得住"的要求；微球具有弹性，在一定突变压力下变形而向前移动，实现逐级逐步液流改向，可满足"能移动"的要求，即聚合物微球可满足深部调驱剂应具有的特征。聚合物微球按合成和封堵机理不同，分为原始尺寸不同的小球和大球。其中，小球原始尺寸只有纳米级，大球原始尺寸只有微米级，它们都通过水化膨胀堵塞封堵。

聚合物微球调驱技术就是近年来发展起来的新型深部调驱技术，依靠纳/微米级遇水可膨胀微球来逐级封堵地层孔喉，实现其逐级深部调剖堵水的效果。该技术具有体系黏度低、耐高温高盐、可以直接污水配制、在线注入等优点。

### （四）堵剂的室内评价

调剖堵水经过多年的发展，形成了数量可观的堵剂品种，但堵剂的性能评价方法却滞后堵剂的发展，许多评价方法已不能真实反映凝胶堵剂性能，不能满足现阶段调堵作业要求，极大地影响了现场应用时对堵剂的筛选和应用效果评价。这里，针对油田最常用的交联聚合物冻胶堵剂介绍其溶解性能、成胶性能、在多孔介质中的封堵性能以及配伍性等定量评价方法。

1.堵剂性能评价指标

（1）溶解性能指标：配制交联聚合物体系的聚合物良好的溶解性能是形成冻胶的前提条件，聚合物溶解性能涉及的评价指标主要有溶解时间、溶液黏度、溶液过筛率等，通过测试聚合物溶解性能指标，可考察和评价堵剂体系的抗盐性、抗剪切性、耐温性及耐酸碱性等。

（2）成胶性能指标：具有优良溶解性能的聚合物，不一定具有良好的成胶性能，因此评价堵剂体系的成胶性能尤其重要。通过测试聚合物堵剂体系的成胶时间及形成冻胶的强度，可评价和考察冻胶抗盐、长期热稳定、耐温、耐酸碱、可解堵等性能。

（3）封堵性能指标：堵剂对多孔介质的封堵性能包括堵剂的注入性能和封堵性能。封堵性能受多种因素影响，除堵剂本身性能影响外，还与多孔介质渗透率、孔隙度、含油饱和度、岩石润湿性、驱替流速、驱替压力，试验温度等因素有关。

对特定试验条件的多孔介质，体现堵剂注入性能的指标主要有阻力系数，堵剂溶液通过多孔介质前后浓度损失及黏度损失等，由此可评价堵剂在多孔介质的注入、吸附、滞留、剪切降解等性能。体现堵剂封堵性能的指标主要有突破压力、封堵率、残余阻力系数等，由此评价堵剂对多孔介质的封堵能力、堵塞程度及耐冲刷性能等。

（4）配伍性能指标：由于生产中油田注入水或油井产出水中经常添加各种化学剂，如防垢剂、杀菌剂、除氧剂、清防蜡剂等，这些化学剂某些组分可能会对堵剂的成胶性能有较大影响，轻则使冻胶强度、稳定性下降，影响调剖效果，重则使堵剂不能有效交联形成胶，造成作业失败。因此，配伍性评价是调剖剂施工前必须进行的堵剂性能测试。在堵剂配伍性能评价中，主要评价堵剂与油田水的配制溶解及地层岩心的注入封堵配伍性，包括堵剂溶解配伍性，成胶配伍性，在天然岩石中的交联及注入与封堵等性能。

2.性能评价方法

交联聚合物冻胶堵剂性能评价包括的指标众多，但体现调堵剂基本性能指标的主要参数为溶解时间、溶液黏度、溶液过筛率、成胶时间、冻胶强度、长期热稳定性、阻力系数、突破压力、封堵率、残余阻力系数等，通过测试不同试验条件下的这些性能参数，可评价比较交联聚合物冻胶堵剂的性能，为现场应用提供依据。

堵剂的强度与单位堵剂的成本一般成正比，提高固体含量可增加堵剂的强度，但同时也增大了单位堵剂的成本，在方案设计及现场应用中尽可能追求低成本高强度。交联聚合物冻胶强度的测试表征方法很多，如目测代码法、黏度法、落球法、黏弹模量法、岩心封堵突破压力法等。室内大量瓶试配方筛选时多采用目测代码法，定量评价时常用黏度法和黏弹模量法。因黏度测试过程中影响因素多，指标测试时则采用流变仪测试冻胶的黏弹性，用弹性模量表示冻胶强度较准确。

## 二、注水井调剖技术

### （一）井间示踪剂检测

示踪剂是指能够随注入流体流动并追踪流体运动轨迹，指示流体在多孔介质中的存在流动方向和渗流速度的物质。一种好的示踪剂应满足以下条件：在地层中的背景浓度低；在地层中吸附滞留量少；化学或生物稳定性强，与流体配伍性好；分析、操作简便，灵敏度高；来源广，成本低，安全无毒。目前，油田常用的示踪剂主要有放射性同位素、染料、低分子醇以及易检出的阴离子。井间示踪剂测试，是将示踪剂在注水井中注入，随后在周围生产井中检测示踪剂的突破时间、峰值大小及个数，确定示踪剂的产出情况，并通过测试解释方法能反馈出油藏的特征信息。通常需要调剖的注水井在示踪剂产出曲线上表现为示踪剂产出时间早、峰值浓度高，前缘水线推进速度快。井间示踪测试解释方法主要有3种。

（1）解析方法。这是一种简化处理的解释方法，解释精度受实际矿场条件的限制，该方法无法准确确定高渗通道渗透率参数，无法考虑实际井网的非均质性，与理想井网之间的转化存在误差，无法较好地解决多峰值问题，无法整体完成多井或多示踪剂的解释。

（2）数值方法。这曾经是井间示踪剂测试解释方法的主要发展方向，能够求解出相应吸水层平均厚度、平均渗透率以及孔喉半径并形成过很多软件，但该方法对示踪剂运移机理难以精确描述，稳定性差，计算中受差分处理、数值迭代等的影响，其解释结果的可靠性受到怀疑，难以拟合多峰值以及多井多示踪剂问题。

（3）半解析方法。它吸取了数值法和解析法的优点，并借助概率统计方法和优化算法来处理实际现场问题，具有解析方法和数值方法不可达到的优越性，但该方法计算速度过慢，求解方程时假设条件太苛刻。井间示踪剂测试与解释技术是一种确定井间地层参数分布较为先进的技术，在油田中的应用已有多年历史，其技术含量高，解释参数可靠性好。

### （二）试井测试

在油田开发中，对高渗优势通道最敏感的开发参数是压力和产量。因此，可应用油水井生产动态资料，通过监测注采井压力和产量的变化来识别油藏中的高渗优势通道。目前常用的技术有不稳定试井、水力探测等。

1.不稳定试井

不稳定试井法可在生产过程中研究储层静态和动态情况，该方法利用油井以某一产量进行生产（或生产一定时间后关井）时测得的井底压力随时间变化的资料来反求各种地层参数。常用的不稳定试井技术有PI指数法，PI值与地层的渗透率和流动系数反相关，值越低，表明注水井井口压力下降幅度越快，即地层的导流能力越强，可能存在高渗透层优势通道。将井口压降绘制成双对数曲线，建立优势通道的数学模型，通过实测曲线与优势通道的试井理论解释模型典型曲线相拟合，也可判别地层中是否存在优势通道。

2.水力探测

水力探测法是研究注入水在注水井与生产井之间地下运动规律（如水推速度等）的试井技术。高渗优势通道形成后，流动阻力减小，单位压差下流量大幅增大，表现为采液指数、吸液指数骤增，反映渗透率明显增加，故推测水推速度能够表征优势通道渗透率。可利用灰色关联分析将某一口井的流量和周围井的流量进行关联分析，获得量化的对应关系，若只有某口油井和水井的关联度高（大于其他井关联度2倍以上），则存在优势通道，且可确定优势通道的方向。进一步求出油层平均渗透率，根据油层渗透率与孔隙半径中值解释图板求出油层孔隙半径中值，或者通过公式计算波及厚度并乘以矿场经验系数来估算优势通道厚度，进而判断储层中是否存在优势通道。该方法能对平面上存在的优势通道做定性或者半定量说明，但受生产条件限制，目前仍处于实验阶段。

除此之外，还可根据在关井或者开井的初始阶段相邻生产井或者注入井有较快的激动信号，通过干扰试井从而确定优势通道的方向；也可用一系列定型的水油比典型曲线来拟合一口特定的井或者井组的实际数据来识别油藏的非均质程度和存在优势通道的可能性。

### （三）测井资料解释

测井资料解释法是一种比较直观的方法，即直接利用矿场所取得的取心井资料，测井资料进行定性分析。取心井资料反映的高渗优势通道特征为岩心往往呈白色，冲洗较干净，再结合岩心剖面的韵律性，可判断出优势通道的分布位置及厚度。高渗优势通道在测井资料上会出现异常的显示特征，包括时间推移测井、井温曲线、流量计曲线、注水量、吸水剖面和注水压力等。在注入井测井曲线上主要表现出高渗透、高吸水的特点，而在产出井测井曲线上则具有高含水、高产水的特点，具体表现是微电阻测井的离差小、自然电位基线的偏移、电感曲线明显偏低。结合测井曲线资料可判断优势通道的位置、走向等，也可综合利用多种不同的测井曲线从而全面分析优势通道的存在特征。

## 三、调剖剂的选择

从整体上来看，调剖剂的选择原则有：封堵强度高，满足多轮次调剖强度要求，保证对高渗优势通道实施有效的封堵，有效期长；可泵性好，黏度和成胶/固化时间满足注入泵和施工时间的要求，保证调剖剂进入足够的地层深度和调剖作业的顺利进行；稳定性好，调剖液不能出现严重的分层和沉淀，在地层温度下分解和降解速度慢；与地层流体配伍性好，与地层水和原油不发生有碍调剖效果和开采的化学反应；适应性好，调剖剂性能适用于地层的矿化度、温度和pH范围；调剖剂的粒径范围与调剖地层的匹配性好，保证不在地层表面形成滤饼，既能在高渗优势通道喉道处形成桥堵，又能进入地层深部，起到深部调剖的作用。

具体现场应用可根据油藏理化条件以及优势通道的发育情况选择不同类型的调剖剂，聚合物类调剖剂主要考虑其性能的影响因素，冻胶/凝胶类调剖剂主要确定其成胶时间、成胶强度，颗粒类调剖剂主要考虑堵剂与地层的配伍性，一般要求颗粒粒径为地层孔隙喉径的1/9～1/3，可通过建立调剖剂库，将实际区块的特征参数与调剖剂库匹配来优选。

# 第五节　注水设备

## 一、油田注水设备技术现状及特点

油田注水是保持油层压力、降低原油产量递减的主要措施，而注水泵机组则是油田注水的关键设备。我国油田类型多种多样，配套的注水系统也不尽相同，但目前使用的注水泵机组主要有两种：一种是大功率的高压多级离心泵；另一种是小排量、高扬程的多柱塞往复式柱塞泵。由于离心泵和注水泵不同的工作原理和特点，决定了各自比较理想的适用范围。

大功率的高压多级离心泵是大油田的注水主力泵型，主要用于注水量较大的注水系统中，其特点：排量大，单泵排量最大可达430m³/h；压力适中，注水压力可达25MPa；泵效较高，大排量泵的泵效可达78%以上。

多柱塞往复式柱塞泵目前在国内油田已经普遍使用推广，主要用于注水量较小、注水压力要求较高的注水系统中，其特点：泵效高，单泵泵效可达85%以上；压力高，注水压力可达43MPa；排量稳定，泵运行流量不受管路背压影响；压力适用范围广，注塞泵的工作原理决定其排出压力能够随着背压变化而变化。

## 二、常用注水泵的工作原理和性能对比

### （一）离心泵

离心泵的工作原理是通过旋转叶轮逐级增加液体能量，当叶轮被泵轴带动旋转时，对位于叶片间的流体做功，流体受离心力的作用，由叶轮中心被抛向外围，从各叶片间抛出的高速液体在泵壳的收集作用下，动能转化为静压能，获得了能量以提高压强，多级离心泵就是多次提高液体的静压能。离心泵的工作压力与转速和叶轮直径成正比，泵的流量与转速和叶轮宽度成正比。

### （二）柱塞泵

柱塞泵的工作原理是活塞在外力推动下做往复运动，由此改变工作腔内的容积和压强，在工作腔内形成负压，则贮槽内液体经吸入阀进入工作腔内。当柱塞往复的运动打开和关闭吸入、压出阀门时，工作腔内液体受到挤压，压力增大，由排出阀排出达到输送液体的目的。柱塞泵排量与转速、柱塞直径和行程有关，压力与所排介质管路特性有关，而与运行流量无关。

## 三、注水泵站节能

### （一）注水系统能耗组成

根据注水泵站系统组成，注水系统能耗主要由7部分组成。

（1）驱动注水泵电机本身损耗的能量。这部分能量可以用电动机的效率曲线描述。油田用电动机的效率随轴功率的变化，效率越为96%，也就是说每注1m³水电动机本身效耗的电能约4%。

（2）注水泵消耗能量。这部分能量可用泵效率曲线表示。它随着泵输出流量而变化，目前油田离心泵注水平均运行效率约为77%，往复泵注水平均运行效率在85%以上，即每注1m³水离心泵注水消耗20%以上的能量，往复泵消耗近15%的能量。如柱塞泵由动力部分、液力部分、传动部分和电动机组成。由于泵工作时动力部分各部件之间摩擦副作用，使泵体发热，损失部分能量。

（3）注水泵回流循环消耗大量能量。由于高压柱塞泵故有的工作特性，致使柱塞泵与回注井匹配难度较大，注水压力低时，不能大量注入，注水压力高时，多余的流量只好打回流循环，造成大量的能耗，电动柱塞泵的管网效率最大不超过47.8%，其主要是由于回流循环导致的。但随着变频调速技术在注水泵的应用，柱塞泵回流问题得到了有效的解

决，柱塞泵管网系统效率大大提高。

（4）注水排量、压力以正弦曲线波动，带动泵体及与泵体相连的管网振动，损失部分能量。

（5）使用离心泵喂水效率较低，严重影响整个系统的效率，这是影响回注系统效率较低的主要原因之一；为了满足柱塞泵喂水要求，必须通过离心泵出口阀门开启度的大小调节离心泵的喂水压力和排量，阀门阻力节流损失能量。

（6）由于上游站水量超出回注能力，必须通过外输泵将部分采出水转输下游站，增大了中间能量消耗。

（7）水注入目的层消耗能量。这部分能量消耗取决于地层保持压力、动态因素、性质等。一些注水井随着地层压力的升高或地层污染堵塞导致注水压力升高，使得整个注水系统压力升高，这样需要注水泵提高注水压力，甚至进行升压改造，提高注水泵电动机功率配置，系统功率消耗增大。

## （二）注水系统节能途径

由于目前国内一些油田采取区块就地回注的方式，采用柱塞泵是一种很好的选择方式。柱塞泵具有排出压力高、排量相对稳定的特点，适用于注水量小、注水压力较高的油田。

1.合理匹配注水泵和回注井

注水井的吸水特点是刚开井时，井的压降漏斗较低，吸水能力大，注水泵在低压力状态下快速回注。随着水的不断注入，回注井的压降不断升高，吸水能力变差，注水泵则处在较高压力状态下工作，而柱塞泵的排量基本不随压力变化，因此与回注井的匹配非常困难，注水压力低时，不能大排量注入，注水压力高时，多余的流量只好通过回流线进行回流循环。注水泵的回流循环是造成管网效率低的主要因素，若准确掌握注水井的回注量和压力变化情况，合理匹配注水泵和回注井，就会减小回流循环。

根据生产具体实际，使注水泵和回注井匹配可通过调节柱塞泵的柱塞大小，更换皮带轮的技术，增大或减小泵的额定排量，必要时可增加或减少启用注水泵台数，增加或减少回注井的数量，探索最佳匹配方案，使泵的额定排量和回注量达到一致，提高回注效率。

2.完善水处理工艺，提高注水水质

原油采出水中含有大量悬浮物、厌氧硫酸盐还原菌、细菌和腐生菌等，直接回注地下使地层堵塞。因此，在回注之前必须进行沉淀、过滤、杀菌处理。利用大罐沉淀可使悬浮的固体颗粒借助于自身重力沉淀下来，为加速沉淀可加入絮凝剂。用过滤器除去沉淀后水中的悬浮物和细菌。从现场使用情况看，往水中添加杀菌剂可除去水中的硫酸盐还原菌和腐生菌等。

提高回注水质，有效防止回注地层堵塞，保证回注井的渗透率最佳，增大注水量，降低回注压力，从而提高回注系统的效率。

3.减小泵体及管线振动的措施

蓄能器是一个内部充以氮气的密闭容器，其利用气体的可压缩性，随着吸入压力的变化，自动向泵内吸入（吸入时）或排出管（排出时）补充或贮存液体，吸收或放出能量，使管内液流压力趋于均匀，使流体惯性力减小，从而降低压力波动。高压注水泵工作时，由于受柱塞的往复运动，与泵相连的管路及泵内流道中的液体产生压力波动。液体在吸入过程中，吸入压力受吸入池液面压力、喂水泵出口压力、吸入流道内液流阻力和惯性力、吸入阀阻力损失及惯性水头、柱塞端面的速度水头等因素的影响。在吸入总管安装吸入蓄能器后，吸入压力波动幅度大大减小，且趋于平滑，可降低能耗。流体在排出过程中，柱塞挤压泵内流体，使流体压力升高，并呈正弦波动而克服在排出流道中的阻力和惯性力。在排出总管安装排出蓄能器后，排出压力波动幅度大大减小，且更趋于平滑，可降低管线振动，提高管网效率。

蓄能器气囊中预压力的确定用下述办法：当预压力接近或大于平均工作压力时，蓄能器基本起不到降低压力波动的作用，从现场使用情况和蓄能器使用说明看，排出蓄能器的预压力在极限压力的60%左右，吸入预压力大约是平均压力的80%。

4.优化多站注水系统柱塞泵运行

柱塞泵在现场生产中调整其工作参数时，主要是更换柱塞直径，通过更换一系列不同的柱塞直径，对应产生不同的出口排量和压力。也就是说，柱塞泵的调整参数是离散化的，与离心泵的工作特性完全不同，没有连续变化的扬程—流量、效率—流量等特性曲线。注水系统泵的优化运行方案是在满足系统运行条件（满足配注流量和配注压力）要求下优化注水能耗。一个注水系统往往是由多个注水站组成，每个注水站配备多台注水泵，通过注水管网将数百口注水井连成一个系统。对于这样一个复杂的工程系统，寻求其优化运行方案是一项十分困难的工作。

根据注水井的工作要求、注水管网的系统特性和柱塞泵的工作特性建立注水系统的优化运行模型，通过求解模型确定注水站的最优排量，从而确定各站的开泵方案及运行状态，最终给出整个注水系统的运行优化方案。

5.泵控泵（PCP）注水技术

该系统适用于大排量注水的油田，系统由一台注水泵和一台增压泵以及润滑系统、水冷却系统、供电系统、仪表测控系统、变频调速系统、计算机控制系统等组成。注水泵与增压泵驱动型式均为电动机。注水泵与增压泵串联，通过小变频调速系统调节小功率增压泵，实现对大功率注水泵的调节和控制，实质是信号放大的功能，实现系统压力、流量可调。小功率增压泵为注水泵提供吸入压力，使两泵恰当匹配，并通过计算机、仪表系统、变频调速系统调节使注水泵总是工作在高效区。由于主泵一部分功能由小泵来承担，高压泵和一个中低压泵在同一流量下，中低压泵的功耗要小很多，特别是主泵抽级后，节能更为明显。也就是说，大泵节能下来的能量用于小泵还有剩余，从而实现能耗降低。

6.变频调速技术

油田开发过程中地层能量不断衰减，常用注水方式以保持地层能量，进行油田开发。一方面，注水压力的高低是决定油田合理开发和地面管线及设备的重要参数。考虑到后期开发注水井的增多，注水工艺设计和机电设备配置都比实际宽裕，加之地质情况的变化，开关井数的增减，洗井及供水不足的影响，经常引起注水压力的波动，注水量不均匀、不稳定。注水压力低，注水量满足不了油田开发的需要，必然会造成油层压力下降；注水压力过高，浪费动力，也造成超注，导致水淹、水窜；注水压力控制难度大，也给油田生产和管理带来诸多不便，因而要求油田注水压力恒定。另一方面，由于储油地层的压力及油气水分布不断发生变化，其数值很难准确预测和控制，考虑到油田开发中的需要，在工艺和机电设备的配置上都按照油田最大可能的需求来设计，这一点在注水系统的设计当中显得尤为突出。油田注水设备多采用高压离心泵或柱塞泵匹配高压电机，大功率系统运行常是"大马拉小车"，效率低下。离心泵注水压力靠泵出口闸门手动控制，即靠改变管网特性曲线来调节泵的排量，泵、电机匹配难以达到在泵的最佳工况点运行，管网效率低，电能损失高达50%以上。柱塞泵依靠出口回流阀门开启情况调节排量。变频控制技术很好地解决了注水泵能耗高的问题。

# 第六节　油气混输泵

## 一、双螺杆泵工作原理

双螺杆泵的原理是利用螺杆的回转来吸排液体。双螺杆油气混输泵是一种回转式容积泵，主要工作部件是由具有8字形内孔的泵体（定子）和装在泵体孔内相互啮合的转子（主、从螺杆）组成，中间螺杆为主动螺杆，由电动机带动旋转，两边的螺杆为从动螺杆，随主动螺杆作反向旋转。主、从动螺杆的螺纹均为双头螺纹。由于各螺杆的相互啮合以及螺杆与衬筒内壁的紧密配合，两根转子与定子三者之间的共同啮合、配合，形成一系列相等容积的密封腔。当主轴通过同步齿轮带动从轴按一定的方向旋转，固定在主、从轴上互相啮合的两对螺旋套同时旋转，从而形成一个个密封腔，把被输送的介质沿轴向由低压腔输送至高压腔，完成升压输送过程，犹如一螺母在螺纹回转时被不断向前推进的情形那样，这就是螺杆泵的基本工作原理。

双螺杆泵是由主从动轴上相互啮合的螺旋套和泵体或衬套间形成一个容积恒定的密封腔室，介质随螺杆轴的转动分别被送到泵体中间，两者汇合在一起，最终送达泵的出口，从而实现泵输送的目的。

双螺杆泵可分为内置轴承和外置轴承两种形式。在内置轴承的结构型式中，轴承由输送物进行润滑。外置轴承结构的双螺杆泵工作腔同轴承是分开的。由于这种泵的结构和螺杆间存在的侧间隙，它可以输送非润滑性介质。此外，调整同步齿轮使得螺杆不接触，同时将输出扭矩的一半传给从动螺杆。正如所有螺杆泵一样，外置轴承式双螺杆泵也有自吸能力，而且多数泵输送元件本身都是双吸对称布置，可消除轴向力，也有很大的吸高。

## 二、双螺杆油气混输泵与普通双螺杆泵的区别

### （一）机封润滑方式不同

混输泵自带一套润滑装置，由于运行时泵腔内充满一定比例气体（最高油气比1:98）需单独对前后机械密封进行润滑降温，泵体温度不得高于90℃。普通螺杆泵泵腔充满液体，靠输送介质润滑。

### （二）溢流阀

混输泵泵体设计自带溢流阀，泵运行时含气量超出最大设计范围时，溢流阀短时间感应自动补液，如长时间含气比例超高，泵休高温膨胀，螺旋套抱死（螺旋套与衬套间隙0.2mm）。

输油泵是原油管道输送的"心脏"。西北油田属于奥陶系油气藏，外输原油物性主要表现为高黏度，长距离输送。长距离外输，主要使用离心泵与双螺杆泵。相对于离心泵，双螺杆泵对于油气比变化适应性较好，且对于原油的黏度适应范围广，外输泵的效率受黏度影响小。主要考虑站库油井的产液量、油气比以及输送介质的黏度等因素，为油气混输模式，它主要是将油井产出的油、气、水3种介质，在未进行分离的状态，直接用混输泵经外输管道输送到联合站进行综合处理。在混输工艺中扮演着重要角色的是油气混输泵，该站采用的是双螺杆泵。螺杆泵为容积式泵，压力变化时排量恒定，适用于高黏度油品，运行平稳，效率高。

### 三、双螺杆泵在油田的发展趋势

螺杆泵的应用范围广，主要是进行气液混输，这也是螺杆泵非常独特的优点之一，双螺杆泵适用于含气量大的区块，可输送黏度范围大的原油。其结构简单，体积小，重量轻，运转平稳，噪声小，寿命长，流量均匀，自吸能力强，容积效率高，无困油现象，无搅拌、无脉动、平稳的输送各种介质，由于泵体结构保证泵的工作元件内始终存有泵送液体作为密封液体，所有的泵有很强的自吸能力，且能汽液混输。采用独立润滑的外置轴承，允许输送各种非润滑性介质。卧式、立式、带加热套等各种结构型式齐全，可以输送各种清洁的不含固体颗粒的低黏度或高黏度介质。

在输送原油方面，以往输送原油主要采用离心式输油泵，泵型单一，泵效低，对输送介质的适应性差，产品可靠性也不理想。螺杆泵体积小，质量轻，可靠性高，特别适合高温、高黏度、含固相原油的输送及原油、水、天然气多相流体输送，尤其是多螺杆泵。

双螺杆混输泵式从输送液体的普通双螺杆泵经过特殊设计发展出来的一种油气水混输泵，设计原理与普通双螺杆泵没有本质的区别，但其在设计中巧妙地利用了普通双螺杆泵中存在的螺杆间隙和气体的可压缩性，借助于结构上的特殊设计保证泵内间隙的液态密封，真正实现了油气水多相混输。螺杆泵扬程高、效率高、噪声低，适用于高压下输送黏稠性液体。

### 四、油气混输泵使用的局限性

（1）螺杆泵对气液比要求较高，高含气输送介质易发生气锁导致外输能力下降，需进行排气操作后才可正常运行；

（2）不同排量的螺杆泵并联使用，或者同样的螺杆泵进口管线距离远近，导致泵吸入能力不同，低排量泵和进液距离远的螺杆泵更容易造成气锁和泵效下降；

（3）由于螺杆泵采用润滑站对机封进行润滑，润滑站压力要略高于泵腔压力，若压力变化较大，润滑站压力调节不合适易导致机封磨损、润滑油污染或润滑油异常损耗；

（4）螺杆泵是靠螺杆接触面密封，长期运行磨损导致接触间隙增大，泵效降低较快，只能通过大修更换螺杆和衬套维修，维修费用高，维修难度大。

# 第十三章 油田矿场分离设备

## 第一节 矿场油气计量设备

### 一、多相流计量的基本原理

一般有两种方法测量多相流的流量。

（1）测量流动参数：流动参数是三个流量的函数，因此可以测定通过文丘里管流量计的压降射线束的衰减和混合物的阻抗，建立这些测量值与各相流量之间的关系，要建立三相流动需要三个独立的测量值。没有方法能够在理论上预测这种关系，因此，一定要通过校准来确定这些关系。但不可能在测量技术应用的所有情况下校准，而且这种方法并不总是有效的。校准方法通常可以通过神经网络技术来得到增强，这种技术可以高精度地确定函数关系。然而，这种技术虽然有用，但不能解决基本问题，也就是说，校准只用于实施校准的情况下。

（2）测量相位速度的基本参数和相位横截面分数（持液率）或与它们有明确关系的量。为了测量管道中三种组分（油、气、水）的体积流量（进而测质量流量），需要建立三个平均速度和三个相位截面。因此，需要测量五个量（三个速度和两个相位分数，第三个相位分数由整体与两个测量值之和的差得到）。当然，这个难以达到的测量要求可以通过分离或均相化来减少。通过相分离就没有测量截面持液率的需要了，而三个体积流量可以通过传统单相计量技术来测定。但是，相分离是很昂贵的，而且在很多情况下很难实现。如果通过使混合物均相化来均衡速度也可以把测量要求减少到三个，这是更经济的选择，而且是一些商用流量计的核心。但是，能够达到均相化的范围总是有限的（如当大部分液体在壁面上而气体体积数很高时，均相化就行不通）。

## 二、多相流量的测量方法

### （一）多相流量的测量方法

多相流量计一般采用以下一种或多种方法的组合对多相流体进行计量。

（1）紧凑式分离方法。这种方法是将井口出流先粗分为气流和液流，然后分别对气、液流进行计量，所使用的流量计都仅能允许有少量的另一相存在（气体流量计允许气体中带有少量液体，液体流量计允许液体中带有少量气体），液相中的含水用含水分析仪等测量。使用的设备有计量分离器、气体流量计、液体流量计等，这种方法在世界上应用广泛，但设备体积庞大，占用空间大。

（2）通过相分率和速度计量。

（3）通过测量总流量和相分率实现多相计量。用传统仪表测量多相流的总流量，利用现代技术测量各相分率，如用涡轮流量计、涡街流量计或相关法测总流量，用 γ 射线吸收法测量相分率。

（4）利用示踪物。示踪物有油溶性和水溶性两种，这种方法是将一种示踪物（如荧光染料）溶于油或水，以已知速率注入多相流中，在注入点下游的一定距离（足够远）处取样分析，样品经过 3 ~ 4h 的自动分离，在荧光灯下进行分析，检测各相中的染料量，再与注入速率结合就可确定该相的流量。目前，示踪物方法可用于油和水。该技术的主要缺点是它要求稳定的均质流，在段塞流情况下不能得到可靠的结果，一般用于多相流量计的校准。这一技术适用于湿气计量。

（5）流型识别。这种方法的特征是利用简单的传感器结合复杂的信号处理，判别所测流动的流型，然后根据不同流型应用不同方法计算流量。这一方法利用最便宜的硬件就可得到最好的计量效果，具有很大的发展潜力。一般这一方法的费用取决于传感器的数量和类型，在某些流型下仪表费用很低。

（6）各相分别测量。这种方法可以测量流动参数。这些参数是三个流量的函数。比如，通过文丘里管的压降、γ 波束的衰减以及混合物的阻抗从而建立它们与各相流量的关系。要得到 3 个流量，就需要 3 个独立的计量参数。

### （二）主要参数的测量方法

基于以上多相流量的测量方法，在进行多相流计量时，首先要测量一些参数，再将这些参数通过一定的计算得到各相流量，需要测量的主要参数有相分率（气、液相所占的横截面积）、持液率（液相所占的横截面积）或空隙率（气相所占的横截面积）、气相和液相流速、混相流量、液相中的含水率等。目前，测量这些参数普遍采用或具有特殊优点的方法总结如下：

1.相分率的测量方法

（1）用快关阀技术测量空隙率。使用快关阀技术的主要问题：一是关闭阀门需要一定时间，此时通道内的流型会发生变化，本方法从理论上说存在误差；二是每次测量都要切断系统，影响系统运行。

（2）使用γ射线或X射线吸收技术测量相分率。利用γ射线和X射线吸收技术测量相分率的原理：射线穿过流体后被吸收或者散射的量是流体总密度和射线能级的函数，探测器的检测值反映了管道截面各相流体的分布情况。这一方法的缺点：当水的盐度发生变化时，对各相分率测量的误差较大，因为含盐水对γ射线的吸收因其盐度的不同而不同。

（3）用γ侧散射技术测量局部空隙率。应用γ侧散射技术的主要问题：一是流体中某一确定点在很小的立体角范围内散射的光子的强度非常小，因而要得到较高的精度需要很长的计数时间，但在如此长的计数时间内，难以保持条件的完全稳定；二是要考虑被散射射线的自吸收，而这取决于对系统中空泡分布的了解，因而需要迭代计算局部空隙率的分布，引起计算误差。

（4）使用中子散射测量空隙率。将需要测定空隙率的通道截面布置于快超热中子射束中，然后计数测定被散射和透射的中子流密度。如果入射强度比较均匀，则被散射的热中子流密度取决于横截面上含氢物质的数量，而与其分布无关。所以，本方法适合于测量横截面平均空隙率。使用本技术的最大问题在于获得合适的中子，而且其造价极其昂贵。

（5）电容/电导/电感传感器。电容/电导传感器由至少两个安装在管壁上的金属板电极组成，形成几列电容器，使流体从两块金属板或电极之间的空间流过；电感传感器通常是一个环绕在管道上的线圈。基于油气水不同的导电特性和电介质特性，认为混合物的电特性是物理性质已知的各相流体所占比例的函数，根据测量得到的电容、电导、电感值就可以计算出油气水各相的相分率。

使用这种方法时，要事先知道各相的介电性能，而油和气的介电常数来自它们各自的密度，水的介电常数依赖于其含盐量。如果水是多相流中的连续相，要想得到精确的计量，知道水的含盐量就非常重要，它应和温度一起作为输入参数，仪表自动根据温度和盐度对含水率进行校正，否则计算水的含量误差会相当大。即使已输入温度和盐度，也只有在水的盐含量为常数时才会有好的效果。当盐度变化时，要对仪表进行重新调整，否则还会引起误差。因此，这种传感器在实际条件下很难获得可靠的含水率结果。当油或气为连续相时，可忽略水的盐度。

2.局部流速的测量方法

这里的局部流速是指在多相流测试点处的速度。

（1）使用皮托管测量局部速度。皮托管是测量单相流中流体速度的经典设备。将探头正对物流就可以测得与当地流体静压相应的动压，由此可计算出速度。皮托管广泛地应用于两相流研究，但整理记录得到动压数据比较困难。使用皮托管测量速度的主要问题是它只适用于流动均匀且两相流速几乎相等的情况。

（2）使用互相关技术测定局部速度。如果在流动的上下游各布置一个传感器，就可以获得有一定时间延迟的两条类似曲线。这一时间延迟表示了脉动从一处迁移到另一处所需的时间。如果脉动随流体以流体速度迁移，就可以把脉动当作示踪物。

## 三、多相流量计的分类

### （一）分离式多相流量计

测量前先对多相流进行全部或部分分离，再在线测试三相流中的每一相。测试分离器是这种多相流量计计量的基础，它将多相流混合物进行分离，并在其出口测量出油、气、水各自单相的流量。根据分离的形式不同又可分为两种，即分离总流量式（包括完全分离式和部分分离式）和在线取样分离式。部分分离式多相流测量系统主要用于高含气多相流的测量。

1.分离总流量式多相流量计

先将来流粗分为气流和液流，再使用一个单相气体流量计测量气体流量，这种气体流量计要能承受气相中夹带一定量的液体；再用一个单相流量计测量液相流量（允许夹带少量气体），液相中的含水率用一个在线含水测量仪完成。由于所选择的气液相流量计可以容许有少量的另一相存在，因而测试分离器倾斜部分的直径比通常的两相或三相分离器小，通常是来流管线直径的2~3倍。入口与分离器体相切以产生旋涡，有助于气体从液体中分离出来，并吸收可能出现的段塞能量。气液混合物进入分离器后，气体向上走，液体向下走，由于重力和入口旋涡的作用，大部分的液滴与气体分离，倾斜的管体也有利于液体的脱气。

典型的在线分离式多相流量计的长度为2~3m，其主要特点：需要一个简单的或者小型的分离器，其体积一般为三相分离器的25%以下；设计、操作简单，技术成熟，无可动部件，易于维护，具有价格优势，通常舍弃了压力容器的设计考虑，但占用空间大；一般比传统的测试分离器的测量精度好、造价低；不局限于某种特殊流态，能够对含少量液体的气体或者含少量气体的液体进行计量；所能处理的气量波动比可达10∶1，液量波动比可达5∶1，如果比例更大，可将两套装置并联使用；可设计成用以处理油井的封闭管压头，因而不需要安全装置系统；可用于偏远地区进行测量；与在线计量系统相比较成熟。

2.在线取样分离式多相流量计

在线取样分离式多相流量计的特点：分离不是在总的多相流管线上进行的，而是在取样旁通管线上进行的，将取样后的流体分为气相和液相，液相中含水率可用在线含水分析仪测出，而多相流总液量和气液比必须在主流量管线上测得。为确定油、气、水三相混合物的质量流量和体积流量，要进行三方面的测试。

（1）气/液比测量。可用伽马吸收法、振动管、中子探测脉冲或称重法。

（2）多相流量测量。可用放射性、声波、电子信号相关法、文丘里管、V-cone或Dall管压差法、机械式（如体积式或涡轮流量计）等方法。

（3）液相中的含水率测量。可用微波法、差压法、电阻或振动管法或伽马吸收法等。

## （二）非均相化多相流测量系统

这种测量系统测量前不需对流体进行均相化，又可分为介入式和非介入式两类。

1.介入式非均相化多相流测量系统

这种形式的流量计其测量元件介入流体中，主要是无辐射源、多种传感器相结合的多电容多相流量计，是专为段塞流设计的。为实现多相流计量，该种流量计连续测定气、液相所占据的横截面积，然后以各相的流速乘以各相的面积，从而得出段塞流中液体和气体的各自流量。为此先测出液体在管线内所占据的横截面积，然后从总横截面积中扣除液体的横截面积，以此求出气体所占据的横截面积。同时，还测出液体的流速及段塞运动速度（与气体流速相等）。最后，油、水各自的流量通过确定含水率得出。

2.非介入式非均相化多相流测量系统

（1）结合不同的传感器与能量吸收探测器的测量系统。这种形式的流量计由涡轮流量计加两个文丘里流量计（测量气、液相流量）、微波探测器（测量含水率）组成。一般是用一个体积流量计和两个压差流量计（又称为动量流量计）测量液相流量和气相流量，液相中的含水率由一个微波类型的分析器完成，这种含水分析仪所能测量的含水率范围可达0～100%，不受流体是油相连续还是水相连续的影响。这种测量系统的流量波动比可达25∶1，并可用于所有流型，且受流体密度、盐度、黏度和温度的变化影响很小，可用于无人看管的生产现场，且不使用核装置（密度计、γ射线等）。

（2）其他非介入式多相流量计。其他不需要均相化的非介入式多相流量计包括先进的信号处理系统，能从多相流管线上测得信号，即用时间变量信号处理器的分析功能估算出各相的比例和流量值。信号处理器可以是一个中枢网络，或另一模拟识别，或静态信号处理系统。例如，多相计量系统同样也是在处理模拟程序的基础上一并采用参数估算技术发展起来的，以此代换预测管线终点的流态，将管线终点的压力和温度测出后输入模拟程序中，位于上游或下游的压力和温度也应测出。当沿管线走向图的流体性质已知时，就可能估算出各相的比例和流量。

## 四、多相流计量技术面临的挑战及未来发展趋势

### （一）面临的挑战

多相流计量技术面临许多技术难题。主要有：

（1）采用小型取样分离技术的多相流计量系统遇到的问题是取样代表性、原油起泡，如果分离器内的乳化液影响了气液分离效果，则会引起含水测量值的不准确，从而降低多相流量计的性能。

（2）采用电容、电感和微波技术的多相流量计，其局限性是只能在油（或水）连续乳化液的流型中使用，如果流动中某些必要的特征不存在，其测量精度常常出现戏剧性变化。

（3）采用混合器的多相流量计的主要困难是如何在一定空间，特别是一定时间内获得均质混合物。

（4）采用核子技术来测定气体含量，或测定含气率和液中含水率的多相流量计，如何进一步改善这种技术的工作特性显然是今后的技术难点之一。

（5）双能系统以非插入方式可以在全量程范围内测量气体和水的百分含量，但有些问题需要引起特别注意。首先，管壁是最大衰减器，特别是低光子能，需要高能源。其次，质量吸收系数实际上很难确定，这会对不确定度产生一系列影响。双能技术依靠水和油质量吸收系数的差别来测算含水率，但这种差别仅是光能的百分之几。因此，任何质量吸收系统的不确定性都会对含水测量值产生影响。

从多相流计量技术现状和多相流量计所取得的试验数据分析，目前的每种多相流量计只能覆盖某一特定区域，或者说高含水井或气举井可能会需要不同的多相流量计。不考虑测定多相流各相的技术，不确定度总是相分率的函数。低的相分率具有高的不确定度，反之亦然。简单来说，达到 $\pm 5\%$ 的不确定度是不够的，还必须说明它应用的相分率或工作区域。在合适的流态条件和流量、相分率范围内，多相流量计所能达到的各单相流量的计量准确度为 $\pm 10\% \sim \pm 15\%$。

### （二）未来趋势

多相流计量技术未来的发展趋势主要有：

（1）开发具有较好的精确度、再现性和可靠性的多相流量计。由于油田对安装多相流量计的需求不断增长，制造商应多做一些测试，以便更好地了解设备的优势和弱势，从而推动技术的进步。经营者会更加清楚每种方案的操作范围，能做出最好的选择。

（2）开发多相流量计，使其系统有三个传感器，每个传感器测量一相流量（油、

气、水），每个传感器的测量不受其他两相存在的影响。

（3）开发海底和井下多相流量计。多相流量计在较低的含气量、较低的含水量、水污或沥青质和较低的油水密度比的条件下很容易工作。井下多相流量计的出现很好地适用了这种智能井的开发。这种井需要对来自不同生产阶段的出井产物进行控制。否则，完井时需敷设电缆干预。井下多相流量计通过对油井变化的实时监测，也能够连续优化人工抬升系统（电动潜油泵和气举），如果联合海床多相泵，将来有可能达到令人满意的精度，因此就不需要设置计量仪了。

（4）将神经网络等软件应用于多相流计量技术。由于神经网络可解决输入与输出间任意复杂的非线性问题，可使用非介入式测量元件，不受水的盐度影响进行实时且精确的测量，这一技术在多相流计量上将会得到更广泛的应用。

（5）开发具有防砂性能或测量结果不受油井出砂影响的多相流量计。

# 第二节　矿场原油分离设备

## 一、油气分离设备的主要类型

### （一）分离方式

常用的两相油气分离方式有一次分离、连续分离、多级分离三种。

1.一次分离

油气混合物的气液两相在一直接触的条件下逐渐降低压力，最后流入常压罐，在常压罐中气液两相一次分开。由于这种分离方式会有大量的气体从储罐中排出，油气进入储罐后对储罐的冲击力很大，所以在实际生产中不予采用。

2.连续分离

油气混合物在管路中压力逐渐降低，不断将逸出的平衡气排出，直至压力降为常压，平衡气亦排除干净，剩下的液相进入储罐。这种方式在实际生产中很难实现。

3.多级分离

油气两相在保持接触的条件下压力降至某一数值时，将逸出的气体排出，脱除气体后的原油继续沿管路流动，降至另一较低的压力，将该段降压过程中逸出的气体排出，如此反复，直至系统压力降至常压，产品进入储罐为止。目前，油田经常在油罐前设置负压闪蒸装置，其控制压力一般为-0.04～-0.02MPa（表压），目的是避免大量气体进入油罐以增加原油收率。但在计算分离级数时，一般不计算负压闪蒸装置这一级。通常将储罐作为多级分离最后一级来对待。

### （二）分离级数和分离压力的选择

从理论上来讲，分离级数越多，储罐中原油收率越高。但过多增加分离级数，储罐中原油收率的增加量将愈来愈少，投资上升，经济效益下降。生产实践证明：对于油气比较高的高压油田，采用三级或四级分离，能得到较高的经济效益；但对于油气比较低的低压油田（进分离器的压力低于0.7MPa），采用二级分离经济效益较好。在选择分离压力时，要按石油组成、集输压力条件，经相平衡计算后，选择其优者。一般来说，采用三级分离时一级压力范围控制在0.7～3.5MPa，二级分离压力范围控制在0.07～0.55MPa，若井口压力高于3.5MPa，就应考虑四级分离。

### （三）油气两相分离器的分类

油气田上使用的分离器，按其外形主要有两种形式，即立式和卧式分离器。此外，还有偶尔使用的球形和卧式双筒体分离器等。

按分离器的功能可分为：油气两相分离器、油气水三相分离器；计量分离器和生产分离器；从高气液比流体中分离夹带油滴的涤气器；用于分离从高压降为低压时，液体及其释放气体的闪蒸罐；用于高气液比管线分离气体和游离液体的分液器等。按其工作压力可分为：真空（<0.1MPa）、低压（<1.5MPa）、中压（1.5～6MPa）和高压（>6MPa）分离器等。按其工作温度可分为：常温和低温分离器。按实现气液分离所利用的能量可分为：重力式、离心式和混合式等。还有某些具有特定功能的分离器，如用于集气系统和气液两相流管线、既能气液分离又能抑制气液瞬时流量间歇性急剧变化的液塞捕集器，新开发的气液圆柱形旋流分离器等。

### （四）油气分离器应满足的要求

油气分离器应满足的要求如下：

（1）初分离段应能将气液混合物中的液体大部分分离出来。

（2）储液段要有足够的体积，以缓冲来油管线的液量波动并使油气自然分离。

（3）有足够的长度或高度，使直径100μm以上的液滴能够靠重力沉降，以防止气体过多地带走液滴。

（4）在分离器的主体部分应有减少紊流的措施，保证液滴的沉降。

（5）要有捕集油雾的除雾器，以捕捉二次分离后气体中更小的液滴。

（6）要有压力和液面控制。

## 二、游离水脱除设备

在油田开发的中、后期，油井采出液含水逐步上升，所含水中有相当一部分是以游离水的状态出现的。采用密闭集输工艺流程的脱水站，在进行原油深度净化（脱水）之前，就需将这部分游离水脱出，可以采用游离水脱除器分出游离水。由于游离水脱除器分离出来的原油含游离水较少，大大降低了原油热化学脱水和原油电脱水前的热负荷。

游离水脱除器主要有预分离器、整流板组和聚集填料、水位调节器等。预分离器进行气液初步分离，低含气量的采出液经过布液器，进入分离器的液相，进一步进行油水分离。整流板组对来液进行整流，保证来液流态的稳定；聚集填料增加流体的接触面积，利用碰撞聚结原理增大油水粒径，提高油水分离效果。在分离腔和水腔间设分气包和连通管，在分气包内布置除雾器，保证连通气的除油效果。为了保证设备的稳定高效运行，在游离水脱除器下部设冲砂盘管和集砂包。游离水脱除器的特点：只进行游离水的分离，原油和天然气不进行分离，油和天然气通过油气出口一起分离出游离水脱除器，分离出的污水含油量比较高，原油含水量也比较高。

## 三、油、气、水三相分离器

随着油田进入开发中、后期，采出液含水率越来越高，为了适应脱水的要求，国内外各石油公司相继开发了多种三相分离器，在脱除天然气的同时，分出大部分原油和水。三相分离器的主要原理是重力沉降，为了提高脱水效率，在这些三相分离器中广泛采用填料技术。三相分离器分离出来的原油中，轻中质原油含水可以直接达到外输要求；中重质原油也可以降到较低含水，大大降低了原油热化学脱水和原油电脱水前的热负荷。

### （一）三相分离器的油水界面控制

1.油水界面可调的三相分离器

油气水混合物进入分离器后，进口分流器将气体和液体分开，气体越过挡板，通过疏流板、捕雾网从集气包中排出。液相沿分流器散开向下流，进入分离器集液部分，使游离水沉降，形成水层。水层上部的乳化原油层由堰板溢流到集油腔，集油腔的油面由浮子连杆机构操纵的出油阀控制。下层水则通过设在分离器外部的水位调节器进入集水腔。集水腔的水面由另一套浮子连杆机构操纵的出水阀控制。水位调节器有内筒，内筒由上部手柄带动上下升降，达到调节油水界面的目的。分离器的压力由气出口阀门控制，卧式三相分离器的油气界面高度一般为直径的2/3～3/4。

2.油水界面不可调的三相分离器

油气水混合物经油气进口进入气液分离筒，沿圆筒的切线方向旋流，由原来的直线运动变为圆周运动，在离心力的作用下进行气液分离。液体依靠重力进入油水降液管，到底部通过布油管进入油水分离段。由于油水具有密度差，游离水下沉到分离器底部形成水层，通过溢水夹套和溢水立管进入集水腔。原油乳化液则在油水分离段上升，自油溢流堰板溢到集油腔中，集油腔和集水腔的液面均由浮子连杆机构操作的出油阀控制。气体在分离筒中上升，从排气孔出来再进入分离伞筒中，捕雾后进入气系统。分离器油水界面的高低由固定的油溢流堰板和溢水立管两者的高差及油水密度决定。

3.油水界面检测和控制方法

油水界面控制的关键是对油水界面的检测。目前检测方法较多，实践中应根据油水的性质来选用。

（1）电阻法是利用原油和水的导电性不同将金属电极插入油水界面附近。当原油和电极接触时，原油电阻高不导电；电极与水接触时，水电阻低导电。通过电阻大小变化来操纵排水阀的开度，控制油水界面相对恒定。

优点：可以准确地获得水位变化，外来干扰少。缺点：由于原油所含污水矿化度高，致使电极腐蚀、结垢，电极挂油后，易造成阀误动作。

（2）电容法。将外包绝缘材料的金属电极插入三相分离器油水界面处，电极与水面构成电容，当界面升降时，电容发生变化，显示水面高低，操作出水阀的开度。电容法的优缺点同电阻法。

（3）微差压法就是利用差压计接受油水界面变化所引起原油和水静水压差的变化来操纵出水阀的开度，实现油水界面的控制。

优点：克服了电极接触油水介质造成的腐蚀、结垢的影响，无论油水界面是否明显都能够正常地工作。缺点：油水的相对密度差要求大于0.1，否则微差压计不能正常工作。

（4）短波吸收法是将电能以电磁波的形式传到油水介质中。根据油、水吸收电能的差异来测量两种介质的量，从而控制油水界面。优点：克服了电极易腐蚀、结垢、挂油等现象，界面控制稳定可靠。缺点：成本高，需要有专门的仪表维修工进行仪表的维护保养。

## （三）影响设备效率的因素

1.油水乳状液

在原油脱水过程中，常常由于管件的节流或流过弯头等各种原因，在原油进入分离设备前就形成了一定的油水乳状液。一般原油在进入分离设备前要经过破乳，但仍有一少部分的油水乳状液来不及破乳就进入了分离设备，这部分油水乳状液的黏度和密度同原油相比都有一定程度的变化。根据测量数据，油水乳状液的密度介于油和水之间，黏度比油的大。正是因为这些特点，使得油水乳状液的分离变得更加困难。从某种程度上来说，这种乳状液是影响设备分离效率的关键性因素之一。

除油田开采有高含水期外，世界上各油田所遇到的油水乳状液绝大多数属于油包水型。高含水后期地面采出液中水包油型乳状液较多。但是，由于地面采出液是一种比较复杂的混合物，除去管道破乳外，在进入三相分离器后，若不考虑游离状态的水或油，乳状液大致以三种状态存在于分离设备内：第一种状态是存在于界面以下水相中的乳化的油滴或是水包油包水型的乳状液；第二种状态是存在于界面以上油相中有乳化的水滴；第三种状态是存在于界面上下的一层老化液。这三种状态的乳化液都是影响分离质量的关键因素。以下就其形成过程分别说明。来液经水洗破乳以后，游离状态的油滴迅速上浮至界面层中，继而进入油相。经破乳以后的小油滴虽然不能迅速上浮至界面层中，但经水洗破乳聚结及填料聚结以后也可实现分离的目的。剩余的未被破乳的小油滴或者水包油包水的乳状液则随水相一起流动，构成了第一种状态的以水包油为主的乳状液。根据乳状液的性质得知，由于密度差的作用会有一部分复合型的乳化油滴上浮至界面层中，同时大油滴在进入界面层中时由于搅拌翻滚也会带一部分水。一些上升型的悬浮物及机构杂质也会进入界面层中。同时，油相中的一些复合型的乳化水滴也会沉积到界面层中。这些复杂的混合物就构成了第三种状态的乳化液，也称老化液或界面淤渣。这部分乳化液比较特殊，而且也复杂。适当溶解气是有利于油滴上浮的，但若溶解气过多会导致界面层翻动，致使一部分水随着溶解气带到油层中（对分离器来说，控制进入水洗层中的溶解气的多少对原油脱水质量很重要）。同时，一些大的油包水型油滴在进入油层中时也带去一部分水。或因其他原因，导致界面层的翻动，也可能使油相中带进一部分水。这些少量的水就构成了第二种状态的乳状液，即以油包水型为主的乳状液。由上面分析不难看出，设备内乳状液的分布是层次分明的：界面层中是一种包含部分杂质在内的混合物。沉积到界面上的乳状液，一部分随着停留时间的延长逐渐分解为游离的油和水而分开，由这部分乳状液形成的过渡层称为暂时性过渡层；另一部分在设备有限的停留时间内不会分解，称其为老化层，里边常常夹带一些其他杂质，如固体颗粒、石蜡族、沥青质等，进而形成一种更难分离的界面淤渣层，致使设备的分离效率急剧下降。

2.粒径分布

原油中水滴的下沉速度与油水的密度差、水滴的直径的平方成正比，与油相的黏度成反比。粒径分布是影响设备效率的关键性因素。对于不同的来液介质，其粒径分布是不同的，但总体上讲都近似服从正态分布。大致有三种情况：一种情况是来液的粒径分布处于设备的临界粒径以下，细颗粒比较多。根据Stokes定理，液滴的终端沉降速度与其粒径的平方成正比，所以该种介质的颗粒群总体沉降速度比较慢。换句话说，这种粒径分布将会使设备效率下降。另一种情况是介质的粒径分布在设备临界粒径左右，颗粒群大部分都可百分之百地分离，这种情况是设备的最佳运行状况，也是设计设备的依据标准。第三种情况是介质的粒径分布处于设备的临界粒径以上，这种情况虽然设备效率比较高，但设备体积有点过剩，所以不是最佳设计标准。

直径大于或等于临界粒径的液滴都将分离出来，而直径小于临界粒径的液滴只能实现部分分离。假若设备的临界粒径为零，此时不管有多大直径的液滴都可百分之百的分离，也就是说设备的分离效率为百分之百。所以，设备的临界粒径越小，设备效率就越高。由临界粒径公式可知影响临界粒径的因素很多，如连续相黏度、水平流速、流道高度、长度，以及分离介质与主流介质的密度差等，其中任何一个因素的改变都将导致设备临界粒径的改变，最终影响到设备的效率。

3.入口脱气

从油井采出的原油中含有大量的气体，如果这些气体在进入分离器之前不经过处理，一方面会使设备内流场发生混乱，另一方面还会占有一定的设备空间，使设备效率大大降低。

4.合理使用破乳剂

除管道适量的破乳外，在对设备内注入化学药剂时实行分相注入法：界面层以下注入以水溶性为主的化学药剂；界面层以上注入以油溶性为主的药剂；对于界面层进行单独处理，在选择破乳剂时，要尽可能选择一些能形成暂时性过渡层的化学破乳剂。

界面淤渣可用下述方法进行处理：加热。大多数的界面淤渣可通过提高工艺温度来分解，通常采用间歇加热方法，人工或自动完成。加热对于熔解石蜡族淤渣和未分解的乳化液淤渣特别有效。在熔解石蜡族淤渣时，温度只要高于石蜡的始凝点，淤渣就会融化，而不需采用其他措施。化学处理。对稳定的固体颗粒淤渣使用湿润剂，它会使这些颗粒优先被水湿润，而沉降到水中，然后用水冲掉这些颗粒。破乳剂可用于处理未分解的界面乳化液。对界面淤渣采用化学处理是一种非常重要和通用溶解界面淤渣的方法。外排。外排装置可以将淤渣排入流程外面进行处理。某些类型的淤渣较难处理，通常含沥青质的淤渣和化学剂稳定的淤渣最难溶解，处理的唯一方法是混合稀释这些淤渣。

5.填料聚结

由设备的粒级效率可知，效率与流道高度成反比，与液滴直径平方成正比，所以工程上常采用以下措施来强化分离效果：多层板技术（浅池原理）。由于多层板的引入，相当于把原流道分化成许许多多的子流道，同时由于子流道的当量直径大幅度减小，所以有效地抑制了湍流的发生，也相当于提高了设备的处理能力。粗粒化技术。这是继多层板技术外，又一强化油水分离过程效果显著、经济可行的措施。因此，工程上常在设备中有选择地设置聚结填料，引入聚结电场，添加化学破乳剂，用以强化设备分离效果。

6.停留时间

一般停留时间越长，则分离效果越好。但停留时间的变长必然会带来设备尺寸的加大，对于停留时间的选择必须进行综合考虑，一般是在能够满足分离要求的前提下愈短愈好。在生产实际中使用的分离器由于水洗和紊流会产生聚结使用。所以，试验中所测得的停留时间要略大于实际设备中的停留时间。

7.液滴碰撞及粗粒化过程

设备内发生的液滴碰撞有利于分离过程，在保证流场稳定的前提下，应尽可能地使液滴发生碰撞。随着碰撞过程的进行，液滴的终端沉降速度不断变化，沉降速度加快，其分离过程所用时间就变短，也就是说设备的分离效率得到提高。液滴粗粒化的结果可使粒级效率大幅度地提高，同时根据液滴碰撞理论，液滴粗粒化也有助于总效率的提高。粗粒化前液滴粒径分布比较均匀，粒径相差不大。根据碰撞理论，液滴的碰撞量与其速度梯度成正比。由于每个液滴粒径相差不大，所以由粒径不等所造成的速度梯度也不大，液滴的碰撞量也就不十分明显。粗粒化后粒径相差很大，有的甚至相差几百到上千倍，由此造成的速度梯度很大。由碰撞理论知，大颗粒在其运动过程中很容易与前边的小颗粒相撞。也就是说，粗粒化以后可以使许多在设备内不能分离掉的很细微的颗粒由于碰撞加剧而最终分离掉。

8.良好的外部环境

要保证分离器长期高效运行，还必须创造出一个良好的外部环境：实现油气密闭集输，回收的污油能平稳进入装置，对设备的进出口液量能实现平稳控制，定期清理检修等。这些都是设备平稳运行的必要条件。

# 第三节　矿场原油脱水设备

## 一、矿场原油脱水原因

原油和水在油藏内运动时，常携带并溶解大量盐类，如氯化物（氯化钾、氯化钠、氯化镁、氯化钙）、硫酸盐、碳酸盐等。在油田开采初期，原油中含水很少或基本上不含水，这些盐类主要以固体结晶形态悬浮于原油中，进入中、高含水开采期时则主要溶解于水中。对原油进行脱水、脱盐、脱除泥砂等机械杂质，使之成为合格商品原油的工艺过程称为原油处理，国内常称为原油脱水。相应的容器国外称为处理器或聚结器，国内称为脱水器。原油处理的原因：

（1）满足对商品原油水含量、盐含量的行业或国家标准。我国要求商品原油含水率为0.5%～2.0%，国际上要求在0.1%～3.0%，多数为0.2%。原油允许水含量和原油密度有关，密度大、脱水难度高的原油，允许水含量略高。我国绝大部分油田所产原油的盐含量不高，对商品原油盐含量也无明确要求，除个别盐含量极高的油田外，一般也不进行专门的脱盐处理。

（2）商品原油交易时要扣除原油水含量，原油密度按含水原油密度计。原油密度是原油质量和售价的重要依据，原油含水增大了原油密度使原油售价降低，不利于卖方。

（3）从井口到矿场油库，原油在收集、矿场加工、储存过程中，不时需要加热升温，原油含水增大了燃料消耗，占用了部分集油、加热、加工资源，增加了原油生产成本。因此，应尽早与原油分离。

（4）原油含水增加了原油黏度和管输费用。经验表明，相对密度为0.876的原油，含水增加1%，黏度常增大2%；相对密度0.966的原油，含水增加1%，黏度则增大4%左右。

（5）原油内的含盐水常引起金属管路和运输设备的结垢与腐蚀，泥砂等固体杂质使泵、管路和其他设备产生激烈的机械磨损，降低了管路和设备的使用寿命。

（6）影响炼制工作的正常进行。炼厂处理原油的第一个过程是常压蒸馏，原油要加热到350℃左右。因为水的相对分子质量仅为18，而原油常压蒸馏时汽化部分的平均相对分子质量为200～250，单位质量的水汽化后的体积比同质量原油汽化后的体积大10多倍。因此，原油含水不仅加大塔内气体线速度，影响原油处理量，严重时还会出现冲塔现象，直接影响蒸馏产品的质量。若原油含水不均匀，还将引起塔内压力突然升高，甚至造成超压爆炸事故。此外，原油含水还污染和腐蚀炼油设备。

由于上述原因，必须在油田上对原油进行处理。由于原油中所含的盐类和机械杂质大部分溶解或悬浮于水中，原油的脱水过程实际上也是减少原油盐含量和悬浮机械杂质的过程。在炼厂，原油进常压蒸馏装置前还需要进一步脱水、脱盐，较现代化的炼厂要求进装置的原油水质量分数不大于0.1%、含盐质量浓度不大于5mg/L。当原油盐含量超过规定指标时，常向原油中掺入2%～5%（质量分数）的淡水对原油进行洗涤，使盐类溶解于水中，然后再行脱水使原油盐含量降低至允许范围内。

## 二、高频脉冲电场作用下油水乳状液分离

原油脱水是整个石油生产和炼制中的重要环节。根据施加电场的特性，主要有交流（AC）、直流（DC）、高频脉冲直流（Pulsed DC）三种类型。AC电场破乳应用到油田和炼厂最早、最普遍；DC电场往往用来处理低含水原油，而且净化油品质好；高频脉冲直

流电场通过电极加绝缘层的方法来处理含水量相对高的原油。在油田矿场，大量使用电脱水器进行原油脱水，当在高压交流、直流电场中的原油含水率超过30%时，乳状液中的液珠由于极化作用形成液珠链，液珠在电场中的成链长度与存留时间较长，加剧电能泄漏，在两电极间有很大的导通电流，无法建立稳定的破乳电场。所以，一般情况下，将电脱水的入口原油含水率控制在30%以下，这样才能保证有稳定的电场和脱水效果。但是，随着原油开发进入中后期，采出的石油乳化愈来愈严重，一些区块的油井采出液经处理后含水为15%~25%。经电脱水器后，在电脱水器内也很难建立起稳定的电场，电脱水器的出口原油不能达到出矿原油指标，在高含水期传统的静电破乳脱水的方法很难满足生产的需要。

Bailes等在脉冲直流电对W/O型乳状液电聚结的研究中发现：理论上脉冲直流电能够处理含水率达65%甚至更高的乳状液，特别适用于溶剂萃取和油田乳状液的破乳。因此，高频脉冲电破乳为解决原油高含水期的脱水难题提出了一条途径，在维持同等破乳脱水效率、效果的前提下，较传统的电破乳节省电能。同样对三次采油采出液，油田联合站、炼厂老化原油处理难题，以及海上油田和设备小型化皆有优势。

## 三、移动式矿场老化原油净化处理装置

油田集中处理站的老化原油主要是指油田钻井、采油、作业、原油集输处理过程中，形成的一些导电性强、电化学破乳困难的原油淤渣。老化原油的产生受诸多因素的影响，可归纳为以下方面。

### （一）三次采油形成的乳化液颗粒

二元复合驱油等化学驱油过程中，所使用的表面活性剂、碱等化学药剂与地层中的有机酸作用产生新的表面活性剂，使油水界面张力降低，采出液的油水两相中W/O，O/W，O/W/O，W/O/W型乳状液共存，乳化状态复杂，原油脱水过程中，由于聚合物在O/W，W/O/W型乳状液的水相侧形成黏性膜，能够显著地增加乳化液及水膜的稳定性。另外，破乳剂使用不当也不能破坏较为顽固的乳化颗粒，随着时间的增长，在脱水站内不断聚集。

### （二）钻井、作业及原油输送过程中形成的乳化液

油田钻井、井下酸化、压裂、防砂和药剂处理等频繁作业的生产过程中，残余的药剂、化学反应物和机械杂质在开井时涌进输油管道，与油井采出液充分搅拌、混合，形成性质复杂、导电性强、破乳困难的酸化油等。另外，原油输送过程中，所使用的乳化降黏剂等与油井采出液作用产生较为顽固的乳化液颗粒。

## （三）污水处理回收的污油

在污水处理过程中，加入水净化剂、絮凝剂、杀菌剂等，和污水中的机械杂质、油等相互作用，形成絮状的污油，其化学成分十分复杂，乳化也较严重，不易破乳，而且容易形成更为稳定的乳状液。

## （四）回收的落地油

落地回收油的乳状液颗粒由于和空气长期接触，加之混入的泥沙微粒富集在界面膜上，乳化液颗粒内油水界面膜增厚，十分稳定，常规方法极难彻底处理。

## （五）细菌作用下产生的含油悬浮物

胜利油田普遍采用掺水开采及集输，由于杀菌措施不当，细菌（尤其是腐生菌）常在掺水系统中滋生。细菌成絮状或团状，吸附重油颗粒、机械杂质等细小物质，经常堵塞计量仪表，进入脱水系统则常与絮状物一起浮于油水之间，且随时间的延续而增长，亦影响电脱水。由于油田集中处理站一般采用回掺流程，上述各种途径产生的老化原油大多集中在沉降罐内，以油—水中间过渡层的形式存在，并且在站内不定期地循环。目前，我国大部分主力油田已进入高含水期，注聚驱油等三采技术的推广应用使原油集中处理站内的老化原油急剧增加，一些站内每天循环的老化原油量达到2000m³以上，给原油脱水带来了很大的困难。具体影响如下：

（1）大量的老化原油在站内循环，占用了沉降罐、电脱水器等脱水设备的有效体积，降低了原油脱水设备的利用率。

（2）增大了原油沉降脱水的难度。一方面，老化原油在沉降罐内形成的过渡层阻碍了油层水滴的下降和水层原油的上浮，使油水分离困难，影响原油热化学沉降脱水的效果；另一方面，目前的原油脱水系统都采用"回掺流程"，大量的老化原油被回掺到脱水系统，而老化原油脱水所使用的药剂、加药量、处理温度都有别于新鲜原油，将其掺入原油脱水系统，很难达到脱水的目的，而且当掺入量达到5%时，就会对新鲜原油具有很强的污染作用。目前，许多脱水站内的老化原油回掺量达到站内原油处理量的10%～20%，使原油乳化液稳定性上升，沉降脱水难度增大。

（3）影响了原油电脱水器的安全运行及其脱水效果。老化原油为多重乳化液，稳定性好，导电性强。当其在沉降罐内积累到一定的程度后，涌进电脱水器，出现电流急剧上升、电压下降，电脱水器的脱水效果急剧下降，甚至出现电场不稳定和倒电场的现象，使电脱水器无法运行，导致净化油质量逐步下降。为了保证外输原油的含水指标，不得不把净化油罐底部的达不到外输标准的含水原油排到污油池，或者回掺到一次罐，使油品性质进一步恶化，形成恶性循环。

（4）增大原油脱水成本。一方面，老化原油在集中处理站内多次循环、搅拌，耗费大量的电能和热能；另一方面，由于回掺的老化原油对新鲜原油具有很强的污染作用，使得原油乳化液的稳定性上升，脱水难度增大，导致热化学沉降后的原油含水上升，脱水温度和加药量都迅速增大。

### （六）老化原油的处理方式分析

老化原油成分复杂，结构形态特殊，含有大量的乳化成分，其热稳定性、乳化特性、导电性能都很好，不易破乳脱水。少量的老化原油可以引入原油脱水系统，与新鲜原油充分混合，加入适量的破乳剂进行破乳、脱水。掺入的老化原油过多或者处理不当，会在沉降罐、电脱水器内形成油—水过渡层，影响脱水质量，甚至使电脱水器无法运行。

老化原油破乳剂的种类以及处理温度、加药量等脱水工艺参数都有别于新鲜原油，将其掺入脱水系统，很难达到处理目的，而且会对新鲜原油具有污染作用，增加脱水系统的负担。老化原油单独处理是解决老化原油对脱水系统影响的一种有效手段，也是对现有脱水工艺的补充。老化原油的单独处理除了要优化处理温度、破乳剂，还要选择适当的加热设备、处理设备等，并在工艺上配套。目前可供选择的主要方式有：

（1）在老站的基础上进行改造，利用原有的加热炉、沉降罐或电脱水器等设备，建立一套老化原油处理的独立系统。

（2）利用旋流器、离心机等脱水设备，并配备加热炉、沉降罐等设备，建立一套独立的系统。

（3）针对老化原油的特性，研制老化原油深度脱水处理设备，在保证老化原油脱水质量的同时，满足污水处理站对脱出水的要求。

老化原油单独处理就是将原油生产和集输过程中产生的老化原油收集起来，单独处理。它不仅处理来自污水站、注水站、毛石池、电脱水器等处的老化原油，而且将集中在一次沉降罐内的老化原油过渡层检测、排放出来，单独处理。这样就消除了老化原油对新鲜原油的污染和对脱水系统的影响，解决沉降罐热化学沉降效果差、电脱水器电场运行不稳定或倒电场、电脱水效果差之类的生产难题，从而提高了原油脱水效果和脱水效率，降低原油脱水成本。基于以上对集中处理站老化原油的来源、构成、稳定性、原油脱水的影响、回收处理途径等各方面的分析，研制了老化原油深度脱水处理设备。依据老化原油深度脱水处理设备本身是否具备加热功能的特点，设计了两套老化原油单独处理的工艺流程，它主要包括老化原油收集、老化原油处理、系统循环等。

# 第四节　矿场原油伴生气处理设备

## 一、涡流气体净化分离装置

涡流气体净化分离装置主要由Laval喷管、旋流器和扩压管组成。含有水分（或重组分）的天然气（以下简称湿气）进入Laval喷管，按照气体动力学和热力学运动，速度增加，压力降低，温度也迅速降低（较入口温度50～80℃）。由于气流总压力降低，水蒸气的分压力相对增大，同时温度又非常低，气流呈强过饱和状态。这时，气体温度远远低于水蒸气饱和压力所对应的饱和温度，于是，根据相变动力学理论，可以断定水蒸气的临界核化半径非常小。当气体受到外界轻微扰动（包括振动等）或气体中存在精细的固体颗粒等杂质时，气体中的水及重组分会发生相变，凝结呈液体甚至进一步相变成为固体颗粒。这样，原本均匀的单相气体，经过Laval喷管后就变成了以极高速度（可以高达300～500m/s）流动的气液（固）多相流体。高速流动的低温低压气液混合物进入专门设计的旋流器。在旋流器中，高速轴向气流被转变为旋转流动。气流高速旋转会产生非常大的离心力。夹杂在高速气流中的液相物质被甩向管壁，在近管壁处形成液相质量浓度非常高的边界层。通过一专用引流器将近壁面处的流体从主流引出，从而实现了水（或重组分）的分离。高质量浓度的边界层部分与低质量浓度的中心区气流分离开来，在中心区得到的就是经过脱水（或重组分）的"干气"。为了提高从分流器出来的气流的压力，把高速干气直接引入扩压管。在扩压管中，根据气体动力学和热力学理论，气流的速度降低，温度升高，压力也升高。通过扩压管，一般可以使干气出口压力恢复到入口压力的65%～80%。

流体存在于超音速分离管中的时间非常短，大约只有不到0.01s，以至于水合物还没来得及形成就被高速流动的流体带到装置外面了。

从上面的工作原理可以看出，该项分离技术有如下3个特点。

（1）装置出口处的压力损失越大，其分离效果就越好，除湿深度就越大。目前，超音速分离管在实际工程应用中的压力损失为30%～50%。

（2）超音速分离管是一种固定流动装置，它几乎没有什么"容错能力"。因此，设计时应当考虑这一点，多安排几根管子以满足实际应用需要。

（3）由于超音速分离管内部流体的流速非常高，为了不至于使高速流体中夹杂的固体颗粒对装置造成磨蚀，缩短装置的使用寿命，在装置的前面必须加一个气体过滤装置。

## 二、超重力脱硫技术

### （一）间歇法

间歇法又分为化学反应法与物理吸附法，其特点是反应或吸附过程都是间歇进行的。前者有海绵铁法、氧化铁浆液法、锌盐浆法及苛性钠法。由于脱硫剂在使用失效后即废弃掉，仅适用于硫化氢含量很低及流量很小的天然气脱硫。后者有分子筛法等，适用于天然气中酸性组分含量低而且同时脱水的场合。分子筛法也可用于从气体中脱除硫化物。当用来选择性脱除$H_2S$时，可将$H_2S$脱除到$6mg/m^3$。分子筛还可用来同时脱水与脱有机硫，或用来脱除$CO_2$。

### （二）化学吸附法

该法以碱性溶液为吸收溶剂，与天然气中的酸性组分反应生成某种化合物。吸收了酸性组分的富液在温度升高、压力降低时，该化合物又能分解释放出酸性组分。化学吸附法中最具有代表性的是醇胺法和碱性盐溶液法。醇胺法适用于从天然气中大量脱硫或$CO_2$。碱性盐溶液法主要用于脱除$CO_2$，也能脱除$H_2S$，但在天然气工业中应用不多。

### （三）物理吸收法

该法采用有机化合物为吸收溶剂，对天然气中的酸性组分进行物理吸收而将它们从气体中脱除。在物理吸收过程中，溶剂的酸气负荷与原料气中酸性组分的分压成正比。吸收了酸性组分的富剂在压力降低时即释放出所吸收的酸性组分。物理吸收法一般在高压和较低温度下进行，溶剂酸气负荷高，故适用于酸性组分分压高的天然气脱硫。物理吸收法具有溶剂不易变质、比热容小、腐蚀性小，以及能脱除有机硫化物等优点。

物理吸收法的溶剂通常靠多级闪蒸进行再生，不需蒸气和其他热源，同时还可使气体脱水。海上采出的天然气需要脱除大量$CO_2$时常常选用这种方法。

### （四）联合吸收法

联合吸收法兼具化学吸收和物理吸收两类方法的特点。使用的溶剂是醇胺、物理溶剂和水的混合物。常用的有砜胺法和Optisol法。

## （五）直接转化法

直接转化法以氧化—还原反应为基础，又称为氧化还原法。此法借助于溶液中氧载体的催化作用，把被碱性溶液吸收的$H_2S$氧化为S，然后鼓入空气，使吸收剂再生，从而使脱硫与硫回收合为一体。

## （六）膜分离法

膜分离法是利用气体混合物各组分在压差作用下透过膜时渗透量的差异来实现混合物分离的工艺方法。由于水蒸气、$H_2S$和$CO_2$等组分易于透过膜，故使渗透气中水蒸气、$H_2S$和$CO_2$等得到富集，而残余气主要为脱除水蒸气、$H_2S$和$CO_2$后的其他组分。

# 三、超重力机

超重力机的特点：极大地强化了传递过程（传质单元高度仅$1\sim3cm$）。极大地缩小了设备尺寸与重量（不仅降低投资，也增加了对环境的改善）。物料在设备内的停留时间极短（$10\sim100ms$）。气体通过设备的压降与传统设备相近。易于操作，易于开停车，由启动到进入定态运转时间极短（1min内）。运转维护与检修方便的程度可与离心机或离心风机相比。可垂直、水平或任意方向安装，不怕振动，可安装于舰舱、飞行器及海上平台。快速而均匀的微观混合，它特别适用于下列特殊过程：

（1）热敏性物料的处理（利用其停留时间短）。

（2）昂贵物料或有毒物料的处理（机内残留量少）。

（3）选择性吸收分离（利用停留时间短和被分离物质吸收动力学的差异进行分离）。

（4）高质量纳米材料的生产（利用快速而均匀的微观混合特性）。

（5）聚合物脱除单体（利用转子内高剪切应力，能处理高黏性物体和停留时间短的特点）。

（6）可用于两相、三相、常压条件下。

# 第五节　矿场原油高效加热设备

## 一、水套炉

水套炉是卧式内燃两回程的火筒烟管结构形式，火筒布置在壳体的中下部空间。火筒烟管结构主要是"U"形结构，也有些是由一个主火筒和几个副火筒或细烟管组成，火筒部分以辐射换热为主，烟管部分以对流换热为主；加热盘管布置在壳体的上部空间，一般采用光管或蛇形管，为了在有限的空间内增加盘管换热表面积，其直径应不大于DN150；燃烧器和烟囱一般布置在水套炉的前部。

传统的火筒式加热炉一般采用自然通风负压燃烧方式，自动控制燃烧过剩空气系数和燃烧过程较为困难，影响加热炉的运行效率。国内外新型燃油（气）的火筒式加热炉，一般采用强制通风的微正压燃烧方式，从而强化燃烧，提高火筒体积热强度，可以使燃烧过剩空气系数控制在1.2（燃油）和1.1（燃气）左右，技术经济指标显著提高。传统的火筒式加热炉按标准配备了安全保护措施，但大部分加热炉的运行操作，特别是负荷调节和燃烧控制调节仍为手工操作。新型的火筒式加热炉一般均配置了全自动燃烧器，除了具有程序点火、熄火保护和低液位连锁保护等安全保护功能外，还可根据加热炉运行负荷的变化，实现燃烧器自动调节，有效控制燃烧过剩空气系数，使加热炉一直处于高效运行状态。

## 二、新型高校水套炉

水套炉主体结构包括壳体、加热盘管和加热系统三部分，其中加热系统主要由以辐射换热为主的火筒、以对流换热为主的烟管和烟囱三部分组成，影响水套炉热效率和结构大小的因素包括加热系统和加热盘管的结构与性能、热媒和被加热介质的性质、加热炉内部结构布置方式等。炉体结构优化的目的：一是强化火筒的辐射换热和烟管对流换热，降低排烟温度，提高加热炉热效率；二是改善炉体结构和整体配置性，降低加热炉设计压力和金属耗量；三是简化制造工艺。

油田高效水套炉性能结构的优化主要从研制新型的火筒烟管结构、改进换热盘管结构和布置方式，优选热媒添加剂和整体结构优化等方面进行考虑，提高水套炉的技术性能指标。

从设计实践经验来看，传统水套炉多采用两回程结构，火筒和烟管热负荷的比例为6：4到7：3，1750kW水套炉火筒的长度在9m以上，加热炉结构庞大，是造成加热炉金属耗量大的一个重要因素。因此，利用强化传热技术重新分配火筒与烟管热负荷的比例，是大幅度降低加热炉金属耗量的关键。加热系统的优化主要是指火筒烟管结构的优化，它主要通过研究火筒受热面积对辐射传热的影响规律、烟管性能对强化对流传热的影响规律，以及强化传热技术的应用，来重新分配火筒和烟管的热负荷、优化设计火筒烟管的结构，达到加热结构小型化、高效化的目的。

火筒烟管的结构形式决定了加热炉的空间利用率，优化加热炉结构形式是降低加热炉金属耗量的一个重要途径。总体上讲，水套炉的火筒烟管结构包括火筒、烟管和烟囱三部分，常见的结构形式主要有以下3种：

（1）"U"形管式火筒烟管结构，该种结构简单、加工维修方便、烟气阻力小，但换热系数和换热面积都较小，加热炉热效率比较小，一般低于78%，该种结构主要用于热负荷较低的井口加热炉，炉膛压力多为负压，该种结构的加热炉适用性较强，操作简单。

（2）带小烟管的"U"形火筒烟管结构，该种火筒烟管结构主要采用了小烟管强化传热技术，烟道由大烟管改为小烟管管束，烟气的流动速度增大两倍以上，单位长度烟管的换热面积增大52%左右。

（3）带双烟管的"U"形管式火筒烟管结构，该种结构简单，与"U"形管式火筒烟管结构相比，换热系数和换热面积都有所提高，炉膛压力可为负压也可为正压。

新型高效水套炉性能结构的优化配置是通过优化烟管火筒结构和布置方式，优选热媒添加剂，减少筒体结构尺寸，以及优化加热盘管的结构和排列方式完成的。

首先，通过采用强化传热技术，强化加热炉的辐射换热和对流换热，优化设计水套炉的烟管火筒结构，将烟管火筒结构的长度减少50%左右，宽度减少40%左右，与此同时，将火筒烟管结构布置在加热炉筒体的底部，增大筒体的空间利用率。

其次，将1500kW水套炉的筒体直径由2.8m调整到2.2m，筒体直径减少21.4%，同时将筒体长度减少一半左右。第三，采用热媒添加剂，降低热媒的饱和蒸汽压，将水套炉的设计压力由0.6MPa降低到0.1MPa，相应的将筒体和火筒的厚度由12mm降低到8mm。

最后，将加热盘管由单组$\varphi$114mm的钢管改为两组$\varphi$89mm的钢管并联，同时对其排列方式作出相应的调整，增大了单位筒体体积内换热盘管的面积。

# 第十四章　陆地油田油气集输

## 第一节　油气集输工艺

### 一、油气集输系统

在油田，从井口到原油和天然气外输之间所有的油气生产过程均属油气集输范畴。它以集输管网及各种生产设施构成的庞大系统覆盖着整个油气田。由于各油气田在形成过程中，油气运移、油藏物性、储存条件各不相同，各油田所产石油的物性、产量不同，以及井口的参数（温度、压力等）不一，地貌气候的差异，不同生产阶段油井产物的变化等，要求油气集输系统要根据这些客观条件，利用其有利因素，使地面管网规划、设备选择及生产流程设计与之相适应以达到优化的目的。这就使得各油气田的集输系统之间存在诸多差异。

### （一）油气集输系统的工作内容

油田和气田的油气集输系统的工作内容基本相同，但侧重点相差比较大。油气田集输包括油气计量、集油、集气、油气水分离、原油脱水、原油稳定、原油储存、天然气处理（水、硫、碳等）、天然气凝液回收、凝液储存、水及其他脱出物处理。

1.油气计量

在油田生产过程中，根据管理内容不同的需要，将油气计量分为三级。

一是油井油气产量计量，即为三级计量，此计量值是作为油田开发动态分析管理、监测油田生产的依据。

二是油田管理交接计量，即为二级计量，此计量值是作为接转站至联合站、联合站至油库或外输首站之间在管理上交接的依据。

三是外输外运到用户的一种商业贸易计量，即为一级计量，是油矿油气计量中精度最高的，其准确度要求在±0.35%以内。

我国各油田主要采用分离法计量，一般8～12口油井的油气单井产量汇集到计量站，在计量分离器里进行油气分离，然后进行体积的计量。随着科技的进步，油气计量技术得到迅速发展。近年来，国内外出现了多相流不分离计量技术、动液面法、功图法等计量技术。不分离计量技术在国内一些油田进行了试用，由于油井生产参数、原油物性等随着生产时间的延长不断变化，而目前的一系列不分离计量装置的技术条件要求苛刻，适应不了油井生产参数变化的要求，并且一次投资高，因此制约了其推广应用。

外输外运计量准确度要求在±0.35%，在油田一般设置在原油外输外运出口上如原油库或外输首站上。在外输外运计量上采用容积式腰轮流量计、涡轮或质量流量计，用作修正计算，还有密度计、低含水分析仪等。

2.集油、集气

油气特性、地形地貌和地区条件确定油气集输工艺流到计量站、接转站、联合站（或集中处理站）进行计量、分离和处理。一般情况下，从油井将油气混合物经计量站混输到接转站，当接转站为登团按气在接转站上进行分离后，油、气分输，分别进联合站、气体处理装置（厂）进行处理。

3.油气水分离

在联合站集中对油气水混合物分离成液体和气体，并将液体分离成低含水原油及含油污水，必要时分离出固体杂质。

4.原油脱水

在联合站的脱水工段（站）将对低含水原油破乳、脱水，使原油含水率符合出矿标准。

5.原油稳定

将原油中的碳一至碳四等轻组分脱出并回收，使原油饱和蒸气压符合标准。

6.原油储存

联合站将处理合格原油暂时储存在本站净化油罐中，或者直接输送到油库或外输首站进行储存以待外销。

7.天然气脱水

在联合站或接转站分离出来的油田气输送到气体处理厂脱水，脱出天然气中的水分，保证其输送。

8.天然气处理

在天然气处理厂进行回收油田气中的$C_2$、$C_3$以上的烃类气体和脱硫等处理，保证天然气外输气质量和管线输送安全。

9.液烃储存

将液化石油气（LPG）、天然气液烃（NGL）分别装在压力罐中，维持液烃生产与销售的平衡。

10.输油、输气

将原油、天然气、液化石油气等经计量后外输，或在油田配送给用户。

### （二）油气集输工程的规模

油田的生产特点是油气产量随开发时间呈上升、平稳、下降的几个阶段，原油含水率则逐年升高。反映到地面集输系统中不仅是数量（油、气、水产量）的变化，也会发生质（如原油物性）的变化。所以，要考虑在一定时期内以少量地调整地面生产设施去适应油田开发不同阶段的要求。油田油气集输工程的适用期一般为5～10年，为使油田获得较高的经济效益，地面工程建设要把油田开发有5～10年稳产期的开发方案作为油田地面建设工程确定规模以及各系统配套能力的依据，使地面工程设施始终保持在较高负荷、高效率的工况下运行，充分发挥地面工程的作用。

## 二、集输工艺流程

油气集输工艺流程是收集油田各油井产出的油、气、水混合物，按一定的工序（顺序）通过管道，连续地进入各种设备和装置进行处理，获得符合标准的油气产品，并将这些产品输送到指定地点的全过程。集输通常是由收集、处理、输送和储存与外输（运）等部分组成。集输工艺流程中包括三部分流程：一是从油井至集中处理站（联合站），将各分散油井采出的油气混合物，收集到集中处理站内，一般称集油流程或收集流程；二是在集中处理站内将收集到的油气混合物进行油气分离、原油脱水、气体处理等，使油气产品达到合格出矿的质量标准，一般称油气处理流程；三是将合格的油输送到油库，或长输油管道首站储存待外输，一般称输送流程。在许多油田，将集中处理站或联合站与长输首站合建在一起；将合格的气输送到外输气管道首站或LNG液化厂。油气田点多、面广、线长，加上各油气田具有各自的独特性、油气分散，收集是一大困难，同时工程量又大，所以，油气收集流程的选择是关键。因此，油气田集输流程一般多指油气收集流程。下面简单叙述油气收集流程的分类。

### （一）油气集输工艺流程分类

我国石油行业对现有的油气集输系统工艺流程还没有统一的分类标准或命名方法。根据目前设计中的习惯做法，油气集输系统工艺流程中一般要突出一些关键技术措施和特点来进行分类。

1.集油流程的某种显著的技术特点

一般情况下，突出集油流程的加热方法，如掺热水（油）、热水伴随井场加热以及不加热输送等。因此被分为：

（1）不加热集油流程；

（2）掺热水集油流程；

（3）热水伴热集油流程；

（4）井场加热集油流程。

2.集油流程的密闭程度

一般在流程设置上有两种，一种采用密闭油气混输工艺，另一种采用不密闭的开式生产油气分输工艺。因此，流程被分为：

（1）油气密闭混输集油流程；

（2）油气分输集油流程。

3.集油流程的管网形态

集油流程管网形态有树状（包括辐射和枝状，也叫米字形管网）和环状等。被分为：

（1）米字形管网集油流程，也称小站集油流程；

（2）环形管网集油流程；

（3）串糖葫芦集油流程。

4.油气集输系统的布站级数

在井口与原油库之间布置的集输站的种类数。三级布站设置有计量站、接转站和集中处理站。二级布站设置有计量站和集中处理站。一级布站设置是油井直接进集中处理站（或联合站）。一级半布站主要是在集中处理站（或联合站）外设置油井计量倒井阀组，油井经倒井阀组后直接进集中处理站。

（1）三级布站集油流程；

（2）二级布站集油流程；

（3）一级半布站集油流程；

（4）一级布站集油流程。

5.集油工艺管线的根数

按从井口到计量站或到接转站，以集油管线的根数来分：

（1）单管集油流程；

（2）双管集油流程；

（3）三管集油流程。

对于一个油田油气集输工艺流程的设计，是根据油田的油藏特点、油田整体开发方案、采油工艺、油品物性、地理环境条件等，结合突出的关键技术措施，进行综合考虑的。

### （二）我国油田常用的油气集输流程

我国各油田绝大部分是采用加热输送的集输方式。通常是将加热后的油井产物以树状管网收集到计量站，计量出油、气、水量后，再混输到集中处理站进行处理。如果油井产物所具有的能量不能直接进入集中处理站时，在计量站和集中处理站间增设接转站。多年生产的实践证明，这种流程可简化井场设施，减少现场施工工程量，便于生产管理。这种流程进行局部改建不会影响全局，能较好地适应油田开发的调整。

1.不加热集油流程

（1）流程特点

在收集油井产物的过程中不用加热是该流程的特点。因此，除具有一般常用流程特点外，其最大的优点是流程的节能特性较好。

（2）流程适用条件

①采用这种流程必须具备的条件：收集的原油黏度低，凝固点低，流动性能好，如果收集的原油黏度和凝固点都较高，但单井产量大，油中的含水率也达到较大的值。还应指出，气候条件对收集产物的黏度等也有影响，在不利的气候条件下不采用这种流程。为防止堵塞收集管道的情况出现，可用电加热解堵、通球等措施加以防范。

②油井井口的剩余能量（压力、温度）较高。

2.掺热水（油）集油流程

（1）流程特点。掺热水（油）集油流程的特点：从分井计量站到采油井井口有两条管道，一条集油管道，一条热水（油）管道。把热水（油）从采油井井口掺入集油管道内，充分利用加热介质的热量，同时也增加集油管输量。

（2）流程适用条件。油井产出的原油黏度较大，井口出油温度较低，应采用掺热水（油）集油流程。只要掺水（油）量调整合理，生产安全可靠，便于操作管理。适合于产量较小、波动较大的油井。

3.热水伴热集油流程

这种流程与掺热水流程相似，热水从供热站通过单独的管道，增压后送到计量站，再经阀组分配输送到井口。从井口返回时热水并不掺入集油管线中，回水管道与集油管线保温在一起，一直伴随到计量站而到接转站，利用两管之间的换热，达到安全集油的目的。热水伴热集油流程是一种通过管道间换热进行间接加热的集油流程。流程的可操作性、安全性均好。

在计量站和井口间有三根工艺管道（一根集油、一根热水、一根回水），故又称为三管流程。其缺点是管道多、耗热多、耗钢量大，投资较大。热水伴热流程的优点是由于热水不掺入井口出油管线内，油井计量比较准确。由于该流程具有上述特点，这种流程适用于掺热水（油）可能影响油品性质、单井计量要求比较准确、油井产物的收集又必须加热的油田。

4.萨尔图流程

（1）流程特点

该流程油井产物在井场加热、计量后进入一根集油汇管，油气密闭混输至集中处理站。为补充输送过程中的热能损失，集油管线上设有分气包和干线炉加热。

该流程的优点是：采用一根集油管道，与两管、三管流程相比耗钢量少，施工速度较快。集输半径较大，节省工程投资。其缺点：井场加热、计量造成流程控制点多且分散，增加了井场设施工程量，不利于实现自控，管理较困难。多井串联于一根变径管上，端点油井的回压较高，不利于低油压油井生产，并难以适应油田井网的调整。面积井网不适用。

（2）萨尔图流程的适应条件

①适用于油井成排布置，油井生产井产量波动较小，油气比较高的油田。

②井网在较长时间内不会大幅度调整的油田。

5.环形集油流程

（1）流程特点。环形集油掺热水保温油气集输流程的特点：

①各油井串联在环形单管上，进行集油。曾经在大庆采用大环集油，可串接二三十口井，而目前在低渗低产油田均采用3～5口井的小环集油。该流程具有萨尔图流程的优点。

②将单井井场水套炉加热改为掺热水加热。

③掺水、集油是一根环形总管，作为热源的热水从计量站进入总管，然后同收集的各油井产物一起返回到计量站。

④采用油井动液面恢复法或便携式示功图法进行油井计量。环形流程具有节省钢材、节省投资、较萨尔图流程容易管理等优点。但由于流程是将单井串联在一根集油总管上，油井之间的压力干扰较大，井网调整和流程改造比较困难。

（2）适用条件。

①油井密度较大，产量较低，需要加热输送的油田。

②油井井网调整较少的油田。

③交通比较方便的油田。

## （三）油气集输流程的选择

1.选择的依据

（1）油田或油区本身的条件：

①油田或油区的储量和生产规模；油层的深度；预计的单井产油、产气量；预计的油井井口压力和温度。

②油田或油区的地理位置。地理位置是指油田或油区是处在城镇附近，还是农业区、牧区，还是沙漠荒原；所处位置的水陆交通情况，电力通信、工农业发展的情况；人力、物力、财力和资源情况等。

（2）开采出来的油、气的性质：

①采出来的原油性质：组分、含蜡量、含胶量、含杂质的量、黏度、倾点等。

②采出来的油田气性质：组分，含$H_2S$、$CO_2$等酸性气体的情况。

（3）油田的开发方案：

①油田开发布井方式、驱油方式和采油工艺。

②油田开发过程中油井井网的调整及驱油方式和采油工艺变化的预测。

2.选择的原则

应遵循"适用、安全可靠、经济、注意环保"的原则。

（1）工艺流程应保证在油田开发过程中，生产运行安全可靠，能按质、按量地生产出合格的油、气产品。

（2）工艺流程应尽可能地使工程投资最省，产生单位产品的消耗最低。

（3）工艺流程应保证油田油气资源回收利用率最高。

（4）工艺流程应符合当时、当地条件。

3.选择的方法

（1）选择新开发油田或油区的工艺流程时，应借鉴类似老油田、老油区或生产试验区集输流程实践的经验，并对收集的有关流程选择的各种资料进行分析，然后确定几种可行的流程进行技术经济指标对比，选择技术经济指标最好，又符合油田或油区实际情况的集输工艺流程。

（2）已开发油田的新开发区，最好选用已经投入运行过的先进的适用的工艺流程。

（3）运用油气集输系统优化设计软件，进行油气集输流程设计，选择有关的技术经济指标对比计算。根据计算结果，优选出合适的工艺流程。

（4）如果没有类似的已开发油田或油区可借鉴，可根据前面叙述的依据和原则，确定几种可供选择的集输工艺流程。通过综合分析和研究，最后确定出适合新开发油田或油区的集输工艺流程。

如果对确定出的工艺流程的某些过程有所怀疑，可通过局部的试验研究解决。

## （四）油气集输系统水平

我国各油田油气集输系统水平，主要通过人均生产能力、生产运行效率、油气水处理率、油气损耗率和生产能耗等方面技术、经济指标来体现，主要包括油田集输系统的建设、生产运行和管理水平。目前，我国的水平与国外尚存在一定的差距，提高国内的油气集输系统的建设、运行和管理水平还有较大的潜力空间。目前，我国大多数油田开发建设实施老油田简化、新油田优化工作，应用先进、实用的新技术，开发建设油田（或改造老油田），提高生产能力和生产运行效率，同时学习先进的管理办法，提高管理水平，控制能耗和油气损耗，努力降低生产操作成本，获得较好油田综合经济效益。

## （五）油气集输系统优劣的评价标准

可根据以下5个方面来评价一个油气集输系统的优劣。

（1）安全可靠性。以开发方案为依据，选用的工艺技术和设备可靠；生产操作安全，维修、管理方便等。

（2）适应性。适应产量、油气比、含水率、压力、温度、油气井产品物性的变化及分阶段开发时的扩建改建余地。

（3）先进实用性。采用符合标准和实用的各种先进技术，组装化程度高、能量充分利用，油气损耗少，环境生态影响小等。

（4）节能性。充分利用油藏的能量，选用节能性的设备容器；降低能耗，节约能源。

（5）经济性。投资少、工程量小、运行费用低等。

# 三、矿场油气集输管道

从油井到矿场原油库、长距离输油管道和输气管道站之间所有输送原油和天然气的管道统称为油气集输管道。

油气集输管道按管内流动介质的相数，可分为单相、两相和多相管道；按管道的工作范围和性质，可分为出油管、集油（气）管和输油（气）管。因此，从油井至计量站，输送一口油井的产物的管道称为出油管，并且所输送的是油、气、水等多相混合产物，故属混输管道；从计量站至接转站或联合站的管道，在计量站汇集了多口油井的混合产物进行输送的管道称为集油管道，通常为混输管道；从接转站（不密闭的）至联合站的输送管道，由于接转站进行了气液分离，输送天然气管道为单相输送，而输送液相管道为两相混输；在联合站进行油气水分离后，输向油库或外输首站的为输油管道，其与输送天然气管道均为单相输送管道。因此，矿场油气集输管道中有70%以上属于两相或多相混输管道。

在生产实际运行中，矿场混输管道的流动是十分复杂的，气液混合物在管道中流动，在管道沿线各截面的压力随着流动方向不断下降，流动参数发生变化是非稳定流，在管道上各个截面上的流型也就各不相同。因此，混输管道沿管线流动时能量损失机理也不相同，管道压降计算方法也应有所区别。例如，矿场集输管道的气液两相，在流动上往往不是只存在单一性流型，在一条管道中介质流动常会遇到几种流型（在原油—天然气混输管道中常遇到气泡流、塞状流、分层流、波浪流和冲击流等流型；天然气—凝析液混输管道中常遇到分层流、环状流、段塞流等流型）。但迄今还没有一种很完善的方法来判别矿场集输管道的流型和确定流型间的转换条件，也没有一个较完善的热力、水力设计模型。

矿场集输管道是利用油井剩余的地（油藏）层压力实现油气混输。目前，海上油田和沙漠油田为简化地面工程设施，采用长距离气液混输管道输送，特别是个别海上油田投用一些长距离混输油气到陆岸上处理。长距离混输的关键是混输增压设备，虽然世界各国相继研制出多种多相泵、多相流计量设备，也仍然在适应范围上存在局限性而尚需完善，油气多相混输仍是科技工作者所面临的难题。世界各石油发达国家对此投入了较大经费和人力，一方面以各种流型的几何特征为基础建立相应的数字模型和求解方法，并为确定各种参数，加强实验、实测研究；另一方面为实现长距离混输进行混输增压设备、多相流（不分离）计量以及混输工艺的研究。

# 第二节　原油处理

## 一、油气分离

从井口采油树出来的井液主要是水和烃类混合物。在油藏的高温、高压条件下天然气溶解在原油中，井液从地下沿井筒向上流动和沿集输管道流动过程中，随着压力的降低，溶解在液相中的气体不断析出，油气被分离，形成了气液混合物。为了满足计量、处理、储存运输和使用的需要，必须将油气分离。

### （一）气液分离工艺

油气混合物一般是在联合站内进行分离，多采用多级分离方式。油气多级分离，各级分离压力是根据油田油气集输系统压力和油气组分及物性、油气比的大小等条件，进行综合考虑确定，一般分离级数在2～4级，多级分离主要受既定的分离压力等级控制，进行逐级分离。

多级分离不宜级数太多，否则设备（分离器）使用多，不经济。另外，在联合站的油气处理流程，也需要充分利用油藏剩余压力，减少站内的增压提升设备，以缩短处理流程，降低能耗。

### （二）油气分离器

通常情况下，油气分离在油气分离器内进行，油气分离器在油田上用得最多，也是重要设备之一。油田上使用的分离器按形状分主要有卧式分离器和立式分离器；按功能划分有气液两相分离器和油气水三相分离器；按分离方式有离心式分离器和重力式分离器。

1.立式分离器

立式分离器有立式两相和三相分离器。它适于处理含固体杂质较多的油气混合物，在底部有排污口便于排除杂物，液面控制较容易，占地面积小。缺点是气液界面小。

2.卧式分离器

卧式分离器中，气液界面较大，集液部分所含气泡易于上升至气相空间，即分离后的原油中含气量少；分离出去的气体流动方向与气相中液滴沉降方向相互垂直，液滴易从气流中分出而沉降下来。因此，卧式分离器适合于处理油气比较高的流体。此外，卧式分离器具有单位处理成本低、易安装、易于制成撬装式装置等优点，但占地面积较大，排污没有立式分离器方便。

### （三）对分离器的要求

油气分离器所要达到的分离效果，是使溶解于原油中气体尽量析出，并使气体所携带的重组分在分离器控制压力下尽量凝析，在短时间内使油气混合物接近气液相平衡状态（实际上只能达到60%的平衡状态）。这就要求油气分离器必须具有良好的机械分离效果，分离出来的气体中尽量不带或少带液滴，原油中尽量不带或少带气泡；要求分离器设计制造时，在满足油气物性、处理量和分离质量要求的同时，外形尺寸要小，气液分离界面要大，油气停留时间要长，制造成本要低。

## 二、原油脱水

油井产物中多含有水、砂等杂质，水中还溶解了一些矿物盐（尤其是开采后期）。由于我国大部分油田采用注水方式开发，目前，我国原油平均含水率已达80%以上，输送和处理大量的水使设备不堪重负，增加了能量的消耗，矿物盐造成了设备结垢和腐蚀。原油中夹带的泥砂会堵塞管道，还会使设备磨损。因此，原油必须在矿场经过脱水、净化加工后才能符合外输要求。

## （一）原油乳状液

原油中的水分，有的成游离状态，称为游离水，采取常用简单的沉降法在短时间内就能将其从油中分离出来；有的则形成油水乳状液，很难用沉降法分离，这类水称为乳化水。

乳状液是两种（或两种以上）不相溶液体的混合物，其中一种液体以极小的液滴形式分散在另一种液体之中，并靠某种乳化剂得到稳定。原油中含有多种天然乳化剂，如沥青、胶质等。原油和水的乳化液主要有两种类型：一种是水以极小的液滴分散于原油中，称"油包水"型乳状液，用符号W/O表示，此时水是内相或分散相，油是外相或连续相；另一种是原油以极小的液滴分散于水中，称"水包油"型乳状液，用符号O/W表示，此时油是内相或分散相，水是外相或连续相。

在油田上低含水的原油乳化液主要是油包水型乳状液，在高含水期的油田井液含水主要是游离水，也含有一定的油包水型乳状液。

## （二）原油脱水方法

原油的脱水过程有破乳和沉降两个阶段。乳状液的破坏称破乳，是指乳状液中的油水界面因乳化剂的作用形成的膜被化学、电、热等外部条件所破坏，分散相水滴碰撞聚结的过程。破乳后水呈游离状悬浮于油中，在进一步的碰撞中结成更大的水滴，靠重力作用沉入底部，这便是沉降。脱水处理的方法有：加热；化学破乳；电聚集；重力沉降。为了提高脱水效果，油田上经常将这些方法联合使用。

1.热化学脱水

原油热化学脱水是将含水原油加热到一定的温度，并在原油乳状液中加入少量的表面活性剂（破乳剂），这种化学剂能吸附在油水界面膜上，降低油水界面张力，改变乳状液类型，从而破坏乳状液的稳定性，使油水分离。热化学脱水的效果，关键是：

（1）选择与该种原油配伍性能最好的破乳剂。

（2）该原油通过试验选取最适宜脱水温度，使含水原油破乳快，沉降迅速。

（3）选择加药方式和地点。一般在脱水泵前，按比例连续加入，经泵搅拌均匀混合，使药剂充分发挥效能。这样有利于获得较好的脱水效果。曾经有些油田结合油气集油系统降黏减阻输送，在油井口加入降黏破乳剂，可利用在集油管路中的搅拌将破乳剂充分混合并均匀地分散于原油中，同时抑制油包水型乳状液的生成，做到"井口加药管内破乳"，获得较好的脱水、减阻、防蜡等的综合效果，但加药管理不方便。

2.重力沉降脱水

含水原油经破乳后，需把原油同游离水、杂质等分开。在沉降罐中主要依靠油水密度差产生的下部水层的水洗作用和上部原油中水滴的沉降作用使油水分离，此过程在油田常被称作一段脱水。自20世纪80年代以来，我国开发出了一些聚结床式脱水器（根据油、水对固体物质的亲和状况不同，利用亲水憎油的固体物质制成各种聚结床），用于一段脱水，提高了脱水效果。目前，有许多油田处于高含水期，常用沉降脱水作进站高含水原油预脱水。对高含水原油不加药、不加热，直接进罐沉降出大量游离水，这样有利于节能降耗。有的利用站上原有大罐沉降，有的采用卧式压力沉降罐进行沉降放水。

3.电脱水

电脱水是只适应处理含水 30%以内的油包水型原油乳状液脱水。在油田，电脱水常作为原油脱水工艺的最后环节得到广泛应用。在电脱水器中原油乳状液受到高压直流或交流电场的作用，削弱了水滴界面膜的强度，促使水滴碰撞合并，聚结成粒径较大的水滴，从原油中沉降分离出来。带有电解质的水是良好的导电体，水包油型乳状液通过强电场时易发生电击穿现象，使脱水器不能正常工作，所以电脱水器只能处理低含水的油包水型乳状液。

为了保证脱水效果，一般采用加热的方法降低进入电脱水器原油的黏度。原油中的矿物盐大多是溶解在水中，大部分原油在脱水的同时也就脱掉了盐。

## 三、原油稳定

### （一）原油稳定的作用

原油是烃类混合物，在进行油气分离之后，仍然在原油中存留一部分轻组分，在储存中，要随时被蒸发掉，并且不安全。为了减少原油蒸发损耗，回收和合理利用资源，保护环境，提高储存和运输中的安全性，将原油中挥发较强的轻组分脱出，降低原油蒸气压，将这一工艺过程称作原油稳定。原油经过稳定处理后，原油在最高储存温度下的饱和蒸气压宜低于当地大气压的0.7倍。从原油中脱出的轻组分，经进一步加工成为天然气、液化石油气（LPG）和稳定轻烃，这些都是重要的石油化工原料，也是洁净的燃料。

### （二）原油稳定工艺

原油稳定的方法主要有负压闪蒸法、正压闪蒸法和分馏法。采用哪种方法，应根据原油的性质、能耗、经济效益的原则确定。原油中$C_1 \sim C_4$。的含量小于2%（质量分散）时，可采用负压闪蒸；对于轻质原油（如凝析油）或$C_1 \sim C_4$。的含量高于2.5%时，可采用分馏法稳定。当有余热可利用或与其他工艺结合时，即使$C_1 \sim C_4$的含量少时，也可考虑用加热闪蒸和分馏稳定工艺。

闪蒸法是在一定温度下降低系统压力，利用在同样温度下各种组分汽化率不同的特性，使大量的$C_1 \sim C_4$蒸发，达到将轻组分从原油中分离出来的目的。闪蒸法可以是负压。原油脱水后，一般在0.06~0.08MPa，55~65℃进行负压闪蒸。也可以是加热闪蒸，一般在0.25~0.3MPa，120℃进行闪蒸。

分馏法是使气液两相经过多次平衡分离，将易挥发的轻组分尽可能转移到气相，而重组分保留在原油中。分馏法设备多，流程复杂，操作要求高，是国外应用最广泛的原油稳定方法，其原因是该法能比较彻底地分离原油中的甲烷、乙烷和丙烷，稳定效果好。当未稳定原油中挥发性强的轻组分主要是$C_1 \sim C_4$，若上述组分在原油中的含量不到0.5%（质量分数），出于经济上的考虑，不必进行稳定处理。未经稳定处理的原油，储存于常压固定顶储罐内时，通过大、小呼吸阀造成油气蒸发损失。

常用固定顶立式油罐的承压能力一般为-500~2500Pa，是一种微压容器。采用经蒸气回收的关键是罐内压力控制。油罐工作压力的下限宜为150Pa，上限值应根据油罐的试验压力和使用年限等因素确定，一般不超过油罐试验压力的80%，即2000Pa。当油罐压力达到压力上限时，压缩机应能自动开启，从油罐抽气使罐压力下降；当罐压达到下限时，压缩机自动停机。为确保罐压在允许工作压力范围内，储罐应有呼吸阀、液压安全阀和补气阀。油罐经蒸气回收，不仅可回收部分轻烃凝液，提高油田效益，而且可减少大气污染，保护环境。

# 第十五章　长距离输油管道

## 第一节　长距离输油管道概述

### 一、石油的输送方式及比较

我国石油运输大体经历了以公路为主、以铁路为主和以管道为主三个阶段。至于水路运输，初期与铁路联运，之后又与管道、铁路联运。与油品的铁路、公路、水路运输相比，管道运输具有独特的优点：

（1）运输量大。

（2）运费低，能耗少；且口径越大，管道的单位运费越低。

（3）输油管道一般埋在地下，较安全可靠，且受气候环境影响小，对环境污染小。运输油品的损耗率较铁路、公路、水路运输都低。

（4）建设投资小，占地面积少。管道建设的投资和施工周期均不到铁路的1/2。管道埋在地下，投产后有90%的土地可以耕种，占地只有铁路的1/9。虽然管道运输有很多优点，但也有其局限性：

①主要适用于大量、单向、定点运输，不如车、船运输灵活多样。

②对一定直径的管道，有一个经济合理的输送量范围。除了管道运输，原油和成品油的运输方式还有铁路、公路和水运。它们各有其特点及适用范围。对于大宗原油的运输，可供选择的方式主要是管道和水运。水运首先取决于地理条件，且发油点和收油点要有装卸能力足够大的港口；其次，油轮的运输成本是随着油轮吨位的增大而降低的。

### 二、输油管道的分类

按照长度和经营方式，输油管道可划分为两大类：一类是企业内部的输油管道，如油田内部连接油井与计量站、联合站的集输管道，炼油厂及油库内部的管道等，其长度一般较短，不是独立的经营系统；另一类是长距离输油管道，如将油田的合格原油输送至炼油厂、码头或铁路转运站的管道，其管径一般较大，有各种辅助配套工程，是独立经营的系统。这类输油管道也称干线输油管道。长距离输油管道长度可达数千千米，目前原油管道最大直径达1220毫米。按照所输送油品的种类，输油管道又可分为原油管道和成品油管道。

## 三、长距离输油管道的组成

长距离输油管道由输油站与线路两大部分组成。长距离管道连绵数百至几千千米。为了给在管道中流动着的油提供能量，克服流动阻力，以及提供油流沿管线坡度举升的能量，在管道沿线需设若干个泵站，给油流加压。我国所产的原油由于大多含蜡多、凝点高，采用加热输送时，管道上还设有加热站（或与泵站合一）加热油流。在管道沿线每隔一定距离还要设中间截断阀，以便在发生事故或检修时关断。沿线还有保护地下管道免受腐蚀的阴极保护站等辅助设施。另外，管道的自动化程度很高，沿线各站场可以做到无人值守、全线集中控制，沿线要有通信线路或信号发射与接收设备等。

## 四、长输管道的经济性

长距离油气输送管道的输送成本单价是按元/（吨·千米）（对油）和元/（标准立方米·千米）（对气）来计算的，输送成本随输量的变化较大。对于输原油管道，每一种管径都有一个输送成本单价最低的经济输量。输量越大，采用的管径越大，每吨·千米的输送成本单价也越低。对于已有管线，即管径、管长、设备一定，若达不到其经济输量，则随着输量减少，其输送成本单价增大，管输的经济性迅速下降。

对某一具体管道，其管径和输送距离是一定的，在某一输量下，每吨油的总运输费用是：输送成本单价×运距。在同样的管径和输量下，输送距离越远，每吨油的运输费用也越高，运费占油品成本的比例也越大。因此，为使管道运输有较强的竞争力，当管道运输距离较远时，必须要有足够大的输量，才能使每吨油的运输费用不超过油价的某一比例。发达国家每吨原油的运费一般都不超过原油价格的5%。

同一期间，我国大庆—秦皇岛约1000千米的管输运费约为原油售价的5%，由于我国原油的凝点高，管道大多采用加热输送，故运费比国外轻原油要高。同样距离的铁路运费为原油售价的8%~9%。与管道相比，铁路运费受输量的影响较小，主要决定于运距。但一条铁路的运输能力一般不超过1000万吨/年。由于铁路槽车单方向空载及卸油的油气损耗，大宗原油已较少采用铁路运输。如取原油运价不超过原油售价的某一比例作为界限，则在某一输量及其相应的经济管径下，就有最远运距的限制。

# 五、输油管道的水力特性

## （一）输油管道的压能损失

输油管道的压能消耗主要有两部分，一部分用于克服摩擦损失，另一部分是地形高差。沿程摩阻损失与管径、长度、输量及油品物性的关系，一般而言，输油管道中，摩阻大小与管长成正比，与管径的4.75次方成反比，与输量的1.75次方成正比，与黏度的0.25次方成正比，即管线越长、管径越小、黏度越高、管输摩阻就越大。

## （二）输油管道的泵机组

为管道提供压能的是沿线各泵站的输油泵。常用串联或并联方式连接的单级和多级离心泵、往复活塞泵、旋转式容积泵等。原动机可以用电动机、汽轮机、燃气轮机、大型柴油机、柴油发电装置、天然气发动机等。

大型输油管道上均使用离心泵。与往复活塞泵相比，它们的机械结构更为简单，排量大、运转时间更长且维修周期长。在某些情况下，尤其是小输量和极高压力或者油品很黏时，离心泵的效率太低而不适用，就需要往复活塞泵。因为活塞泵运转缓慢，特别适宜与大型、低速柴油机配合使用。原动机的选择取决于燃料或驱动介质，还取决于泵送任务的性质。在有电力的地方，用电动机驱动通常最为理想；在没有电力的地方，常使用柴油机或燃气轮机，但它们的投资偏高。燃气轮机已普遍使用，根据实际情况选用天然气、原油或馏出物为燃料。

输油泵是输油管道的关键设备，也是主要的动力消耗对象。每一台离心泵都有其排量与扬程、功率及效率的关系曲线，称泵特性曲线。

## （三）管道系统工作点

（1）泵站特性。由单台泵的特性曲线及其组合情况可得出泵站的流量—压降曲线。串联用离心泵其单泵的排量大、扬程低、效率较高。管道在站间高差不大，泵的扬程主要用来克服沿程摩阻损失时，采用串联泵较多；但站间高差很大，泵站的压头主要用于克服高差时，宜采用并联泵运行。

（2）管道水力特性。对于某管道当管径、管长及输送介质性质一定时，管道压降H随流量Q变化的关系为该管道的水力特性。当管径、管长或输送介质性质等参数中的一项发生变化时，就产生一条新的特性曲线。管道特性曲线表示能量消耗与管道输量的关系。

（3）系统工作点。在长输管道系统中，泵站和管道组成了一个统一的水力系统。泵站和管道特性曲线的交点表示管道输量为$Q_1$时，管道所需的压降正好等于泵站供给的压头，即泵站—管道能量供求平衡，可在此输量下稳定工作，此交点称为泵站—管道系统的工作点。通过改变管道特性，或改变泵站特性，均可以改变泵站—管道系统的工作点。

## 六、输油管道的热力特性

### （一）管流温降特性

当管内油温高于环境温度时，输送过程中管内油流向外散热并使温度按指数规律下降。影响油流温降的因素主要有输量、环境条件、管道散热条件、油温等。

### （二）不加热输送的特点

对于黏度和凝点均较低的油品，一般采取不加热输送方式（如大多数国外原油、成品油等）。不加热输送的管内油品，在进入管道不久，其油品温度就与环境温度趋于相同。但当管道输量较大、流速较高时，由于油流与管壁摩擦，会使油流温度升高。对于在高寒地区输送原油，这是可利用的（如美国阿拉斯加管道就是利用管道摩擦生热输送的）；但对于轻质原油及成品油管道是要避免的（如美国科洛尼尔成品油管道沿途设有换热器为某些油品降温，利比亚的原油管道也沿途降温，否则损耗太大，不安全）。

### （三）加热输送的特点

对于易凝、高黏原油，因其油品的凝固点远高于环境温度，或在环境温度下油品的黏度很高，必须采取措施以降凝、降黏。加热输送是一种常用的方法，即在管输过程中，随着油流温度的降低，适时地通过加热站对油品进行再加热。在管道、加热站及环境条件一定时，管道输量的降低将导致油温下降加快。所以，加热输送管道有最小输量的限制，以防止下一站进站处的油温过低，不能保证管道安全运行。在出站油温及输量一定时，管道周围环境温度低（如冬季），油品温降快。

管道的热力特性还与水力特性相互关联。管道的输量影响油流温降快慢，同时，油品的温度又影响其黏度（尤其是高黏度、高凝点的原油和重质燃料油），从而影响管道的摩阻损失大小。所以，输油管道的设计和运行是一个受诸多因素影响的复杂过程。

热油管道一旦因事故停输，管内油温会逐渐下降，黏度增大，使管道再启动时的阻力增大。在特殊情况下，可能在整个管路横截面上形成网络结构，必须要有破坏这些凝油结构的高压，才能使管道恢复流动。如果这个高压超过了管道和泵的允许强度，就必须考虑用分段顶挤等事故处理措施。因此，运行中必须注意防止这类事故。

## （四）管道的供热设备

加热系统是加热输送管道的关键设备，也是主要的耗能对象。对输油管道加热炉的要求是热效率高、流动阻力小，能适应管道输量变化，可长期安全运行。按油流是否通过加热炉炉管，长输管道上的加热系统分为直接加热与间接加热两种。前者在加热炉中直接加热油流，后者是使热媒通过加热炉提高温度后，进入换热器中加热原油。

直接加热式加热炉设备简单、投资省，应用很普遍。但油品在炉管内直接加热，一旦断流或偏流，容易因炉管过热使原油结焦，甚至烧穿炉管造成事故。我国输油管道使用的加热炉主要有方箱式、圆筒式和卧式圆筒式加热炉。

间接加热系统由热媒加热炉、换热器、热媒罐、热媒泵、检测及控制仪表组成。热媒是一种化学性质较稳定的液体，它在热媒加热炉中加热至260~315℃，进入管壳式换热器与管输油品换热。由两套温度控制系统分别控制热媒和油品的温度。间接加热系统的优点：管输的油品不通过加热炉炉管，不会因偏流等原因导致结焦；热媒对金属无腐蚀性，其蒸气压低，加热炉可在低压下运行，故炉子的寿命长；适用于加热多种油品，能适应输量的大幅度变化；热媒炉总热效率高，原油通过换热器的压降小。其主要缺点：系统复杂、占地面积大、造价较高（比直接加热炉高3~4倍）、耗电量较大。

# 七、输油泵站的连接方式

长距离管道各泵站间相互联系的方式（也称管道的输送方式）主要有两种，即"旁接油罐"输送方式和"从泵到泵"输送方式。"旁接油罐"输送方式是上一站来的输油干线与下一站输油泵的吸入管线相连，同时在吸入管线上并联着与大气相通的旁接油罐。旁接油罐起到调节两站间输量差额的作用，由于它的存在，长输管道被分成若干个独立的水力系统。以这种方式运行的管道便于人工控制，对管道的自动化水平要求不高，但不利于能量的充分利用，还存在旁接罐内油品的挥发损耗。

"从泵到泵"输送也叫密闭输送。它是上一站来的输油干线与下一站输油泵的吸入管线相连，正常工作时没有起调节作用的旁接油罐（多数泵站设有小型的事故罐）。它的特点是各站的输量必然相等，各站的进出站压力相互直接影响，全线构成一个统一的水力系统。这种输油方式便于全线统一管理，但需要有可靠的自动控制和保护措施作保障。现代化的输油管道均采用"从泵到泵"输送方式。

# 第二节　输油管道的运行与控制

## 一、输油管道工况的调节

要改变长输管道的输量时，为了完成输油任务，维持管道的稳定和高效经济运行，需要对系统进行调节改变泵站的耗能或供能特性，均可以调节输油管道的工况。

改变泵站特性的方法有：

（1）改变运行的泵站数或泵机组数。这种方法适用于输量变化范围较大的情况。

（2）调节泵机组转速。这种方法一般用于小范围的调节。

（3）更换离心泵的叶轮。通过改变叶轮直径，可以改变离心泵的特性。这种方法主要用于调节后输量稳定时间较长的情况。改变管道工作特性最常用的方法是改变出站调节阀的开度，即阀门节流。这种方法操作简单，但能耗大。当泵机组不能调速时，输量的小范围调节常用这种方法。

## 二、输油管道的水击及控制

输油管道密闭输送的关键之一是解决"水击"问题。"水击"是由于突然停泵（停电或故障）或阀门误关闭等造成管内液流速度突然变化，因管内液体的惯性作用引起管内压力的突然大幅度上升或下降所造成的对管道的冲击。水击压力的大小和传播过程与管道条件、引起流速变化的原因及过程、油品物性、管道正常运行时的流量及压力等有关（对于输油管道，管道中液流骤然停止引起的水击压力上升速率可达1兆帕/秒，水击压力上升幅度可达3兆帕）。

水击对输油管道的直接危害是导致管道超压，包括两种情况：一是水击的增压波（高于正常运行压力的压力波）有可能使管道压力超过允许的最大工作压力，使管道破裂；二是减压波（低于正常运行压力的压力波）有可能使稳态运行时压力较低的管段压力降至液体的饱和蒸气压，引起液流分离（在管路高点形成气泡区，液体在气泡下面流过）。对于建有中间泵站的长距离管道，减压波还可能造成下游泵站进站压力过低，影响下游泵机组的正常吸入。通常采用两种方法来解决水击问题，即泄放保护及超前保护。泄放保护是在管道上装有自动泄压阀系统，当水击增压波导致管内压力达到一定值时，通过阀门泄放出一定量的油品，从而削弱增压波，防止水击造成危害。超前保护是在产生水击时，由管道控制中心迅速向有关泵站发出指令，各泵站采取相应的保护动作，以避免水击造成危害。例如，当中间泵站突然停泵时，泵站进口将产生一个增压波向上游传播，这个压力与管道中原有的压力叠加，就可能在管道中某处造成超压而导致管道破裂。此时若上游泵站借助调压阀节流，或通过停泵产生相应的减压波向下游传播，则当减压波与增压波相遇时压力互相抵消，从而起到保护作用。

## 三、清管

清管是保证输油管道能够长期在设计输量下安全运行的基本措施之一。原油管道的清管，不仅是在输油前清除遗留在管内的机械杂质等堆积物，还要在输油过程中清除管内壁上的石蜡、油砂等凝聚物。管壁"结蜡"（管壁沉积物）使管道的流通面积缩小，摩阻增加，增大了管输的动力消耗。管道在输油过程中，可产生各种凹陷、扭曲变形以及严重的内壁腐蚀。为了及时发现管道的故障，取得资料并进行修理，可以使用装有测量用的电子仪器的清管器在管内进行检测。也可以用专用的清管器为管道内壁做防腐处理。清管器有直板、刷形、皮碗刮刀形、球形等。球形不易破碎，通过性能好，但刮蜡效果稍差。

## 四、输油管道的监控与数据采集系统

输油站控制的内容主要包括输油泵机组、加热炉清管器收、发控制系统、压力调节与水击控制系统、原油计量及标定系统以及工艺流程的切换和泵站的停输等。现代输油管道的站控系统是整条管道的监控与数据采集系统（SCADA）的一部分。

输油管道SCADA系统主要由控制中心计算机系统、远程终端装置（RTU）、数据传输及网络系统组成，属于分散型控制系统。控制中心的计算机通过数据传输系统对设在各泵站、计量站或远控阀室的RTU定期进行查询，连续采集各站的操作数据和状态信息，并向RTU发出操作和调整设定值的指令，从而实现对整条管道的统一监视、控制和调度管理。各站控系统的TU或可编程序控制器（PLC）与现场传感器、变送器和执行器或泵机组、加热炉的工业控制计算机连接，具有扫描信息预处理及监控等功能，并能在与中心计算机通信一旦中断时独立工作。站上可以做到无人值守。

长输管道SCADA系统已是管道建设中必不可少的组成部分。长输管道的特点是输量大、运输距离长、全年连续运行、能耗很大。对于运行中的管道应确定其最优运行参数，使全线的能耗费用最小。国外大部分管道及国内部分管道均在其SCADA系统中装有优化运行控制软件，定时对管道的运行控制方案进行优化，使管道在最经济的状态下运行。

### 五、管道的泄漏检测技术

管道泄漏检测主要有两个目的：一是防止泄漏对人及环境造成危害和污染；二是防止管道输送流体的泄漏损失。可以说泄漏检测系统是一种一旦管道发生事故，即可将损失控制在最小范围内的安全设备，其检漏装置应具有以下功能：

（1）能够准确可靠地检测出泄漏；

（2）检漏范围宽，并能精确测出泄漏位置；

（3）检漏速度快；

（4）检漏装置易调整维修。

在实际应用中，某些单项泄漏检测装置不一定都具备上述功能。因此，在选择泄漏装置时，应从对检漏的要求程度和经济性两个方面综合考虑。目前，比较实用的管道泄漏检测技术大致可分为直接检测法和间接检测法。

直接检测法是利用预置在管道外边的检测装置，直接测出泄漏在管外的输送液体或挥发气体，从而达到检漏的目的。该方法是在管道的特定位置处（如阀门处）安装检测器，检测该位置是否有泄漏（也称定点检漏法）。

直接检测法主要是用于微量泄漏的检测。间接检测法是通过测量泄漏时管道系统产生的流量、压力、声波等物理参数的变化来检测泄漏的方法。间接检测法的目的在于准确可靠地检测出微量或者小股量或大量泄漏。在泄漏检测系统中，多以间接检测法为主，以直接检测法配合补充。

# 第三节　不同油品的管道顺序输送

在同一管道内，按一定顺序连续地输送几种油品，这种输送方式称为顺序输送。输送成品油的长距离管道一般都采用这种输送方式。这是因为成品油的品种多，而每一种油品的批量有限，当输送距离较长时，为每一种油品单独敷设一条小口径管道显然是不经济的，甚至是不可能的。而采用顺序输送，各种油品输量相加，可铺一条大口径管道，输油成本将极大下降。用同一条管道输送几种不同品质的原油时，为了避免不同原油的掺混导致优质原油"降级"，或为了保证成品油的质量，也采用顺序输送。

## 一、顺序输送中的混油

两种油品在管道中交替时，在接触界面处将产生一段混油。混油段中前行油品含量较高的一部分进前行油品的油罐，后行油品含量较高的一部分进后行油品的油罐，而混油段中间的那部分进混油罐。这个切换的过程就是"混油切割"。混油往往不符合产品的质量指标，需重新加工，或者降级使用，或者按一定比例回掺到纯净油品中（以不导致该油品的质量指标降级为限）。某一种油品中允许混入另一种油品的比例与这两种油品物理化学性质的差异，以及油品的质量潜力有关。性质越接近，质量潜力越大，则允许混入另一种油品的比例也越大。故顺序输送管道中油品的排序有一定规则，将性质相近的油品相邻输送。例如，美国科洛尼尔管道一个输送周期中油品的排序：高级汽油—普通汽油—煤油—燃料油—柴油—普通汽油—高级汽油。

## 二、顺序输送的特点

与原油管道相比，成品油顺序输送管道有以下特点：

（1）由于油品的物理性质（黏度、密度等）存在差异，只要管道内有不同油品共同运行，管道的水力特性就处于不稳定状态。设计和运行管理中要考虑管道在各种工况下的水力、热力特性和各种油品在起终点的存放。

（2）在管道设计和运行管理中需考虑所要输送油品在管道中的排序和循环周期。

（3）各种油品在管道中交替输送时，管道中会形成一定的混油，在终点站需进行混油切割。应制订混油的切割方案及处理方法。

（4）采取有效方法减少混油。

（5）成品油管道必须面向和依托市场。大型的油品顺序输送系统往往是面向多个炼油厂和多个用户，管网多点输入和输出油品，油品品种多，批量大小不一。各种油品输入/输出的量和时间将对管道的运行工况产生显著影响。为了保证管道高效运行，必须制订周密的输油调度计划，这项工作的要求比输送单一油品的管道复杂得多。在现代化的管道中，运行程序编制工作是通过计算机完成的。

## 三、减少混油的措施

混油界面的跟踪和检测是混油切割的依据。可以通过管道输量和运行时间估算混油段的位置，而混油浓度的分布则需通过对油品物性的连续在线检测确定。为了减少混油量，应采取以下措施：

（1）顺序输送管道须在设计规定的输量下运行，此时混油量一般为管道总容积的0.5% ~ 1%。

（2）采取一些专门措施减少混油量，如使用机械隔离器或液体隔离塞分隔两种油品。

（3）在保证操作要求的前提下，尽量采用最简单的流程。

（4）确定输送次序时，应尽量选择性质相近的两种油品互相接触，以减少混油损失，简化混油处理工作。

（5）更换所输油品前应做好周密的准备，油品交替时应尽量不中途停输。

（6）在起终点、分油点、进油点储罐容量允许的前提下，尽量加大每种油品的一次输送量。

## 四、成品油管道与市场的关系

### （一）成品油管道随市场发展

成品油管道面向市场、依存于市场，管道输送运行的难度逐渐增加。但也应当看到，成品油市场的规模巨大，并且是在不断发展的，为管道的发展创造了良好的条件，历史证明了这一点。

### （二）管道必须适应市场的变化

成品油管道依托市场生存，管道在建设时就必须考虑能适应市场的需要和变化。成品油管道是多品种顺序输送，可经管道输送的油品范围很宽，油品的物性变化范围大，如由轻柴油改输重柴油，其黏度可差2~3倍，管道的运行工况大不相同。在管道建设中既要尽可能地适应市场需要，也必须考虑管道的效益，慎重选择最佳的输送油品范围。

市场需求的输油量和油品种类随季节的变化幅度很大。管道所处的地理位置不同，季节变化幅度的大小不同。

# 第四节　易凝高黏原油的输送工艺

我国各油田所产原油按其流动性质可分为两大类：第一大类是轻质原油，这在我国原油产量中只占很小的份额；第二大类是易凝高黏原油，包括含蜡量较高的高凝点原油（含蜡原油），如大庆、胜利、中原、华北原油等，以及胶质沥青质含量较高的高黏重质原油（稠油）。

## 一、加热输送工艺

升高温度可以降低黏度改善原油的流动性，常采用加热的方法输送这类原油。但加热输送存在若干弊端，如管道建设的投资大、运行能耗大、管道允许的输量变化范围较窄、管道停输时间长会有凝管的危险等。

## 二、含蜡原油的改性输送工艺

原油改性输送即是通过一定方法改善原油的流动性。

### （一）含蜡原油的添加降凝剂输送

目前，最成功的含蜡原油改性输送工艺是添加降凝剂输送。降凝剂的作用是降低原油的凝点和低温流动性。

### （二）含蜡原油的热处理输送

含蜡原油经加热后，其中所含的蜡晶将溶解，而冷却过程中蜡晶要析出。含蜡原油的热处理，是将原油加热至某一温度（通常远高于加热输送时原油的加热温度），让其中的蜡晶充分溶解，在随后的冷却过程中通过控制冷却速度和冷却方式，以改变原油中的蜡晶形态，从而改善原油在析蜡温度以下的流变特性。

### 三、稠油的降黏输送工艺

#### （一）稠油的稀释输送

掺入低黏油品降低稠油黏度后管输，在国内外得到广泛的应用。其工艺简单，降黏效果在输送过程中较稳定。用作稀释剂的低黏油可以是轻质原油、原油的馏分油或天然气凝析液等。

采用这项工艺首先要解决稀释剂的来源问题。如果稠油油田附近有低黏油油田，采用这种方法是很方便的。但从销售和炼制的角度看，把轻质油掺入稠油中将可能造成"贬值"。此外，含蜡量很少的稠油可用于生产优质道路沥青，创造更高的产值，但掺入含蜡原油将会影响沥青产品的质量。如果掺入的稀释剂为馏分油，则需进行经济核算。

#### （二）稠油的乳化降黏输送

乳化降黏输送是将表面活性剂水溶液加入稠油中，在适当的温度和混合条件下，使原油以很小的液滴分散于水中，形成油为分散相、水为连续相的水包油乳状液，使输送时稠油与管壁的摩擦、稠油间的内摩擦转变为水与管壁的摩擦、水与稠油液滴的摩擦，从而大大降低输送时的摩阻。这项技术的关键是筛选高效、廉价的乳化剂，制备出稳定性好，在管输过程中一直保持水包油状态的乳状液。乳状液除去直接作燃料外，在管输终点还要求采取破乳的配套技术将油水分离。

# 第五节　油气管道的腐蚀与防护

## 一、长输管道腐蚀的类型

近三分之一的管道泄漏事故是由于腐蚀穿孔造成的。不仅漏失了油、气，污染了环境，有的还引起火灾、爆炸等严重事故，其直接和间接损失都很巨大。

油气管道干线的腐蚀就其部位来分，有内壁腐蚀和外壁腐蚀两种。内壁腐蚀有的是由于输送介质中的有害成分（如硫化物）与管壁金属作用而引起的；更多的是由于介质中析出的水或施工中残留的水在管线内壁形成水膜，或积聚在管线的低洼处而引起的电化学腐蚀。因此，长输管道对进入其首站准备外输的油、气有严格的质量要求，如含硫、含水等指标超过标准，可自动关闭进站阀门，拒绝接收。对输气管道投产前的干燥也有严格的措施。在正常情况下，长输管道的内壁腐蚀应该是比较少的。

外壁腐蚀的情况则要复杂得多。长输管道埋在地下连绵数百乃至上千千米，其所处的环境不仅在空间上不同，还随时间而变化，会遭受各种腐蚀介质的侵蚀。架空管道易受大气腐蚀，土壤或水中的管道则要遭受土壤腐蚀、细菌腐蚀和杂散电流腐蚀。

## 二、埋地管线的外防腐方法

对于埋地管线的外腐蚀控制，一般都采用优质的防腐绝缘层与外加电流阴极保护法联合防护。如外防腐层始终完好无损，则埋地管道就不会被腐蚀。但是，在如此长距离的管道沿线，在数十年的运行中，防腐层总是难免有破损、失效之处。

### （一）管线外防腐层

对管线外防腐层的基本要求：与金属有良好的黏结性、电绝缘性好、防水及化学稳定性好、有足够的机械强度和韧性、耐土壤应力性能好、耐阴极剥离性能好、抗微生物腐蚀、破损后易修复以及便于施工和价格低廉。

### （二）埋地管线的阴极保护

阴极保护就是要消除管线金属结构上的腐蚀电流而防止电化学腐蚀。根据国内外多年的实践，为使埋地钢质管线得到有效保护，阴极保护必须满足下述要求：

（1）在通电的情况下，管线相对于饱和铜—硫酸铜参比电极间的负电位至少为0.85伏。

（2）通电情况下产生的最小负电位值与自然电位间的负偏移至少为300毫伏。当有硫酸盐还原菌存在时，外加负电位应增至0.95伏。在外防腐涂层完好的情况下，一个外加直流电源阴极保护站可保护数十千米至一二百千米的管道，土壤电阻率越大，防腐层绝缘性能越好，可保护的管段越长。除了外加电流法外，阴极保护的另一种方法称为牺牲阳极法。它是在待保护的金属管线上连接一种电位更负的金属材料，形成一个新的电化学腐蚀电池，该外加金属成为阳极，在输出电流过程中不断被腐蚀，管线则成为阴极而得到保护。该方法适用于无电源地区及少量分散对象，它对邻近的地下金属构筑物干扰少，常用于油罐和站内管线的保护。

### （三）杂散电流腐蚀的防护

埋地油气管线经常遇到的杂散电流是直流电力系统的漏泄电流和来自其他阴极保护系

统的干扰电流，其干扰范围大，腐蚀速度快，且受多种因素的影响，防护难度较大。

管道附近是否存在杂散电流和其强度大小，以及是否需要采取防护措施，各国都有相应的标准。当管道上任意点的管地电位（以附近大地为基准所测的管道对地的电位）正向偏移100毫伏，或管道附近土壤的电位梯度大于2.5毫伏/米时，管道应及时采取直流排流保护或其他防护措施。所谓直流排流保护，就是把管道与电力铁路变电所中的负极或回归线（铁轨），用导线直接连接起来，以把管道中流动的杂散电流直接流回（不再经大地）至电力铁路的回归线（铁轨等）。

# 参考文献

[1]（英）小哈利·康尼克，作；何文祥，郭彬程，陈奇，胡勇，江凯禧，译.实用勘探开发油气地球化学[M].北京：石油工业出版社，2022.

[2]邹才能.非常规油气勘探开发[M].北京：石油工业出版社，2019.

[3]（美）马元哲（Y.ZeeMa），（美）史蒂芬·霍尔迪奇（StephenA.Holditch）编；崔景伟，等，译.非常规油气资源:评价与开发[M].北京：石油工业出版社，2020.

[4]曲国辉，江楠，王东琪，等.非常规油气开发理论与开采技术[M].北京：石油工业出版社，2022.

[5]徐凤银，陈东，梁为.非常规油气勘探开发技术进展与实践[M].北京：科学出版社，2022.

[6]唐玮，冯金德，唐红君，等.中国油气开发战略[M].北京：石油工业出版社，2022.

[7]焦方正.油气体积开发理论与实践[M].北京：石油工业出版社，2022.

[8]穆龙新.海外油气勘探开发战略与技术[M].北京：石油工业出版社，2020.

[9]张烈辉，黄旭日，刘合，等.油气开发技术进展[M].北京：石油工业出版社，2018.

[10]谢丛姣，杨峰，龚斌.油气开发地质学（第2版）[M].武汉：中国地质大学出版社，2018.

[11]赵彦超.非常规致密砂岩油气藏精细描述及开发优化[M].武汉：中国地质大学出版社，2018.

[12]郭肖.非常规油气开发[M].北京：科学出版社，2018.

[13]何祖清.油气藏开发智能完井技术及工业化应用[M].北京：中国石化出版社，2022.

[14]李忠兴.超低渗透油气藏开发技术[M].北京：石油工业出版社，2019.

[15]朱维耀.纳微米非均相流体提高油藏采收率理论与技术[M].北京：科学出版社，2023.

[16]周丽萍.油气开采新技术[M].北京：石油工业出版社，2020.